101試験 (LPIC-1 101)
試験直前チェックシート

このチェックシートには、LPICレベル1（101試験）で重要なポイントを抜粋して記載してあります。受験前に、このシートを利用して自信のないところや再度確認しておきたい項目を重点的にチェックしてください。

システムアーキテクチャ

- ☐ 周辺機器のオン／オフや起動ドライブの検索順序はBIOS/UEFIで行う。
- ☐ /proc以下のファイルによりカーネルが認識しているデバイスを確認できる。
- ☐ /dev以下にはデバイスファイルがある。
- ☐ lsusbコマンドでUSBデバイスの情報を、lspciコマンドでPCIデバイスの情報を確認できる。
- ☐ modprobeコマンドでデバイスドライバをロードできる。
- ☐ 起動時にカーネルが出力するメッセージはdmesgコマンドやjournalctlコマンドで表示できる。
- ☐ SysVinitを採用したシステムでは、/etc/inittabでデフォルトのランレベルを設定できる。主なランレベル（Red Hat系）は次のとおり。

ランレベル	説明
0	停止
1	シングルユーザーモード
2	マルチユーザーモード（テキストログイン）
3	マルチユーザーモード（テキストログイン）
4	未使用
5	マルチユーザーモード（グラフィカルログイン）
6	再起動
S/s	シングルユーザーモード

- ☐ ランレベルを移行するにはinitコマンドやtelinitコマンドを実行する。
- ☐ systemdを採用したシステムでは、systemctlコマンドでサービスを管理する。
- ☐ shutdownコマンドでシステムの停止や再起動を行う。

Linuxのインストールとパッケージ管理

- ☐ Linuxのインストールには、少なくともルートパーティション（/）とスワップ領域が必要である。
- ☐ 中大規模のサーバでは、/varや/homeは/とは別のパーティションを準備して利用することが望まれ

- る。/varに格納される各種ログやメールデータ、/homeに格納される各ユーザーのホームディレクトリは、大きな容量が必要とされると同時に、肥大化しやすいためである。
- スワップ領域は、物理メモリと同程度から2倍程度の容量を確保する。
- GRUBをインストールするにはgrub-installコマンドを使う。
- GRUB Legacyの設定ファイルは/boot/grub/menu.lstである。
- GRUB 2の設定は/etc/default/grubで行い、grub-mkconfigコマンドを実行すると、設定ファイル/boot/grub/grub.cfgが生成される。
- 共有ライブラリはld.soによってリンクされる。
- 実行ファイルが必要とするライブラリはlddコマンドで確認する。
- ld.soが参照する/etc/ld.so.cacheは、/etc/ld.so.confをもとにldconfigコマンドで作成される。
- Debianパッケージの管理は、dpkgコマンドやAPTツールなどで行う。APTツールにはapt-getコマンド、apt-cacheコマンド、aptコマンドがある。
- APTの設定ファイルは/etc/apt/sources.listである。
- RPMパッケージの管理は、rpmコマンドやYUMで行う。aptに相当するコマンドはyumまたはdnfである。
- rpmコマンドで、パッケージをインストールするには-iオプション、アップグレードするには-Uオプションもしくは-Fオプション、アンインストールするには-eオプションを用いる。
- YUMリポジトリの設定は/etc/yum.repos.dディレクトリ以下のファイルで行う。
- openSUSE/SUSE Linux Enterpriseではzypperコマンドでパッケージを管理する。

GNUとUNIXコマンド

- 「変数名=値」でシェル変数を設定できる。
- 「echo $変数名」で変数の内容を確認できる。
- unsetコマンドで変数を削除できる。
- exportコマンドでシェル変数を環境変数にエクスポートする。
- 環境変数を一覧するにはenvコマンドやprintenvコマンドを使う。環境変数およびシェル変数を一覧するにはsetコマンドを使う。
- 環境変数PATHでは、コマンドの検索パスを定義する。
- 複数のコマンドを連続実行するには「;」で区切る。直前のコマンドが成功したときのみ次のコマンドを実行したい場合は「&&」、失敗したときのみ実行したい場合は「||」で区切る。
- 「'」や「"」で囲まれた文字列は文字列データとして、「`」で囲まれた文字列はコマンドとして解釈され展開される。
- 「"」や「`」で囲まれた文字列中の変数は展開されるが、「'」では展開されない。
- historyコマンドでコマンド履歴を表示できる。
- manコマンドでマニュアルを参照できる。主なセクションは次のとおり。

セクション	説明
1	ユーザーコマンド
5	ファイルフォーマット
8	システム管理コマンド

- ファイルの属性を保持したままコピーするには、cpコマンドに-pオプションを付けて実行する。
- ファイルやディレクトリのコピー先もしくは移動先に同名のファイルなどがあり、上書きしたい場合は、cpコマンドもしくはmvコマンドに-fオプションを付けて実行する。

- □ ディレクトリ作成時に、必要となる親ディレクトリも作成したい場合は、mkdirコマンドに-pオプションを付けて実行する。
- □ ディレクトリ内にあるファイルとサブディレクトリも含めてディレクトリを削除したい場合は、rmコマンドに-r (-R)オプションを付けて実行する。
- □ fileコマンドでファイルの種別を確認できる。
- □ シェル上で、条件を満たす複数のファイルやディレクトリを表すにはワイルドカードを利用する。
- □ あるコマンドの出力を別のコマンドの入力としたり、ファイルに格納したりするには、パイプやリダイレクトを利用する。
- □ teeコマンドは、標準入力をファイルに格納すると同時に標準出力に出力する。
- □ ファイルを表示・連結するにはcatコマンドを使う。
- □ バイナリファイルを8進数表示するにはodコマンドを使う。
- □ テキストファイルの先頭を表示するにはheadコマンドを使う。逆に、末尾を表示するにはtailコマンドを使う。-nオプションで行数を指定する。tail -fでファイルの末尾を継続監視できる。
- □ テキストファイルの列の取り出しや連結は、cut、pasteなどのコマンドで行う。
- □ trコマンドは文字列を置換する。
- □ uniqコマンドは重複する行を1行にまとめる。
- □ xargsコマンドは標準入力から受け取った文字列を引数に指定して、与えられたコマンドを実行する。
- □ ファイルのチェックサムはmd5sum、sha256sum、sha512sumといったコマンドで調べられる。
- □ grepコマンドやsedコマンドなどでは、正規表現が利用できる。

記号	説明
.	任意の1文字
*	直前の文字の0回以上の繰り返し
[ ]	[ ]内の文字のいずれか1文字
[a-c]	aからcの範囲
[^ab]	aおよびb以外
^	行頭
$	行末
\	次にくる文字をメタキャラクタでなく通常の文字として処理
+	直前の文字の1回以上の繰り返し
?	直前の文字の0回もしくは1回の繰り返し
|	左右いずれかの記述にマッチする

ファイルとプロセスの管理

- □ gzipコマンド、bzip2コマンド、xzコマンドはファイルを圧縮する。
- □ gunzipコマンド、bunzip2コマンド、xz (unxz)コマンドはファイルを解凍する。
- □ zcatコマンド、bzcatコマンド、xzcatコマンドは圧縮ファイルの内容を出力する。
- □ tarコマンドやcpioコマンドはアーカイブの作成・展開を行う。
- □ ファイルやディレクトリの所有者を設定するにはchownコマンドを使う。所有グループを設定するにはchgrpコマンドを使う。
- □ ファイルやディレクトリのアクセス権を変更するにはchmodコマンドを使う。
- □ SUIDやSGIDが適用されたプログラムは、実行ユーザーによらず、ファイルの所有者もしくは所有グループの権限で実行できる。
- □ スティッキービットを設定したディレクトリでは、自分が所有するファイル以外は削除できない。
- □ ファイルやディレクトリのデフォルトのアクセス権はumask値で決まる。ファイルの場合は666からumask値を引いた値、ディレクトリの場合は777から

- [ ] umask値を引いた値が適用される。

- [ ] ファイルのリンクを作成する方法には、ハードリンクとシンボリックリンクの2つがある。

- [ ] lnコマンドでリンクを作成する。シンボリックリンクには-sオプションを使う。

- [ ] システム上のプロセスは、psコマンドやpstreeコマンド、pgrepコマンドで参照できる。topコマンドを使うと、システムの状況を一定間隔で表示できる。

- [ ] プロセスは、各種のシグナルを受け取ることで、終了・再起動などを行う。シグナルを送信するには、killコマンド、killallコマンド、pkillコマンドを使う。主なシグナルは次のとおり。

シグナル名	シグナルID	動作
HUP	1	ハングアップ
INT	2	割り込み(Ctrl＋Cキー)
KILL	9	強制終了
TERM	15	終了(デフォルト)
CONT	18	停止しているプロセスを再開
STOP	19	一時停止

- [ ] コマンドラインの最後に「&」を付けるとバックグラウンドで実行される。

- [ ] システム上のジョブを確認するにはjobsコマンドを使う。

- [ ] ログアウトしてからもプログラムを実行し続けるにはnohupコマンドを使う。

- [ ] freeコマンドでメモリの利用状況を確認できる。

- [ ] uptimeコマンドでシステムの平均負荷を確認できる。

- [ ] プロセスの実行優先度を指定するにはniceコマンドを使う。実行優先度を変更するにはreniceコマンドを使う。

- [ ] 実行優先度はナイス(nice)値で指定し、-20～19の範囲で指定する。

- [ ] watchコマンドで指定したコマンドを任意の間隔で実行できる。

- [ ] tmuxはリモート端末への接続を管理し、セッションを保持したりウィンドウを分割したりできる。

デバイスとLinuxファイルシステム

- [ ] パーティションを作成するにはfdiskコマンド、gdiskコマンド、partedコマンドを使う。

- [ ] ファイルシステムを作成するにはmkfsコマンドを使う。

- [ ] blkidコマンドでUUIDを調べることができる。

- [ ] lsblkコマンドでブロックデバイスの状況を表示する。

- [ ] ext2、ext3、ext4ファイルシステムを作成するにはmke2fsコマンドを使う。スワップ領域を作成するにはmkswapコマンドを使う。

- [ ] Btrfsファイルシステムを作成するにはmkfs.btrfsコマンドを使う。

- [ ] XFSファイルシステムでは、ファイルシステム作成のmkfs.xfsコマンド、ファイルシステムを修復するxfs_repairコマンド、ファイルシステムの情報を表示するxfs_infoコマンドなどが使える。

- [ ] ファイルシステムの利用状況を確認するにはdfコマンドを使う。ファイルやディレクトリを含めたサイズを確認するにはduコマンドを使う。

- [ ] ファイルシステムの整合性のチェックや修復は、fsckコマンドやe2fsckコマンドで行う。

- [ ] ext2、ext3、ext4ファイルシステムのパラメータ設定はtune2fsコマンドで行う。

- [ ] ファイルシステムをマウントするにはmountコマンドを使う。マウントを解除するにはumountコマンドを使う。

- [ ] 継続的に利用したり、頻繁に利用するファイルシステムの情報は/etc/fstabに格納する。

- [ ] ファイルの検索にはfindコマンドやlocateコマンドを利用する。locateコマンドは、あらかじめ準備されたデータベースに基づいて検索を行う。

- [ ] コマンドのフルパスを表示するには、whichコマンドやwhereisコマンドを使う。

102試験 (LPIC-1 102)
試験直前チェックシート

このチェックシートには、LPICレベル1（102試験）で重要なポイントを抜粋して記載してあります。受験前に、このシートを利用して自信のないところや再度確認しておきたい項目を重点的にチェックしてください。

シェルとシェルスクリプト

- [ ] コマンドの別名を設定するにはaliasコマンドを使う。設定を解除するにはunaliasコマンドを使う。
- [ ] 関数の定義を行うにはfunctionコマンドを使う。定義されている関数を表示するには、declareコマンドに-fオプションを付けて実行する。
- [ ] bashのログイン時に全ユーザーに実行されるのは/etc/profileファイル、ユーザーごとは~/.bash_profileファイルである。
- [ ] bashの起動時に全ユーザーに実行されるのは/etc/bashrcファイル、ユーザーごとは~/.bashrcファイルである。
- [ ] 条件判定をするにはtestコマンドを使う。
- [ ] 直前に実行したコマンドの戻り値は$?で確認できる。正常終了は0、そうではない場合は0以外の値であることが多い。
- [ ] 条件分岐はif-then-else-fi文やcase-in-esac文で、繰り返しはfor-in-do-done文もしくはwhile-do-done文で記述する。
- [ ] seqコマンドは連続した数値を生成する。
- [ ] readコマンドは標準入力から文字列を読み込んで変数に代入する。

ユーザーインターフェースとデスクトップ

- [ ] X（X Window System）はクライアント/サーバシステムであり、Xサーバは入出力の管理を担当する。Xクライアントはユーザーアプリケーションに対応する。
- [ ] Xの設定はxorg.confファイル（および/etc/X11/xorg.conf.dディレクトリ以下のファイル）でセクションごとに記述する。

セクション	説明
ServerLayout	入出力デバイスとスクリーンの指定
Files	フォントやカラーデータベースファイルのパス名
InputDevice	キーボードやマウスなど入力装置の設定
Monitor	モニターの設定
Device	ビデオカードの設定
Screen	ディスプレイの色深度（表示色数）や画面サイズの設定

- [ ] XサーバとXクライアントが別のコンピュータで動作する場合は、いくつか設定が必要である。

- ① Xクライアント側で環境変数DISPLAYにXサーバを指定する
- ② Xサーバ側でXクライアントからのアクセスを受け付けるようxhostコマンドで設定する
- □ リモートデスクトップを実現する技術には、VNC、SPICE、RDPなどがある。
- □ ディスプレイマネージャはユーザー認証やシェルの起動を行う。XDM、GDM、SDDM、LightDMなどがある。
- □ ウィンドウマネージャはXの外観を制御する。twm、fvwm、enlightenment、Mutter、Fluxbox、Compiz、KWinなどがある。
- □ ユーザー補助機能全般をアクセシビリティという。
- □ キーボードのアクセシビリティ設定には、スティッキーキー、スローキー、バウンスキー、トグルキー、マウスキーなどがある。

管理タスク

- □ ユーザー情報は/etc/passwdに格納されている。シャドウパスワードを利用している場合、パスワード情報は/etc/shadowに格納されている。
- □ グループ情報は/etc/groupに格納されている。
- □ ユーザー情報の追加・削除・変更は、useradd、userdel、usermodの各コマンドで行う。
- □ グループ情報の追加・削除・変更は、groupadd、groupdel、groupmodの各コマンドで行う。
- □ ユーザーパスワードの設定はpasswdコマンドで行う。
- □ useraddコマンドでユーザーを作成するとき、/etc/skelディレクトリ以下のファイルが、作成されるユーザーのホームディレクトリ内にコピーされる。
- □ 定期的なジョブの実行にはcronを利用する。
- □ cronへジョブを追加するにはcrontabコマンドを使う。crontabでの記述順序は、分、時、日、月、曜日、コマンドである。
- □ 1回限りのジョブを予約するにはatを利用する。atコマンドで日時とコマンドを指定する。
- □ atで登録したジョブを確認するには、atqコマンドを実行するか、atコマンドに-lオプションを付けて実行する。ジョブを削除するには、atrmコマンドを実行するか、atコマンドに-dオプションを付けて実行する。
- □ systemdのタイマーUnitを使うと、cronの代わりにスケジューリングできる。
- □ systemd-runコマンドでスケジュールを予約できる。
- □ ロケールの設定確認はlocaleコマンドで行う。
- □ 文字コードを変換するにはiconvコマンドが利用できる。
- □ タイムゾーンの情報は/usr/share/zoneinfoディレクトリ以下に格納されている。そのファイルを/etc/localtimeとしてコピーする。
- □ システムのタイムゾーンは環境変数TZでも設定できる。/etc/timezoneに設定する。

必須システムサービス

- □ システムクロックを設定するにはdateコマンドを使う。
- □ ハードウェアクロックを確認したり、設定するにはhwclockコマンドを使う。
- □ NTPサーバに時刻を問い合わせてシステムクロックを設定するにはntpdateコマンドを使う。
- □ NTPサーバプロセスはntpd、設定ファイルはntp.confである。
- □ ChronyはNTPサーバ/クライアントソフトウェアで、chronydデーモンとchronycコマンドで構成される。
- □ timedatectlコマンドで日付と時刻、タイムゾーンを管理できる。

- [ ] rsyslogの設定は/etc/rsyslog.confで行い、ファシリティ、プライオリティに応じたログの出力先を指定する。
- [ ] rsyslogの設定は/etc/rsyslog.confで行う。
- [ ] loggerコマンドやsystemd-catコマンドでログを生成できる。
- [ ] ログファイルのローテーションはlogrotateが行う。設定は/etc/logrotate.confファイルに記述する。
- [ ] メールサーバ(MTA)には、Postfix、sendmail、eximなどがある。
- [ ] メールアドレスの別名は/etc/aliasesで定義し、newaliasesコマンドで有効にする。
- [ ] メールの転送は~/.forwardで設定する。
- [ ] メールキューの状況はmailqコマンドで確認する。
- [ ] 印刷はlprコマンドで行う。-#オプションで印刷部数を指定できる。
- [ ] プリントキューの状況を確認するにはlpqコマンドを使う。
- [ ] プリントキューにある印刷要求を削除するにはlprmコマンドを使う。

ネットワークの基礎

- [ ] TCP/IPでは、ホストを区別するためにIPアドレスが利用される。IPv4のIPアドレスは32ビットの値であり、通常は8ビットずつを10進数に変換した表記が用いられる。IPv6は128ビットの値である。
- [ ] サブネットマスクは、IPアドレスのうちネットワーク部とホスト部の境界を表すアドレスである。IPアドレスとサブネットマスクの論理積がネットワークアドレスになる。
- [ ] 誰でも自由に利用できるプライベートアドレスが取り決められている。

  10.0.0.0〜10.255.255.255

  172.16.0.0 〜172.31.255.255

  192.168.0.0〜192.168.255.255

- [ ] サービスの種類と一般的に用いられるポート番号の対応関係は/etc/servicesに記述されている。

ポート番号	サービス/プロトコル
20	FTP
21	FTP
22	SSH
23	Telnet
25	SMTP
53	DNS
80	HTTP
110	POP3
119	NNTP
139	NetBIOS
143	IMAP
161	SNMP
443	HTTP over SSL
465	SMTP over SSL
993	IMAP over SSL
995	POP3 over SSL

- [ ] 指定したホストと通信が行えるかどうかはpingコマンドで調べる。途中で経由するルータの情報はtracerouteコマンドやtracepathコマンドで調べる。
- [ ] ホスト名からIPアドレスを調べるには、dig、hostの各コマンドが利用できる。
- [ ] ホスト名を確認および設定するにはhostnameコマンドやhostnamectlコマンドを使う。
- [ ] ルーティングテーブルを確認および設定するにはrouteコマンドやipコマンドを使う。
- [ ] ネットワークインターフェースの設定・動作状況を確認するにはifconfigコマンドやipコマンドを使う。ifupコマンドで有効化、ifdownコマンドで無効化できる。
- [ ] NetworkManagerでネットワークを管理している場合、nmcliコマンドで各種設定を行う。
- [ ] /etc/resolv.confファイルには参照先DNSサーバを設定する。

- [ ] ホスト名とIPアドレスの対応は/etc/hostsファイルに記述する。
- [ ] 名前解決の順序は/etc/nsswitch.confで設定する。

セキュリティ

- [ ] xinetdの全体設定は/etc/xinetd.confで行う。各サービスの設定は/etc/xinetd.dディレクトリ以下で行う。
- [ ] TCP Wrapperなどを利用しているアプリケーションの場合、/etc/hosts.allowや/etc/hosts.denyにアクセス制限を設定する。
- [ ] 開いているポートを確認するには、netstatコマンド、ssコマンド、lsofコマンド、nmapコマンドを使う。
- [ ] ユーザーのパスワードの有効期限を設定するにはchageコマンドを使う。
- [ ] /etc/nologinファイルを作成しておくと一般ユーザーはログインできない。
- [ ] suコマンドで他のユーザーになることができる。
- [ ] sudoコマンドを使うとroot権限の一部を一般ユーザーが利用できる。設定はvisudoコマンドを実行すると、/etc/sudoersファイルに記録される。
- [ ] ユーザーが利用できるシステムリソースを設定するにはulimitコマンドを使う。
- [ ] OpenSSHはセキュアな通信を実現するためのソフトウェアである。ユーザー認証以外にホスト認証も行う。
- [ ] 信頼できるホストのホスト鍵は ~/.ssh/known_hostsに格納される。
- [ ] 公開鍵認証で利用する鍵ペアはssh-keygenコマンドで生成する。公開鍵は接続先ホストの ~/.ssh/authorized_keysファイルに登録する。
- [ ] scpコマンドで安全なファイル転送ができる。
- [ ] ssh-agentコマンドとssh-addコマンドでパスフレーズを記憶させることができる。
- [ ] gpgコマンドで、GnuPGの鍵管理や、ファイルの暗号化・復号ができる。
- [ ] gpg-agentはGPG鍵やパスフレーズを管理する。

EXAMPRESS

Linux技術者認定試験学習書

LPIC レベル1

Version 5.0 対応

| 対応科目 | 101試験（LPIC-1 101） | 102試験（LPIC-1 102） |

中島能和・著　　**濱野賢一朗**・監修

本書内容に関するお問い合わせについて

このたびは翔泳社の書籍をお買い上げいただき、誠にありがとうございます。弊社では、読者の皆様からのお問い合わせに適切に対応させていただくため、以下のガイドラインへのご協力をお願い致しております。下記項目をお読みいただき、手順に従ってお問い合わせください。

●ご質問される前に

弊社Webサイトの「正誤表」をご参照ください。これまでに判明した正誤や追加情報を掲載しています。

　　正誤表　　https://www.shoeisha.co.jp/book/errata/

●ご質問方法

弊社Webサイトの「刊行物Q&A」をご利用ください。

　　刊行物Q&A　　https://www.shoeisha.co.jp/book/qa/

インターネットをご利用でない場合は、FAXまたは郵便にて、下記"翔泳社 愛読者サービスセンター"までお問い合わせください。
電話でのご質問は、お受けしておりません。

●回答について

回答は、ご質問いただいた手段によってご返事申し上げます。ご質問の内容によっては、回答に数日ないしはそれ以上の期間を要する場合があります。

●ご質問に際してのご注意

本書の対象を越えるもの、記述個所を特定されないもの、また読者固有の環境に起因するご質問等にはお答えできませんので、予めご了承ください。

●郵便物送付先およびFAX番号

送付先住所　〒160-0006　東京都新宿区舟町5
FAX番号　　03-5362-3818
宛先　　　　（株）翔泳社 愛読者サービスセンター

※ 著者および出版社は、本書の使用によるLPI認定試験の合格を保証するものではありません。
※ 本書の出版にあたっては正確な記述に努めましたが、著者および出版社のいずれも、本書の内容に対してなんらかの保証をするものではなく、内容やサンプルに基づくいかなる運用結果に関してもいっさいの責任を負いません。
※ 本書に記載されたURL等は予告なく変更される場合があります。
※ 本書に掲載されている画面イメージなどは、特定の設定に基づいた環境にて再現される一例です。
※ Linux Professional Instituteの名称及びロゴはLinux Professional Institute,Inc.の商標です。
※ LPICは一般社団法人EDUCOの登録商標です。
※ 本書に記載されている会社名、製品名はそれぞれ各社の商標および登録商標です。
※ 本書では™、®、©は割愛させていただいております。

はじめに

　LPI認定試験(LPIC)は、世界中で実施されている、Linux技術者認定試験のデファクトスタンダードです。LPICはレベル1からレベル3まで実施されており、本書はLPI認定試験レベル1の試験範囲を網羅した学習書です。約3年ぶりの改訂となった2018年10月の改訂（バージョン5.0）に対応しています。

　本書はLinux Professional Institute, Inc.が公表している試験範囲に基づき、初学者でも効率的に学習できるよう作られています。同時に、試験対策にとどまらず、Linuxや周辺技術について幅広い知識を得ていただけるよう配慮しています。単に取得すべき「資格」として捉えるのではなく、LPICレベル1の学習を通して、Linuxについての知識を確実にし、Linuxのスキルを高めていただけるよう願ってやみません。

　最後になりますが、本書の執筆にあたっては、株式会社翔泳社の各スタッフ、編集協力をいただいたトップスタジオ様をはじめ、関係者の方々には大変お世話になりました。ここに感謝いたします。

2019年3月
中島能和

本書について

　本書は、LPI認定（Linux Professional Institute Certification）の「LPICレベル1」資格試験を受験し、合格しようと思われている方のための学習書です（LPI認定試験の詳細に関しては、序章「LPI認定試験の概要」を参照してください）。LPIC-1 101（101試験）とLPIC-1 102（102試験）の2科目に対応しています。本書の特長は、"わかりやすい解説"、"力試しの練習問題"、"仕上げの模擬試験"の3ステップで学習することによって、非常に効果的に受験準備をすることができる点にあります。

本書の構成

　本書の基本的な構成を次に示します。

チェックリスト

　各章の冒頭には、その章のテーマを完全にマスターするため、「理解しておきたい用語と概念」と「習得しておきたい技術」を列挙します。各項目の先頭にチェックボックスが配置してありますので、学習の進み具合や理解度を見る目安として利用してください。

重要なトピック／説明

　試験に出題される問題に正解するために覚えておかなければならないポイントや知っておきたい事項を、それぞれ次のようなアイコンで示します。

> **ここが重要**
> - 試験で正解するために必ず覚えておかなければならない事項やポイントを、箇条書きで示します。

    試験で正解するために知っておくと便利な事項や参考情報を示します。

書式および構文

書式および構文は、次のように示します。イタリック体は利用者が指定する要素であること、[ ]は省略可能であることを表します。

書式 mkfs [-t *ファイルシステムタイプ*] [*オプション*] *デバイス名*

設定例およびコマンド実行例

本書には多くの設定例を掲載しています。設定例およびコマンドの実行例は、次のように示します。

● 設定例

▶ /etc/default/grubの例

```
# If you change this file, run 'update-grub' afterwards to update
# /boot/grub/grub.cfg.
# For full documentation of the options in this file, see:
#
info -f grub -n 'Simple configuration'
GRUB_DEFAULT=0
#GRUB_HIDDEN_TIMEOUT=0
GRUB_HIDDEN_TIMEOUT_QUIET=true
GRUB_TIMEOUT=2
GRUB_DISTRIBUTOR=`lsb_release -i -s 2> /dev/null || echo Debian`
GRUB_CMDLINE_LINUX_DEFAULT=""
（以下省略）
```

● コマンド実行例

```
$ ls -l          ←（入力するコマンドは太字で示します）
-rw-r--r-- 1 lpic linux 0 Jun 27 22:00 testfile
```

コマンドプロンプトには「$」と「#」の2種類があります。「$」は一般ユーザー、「#」はrootユーザーが使用するコマンドプロンプトです。

rootユーザーへの切替え方法については、479ページを参照してください。

練習問題

この部分では、練習用の問題とその解答および解説を掲載しています。解説では、基本的に解答の正誤両方に対して説明しています。

本書の大半はこのような章構成に沿っていますが、そのほかに異なる要素もいくつかあります。

また、本書の表紙内側には「試験直前チェックシート」というリファレンスシートが付いています。このシートには、覚えておくべき事項や要点がまとめてあり、短時間で受験前の総復習を行うことができます。このハンディなシートは、テストルームに入る前の試験会場のロビーはもとより、移動中の車内などでもお使いいただけます。このような本書のさまざまな要素を必要に応じて使い分けて、万全な状態で本試験にのぞまれることをおすすめします。

本書の使い方

LPI認定試験をはじめて受験する方は、本書を最初から順に読み進めることをおすすめします。本書のトピックは、各章ごとに互いに関連のある構成になっています。そのため、後半のトピックを理解するには、前の章を先に読んだほうがよい場合もあります。

はじめて試験を受ける場合は、本書を最初から最後まで通してお読みください。あるトピックの復習をしたり、2回目の受験に備えて必要事項を確認したい場合などは、本書の索引や目次を使用して、目的のトピックや勉強しなければならない問題に直接進んでください。

本書は、試験が終わってからも、Linuxに関する要点をコンパクトにまとめたリファレンスとしてご利用いただけます。

本書記載内容に関する制約について

本書は、LPI認定試験のLPIC-1 101（101試験）とLPIC-1 102（102試験）に対応した学習書です。LPI認定試験は、Linux Professional Institute, Inc.（以下、主催者）が運営する資格制度に基づく試験であり、下記のような特徴があります。

①試験範囲および出題傾向は主催者によって予告なく変更される場合がある
②試験問題は原則、非公開である

本書内容は、その作成に携わった著者をはじめとするすべての関係者の協力（公開された受験を通じた各種情報収集・分析等）により可能な限り実際の試験内容に即すように努めていますが、上記①②の制約上、その内容が試験出題範囲および試験出題傾向を常時正確に反映していることを保証できるものではありませんので、予めご了承ください。

目次

序章　LPI認定試験の概要

LPI認定試験とは ……………………………………………………………… 2

LPI認定試験の概要 …………………………………………………………… 2
- LPI認定試験の種類と試験科目 …………………………………… 2
- 出題内容と重要度 …………………………………………………… 3

受験の申し込み手続き ………………………………………………………… 6
- ピアソンVUEのホームページ上で申し込む ……………………… 6
- ピアソンVUEへ電話で申し込む …………………………………… 6

受験の実際 ……………………………………………………………………… 7
- 試験の終了と採点 …………………………………………………… 7
- 再受験(リテイク)ポリシー ………………………………………… 7
- 試験に合格したら …………………………………………………… 7

試験問題の形式 ………………………………………………………………… 8
- 択一問題の例 ………………………………………………………… 8
- 複数選択問題の例 …………………………………………………… 8
- 入力式問題の例 ……………………………………………………… 9

学習の進め方 ………………………………………………………………… 10
- 本書を使っての学習 ……………………………………………… 10
- 受験のテクニック ………………………………………………… 11

第1部 101試験（LPIC-1 101）

第1章 システムアーキテクチャ

1.1 ハードウェアの基本知識と設定 ... 16
- **1.1.1** 基本的なシステムハードウェア ... 16
  - CPU ... 16
  - メモリ ... 16
  - ハードディスク ... 16
  - 入力装置 ... 17
  - 拡張カード ... 17
  - USB機器 ... 17
- **1.1.2** BIOS/UEFI ... 17
- **1.1.3** デバイス情報の確認 ... 20
- **1.1.4** USBデバイス ... 22
- **1.1.5** udev ... 24
- **1.1.6** デバイスドライバのロード ... 24

1.2 Linuxの起動とシャットダウン ... 25
- **1.2.1** システムが起動するまでの流れ ... 25
- **1.2.2** 起動時のイベント確認 ... 26
- **1.2.3** システムのシャットダウンと再起動 ... 27

1.3 SysVinit ... 30
- **1.3.1** SysVinitによる起動 ... 30
- **1.3.2** ランレベル ... 32
- **1.3.3** ランレベルの確認と変更 ... 33
- **1.3.4** 起動スクリプトによるサービスの管理 ... 34
- **1.3.5** デフォルトのランレベルの設定 ... 35

1.4 systemd ... 36
- **1.4.1** systemdの概要 ... 36
- **1.4.2** systemdの起動手順 ... 38

  1.4.3 systemctlによるサービスの管理 ……………………… 39

練習問題 …………………………………………………………… 43

第2章　Linuxのインストールとパッケージ管理

2.1　ハードディスクのレイアウト設計 …………………………… 50
 2.1.1　Linuxインストールに必要なパーティション ……………… 50
 2.1.2　パーティションのレイアウト設計 ………………………… 52

2.2　ブートローダのインストール ………………………………… 54
 2.2.1　GRUBのインストール ……………………………………… 54
 2.2.2　GRUB Legacyの設定 ……………………………………… 54
 2.2.3　GRUB 2の設定 ……………………………………………… 56
 2.2.4　ブートオプションの指定 …………………………………… 57

2.3　共有ライブラリ管理 …………………………………………… 58
 2.3.1　スタティックリンクとダイナミックリンク ……………… 58
 2.3.2　必要な共有ライブラリの確認 ……………………………… 59

2.4　Debianパッケージの管理 …………………………………… 61
 2.4.1　パッケージ管理とは ………………………………………… 61
 2.4.2　dpkgコマンドを用いたパッケージ管理 …………………… 63
 2.4.3　apt-getコマンド …………………………………………… 66
 2.4.4　apt-cacheコマンド ………………………………………… 69

2.5　RPMパッケージの管理 ……………………………………… 73
 2.5.1　RPMパッケージ ……………………………………………… 73
 2.5.2　rpmコマンドの利用 ………………………………………… 73
  パッケージのインストール …………………………………… 75
  パッケージのアップグレード ………………………………… 75
  パッケージのアンインストール ……………………………… 76
  パッケージ情報の照会 ………………………………………… 76

　　　　　　　パッケージの署名確認 ……………………………………… 78
　　　　　　　パッケージの展開 ………………………………………… 78
　　　2.5.3　YUM ………………………………………………………… 79
　　　　　　　アップデート ……………………………………………… 80
　　　　　　　インストールとアンインストール ……………………… 82
　　　　　　　パッケージ情報の確認 …………………………………… 83
　　　　　　　パッケージグループ単位のインストール ……………… 85
　　　2.5.4　dnfコマンド ……………………………………………… 86
　　　2.5.5　Zypperを使ったパッケージ管理 ……………………… 87
　2.6　仮想化のゲストOSとしてのLinux ……………………………… 88
　　　2.6.1　クラウドサービスとインスタンス ……………………… 88
　　　2.6.2　インスタンスの初期化 …………………………………… 90

　練習問題 ……………………………………………………………………… 92

第3章　GNUとUNIXコマンド

　3.1　コマンドライン操作 ………………………………………………… 104
　　　3.1.1　シェル ……………………………………………………… 104
　　　3.1.2　シェルの基本操作と設定 ………………………………… 105
　　　　　　　補完機能 …………………………………………………… 106
　　　　　　　カーソルの移動 …………………………………………… 106
　　　　　　　コマンドラインの編集 …………………………………… 106
　　　　　　　実行制御 …………………………………………………… 106
　　　　　　　ディレクトリの指定 ……………………………………… 107
　　　3.1.3　シェル変数と環境変数 …………………………………… 108
　　　3.1.4　環境変数PATH …………………………………………… 112
　　　3.1.5　コマンドの実行 …………………………………………… 114
　　　3.1.6　引用符 ……………………………………………………… 115
　　　　　　　「'」── 単一引用符（シングルクォーテーション） ……… 115
　　　　　　　「"」── 二重引用符（ダブルクォーテーション） ……… 116

　　　　「`」── バッククォーテーション ································ 116
　3.1.7　コマンド履歴 ··· 117
　3.1.8　マニュアルの参照 ··· 118
　3.1.9　ファイル操作コマンド ··· 123
　　　　lsコマンド ··· 123
　　　　cpコマンド ·· 124
　　　　mvコマンド ··· 125
　　　　mkdirコマンド ·· 126
　　　　rmコマンド ··· 126
　　　　rmdirコマンド ·· 127
　　　　touchコマンド ·· 127
　　　　fileコマンド ·· 128
　3.1.10　メタキャラクタの利用 ·· 128

3.2　パイプとリダイレクト ·· 130
　3.2.1　標準入出力 ·· 130
　3.2.2　パイプ ·· 130
　　　　teeコマンド ··· 131
　3.2.3　リダイレクト ·· 132

3.3　テキスト処理フィルタ ·· 134
　3.3.1　テキストフィルタコマンド ······································ 134
　　　　catコマンド ··· 134
　　　　nlコマンド ·· 134
　　　　odコマンド ··· 135
　　　　headコマンド ··· 136
　　　　tailコマンド ·· 137
　　　　cutコマンド ·· 138
　　　　pasteコマンド ··· 139
　　　　trコマンド ··· 140
　　　　sortコマンド ·· 141
　　　　splitコマンド ··· 141
　　　　uniqコマンド ··· 141

wcコマンド ……………………………………………………… 142
xargsコマンド …………………………………………………… 143
3.3.2 ファイルのチェックサム ………………………………………… 144

3.4 正規表現を使ったテキスト検索 ……………………………… 145
3.4.1 正規表現 …………………………………………………………… 145
文字 ……………………………………………………………… 146
任意の1文字 …………………………………………………… 146
文字クラス ……………………………………………………… 146
行頭と行末 ……………………………………………………… 146
繰り返し ………………………………………………………… 147
特殊文字 ………………………………………………………… 147
3.4.2 grepコマンド ……………………………………………………… 148
3.4.3 sedコマンド ……………………………………………………… 150
dコマンド ……………………………………………………… 150
sコマンド ……………………………………………………… 151
yコマンド ……………………………………………………… 152

3.5 ファイルの基本的な編集 ……………………………………… 152
3.5.1 エディタの基本 …………………………………………………… 152
3.5.2 viエディタの基本 ………………………………………………… 154

練習問題 ………………………………………………………………… 159

第4章 ファイルとプロセスの管理

4.1 基本的なファイル管理 ………………………………………… 172
4.1.1 ファイルの圧縮、解凍 …………………………………………… 172
4.1.2 圧縮ファイルの閲覧 ……………………………………………… 174
4.1.3 アーカイブの作成、展開 ………………………………………… 175
tarコマンド …………………………………………………… 175
cpioコマンド ………………………………………………… 176
ddコマンド …………………………………………………… 177

4.2 パーミッションの設定 … 178
- **4.2.1** 所有者 … 178
- **4.2.2** アクセス権 … 178
  - アクセス権の変更 … 180
- **4.2.3** SUID、SGID … 182
- **4.2.4** スティッキービット … 183
- **4.2.5** デフォルトのアクセス権 … 184

4.3 ファイルの所有者管理 … 185
- **4.3.1** 所有者の変更 … 185
- **4.3.2** グループの変更 … 186

4.4 ハードリンクとシンボリックリンク … 187
- **4.4.1** ハードリンク … 187
- **4.4.2** シンボリックリンク … 188
- **4.4.3** リンクの作成 … 189
- **4.4.4** リンクのコピー … 189

4.5 プロセス管理 … 190
- **4.5.1** プロセスの監視 … 190
- **4.5.2** プロセスの終了 … 193
- **4.5.3** ジョブ管理 … 197
  - バックグラウンドジョブの実行 … 197
  - フォアグラウンドとバックグラウンド … 198
- **4.5.4** システムの状況把握 … 199
- **4.5.5** 端末の活用 … 201
  - ウィンドウ操作 … 202
  - セッション操作 … 202

4.6 プロセスの実行優先度 … 204
- **4.6.1** コマンド実行時の優先度指定 … 204
- **4.6.2** 実行中プロセスの優先度変更 … 205

練習問題 … 206

第5章 デバイスとLinuxファイルシステム

5.1 パーティションとファイルシステムの作成 ……………………… 218
5.1.1 ハードディスク …………………………………………………218
- SATA ……………………………………………………… 218
- SAS ………………………………………………………… 218
- SCSI ………………………………………………………… 218
- USB ………………………………………………………… 218
- デバイスファイル ……………………………………… 219

5.1.2 パーティションの種類 ………………………………………220
- 基本パーティション …………………………………… 220
- 拡張パーティション …………………………………… 220
- 論理パーティション …………………………………… 220
- パーティションに分割するメリット ………………… 221

5.1.3 ルートファイルシステム ……………………………………221

5.1.4 パーティション管理コマンド ………………………………222
- fdiskコマンド …………………………………………… 223
- gdiskコマンド …………………………………………… 225
- partedコマンド …………………………………………… 226

5.1.5 ファイルシステムの作成 ……………………………………228
- ファイルシステムの種類 ……………………………… 228
- mkfsコマンド …………………………………………… 229
- mke2fsコマンド ………………………………………… 230
- Btrfsの作成 ……………………………………………… 231
- mkswapコマンド ………………………………………… 231

5.2 ファイルシステムの管理 ……………………………………… 232
5.2.1 ディスクの利用状況の確認 …………………………………232
5.2.2 ファイルシステムのチェック ………………………………235
5.2.3 ファイルシステムの管理 ……………………………………236
5.2.4 XFS ………………………………………………………………237

5.3 ファイルシステムのマウントとアンマウント ... 239
5.3.1 マウントの仕組み ... 239
5.3.2 /etc/fstabファイル ... 240
5.3.3 マウントとアンマウント ... 242
mountコマンド ... 242
umountコマンド ... 243

5.4 ファイルの配置と検索 ... 245
5.4.1 FHS ... 245
/bin ... 245
/sbin ... 245
/etc ... 245
/dev ... 245
/lib ... 246
/media ... 246
/mnt ... 246
/opt ... 246
/proc ... 246
/root ... 246
/boot ... 246
/home ... 247
/tmp ... 247
/var ... 247
/usr ... 248

5.4.2 ファイルの検索 ... 249
findコマンド ... 249
locateコマンド ... 251
updatedbコマンド ... 251
whichコマンド ... 252
whereisコマンド ... 252
typeコマンド ... 253

練習問題 ... 254

第6章 101模擬試験

模擬試験 問題 ………………………………………………… 262

模擬試験 解説 ………………………………………………… 287

第2部　102試験（LPIC-1 102）

第7章 シェルとシェルスクリプト

7.1 シェル環境のカスタマイズ ……………………………………… 304
- **7.1.1** 環境変数とシェル変数 ……………………………… 304
- **7.1.2** シェルのオプション ………………………………… 305
- **7.1.3** エイリアス ………………………………………… 307
- **7.1.4** 関数の定義 ………………………………………… 308
- **7.1.5** bashの設定ファイル ……………………………… 309
  - /etc/profile ファイル ………………………………… 310
  - /etc/bash.bashrc ファイル …………………………… 311
  - ~/.bash_profile ファイル ……………………………… 311
  - ~/.bashrc ファイル …………………………………… 312
  - ~/.bash_logout ファイル ……………………………… 312
- **7.1.6** bash起動時における設定ファイルの実行順序 …… 312

7.2 シェルスクリプト ……………………………………………… 313
- **7.2.1** シェルスクリプトの基礎 …………………………… 313
  - スクリプトに渡す引数 ………………………………… 316
  - 実行結果の戻り値 ……………………………………… 316
- **7.2.2** ファイルのチェック ………………………………… 317
- **7.2.3** 制御構造 …………………………………………… 319
  - 条件分岐 ……………………………………………… 319
  - case文による条件分岐 ………………………………… 320
  - for文による繰り返し処理 ……………………………… 321
  - while文による繰り返し処理 …………………………… 322

		readコマンド ……………………………………… 323
	7.2.4	シェルスクリプトの実行環境 …………………………… 324

練習問題 …………………………………………………………………… 326

第8章 ユーザーインターフェースとデスクトップ

8.1 Xのインストールと設定 …………………………………………… 332
- **8.1.1** GUIを実現する技術 ………………………………… 332
- **8.1.2** X.Orgの設定 ………………………………………… 333
- **8.1.3** Xサーバの起動 ……………………………………… 337
- **8.1.4** ネットワーク経由でのXの利用 …………………… 337

8.2 グラフィカルデスクトップ ………………………………………… 340
- **8.2.1** ディスプレイマネージャ …………………………… 340
- **8.2.2** ウィンドウマネージャ ……………………………… 341
- **8.2.3** デスクトップ環境 …………………………………… 342
- **8.2.4** リモートデスクトップ ……………………………… 345
  - VNC ……………………………………………… 346
  - RDP ……………………………………………… 347
  - SPICE …………………………………………… 347
  - XDMCP ………………………………………… 347

8.3 アクセシビリティ ……………………………………………………… 348
- **8.3.1** アクセシビリティの設定 …………………………… 348
  - スティッキーキー（固定キー） ………………… 349
  - スローキー ……………………………………… 350
  - バウンスキー …………………………………… 350
  - トグルキー ……………………………………… 350
  - マウスキー ……………………………………… 350

練習問題 …………………………………………………………………… 351

第9章　管理タスク

9.1 ユーザーとグループの管理 … 356
9.1.1 ユーザーアカウントと/etc/passwd … 356
9.1.2 グループアカウントと/etc/group … 357
9.1.3 コマンドを用いたユーザーとグループの管理 … 358
useraddコマンド … 358
ホームディレクトリのデフォルトファイル … 359
usermodコマンド … 360
userdelコマンド … 361
passwdコマンド … 361
groupaddコマンド … 362
groupmodコマンド … 362
groupdelコマンド … 362
idコマンド … 363
9.1.4 シャドウパスワード … 364

9.2 ジョブスケジューリング … 365
9.2.1 cron … 365
ユーザーのcrontab … 365
システムのcrontab … 367
9.2.2 atコマンド … 369
9.2.3 cronとatのアクセス制御 … 370
cronのアクセス制御 … 370
atのアクセス制御 … 371
9.2.4 systemdによるスケジューリング … 371

9.3 ローカライゼーションと国際化 … 373
9.3.1 ロケール … 373
9.3.2 文字コード … 375
9.3.3 タイムゾーン … 377

練習問題 … 381

第10章 必須システムサービス

10.1 システムクロックの設定 … 390
10.1.1 システムクロックとハードウェアクロック … 390
hwclockコマンド … 391
timedatectlコマンド … 392
10.1.2 NTPによる時刻設定 … 393
ntpdateコマンド … 394
NTPサーバの運用 … 395
10.1.3 Chrony … 396

10.2 システムログの設定 … 398
10.2.1 rsyslogの設定 … 398
ファシリティ … 400
プライオリティ … 401
出力先 … 401
/etc/rsyslog.confの設定例 … 402
loggerコマンド … 402
systemd-catコマンド … 403
10.2.2 ログの調査 … 403
10.2.3 ログファイルのローテーション … 408

10.3 メール管理 … 410
10.3.1 メール配送の仕組み … 410
10.3.2 MTAの起動 … 411
10.3.3 メールの送信と確認 … 411
10.3.4 メールの転送とエイリアス … 413
/etc/aliasesファイル … 413
.forwardファイル … 413
メールキューの操作 … 414

10.4 プリンタ管理 … 414
10.4.1 印刷の仕組み … 414

10.4.2 印刷関連コマンド ……………………………………………… **417**
lpr コマンド ……………………………………………………… **417**
lpq コマンド ……………………………………………………… **418**
lprm コマンド …………………………………………………… **419**

練習問題 ……………………………………………………………………… **420**

第11章 ネットワークの基礎

11.1 TCP/IPの基礎 ………………………………………………… **428**

11.1.1 TCP/IPプロトコル ……………………………………… **428**
TCP（Transmission Control Protocol） ………………………… **428**
IP（Internet Protocol） …………………………………………… **429**
IPv6 ………………………………………………………………… **429**
UDP（User Datagram Protocol） ………………………………… **429**
ICMP（Internet Control Message Protocol） …………………… **429**

11.1.2 IPアドレス（IPv4） ……………………………………… **430**
CIDR ……………………………………………………………… **432**

11.1.3 IPアドレス（IPv6） ……………………………………… **432**

11.1.4 ポート …………………………………………………… **433**

11.2 ネットワークの設定 ……………………………………………… **436**

11.2.1 ネットワークの基本設定 ………………………………… **436**
/etc/hostname ファイル ………………………………………… **436**
/etc/hosts ファイル ……………………………………………… **437**
/etc/network/interfaces ファイル ……………………………… **437**
/etc/sysconfig/network-scripts ディレクトリ ………………… **438**

11.2.2 NetworkManagerによる設定 ………………………… **439**

11.3 ネットワークのトラブルシューティング ……………………… **442**

11.3.1 主なネットワーク設定・管理コマンド ………………… **442**
ping コマンド …………………………………………………… **442**
traceroute コマンド ……………………………………………… **443**

tracepathコマンド 444
　　　hostnameコマンド 444
　　　netstatコマンド 445
　　　ncコマンド 446
　　　routeコマンド 447
　　　ipコマンド 449
　11.3.2 ネットワークインターフェースの設定 451
　　　ifconfigコマンド 451
　　　ifup、ifdown 453

11.4 DNSの設定 453
　11.4.1 DNSの概要 453
　11.4.2 DNSの設定ファイル 454
　　　/etc/resolv.confファイル 454
　　　/etc/nsswitch.confファイル 455
　11.4.3 systemd-resolved 456
　11.4.4 DNS管理コマンド 456
　　　hostコマンド 456
　　　digコマンド 457

練習問題 459

第12章 セキュリティ

12.1 ホストレベルのセキュリティ 466
　12.1.1 スーパーサーバの設定と管理 466
　12.1.2 xinetdの設定 467
　12.1.3 TCP Wrapperによるアクセス制御 470
　　　/etc/hosts.allowと/etc/hosts.deny 471
　12.1.4 開いているポートの確認 473
　12.1.5 SUIDが設定されているファイル 475

12.2 ユーザーに対するセキュリティ管理 ･･････････ 477
12.2.1 パスワード管理 ･･････････ 477
12.2.2 ログインの禁止 ･･････････ 478
12.2.3 ユーザーの切り替え ･･････････ 479
12.2.4 sudo ･･････････ 480
sudoの設定 ･･････････ 480
sudoの利用 ･･････････ 481
12.2.5 システムリソースの制限 ･･････････ 482

12.3 OpenSSH ･･････････ 484
12.3.1 SSHのインストールと設定 ･･････････ 484
12.3.2 ホスト認証 ･･････････ 487
12.3.3 公開鍵認証 ･･････････ 489
12.3.4 SSHの活用 ･･････････ 493
scpコマンドによるリモートファイルコピー ･･････････ 493
ssh-agent ･･････････ 494
ポート転送 ･･････････ 495

12.4 GnuPGによる暗号化 ･･････････ 496
12.4.1 鍵ペアの作成と失効証明書の作成 ･･････････ 496
12.4.2 共通鍵を使ったファイルの暗号化 ･･････････ 499
12.4.3 公開鍵を使ったファイルの暗号化 ･･････････ 500
公開鍵のエクスポート ･･････････ 500
公開鍵のインポート ･･････････ 500
ファイルの暗号化 ･･････････ 502
ファイルの復号 ･･････････ 502
ファイルの署名 ･･････････ 503

練習問題 ･･････････ 504

第13章 102模擬試験

模擬試験 問題 ……………………………………………………… **508**

模擬試験 解説 ……………………………………………………… **531**

付録　Linux実習環境の使い方

Linux実習環境の利用について ………………………………… **546**
　　　動作推奨環境 ……………………………………………… **546**

VirtualBoxのインストール ……………………………………… **546**

仮想マシンの使い方 ……………………………………………… **548**

索引 ……………………………………………………………………… **553**

序章　LPI認定試験の概要

LPI 認定試験とは

　LPI認定(Linux Professional Institute Certification)とは、国際的な非営利団体(NPO)である「LPI(Linux Professional Institute：Linuxプロフェッショナル協会)」が実施しているLinux技術者のための認定プログラムです。Linuxの認定試験としては、Red Hat社が実施しているRHCE(Red Hat Certified Engineer)試験などがありますが、LPI認定試験はベンダーやディストリビューションに依存せず、中立的な立場でLinux技術者の技術力認定を行います。

LPI 認定試験の概要

LPI認定試験の種類と試験科目

　LPI認定試験は、レベル1からレベル3まで3段階に分かれており、レベルが上がるに従って難易度は高くなります。レベル1は初級者、レベル2は中級者、レベル3は上級者とみなすことができます。Linux経験年数の目安としては、レベル1では半年～1年程度、レベル2では3～4年程度とされています。認定はレベル順に取得していく必要があり、レベル2を取得するにはレベル1を、レベル3を取得するにはレベル2を先に取得しなければなりません。

表1　LPI認定試験のレベル

レベル	試験名
認定レベル1	LPIC-1 101
	LPIC-1 102
認定レベル2	LPIC-2 201
	LPIC-2 202
認定レベル3	LPIC-3 300（混在環境）
	LPIC-3 303（セキュリティ）
	LPIC-3 304（仮想化&高可用性）

レベル1およびレベル2の認定を取得するには、各レベルで必要とされる2つの試験に合格しなければなりません。LPI認定試験レベル1の取得には、「101試験」と「102試験」に合格する必要があります。

表2　101試験の概要

出題数	約60問
制限時間	90分
合格に必要な正答率	65%前後 ※著者による推定値
試験トピック	トピック101：システムアーキテクチャ トピック102：Linuxのインストールとパッケージ管理 トピック103：GNUとUnixコマンド トピック104：デバイス、Linuxファイルシステム、ファイルシステム階層標準

表3　102試験の概要

出題数	約60問
制限時間	90分
合格に必要な正答率	65%前後 ※著者による推定値
試験トピック	トピック105：シェルとシェルスクリプト トピック106：ユーザーインターフェースとデスクトップ トピック107：管理タスク トピック108：必須システムサービス トピック109：ネットワークの基礎 トピック110：セキュリティ

2つの試験を同時に受験する必要はありません。また、どちらから受験してもかまいません。両方の試験に合格した時点で、LPI認定試験レベル1を取得できます。

出題内容と重要度

LPI認定試験では、それぞれの出題内容に重要度が付けられており、重要度の高い出題内容から出題される傾向があります。重要度の数値が大きいほど出題される割合が高くなります。試験にヤマをかけるのはおすすめしませんが、短期間で試験に臨む場合や、受験直前に集中的に復習する場合などは参考にするとよいでしょう。

レベル1試験の各出題内容の重要度は、次のとおりです。

表4　101試験の出題内容と重要度

トピック	出題内容	重要度
トピック101： システムアーキテクチャ （本書第1章）	1　ハードウェア設定の決定と設定	2
	2　システムを起動する	3
	3　ランレベル／ブートターゲットを変更し、システムをシャットダウンまたは再起動する	3
トピック102： Linuxのインストールと パッケージ管理 （本書第2章）	1　ハードディスクレイアウト	2
	2　ブートマネージャをインストールする	2
	3　共有ライブラリを管理する	1
	4　Debianパッケージ管理を利用する	3
	5　RPMとYUMパッケージ管理を使用する	3
	6　仮想化ゲストとしてのLinux	1
トピック103： GNUとUnixコマンド （本書第3章）	1　コマンドラインでの作業	4
	2　フィルタを使用してテキストストリームを処理する	2
	3　基本的なファイル管理を実行する	4
	4　ストリーム、パイプ、リダイレクトを使用する	4
	5　プロセスの生成、監視、終了	4
	6　プロセス実行の優先順位を変更する	2
	7　正規表現を使ってテキストファイルを検索する	3
	8　基本的なファイル編集	3
トピック104： デバイス、Linuxファイルシステム、ファイルシステム階層標準 （本書第4, 5章）	1　パーティションとファイルシステムを作成する	2
	2　ファイルシステムの整合性を維持する	2
	3　ファイルシステムのマウントとアンマウント	3
	4　（欠番）	-
	5　ファイルのパーミッションと所有権を管理する	3
	6　ハードリンクとシンボリックリンクの作成と変更	2
	7　システムファイルを検索し、ファイルを正しい場所に配置する	2

表5　102試験の出題内容と重要度

トピック	出題内容	重要度
トピック105： シェルとシェルスクリプト (本書第7章)	1　シェル環境をカスタマイズして使用する	4
	2　簡単なスクリプトをカスタマイズする	4
トピック106： ユーザーインターフェース とデスクトップ (本書第8章)	1　X11のインストールと設定	2
	2　グラフィカルデスクトップ	1
	3　アクセシビリティ	1
トピック107： 管理タスク (本書第9章)	1　ユーザーおよびグループアカウントと関連するシステムファイルを管理する	5
	2　ジョブのスケジュール設定によるシステム管理タスクの自動化	4
	3　ローカリゼーションと国際化	3
トピック108： 必須システムサービス (本書第10章)	1　システム時刻を更新する	3
	2　システムロギング	3
	3　メール転送エージェント(MTA)の基本	3
	4　プリンタの管理と印刷	2
トピック109： ネットワークの基礎 (本書第11章)	1　インターネットプロトコルの基礎	4
	2　固定ネットワーク構成	4
	3　基本的なネットワークのトラブルシューティング	4
	4　クライアント側のDNSを設定する	2
トピック110： セキュリティ (本書第12章)	1　セキュリティ管理タスクを実行する	3
	2　セットアップホストセキュリティ	3
	3　暗号化によるデータの保護	3

ここが重要

- 出題内容については変更される可能性があるため、LPI日本支部のWebサイト(https://www.lpi.org/ja)で確認してください。本書はバージョン5.0のレベル1試験に対応しています。

受験の申し込み手続き

LPI認定試験を受験するにはLPI-IDの取得が必要です。LPI-IDを取得するには、下記のURLにアクセスして必要事項を入力してください。登録が完了すれば、メールで登録情報が送られてきます。

https://cs.lpi.org/caf/Xamman/register

なお、受験に際しては、次のいずれかの方法で申し込み手続きを行います。

ピアソンVUEのホームページ上で申し込む

ピアソンVUEのホームページ上で直接、申し込み手続きが行えるようになっています。下記のURLで確認の上、申し込みを行ってください。

https://www.pearsonvue.co.jp/test-taker.aspx

ピアソンVUEで申し込みを行うには、あらかじめ受験者登録をしておく必要があります。受験者登録するには、専用の登録書をピアソンVUEのホームページからダウンロードして必要事項を記入し、電子メールまたはFAXでピアソンVUEに送信します。登録手続きには1営業日が必要です。登録完了の連絡はないので、送信の翌日以降に申し込み手続きを行います。

申し込み手続きが完了すると、予約確認書・領収書が電子メールで送られてきます。申し込み内容に誤りがないか確認しておきましょう。

ピアソンVUEへ電話で申し込む

電話で申し込む場合は、ピアソンVUEコールセンター（0120-355-583または0120-355-173）へ電話します。オペレータの指示に従って受験申し込みを行ってください。

受験の実際

　試験会場には、試験開始時間の15分前までに到着するようにします。到着したら受付手続きを済ませてください。受付では、運転免許証、パスポートなどの身分証明書が必要になります。試験時間になったら、担当者の指示でテストルームに入ります。テストルームには、本、鞄、筆記具、携帯電話などはいっさい持ち込むことができないので、あらかじめ試験会場内のロッカーに預けておきます。

　テストルームに入ったら、指定された席に着いてください。席にはノートボードとペンが用意されており、試験中にメモをとるときなどに使うことができます。コンピュータの画面には受験する試験が表示されています。監督官の指示に沿い、画面の指示に従って試験を始めてください。

試験の終了と採点

　試験が終了すると、すぐに得点と合否が表示されます。試験が終了して退出するときには、ノートボードとペンは席に残していかなければなりません。試験結果のレポートは印刷されているので、受付で受け取ってください(試験会場により受け取り場所が異なることがあります)。

再受験(リテイク)ポリシー

　不合格の場合は、再試験を受ける際のリテイクポリシーに注意してください。同一科目を受験する際、2回目の受験については、受験日の翌日から起算して7日目以降(土日含む)より可能となりますが、3回目以降の受験については、最後の受験日の翌日から起算して30日目以降より可能となります。

試験に合格したら

　101試験と102試験の両方に合格すると、2～3週間後に認定証が郵送されてきます。試験終了後、特に手続きをする必要はありません。

　なお、LPI認定試験には有効期限がありません。一度合格すれば再試験を受ける必要はありませんが、最新の技術動向に対応できているかどうかの判断基準として、有意性の期限(5年)が定められています。認定日から5年以内に、同一レベルの認定を再取得もしくは上位レベルを取得することで、「ACTIVE」な認定ステータスを維持することができます。

試験問題の形式

択一問題の例

択一問題では、選択肢にラジオボタン(◯)が表示されます。正解と思われる選択肢を選んで、マウスでクリックします。

問題：1

ユーザーアカウント「newuser」を新しく作成したいと思います。ホームディレクトリは「/home/group01」、デフォルトシェルは「zsh」として作成する場合、適切なコマンドはどれですか。

- ◯ **A.** useradd -h /home/group01 -s /bin/zsh newuser
- ◯ **B.** useradd newuser -h /home/group01 -s /bin/zsh
- ◯ **C.** useradd -d /home/group01 -s /bin/zsh newuser
- ◯ **D.** useradd newuser -d /home/group01 -s /bin/zsh

複数選択問題の例

複数選択問題では、選択肢にチェックボックス(☐)が表示されます。正解と思われる選択肢をすべて選んで、マウスでクリックします。

試験では、解答すべき選択肢の数は問題に示されます。まれに数が示されない可能性もありますが、規定の数より多く選択しようとすると注意されるようです。

問題：2

ファイルシステムの検査を行うコマンドを2つ選択してください。

- ☐ **A.** mkfs
- ☐ **B.** fsck
- ☐ **C.** dmesg
- ☐ **D.** mke2fs
- ☐ **E.** e2fsck

入力式問題の例

　入力式問題では、解答欄にテキストボックスが表示されます。正解と思われるコマンドなどの文字列をキーボードから入力します。

　解答がコマンドの場合、「絶対パスで」などの指定がなければコマンド名のみ入力します。オプションや引数については、問題の指示に従ってください。問題文に特に明記されていない場合はコマンド名のみの入力でよいでしょう。ファイル名の場合も同様に、絶対パスで入力するかファイル名のみ入力するか、問題の指示に従ってください。また、大文字と小文字は区別したほうがよいでしょう。

問題：3

あるプログラムを実行するときに必要となる共有ライブラリを調べるコマンドを記述してください。

_____

学習の進め方

本書を使っての学習

　LPI認定試験に合格するには、実機を使った練習が不可欠です。とりわけ、UNIX系OSに馴染みのない方は、オプションや引数をそらで入力できるくらいにコマンド操作に習熟してください。何から始めたらよいかわからない場合は、一例として以下を参考にしてください。

- Linux操作環境を用意する（仮想マシンもしくは実際のLinuxマシン）
- 本書に書いてあるとおりにコマンドを入力し、その結果を確認する
- コマンド入力を少し変えてみる（実行例とは異なる引数を指定する、実行例が掲載されていないオプションを使ってみる、など）
- エラーが出たり思ったとおりの結果が出なければ、その原因を調べてみる
- manコマンドでマニュアルを読んでみる
- 本書を見ずに、コマンドを実行してみる（できるだけコマンド履歴を使わずに）

　また、以下のページに、本書に対応した演習問題を用意しています。

https://terminalcode.net/lpicvm/

　本書の演習に利用できる仮想マシンについては、VirtualBoxの上で動作するCentOSおよびUbuntuのイメージファイルを下記のページからダウンロードできます。Windowsパソコンしか所持していない場合でも、VirtualBoxをインストールし、イメージファイルを取得すれば、Linuxの実機学習ができます。詳しい使い方は、P.545〜552の「付録 Linux実習環境の使い方」を参照してください。

https://www.shoeisha.co.jp/book/download/9784798160498

　本書におけるコマンドの実行例は、CentOS 7およびUbuntu 18.04においての実行を確認していますが、特定の環境やデフォルトのインストール状態では実行できなかったり、ディストリビューションのバージョンや環境によって実行結果が異なる場合があります。また、わかりやすさを重視して、日本語環境での実行例を多用していますが、試験問題が日本語環境とは限りませんので注意してください。

試験には、非常に詳細で正確な知識を問う出題や、運用経験が役立つような実務的な出題もあります。確実に合格するためには、模擬試験問題を100％正答できるようになるよりもむしろ、本書の内容をすみずみまで理解するように努めてください。また、LPI認定試験では記述式（入力式）問題が比較的多いため、コマンド名やファイル名、オプションなどはできるだけ正確に暗記するようにしてください。

LPI日本支部のWebサイトには、101、102各試験の出題内容の詳細が掲載されています。重要なファイルや用語も掲載されているので、一度は目を通しておくことをおすすめします。

受験のテクニック

101試験と102試験の制限時間はどちらも90分、それぞれ約60問が出題されます。合格するには、おおよそ65％以上の正解率が必要です。中には、重箱の隅をつつくような問題が出てくることもあります。

問題は落ち着いて繰り返し読んでください。試験時間は十分にあるはずです。複数の選択肢を選ぶ問題では、必要な選択肢をすべて選び、漏れがないようにしてください。

問題によっては、完全な正解と思われる選択肢がなかったり、逆に複数あったりするかもしれません。そのような場合は、問題文をよく読んで設問の意図を推測し、そこからもっとも正解に近いと思える選択肢を選んでください。

問題はランダムな順に出題されます。そのため、ある問題の正解がわからなくても、その後の問題を解くことで正解がひらめく場合があります。そのようなときには、前にさかのぼって解答をやり直せるよう、問題にチェックを付けておくことができます。LPI認定試験では、解き終わった問題をやり直すことができます。自信のない問題にはチェックを付けておくと、後で素早く探し出せます。

問題に正答するには、正解の選択肢を見つけようとするだけではなく、誤っている選択肢を消去法で除いていくやり方が有効です。問題文や選択肢を注意深く読み、選択肢の誤りを探します。誤っている選択肢としては、次のようなものが考えられます。

- 存在しないコマンドやオプションが書かれている
- 明らかに問題文の状況とは関連しないことが書かれている
- 一見正しいが、設問の意図とはそぐわないことが書かれている

どうしても正解がわからない問題があっても、何か解答はすべきです。消去法を使って選択範囲を絞り込み、もっとも正解に近いと思える選択肢を選んでください。

ひととおり試験問題を解き終わったら、もう一度すべての問題を見直しましょう。問題文の意味を取り違えているなど、思わぬミスを発見することもあります。焦ることなく、丁寧に見直してください。

> **ここが重要**
> - 出題内容や受験の申し込み方法など試験の詳細については、LPI日本支部のWebサイトで最新の情報を確認してください。
>   https://www.lpi.org/ja

第 *1* 部
101試験

試験名：LPIC-1 101

第1章 システムアーキテクチャ

- **1.1** ハードウェアの基本知識と設定
- **1.2** Linuxの起動とシャットダウン
- **1.3** SysVinit
- **1.4** systemd

理解しておきたい用語と概念

- [ ] BIOS/UEFI
- [ ] システム起動の流れ
- [ ] ランレベル
- [ ] シングルユーザーモード
- [ ] init

習得しておきたい技術

- [ ] BIOS/UEFIセットアップの呼び出し
- [ ] BIOS/UEFIの設定
- [ ] 接続されているデバイスの確認
- [ ] デバイスドライバのロード
- [ ] サービスの起動と終了
- [ ] 起動時のイベント確認
- [ ] ランレベルの切り替え
- [ ] デフォルトのランレベル/ターゲットの設定
- [ ] シャットダウンと再起動

第1章 システムアーキテクチャ

1.1 ハードウェアの基本知識と設定

1.1.1 基本的なシステムハードウェア

最初に、コンピュータシステムを構成する代表的なハードウェアについて確認しておきましょう。

CPU

コンピュータの頭脳ともいえる、演算処理を行う部分です。メモリ上からプログラムを読み出し、処理を実行します。CPUにはさまざまな種類がありますが、Linuxは非常に多くのCPUの種類（アーキテクチャ）に対応しています。GHz（ギガヘルツ）で表される動作周波数は、性能の指標の1つとして見ることができます。

 アーキテクチャ
コンピュータハードウェアの基本設計を意味しますが、CPUの種別を表す言葉としてよく使われます。Intel系CPUを表す「x86」「IA-32」、x86アーキテクチャを64ビットに拡張した「x86-64」、組み込み機器に多く使われる「ARM」などがあります。

メモリ

データを記憶する役割を持つパーツがメモリ（メインメモリ、主記憶）です。メモリに記憶された内容は、システムの電源が切れると消えてしまいます。Linuxが動作するには、512MB〜1GB程度以上のメモリが必要です[注1]。

ハードディスク

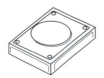

メモリは容量もそれほど大きくはなく、電源を切ると内容は消失してしまうので、大きなサイズのデータや長期間保存するデータはハードディスクに格納します。システムに内蔵するタイプのものと、外付けで接続する形態のものがあります。また、ハードディスクなどの記憶装置をまとめてストレージと呼びます。Linuxをインストールする

【注1】 128MBのメモリで動作するようなLinuxディストリビューションもありますが、サーバとして利用するには最低1GB程度は必要でしょう。

ためには必要ですが、Linuxの動作に必須ではありません。近年では、HDD（Hard Disk Drive）に代わって、フラッシュメモリを使ったSSD（Solid State Drive）も使われるようになってきています。

入力装置

キーボードとマウスは、コンピュータに情報を入力するための基本的なハードウェアです。サーバでは接続されていないこともあります。

拡張カード

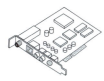

マザーボードの拡張スロットに装着する形でさまざまな機能を提供するハードウェア部品です。ネットワークカード（NIC）、サウンドカード、モデムカード、ビデオカード、SCSIカード、RAIDカードなどがあります。拡張カードを取り付けたり取り外したりするときは、一般的にシステムの電源を切っておく必要があります。

USB機器

さまざまな周辺機器を接続する規格がUSBです。キーボード、マウス、ハードディスク、フラッシュメモリ（USBメモリ）、DVDドライブなど、多彩な周辺機器が対応しています。USB機器は、システムの電源をオンにしたまま、接続したり取り外したりすることができます。

1.1.2　BIOS/UEFI

BIOS（Basic Input Output System：入出力基本システム）は、キーボードやハードディスクなどのデバイスを制御する、もっとも基本的な制御プログラムです。BIOSはコンピュータのマザーボードや拡張カードに搭載されたフラッシュROMに書き込まれています。OSやアプリケーションは、BIOSのインターフェースを利用して簡単にハードウェアへアクセスすることができます。マザーボード上のBIOSはシステムBIOS、拡張カード上のBIOSは拡張BIOSと呼ばれますが、本書ではシステムBIOSを扱います。

フラッシュROM
ROM（Read Only Memory）は読み出し専用のメモリですが、フラッシュROMは書き換えることが可能なROMです。

デバイス
コンピュータを構成するハードウェア部品のこと。プリンタやディスプレイなどの周辺機器だけではなく、CPUやハードディスクといったパーツも個々のデバイスです。

マザーボード
CPUやメモリ、各種インターフェースなど、コンピュータを構成する基本的なパーツを搭載する基板のこと。

BIOSには次のような役割もあります。

- OSを起動するためのプログラムをディスクから読み込んで実行する
- デバイスの動作を設定する
- 基本的な入出力を制御する

> **注意** コンピュータに搭載されているBIOSが古いと、大容量のハードディスクが正常に認識できないなど、不具合が生じる可能性があります。メーカーが最新版のBIOSを公開している場合は、適切な手順でアップデートすることで、そのような不具合が解消できることがあります。

なお、現在ではBIOSの後継となるファームウェア規格の**UEFI**（Unified Extensible Firmware Interface）が普及しています。UEFIでは、一部OSにおける起動ドライブの容量制限（BIOSでは2TB）がなくなったり、GUIベースのセットアップ画面を利用できるなど、さまざまな拡張が行われています。旧来のBIOSとUEFIをあわせ、コンピュータのファームウェアの総称として「BIOS」という言葉が使われる場合もあります。

コンピュータの電源を入れると、システムBIOS/UEFIのメッセージが表示されます。この時点でコンピュータは、接続されたデバイスやメモリをチェックしています[注2]。このときに特定のキーを押すことにより、BIOS/UEFIセットアップ画面を呼び出すことができます。機種によってキーはさまざまですが、画面中に表示が出るので、表示が出ている間にキーを押します。一般に、DeleteキーやF1キー、またはF2キーなどが使われます。

[注2] この処理をPOST（Power On Self Test）といいます。

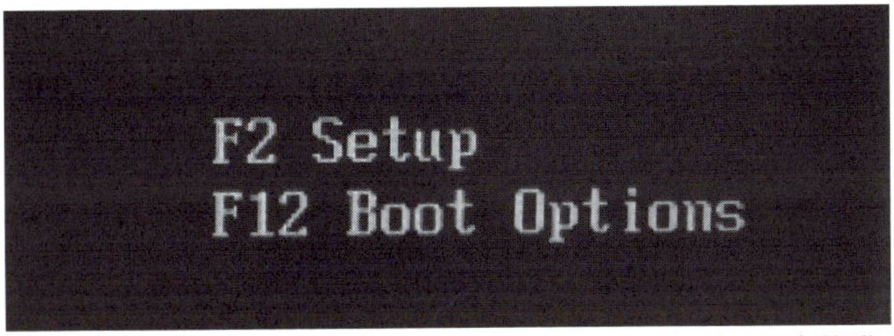

1.1 ハードウェアの基本知識と設定

```
F2 Setup
F12 Boot Options
```

図1-1　起動画面の一部（この例ではF2キーを押すとBIOSセットアップが起動する）

　BIOS/UEFIセットアップで設定できる項目はシステムBIOS/UEFIにより異なります。多くの場合、次のような設定が可能です。

- 日付や時刻（ハードウェアクロック）
- ディスクドライブや各種デバイスのパラメータ
- キーボードの使用/不使用
- 電源管理
- 起動ドライブの順序
- デバイスへのIRQ（Interrupt Request：割り込み要求）の割り当て
- 各種デバイスの使用/不使用

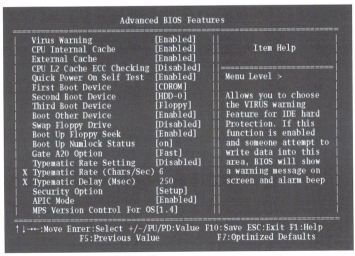

図1-2　BIOSセットアップ画面の例

図1-2は、BIOSセットアップ画面の例です。BIOSセットアップでは、カーソルキー、Enterキー、Escキーなど、一部のキーしか利用できません。設定の保存後に再起動すれば、変更が有効になります。

　起動ドライブの順序設定は特に重要です。

> **NOTE** 一般的なサーバでは、キーボードやマウスを接続せず、サーバラックに格納して使用します。しかし、ハードウェアによってはキーボードが接続されていないと起動時にエラーになる場合があります。そのときはBIOS/UEFIセットアップでキーボード接続を無効に設定します。

1.1.3 デバイス情報の確認

　Linuxは、ハードウェアのアクセスを抽象化する**デバイスファイル**を持っています。すべてのハードウェアはデバイスファイルとして表され、デバイスファイルの読み書きを通してハードウェアにアクセスできるようになっています。デバイスファイルは**/dev**ディレクトリ以下にあります。これらのデバイスファイルは、**udev**という仕組みによって自動的に作成されます。

```
$ ls /dev
autofs          lp0         sg0         tty21       tty45       ttyS2
block           lp1         sg1         tty22       tty46       ttyS3
bsg             lp2         sg2         tty23       tty47       uhid
btrfs-control   lp3         shm         tty24       tty48       uinput
bus             mapper      snapshot    tty25       tty49       urandom
（以下省略）
```

　Linuxカーネルが認識しているデバイスに関する情報の一部は、**/proc**ディレクトリ以下のファイルで確認できます。

表1-1　/procディレクトリ以下の主なファイル

ファイル名	説明
/proc/cpuinfo	CPU情報
/proc/interrupts	IRQ情報
/proc/ioports	I/Oアドレス情報
/proc/meminfo	メモリ情報
/proc/bus/usb/*	USBデバイス情報
/proc/bus/pci/*	PCIデバイス情報

1.1 ハードウェアの基本知識と設定

/procディレクトリ以下のファイルは、ファイルとしての実体がない仮想的なファイルです。一部のファイルは、テキストファイルとしてcatコマンド等で閲覧できます。次の例では、CPU情報を確認しています[注3]。

```
$ cat /proc/cpuinfo
processor       : 0
vendor_id       : GenuineIntel
cpu family      : 6
model           : 58
model name      : Intel(R) Core(TM) i7-3630QM CPU @ 2.40GHz
stepping        : 9
microcode       : 0x19
cpu MHz         : 2223.774
cache size      : 6144 KB
(以下省略)
```

デバイスの情報を確認するための各種コマンドも用意されています。PCIデバイスの情報を表示するには、**lspci**コマンドを使います。

```
$ lspci
00:00.0 Host bridge: Intel Corporation 440FX - 82441FX PMC [Natoma] (rev 02)
00:01.0 ISA bridge: Intel Corporation 82371SB PIIX3 ISA [Natoma/Triton II]
00:01.1 IDE interface: Intel Corporation 82371AB/EB/MB PIIX4 IDE (rev 01)
00:02.0 VGA compatible controller: InnoTek Systemberatung GmbH VirtualBox Graphics Adapter
00:03.0 Ethernet controller: Intel Corporation 82540EM Gigabit Ethernet Controller (rev 02)
(以下省略)
```

-vオプションを使うと詳細な情報を、-vvオプションを使うとさらに詳細な情報を表示できます。

```
$ lspci -vv
00:00.0 Host bridge: Intel Corporation 440FX - 82441FX PMC [Natoma] (rev 02)
        Control: I/O- Mem- BusMaster- SpecCycle- MemWINV- VGASnoop- ParErr- Stepping- SERR- FastB2B- DisINTx-
        Status: Cap- 66MHz- UDF- FastB2B- ParErr- DEVSEL=fast >TAbort- <TAbort- <MAbort- >SERR- <PERR- INTx-
(以下省略)
```

【注3】lscpuコマンドを使ったほうが見やすいでしょう。

> **ここが重要**
> - /procディレクトリ以下のファイルからデバイス情報を取得できます。lspciコマンドはPCIデバイスの情報を表示します。

1.1.4　USBデバイス

USB（Universal Serial Bus）は、周辺機器を接続するために広く普及している規格です。USBの特徴としては、次のようなものがあります。

- 最大127台までのUSBデバイスを接続可能
- さまざまなUSBデバイスを同一のコネクタで接続可能
- 電源を入れたままの接続・取り外しに対応（ホットプラグ）
- プラグ&プレイをサポート
- USBポートからUSBデバイスに電源を供給可能

USBにはいくつかのバージョンがあり、最大データ転送速度などが異なります。

表1-2　USBのバージョン

バージョン	最大データ転送速度
USB 1.0	12Mビット/秒
USB 1.1	12Mビット/秒
USB 2.0	480Mビット/秒
USB 3.0	5Gビット/秒
USB 3.1	10Gビット/秒

ハードウェアを利用するにはデバイスドライバが必要です。USBの場合は、USBデバイス固有のデバイスドライバ（ベンダーが提供するドライバ）以外に、Linuxシステムに最初から搭載されている汎用のドライバ（クラスドライバ）もあります。デバイスクラスの仕様に沿ったUSBデバイスはクラスドライバで対応できるため、専用のデバイスドライバをインストールする必要がありません。

1.1 ハードウェアの基本知識と設定

表1-3 主なデバイスクラス

デバイスクラス	サポートするUSBデバイス
HID（Human Interface Device）	キーボード、マウスなど
マスストレージデバイス	USBメモリ、デジタルオーディオプレイヤー、ハードディスクドライブなど
オーディオ	マイク、スピーカー、サウンドカードなど
プリンタ	プリンタなど
ワイヤレスコントローラー	Wi-Fiアダプタ、Bluetoothアダプタなど

USBデバイスの情報を表示するには、**lsusbコマンド**を使います。

```
$ lsusb
Bus 001 Device 001: ID 1d6b:0002 Linux Foundation 2.0 root hub
Bus 002 Device 001: ID 1d6b:0001 Linux Foundation 1.1 root hub
Bus 003 Device 001: ID 1d6b:0001 Linux Foundation 1.1 root hub
Bus 004 Device 001: ID 1d6b:0001 Linux Foundation 1.1 root hub
Bus 005 Device 001: ID 1d6b:0001 Linux Foundation 1.1 root hub
Bus 001 Device 002: ID 05e3:0727 Genesys Logic, Inc. microSD Reader/Writer
Bus 001 Device 004: ID 04f2:b036 Chicony Electronics Co., Ltd Asus Integrated
0.3M UVC Webcam
Bus 005 Device 002: ID 0b05:b700 ASUSTek Computer, Inc. Broadcom Bluetooth 2.1
Bus 002 Device 002: ID 056e:007e Elecom Co., Ltd
```

書式 lsusb [オプション]

表1-4 lsusbコマンドの主なオプション

オプション	説明
-v	詳細に表示する
-t	USBデバイスの階層構造をツリー状に表示する

ここが重要
- USBデバイスの情報はlsusbコマンドで表示できます。

1.1.5 udev

/devディレクトリ以下のデバイスファイルは、**udev**（Userspace DEVice management）という仕組みによって自動的に作成されます。かつてのLinuxでは、使用する・しないにかかわらず、多数のデバイスファイルをあらかじめ/devディレクトリ以下に作成しておかなければなりませんでした。また、カーネルがデバイスを認識していたとしても、デバイスファイルが存在しないとアプリケーションはデバイスを利用することができませんでした。

udevの仕組みでは、デバイス（ハードウェア）が接続されると、カーネルがそれを検知し、/sysディレクトリ以下にデバイス情報を作成します。udevデーモン（udevd）は、そのデバイス情報を参照して、/devディレクトリ以下にデバイスファイルを作成します。その際に、/etc/udev/rules.dディレクトリ以下の設定ファイルが使われます。設定ファイルを編集することで、たとえばあるUSBメモリを「/dev/usbmemory」とする、といったように、特定のハードウェアを任意の名前のデバイスファイルとして扱えるようにもできます。

> **Note** /sysディレクトリ（sysfs）は、/procディレクトリ（procfs）と同様に仮想的なファイルシステムです。

デバイスの情報は、**D-Bus**（Desktop Bus）と呼ばれる、アプリケーション間でやりとりを行うための機構によってアプリケーションに伝えられ、アプリケーションからデバイスを利用できるようになります。

1.1.6 デバイスドライバのロード

デバイスを利用するために必要な制御プログラムを**デバイスドライバ**といいます。Linuxでは、デバイスドライバはカーネルの一部（カーネルモジュール）として提供されています。必要なデバイスドライバをカーネルに取り込むことを「ロードする」といいます。ロードされているカーネルモジュールを確認するには、**lsmod**コマンドを使います[注4]。

```
$ lsmod
Module          Size    Used by
ip6t_rpfilter   12546   1
ip6t_REJECT     12939   2
```

【注4】 lsmodコマンドは/proc/modulesの情報を出力します。

```
ipt_REJECT         12541    2
xt_conntrack       12760    7
ebtable_nat        12807    0
ebtable_broute     12731    0
bridge            110196    1       ebtable_broute
(以下省略)
```

通常、必要なデバイスドライバは自動的にロードされますが、手動でロードする場合は**modprobeコマンド**を実行します。次の例では、ネットワークカードのデバイスドライバe1000をロードしています。

```
# modprobe e1000
```

1.2 Linuxの起動とシャットダウン

1.2.1 システムが起動するまでの流れ

　システムの電源を入れてからOSが起動するまでの流れは、コンピュータのアーキテクチャによって異なります。ここでは、一般的なPC（x86/x86_64アーキテクチャ）における起動の手順を見てみましょう。

　電源を入れると、最初にBIOS/UEFIが起動します。BIOS/UEFIはハードウェアのチェックや初期化を行い、起動デバイス（ハードディスクやSSD）に書き込まれたブートローダ（boot loader）を読み出した後、ブートローダに制御を移します。ブートローダの主な役割は、起動デバイス上からカーネルをメモリ上へ読み込むことです。

　カーネルは、メモリの初期化やシステムクロックの設定などを行い、仮のルートファイルシステム（initramfs：初期RAMディスク）をマウントします。初期RAMディスクには、システムの起動に必要なデバイスドライバが組み込まれており、これを使ってハードディスク等のデバイスへアクセスできるようになります。ルートファイルシステムが使えるようになると、カーネルは最初のプロセスであるinit（またはsystemd）プロセスを実行します。initは必要なサービスなどを順次起動していき、最後にログインプロンプトを表示して起動処理を完了します。

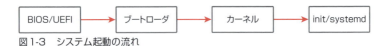

図1-3　システム起動の流れ

> **用語解説　ブート**
> 電源を入れてからシステムが起動するまでの処理の流れを、ブート（boot）またはブートストラップ（bootstrap）といいます。

1.2.2　起動時のイベント確認

dmesgコマンドを使うと、システム起動時にカーネルがどのような処理を行ったか確認できます。

```
$ dmesg | head -20
[    0.000000] Linux version 4.15.0-42-generic (buildd@lgw01-amd64-023) (gcc ve
rsion 7.3.0 (Ubuntu 7.3.0-16ubuntu3)) #45-Ubuntu SMP Thu Nov 15 19:32:57 UTC 
2018 (Ubuntu 4.15.0-42.45-generic 4.15.18)
[    0.000000] Command line: BOOT_IMAGE=/boot/vmlinuz-4.15.0-42-generic root=UU
ID=c3958cc3-4aa0-11e8-832a-080027d20329 ro
[    0.000000] KERNEL supported cpus:
[    0.000000]   Intel GenuineIntel
[    0.000000]   AMD AuthenticAMD
[    0.000000]   Centaur CentaurHauls
[    0.000000] ------------[ cut here ]------------
[    0.000000] XSAVE consistency problem, dumping leaves
[    0.000000] WARNING: CPU: 0 PID: 0 at /build/linux-Y38gIP/linux-4.15.0/arch/
x86/kernel/fpu/xstate.c:614 do_extra_xstate_size_checks+0x303/0x3e6
```

　dmesgコマンドは、カーネルが出力したメッセージを一時的に蓄えておくバッファの内容を表示します。システムが起動した後もカーネルが出力するメッセージが蓄えられていきますので、バッファに収まりきらなくなった古いメッセージは消えていきます。そのため、長時間稼働しているシステムでは、dmesgコマンドを実行しても、システム起動時のメッセージが残っていないことがあります。

　システム起動時のメッセージは、ログファイル/var/log/messagesや/var/log/dmesg、/var/log/boot.logにも保存されます。これらのファイルはテキストファイルなので、**catコマンド**などで閲覧することができます。ただし、ディストリビューションによってログファイルが異なったり、閲覧にroot権限が必要なことがあります。

　systemdを採用したシステム（P.36）では、**journalctl -kコマンド**でdmesgコマンドと同様にカーネルのバッファ内容を表示することができます。-bオプションを使う

と、システム起動時のメッセージを表示できます。

```
$ journalctl -kb
-- Logs begin at Thu 2018-03-22 21:41:29 JST, end at Mon 2018-11-25 22
:58:41 JST. --
Oct 05 22:44:55 centos7.example.com kernel: Initializing cgroup subsys
cpuset
Oct 05 22:44:55 centos7.example.com kernel: Initializing cgroup subsys
cpu
Oct 05 22:44:55 centos7.example.com kernel: Initializing cgroup subsys
cpuacct
Oct 05 22:44:55 centos7.example.com kernel: Linux version 3.10.0-957.1
.3.el7.x86_64 (mockbuild@kbuil
Oct 05 22:44:55 centos7.example.com kernel: Command line: BOOT_IMAGE=/
vmlinuz-3.10.0-957.1.3.el7.x86
Oct 05 22:44:55 centos7.example.com kernel: e820: BIOS-provided physica
l RAM map:
Oct 05 22:44:55 centos7.example.com kernel: BIOS-e820: [mem 0x00000000
00000000-0x000000000009fbff] u
Oct 05 22:44:55 centos7.example.com kernel: BIOS-e820: [mem 0x00000000
0009fc00-0x000000000009ffff] r
Oct 05 22:44:55 centos7.example.com kernel: BIOS-e820: [mem 0x00000000
000f0000-0x00000000000fffff] r
Oct 05 22:44:55 centos7.example.com kernel: BIOS-e820: [mem 0x00000000
00100000-0x000000003ffeffff] u
(以下省略)
```

1.2.3　システムのシャットダウンと再起動

　システム上で動作しているさまざまなプログラムを適切に終了してシステムを安全に停止させることをシャットダウンといいます[注5]。システムのシャットダウンや再起動は、**shutdown コマンド**を使って操作します。

> **書式**　shutdown [オプション] 時間 [メッセージ]

[注5] 通常は自動的に電源も切れます。

表1-5 shutdownコマンドの主なオプション

オプション	説明
-h	シャットダウンする
-r	シャットダウン後にシステムを再起動する
-f	次回起動時にfsckをスキップする(-hまたは-rと組み合わせて利用する)
-F	次回起動時にfsckを必ず実行する(-hまたは-rと組み合わせて利用する)
-k	実際にはシャットダウンせず警告メッセージを通知する
-c	現在実行中のシャットダウンをキャンセルする

次の例では、5分後にシステムを停止します。また、ログインしているユーザーに「Please logout immediately.」というメッセージを表示します。

```
# shutdown -h +5 "Please logout immediately."
```

実際にシャットダウンするのではなく、警告メッセージだけをユーザーに伝えたい場合は、-kオプションを指定します。

```
# shutdown -k now 'Please logout immediately.'

Broadcast message from root (pts/0) (Sun Nov 25 19:19:24 2018):

Please logout immediately.
The system is going down to maintenance mode NOW!

Shutdown cancelled.
```

次の例では、22時にシステムをシャットダウンします[注6]。

```
# shutdown -h 22:00
```

次の例では、ただちに再起動を行います。

```
# shutdown -r now
```

shutdownコマンドが実行されると、それ以後はユーザーがログインできなくなります。また、ユーザーに通知するメッセージを用意している場合、シャットダウンが近づくにつれて頻繁にメッセージが表示されるようになります。

[注6] すでに22時を過ぎている場合は、翌日の22時にシャットダウンが行われます。

1.2 Linuxの起動とシャットダウン

ほかにも、halt、poweroffといったコマンドでシステムを停止したり、rebootコマンドで再起動したりすることができます。Ctrl+Alt+Deleteキーにより再起動するように設定されている場合もあります。

ここが重要

- システムを安全にシャットダウンもしくは再起動するにはshutdownコマンドを使います。shutdownコマンドとオプションの使い方に習熟しておく必要があります。

NOTE init/telinitコマンドでシステムを停止・再起動する場合、利用中のユーザーにはいっさい通知されないといった問題が生じます。shutdownコマンドでは、システムがシャットダウンする旨のメッセージが利用中のユーザーに通知されるようになっています。

注意 systemdを採用したシステムでは、shutdown -kコマンドを使ってもメッセージが通知されないことがあります。wallコマンドを使ってメッセージを通知してください。

acpid

ACPI（Advanced Configuration and Power Interface）は、コンピュータの電力を管理する規格です。電源ボタンを押したり、ノートPCの蓋を閉じたりすると、ACPIイベントが発生し、acpid（ACPIデーモン）がイベントに対応したプログラムを起動して処理を行います。とりわけノートPCで電源管理がうまく動作しない場合は、ACPIまわりを調査してみてください。

systemdとshutdownコマンド

systemdを採用したシステムでは、shutdownコマンドの代わりに「systemctl reboot」で再起動を、「systemctl poweroff」コマンドでシステム終了を行います。現時点ではまだ旧来のshutdownコマンドも利用できますが、いずれは使えなくなるかもしれません。

1.3 SysVinit

システムの電源を入れてからLinuxが起動する手順は、ここ数年で大きく変わりました。これまでは、UNIX系OS全般で広く使われてきた**SysVinit**（System Five Init）が主流で、これまでのLPICでもSysVinitを前提としていました。しかし現在では、**systemd**という新しい起動の仕組みが主流になってきています。LPICでは、SysVinitとsystemd両方の知識が問われます。

> **用語解説 SysVinit**
> SysVinitは、UNIXのSystemV（システム5）で採用されていた起動の仕組みに基づいているため、そのように呼ばれています。

1.3.1 SysVinitによる起動

SysVinitでは、Linuxシステムで最初に実行されるプロセス[注7]であるinitが、/etc/inittabファイルの設定に従い、システムに必要なサービスを順次起動していきます。一般的な処理の流れは次のとおりです。

① initが/etc/inittabファイルを読み込む
② initが/etc/rc.sysinitスクリプトを読み込む
③ initが/etc/rcスクリプトを実行する
④ /etc/rcスクリプトが「/etc/rc<ランレベル>.d」ディレクトリ以下のスクリプトを実行する[注8]

以下は/etc/inittabファイルの一例です。

▶ **/etc/inittabの例**
```
# Default runlevel.
id:3:initdefault:

# System initialization.
si::sysinit:/etc/rc.d/rc.sysinit

l0:0:wait:/etc/rc.d/rc 0
```

【注7】プロセスについては第4章を参照してください。
【注8】ランレベルについては次項で説明します。

```
l1:1:wait:/etc/rc.d/rc 1
l2:2:wait:/etc/rc.d/rc 2
l3:3:wait:/etc/rc.d/rc 3
l4:4:wait:/etc/rc.d/rc 4
l5:5:wait:/etc/rc.d/rc 5
l6:6:wait:/etc/rc.d/rc 6

# Trap CTRL-ALT-DELETE
ca::ctrlaltdel:/sbin/shutdown -t3 -r now

# Run gettys in standard runlevels
1:2345:respawn:/sbin/mingetty tty1
2:2345:respawn:/sbin/mingetty tty2
3:2345:respawn:/sbin/mingetty tty3
4:2345:respawn:/sbin/mingetty tty4
5:2345:respawn:/sbin/mingetty tty5
6:2345:respawn:/sbin/mingetty tty6

# Run xdm in runlevel 5
x:5:respawn:/etc/X11/prefdm -nodaemon
```

 SysVinitを使っていない最近のシステムでは、/etc/inittabファイルは存在しないか、あっても中に何も記述されていないことがあります。

　SysVinitでは、あらかじめ決められた順にサービスが起動していくため、あるサービスの起動に手間取ると、それ以後に起動するサービスが待たされてしまい、最終的な起動完了まで時間がかかってしまいます。そのため、現在では多くのディストリビューションがsystemdやUpstartといった新しい仕組みに切り替えています。

> **COLUMN**
>
> **Upstart**
>
> SysVinitを改善した新しいinitの仕組みとして、Upstartがあります。SysVinitでは、サービスAを起動する場合はその前にサービスBを起動する、といった依存関係を適切に処理することができず、管理者が管理する必要があります。また、サービスを並列で起動できないため、コンピュータの性能によっては起動に時間がかかってしまうという欠点もありました。Upstartではそれらが改善され、サービスの依存関係を適切に設定したり、サービスを並列で起動することにより短時間でシステムを起動したりすることができるようになりました。
>
> Upstartの特徴はイベント駆動型であることです。イベントとは、ランレベルの変更やファイルシステムのマウントといったシステム上の変化を表します。Upstartのinitデーモンはイベントの発生を引き金として、指定された処理（ジョブ）を実行します。ジョブには、デーモンやシステムサービスなど常駐型の「サービス」と、何らかの処理を行って終了する「タスク」があります。
>
> Upstartは一時期Red Hat Enterprise LinuxやUbuntuに採用されていましたが、その後systemdへの移行が進められています。

1.3.2 ランレベル

　SysVinitを採用しているシステムでは、ランレベルと呼ばれるいくつかの動作モードがあります。ランレベルごとに、どのようなサービスが稼働するか（もしくは稼働しないか）を決定できます。たとえば、ランレベル5ではクライアントPCとして必要なGUI環境を利用できる、ランレベル3では各種サーバソフトウェアを使ったネットワークサービスを提供する、といったものです。

　ランレベルには次のような種類があります。ランレベルの定義は、ディストリビューションによって若干異なります。

表1-6　Red Hat Enterprise Linux、CentOS、Fedoraでのランレベル

ランレベル	説明
0	停止
1	シングルユーザーモード
2	マルチユーザーモード（テキストログイン、NFSサーバは停止）
3	マルチユーザーモード（テキストログイン）
4	未使用
5	マルチユーザーモード（グラフィカルログイン）
6	再起動
Sまたはs	シングルユーザーモード[注9]

表1-7　Ubuntu、Debian GNU/Linuxでのランレベル

ランレベル	説明
0	停止
1	シングルユーザーモード
2	マルチユーザーモード
3	マルチユーザーモード
4	マルチユーザーモード
5	マルチユーザーモード
6	再起動
Sまたはs	シングルユーザーモード

シングルユーザーモードは、rootユーザーだけが利用できる特殊な状態です。シングルユーザーモードでは、一般ユーザーはログインできないので、システムのメンテナンスなど、一般ユーザーがシステムを利用していては困る場合などに使われます。

1.3.3　ランレベルの確認と変更

現在のランレベルを表示するには、**runlevelコマンド**を使います。runlevelコマンドは、現在のランレベルと、その前のランレベルを表示します。次の例では、現在のランレベルは「3」であり、その前のランレベルは「N」となっています。これは起動したばかりで、ランレベルを切り替えていないためです。

[注9] シングルユーザーモードで起動するためにパスワードを設定することもできます。デフォルトでパスワードが要求されるディストリビューションもあります。

```
# runlevel
N 3
```

ランレベルを変更するには、スーパーユーザー（root）で**init コマンド**もしくは **telinit コマンド**を使います。次の例では、ランレベル1（シングルユーザーモード）へ移行しています。

```
# init 1
```

一般ユーザーのログイン中に突然シングルユーザーモードに移行すると、一般ユーザーはいっさいの操作ができなくなってしまいます。そのため、ログイン中のユーザーにはあらかじめメッセージを送ってログアウトを促しておくとよいでしょう。**wall コマンド**を使うと、指定したメッセージをユーザーの端末に送ることができます。

```
# wall 'This system is going down to maintenance mode! Please logout!'
```

ユーザーの端末画面には次のように表示されます。

```
Broadcast message from root (tty1) (Sun Nov 25 18:41:09 2018):

This system is going down to maintenance mode! Please logout!
```

ここが重要

- ランレベルの変更方法やランレベル変更時のメッセージ通知について理解しておきましょう。

1.3.4 起動スクリプトによるサービスの管理

SysVinitでは、各種サービスの起動には、/etc/init.dディレクトリ以下に用意されている起動スクリプトが使われます。一般的に、ランレベルが異なれば起動されるサービスも異なります。/etc/rc<ランレベル>.dディレクトリを見ると、各ランレベルで起動するサービス、終了するサービスのスクリプトファイルが配置されています。たとえば、/etc/rc3.dディレクトリには、ランレベル3になったときに利用されるスクリプトファイルが配置されています。

```
$ ls /etc/rc3.d
```

1.3 SysVinit

K01dnsmasq	K25squid	K87multipathd	S10network
K01smartd	K30spamassassin	K87named	S12syslog
K02NetworkManager	K35dovecot	K87portmap	S13cpuspeed
K02avahi-daemon	K35smb	K87restorecond	S13irqbalance
K02avahi-dnsconfd	K35vncserver	K88auditd	S15mdmonitor
K02oddjobd	K35winbind	K88pcscd	S22messagebus
K03yum-updatesd	K36mysqld	K88rsyslog	S26acpid
K05conman	K44rawdevices	K88wpa_supplicant	S26haldaemon
K05saslauthd	K50netconsole	K89dund	S26hidd
(以下省略)			

ファイル名がKで始まるファイルと、Sで始まるファイルがありますが、いずれも/etc/init.dディレクトリ以下にある起動スクリプトへのシンボリックリンクです。

```
$ ls -l /etc/rc3.d/S90crond
lrwxrwxrwx 1 root root 15 Jun 19 23:20 /etc/rc3.d/S90crond -> ../init.d/crond
```

起動スクリプトは、システムサービスや各種サーバを起動したり、再起動したり、終了したりする場合に利用します。たとえば、httpdサービス（Apache HTTP Server／Webサーバ）を起動するには、次のようにします。

```
# /etc/init.d/httpd start
Starting httpd:                                            [  OK  ]
```

httpdサービスを終了するには、次のようにします。

```
# /etc/init.d/httpd stop
Stopping httpd:                                            [  OK  ]
```

ここが重要
- 起動スクリプトを使ったサービスの起動方法、終了方法を覚えておきましょう。

1.3.5 デフォルトのランレベルの設定

Linuxが起動すると、最初のプロセスとしてinitが実行され、指定されたランレベルで起動します。デフォルトのランレベルは、**/etc/inittab**に記述されています[注10]。

[注10] /etc/inittabファイルの変更をすぐに反映するには、init qコマンドを使います。

次に示すのは、/etc/inittabファイルの一部です。

▶ **/etc/inittabファイルの内容（一部）**
```
# Default runlevel. The runlevels used by RHS are:
#   0 - halt (Do NOT set initdefault to this)
#   1 - Single user mode
#   2 - Multiuser, without NFS (The same as 3, if you do not have networking)
#   3 - Full multiuser mode
#   4 - unused
#   5 - X11
#   6 - reboot (Do NOT set initdefault to this)
#
id:3:initdefault:
```

「#」で始まる行はコメントです。最終行では、デフォルトのランレベルを「3」と指定しています。デフォルトのランレベルを「5」に変更するには、次のように書き換えます。

```
id:5:initdefault:
```

ランレベルを指定する部分に「0」や「6」を指定すると、当然ながらシステムは正常に起動することができず、起動途中でシャットダウンしたり、再起動を繰り返したりします。

ここが重要

- /etc/inittabファイルでデフォルトのランレベルを指定できます。

1.4 systemd

1.4.1 systemdの概要

systemdを採用したシステムでは、initプロセスの代わりにsystemdプロセスが起動し、各種サービスを管理します。systemdでは、表1-8のような複数のデーモンプロセス（常駐プロセス）が連携して動作します。

1.4 systemd

表1-8 systemd関連の主なデーモンプロセス

プロセス	説明
systemd	systemdのメインプロセス
systemd-journald	ジャーナル(ログ)管理プロセス
systemd-logind	ログイン処理プロセス
systemd-networkd	ネットワーク管理プロセス
systemd-timesyncd	システムクロック同期プロセス
systemd-resolved	名前解決プロセス
systemd-udevd	デバイス動的検知プロセス

用語解説　デーモン

デーモン(daemon)は、メモリ上に常駐してシステムサービスやサーバサービスを提供するプロセスです。「メモリ上に常駐する」プロセスは、起動した後にずっと動作し続けます。一方、処理を終え次第、すぐに終了するプロセスもあります。

systemdでは、システムの起動処理は多数の**Unit**と呼ばれる処理単位に分かれています。Unitには、サービスを起動するUnitや、ファイルシステムをマウントするUnitなどがあります。たとえば「httpd.service」はhttpd(Webサーバ)サービスの起動に使われるUnitです。

表1-9 Unitの主な種類

種類	説明
service	各種サービスを起動する
device	各種デバイスを表す
mount	ファイルシステムをマウントする
swap	スワップ領域を有効にする
target	複数のUnitをグループ化する
timer	指定した日時や間隔で処理を実行する

systemdは、サービスAを起動するには先にサービスBを起動する、といった各種サービスの依存関係や順序関係を処理できます。SysVinitでは、サービスは順次起動していきます。デフォルトで起動するよう設定されたサービスは、その時点では必要がなかったとしても起動されます。また、起動途中でサービス起動処理が遅滞すると、次のサービス起動処理は待たされてしまいます。結果としてシステムの起動時間は長くなります。systemdでは、必要なサービスのみが起動します。また、サービスの起動は並列的に行われるので、システムの起動時間はSysVinitに比べて短縮されます。

1.4.2 systemdの起動手順

システムが起動すると、まずdefault.targetというUnitが処理されます。このUnitの設定ファイルは/etc/systemd/systemディレクトリ以下にあります。

```
$ ls -l /etc/systemd/system/default.target
lrwxrwxrwx. 1 root root 36  2月  8 04:51 /etc/systemd/system/default.target -> /lib/systemd/system/graphical.target
```

graphical.targetというのは、グラフィカルログイン（従来のランレベル5）で起動するサービスをまとめたUnit（ターゲット）です。このようなターゲットが従来のランレベルに相当します。グラフィカルログインをデフォルトの環境とするには、/lib/systemd/system/graphical.targetへのシンボリックリンク[注11]default.targetを作成します。

```
# ln -s /lib/systemd/system/graphical.target /etc/systemd/system/default.target
```

SysVinitにおけるランレベル（Red Hat系ディストリビューション）と、systemdにおけるターゲットの対応を表1-10にまとめます。

表1-10　ランレベルとターゲットの対応

ランレベル	ターゲット
0	poweroff.target
1	rescue.target
2、3、4	multi-user.target
5	graphical.target
6	reboot.target

なお、graphical.targetには、ランレベル5で必要だったすべてのサービスが含まれているというわけではありません。graphical.targetには、マルチユーザー環境で起動するサービスを起動するmulti-user.targetというUnitが、multi-user.targetには、ランレベルにかかわらず必要なサービスを起動するbasic.targetというUnitがそれぞれ紐付けされています。したがって、graphical.targetを起動すると、グラフィカル環境に必要なサービスがすべて起動することになるのです。

【注11】シンボリックリンクについては第4章で解説します。

1.4.3 systemctlによるサービスの管理

systemdでサービスを管理するには、**systemctlコマンド**を使います。

書式 `systemctl サブコマンド [Unit名] [-t 種類]`

表1-11　systemctlコマンドの主なサブコマンド

サブコマンド	説明
start	サービスを起動する
stop	サービスを終了する
restart	サービスを再起動する
reload	サービスの設定を再読み込みする
status	サービスの稼働状況を表示する
is-active	サービスが稼働しているかどうかを確認する
enable	システム起動時にサービスを自動起動する
disable	システム起動時にサービスを自動起動しない
mask	指定したUnitをマスクし手動でも起動できないようにする
unmask	指定したUnitのマスクを解除する
list-dependencies	Unitの依存関係を表示する
list-units	起動しているすべてのUnitと状態を表示する
list-unit-files	すべてのUnitを表示する
reboot	システムを再起動する
poweroff	システムをシャットダウンする

次の例では、メールサーバのPostfixサービス（postfix.service）を起動します[注12]。

```
# systemctl start postfix.service
```

次の例では、Postfixサービスを終了します。

```
# systemctl stop postfix.service
```

次の例では、Postfixサービスを再起動します。

```
# systemctl restart postfix.service
```

[注12] serviceタイプのUnitの場合「.service」部分は省略できます。

次の例では、Postfixサービスの稼働状況を表示します。

```
# systemctl status postfix.service
● postfix.service - Postfix Mail Transport Agent
   Loaded: loaded (/lib/systemd/system/postfix.service; enabled; vendor pr
eset: enabled)
   Active: active (exited) since Tue 2018-11-13 08:59:19 UTC; 2min 14s ago
  Process: 1672 ExecStart=/bin/true (code=exited, status=0/SUCCESS)
 Main PID: 1672 (code=exited, status=0/SUCCESS)

Nov 13 08:59:19 srv systemd[1]: Starting Postfix Mail Transport Agent...
Nov 13 08:59:19 srv systemd[1]: Started Postfix Mail Transport Agent.
```

次の例では、Postfixサービスが稼働しているかどうかを確認します。稼働していれば「active」、稼働していなければ「inactive」と表示されます。

```
$ systemctl is-active postfix.service
active
```

次の例では、Postfixサービスがシステム起動時に自動起動しないように設定します。

```
# systemctl disable postfix.service
rm '/etc/systemd/system/multi-user.target.wants/postfix.service'
```

次の例では、Postfixサービスがシステム起動時に自動起動するように設定します。

```
# systemctl enable postfix.service
ln -s '/usr/lib/systemd/system/postfix.service' '/etc/systemd/system/mu
lti-user.target.wants/postfix.service'
```

上の2つの例を見ると、/etc/systemd/systemディレクトリ以下のファイルが操作されているのがわかります。/etc/systemd/systemでは、ホストごとに修正されたUnitの設定ファイルが配置されます。また、オリジナルの設定ファイルは、/usr/lib/systemd/systemディレクトリ(または/lib/systemd/systemディレクトリ)に配置されています。

/etc/systemd/system/multi-user.target.wantsディレクトリ以下を見ると、multi-user.targetに含まれるUnitを確認できます。

```
$ ls /etc/systemd/system/multi-user.target.wants/
ModemManager.service        crond.service              postfix.service
NetworkManager.service      cups.path                  remote-fs.target
abrt-ccpp.service           hypervkvpd.service         rngd.service
abrt-oops.service           hypervvssd.service         rpcbind.service
abrt-vmcore.service         irqbalance.service         rsyslog.service
abrt-xorg.service           ksm.service                smartd.service
abrtd.service               ksmtuned.service           sshd.service
atd.service                 libstoragemgmt.service     sysstat.service
auditd.service              libvirtd.service           tuned.service
avahi-daemon.service        mdmonitor.service          vmtoolsd.service
chronyd.service             nfs.target
```

次の例では、サービスの一覧を表示します。

```
$ sudo systemctl list-unit-files -t service
UNIT FILE                            STATE
accounts-daemon.service              enabled
acpid.service                        disabled
alsa-restore.service                 static
alsa-state.service                   static
alsa-utils.service                   masked
(以下省略)
```

次の例では、システム起動時に自動起動するサービスの一覧を表示します。

```
$ sudo systemctl list-unit-files -t service --state=enabled
UNIT FILE                            STATE
accounts-daemon.service              enabled
anacron.service                      enabled
apparmor.service                     enabled
(以下省略)
```

ここが重要

- systemctlコマンドでsystemdのサービスを管理します。

> **ここが重要**
> - Unitを定義したファイルは、/lib/systemd/system以下と/etc/systemd/system以下にあります。ホストごとに設定を変更する場合は、/etc/systemd/system以下にファイルを作成、編集します。

問題：1.1 重要度：★★★

コンピュータに組み込まれているデバイスの有効・無効を切り替えたり、デフォルトの起動ドライブを選択したり、キーボードやマウスなどの外部周辺機器の使用・不使用を設定したりといった、システム構成の変更はどうやって行えばよいですか。

- A. systemctlコマンドを使って構成を変更する
- B. シングルユーザーモードに切り替えてから構成を変更する
- C. システム起動時にBIOS/UEFIセットアップ画面から構成を変更する
- D. /etc/init.d以下のファイルを作成・削除して構成する
- E. /proc/sys以下のカーネルパラメータを手動で設定する

《解説》　コンピュータの起動直後に特定のキー操作（F2キーを押すなど）をすることで、BIOS/UEFIセットアップ画面を呼び出すことができます。BIOS/UEFIセットアップでは、接続されているハードウェアの有効・無効を切り替えたり、起動ドライブの順序を変更したりすることができます。systemctlはsystemdの管理コマンドで、システム構成の変更には関係ないので、選択肢 A は不正解です。シングルユーザーモードはSysVinitにおけるメンテナンス用の動作モードであり、システム構成の変更は行えないので、選択肢 B は不正解です。/etc/init.d以下のファイルは、SysVinitでのサービス起動に関するファイルなので、選択肢 D は不正解です。/proc/sys以下にあるファイルには、カーネルの構成にかかわるカーネルパラメータが格納されています。それらを変更してもシステム構成が変更されるわけではありませんので、選択肢 E は不正解です。

《解答》　C

問題:1.2

重要度:★★★★

システムを構成するハードウェアに関する情報を確認するためには、＿＿＿＿＿＿＿ディレクトリ以下のファイルが役に立ちます。たとえば、cpuinfoファイルにはCPUに関する情報が格納されています。下線部に当てはまるディレクトリ名を絶対パスで記述してください。

《解説》 /procディレクトリ以下のファイルを見ることで、カーネルが認識しているハードウェア情報を取得することができます。

《解答》 /proc

問題:1.3

重要度:★★★

PCIデバイスの1つが不具合を起こしているようです。PCIデバイスの情報を詳細に表示したい場合に実行すべきコマンドはどれですか。

- A. cat /dev/pci
- B. lspci -vv
- C. cat /dev/bus/pci
- D. cat /proc/bus/pci
- E. dmesg | grep pci

《解説》 PCIデバイスの情報を確認するには、lspciコマンドを使います。-vオプションを指定すると詳細な情報が、-vvオプションではさらに詳細な情報が表示されます。「/dev/pci」「/dev/bus/pci」といったファイルはないので、選択肢A、Cは不正解です。また「/proc/bus/pci」はディレクトリなので、選択肢Dは不正解です。dmesgコマンドによる出力でPCIデバイスの不具合を確認できる場合もありますが、PCIデバイスの詳細情報を求めるには不適切なので選択肢Eは不正解です。

《解答》 B

問題:1.4

重要度:★★★☆☆

ネットワークインターフェースが有効にならないため、lsmodコマンドを実行してみると、ネットワークカードのデバイスドライバがロードされていませんでした。手動でロードするために実行すべきコマンドはどれですか。

- A. loadmod
- B. modload
- C. modprobe
- D. modinfo
- E. rmmod

《解説》 Linuxでは、デバイスドライバは通常、カーネルモジュールとして用意されています。カーネルモジュールをロードするには、modprobeコマンドもしくはinsmodコマンドを使います。したがって、正解は選択肢Cです。loadmodやmodloadといったコマンドはありません。modinfoはカーネルモジュールの情報を表示するコマンドです。rmmodはカーネルモジュールを取り外すコマンドです。modinfoコマンドやrmmodコマンド、insmodコマンドについてはLPICレベル2の出題範囲に含まれています。

《解答》 C

問題:1.5

重要度:★★★★☆

システム起動時のメッセージから、イーサネットアダプタ(ネットワークカード)のデバイスを特定しようとしています。下線部に当てはまるコマンドで、システム起動時のカーネルメッセージを出力するコマンドを記述してください。なお、このシステムではsystemdを採用していません。

$ _____ | grep enp

《解説》 dmesgコマンドを実行すると、カーネルが出力したメッセージを表示することができます。カーネルのデバイス認識状況を確認するために利用できます。ただし、システム起動後に長時間経過している場合、システム起動時のメッセージが残って

いない可能性もあります。systemdを採用したシステムでは、journalctlコマンドも利用できます。

《解答》 dmesg

問題：1.6　重要度：★★★★

システムの電源を入れてからOSが起動するまでの流れを、正しい順に並べてください。

- A. init/systemd → BIOS/UEFI → ブートローダ → カーネル
- B. カーネル → init/systemd → ブートローダ → BIOS/UEFI
- C. BIOS/UEFI → ブートローダ → カーネル → init/systemd
- D. BIOS/UEFI → カーネル → ブートローダ → init/systemd

《解説》 システムの電源を入れると、まずBIOS/UEFIが起動します。BIOS/UEFIはハードウェアのチェックや初期化を行います。次にGRUB（第2章参照）などのブートローダが起動し、カーネルをメモリに読み込みます。カーネルはinitプロセスやsystemdプロセスを実行し、それらがさまざまなサービスを起動していきます。したがって、正解は選択肢Cです。

《解答》 C

問題：1.7　重要度：★★★★

デフォルトのランレベルを指定するには、＿＿＿＿＿＿＿＿ファイルにおいて「id:5:initdefault:」のように設定します。下線部に当てはまるファイル名を絶対パスで記述してください。

《解説》 デフォルトのランレベルは、/etc/inittabファイルの「initdefault」が記されている行に「id:5:initdefault:」のように記述されています。この場合、デフォルトのランレベルは「5」です。

《解答》 /etc/inittab

問題：1.8　重要度：★★★★★

1時間後にシステムを再起動するコマンドを、必要なオプション、引数とともに記述してください。

_____

《解説》　システムを再起動するには、**-r**オプションを付けて**shutdown**コマンドを実行します。再起動実行までのタイミングは、「**+60**」のように「**+**」に続けて時間（分）を指定するか、「22:00」のように時刻で指定できます。

《解答》　shutdown -r +60

問題：1.9　重要度：★★★

システムをメンテナンスするため、シングルユーザーモードに変更する必要があります。すべてのユーザーはすでにログアウトしています。実行すべきコマンドを選択してください。

- [ ] **A.** init 0
- [ ] **B.** init 1
- [ ] **C.** init 6
- [ ] **D.** init s
- [ ] **E.** init 3

《解説》　シングルユーザーモードに移行するには、initコマンドやtelinitコマンドでランレベル1へ移行します。そのためには、initコマンドもしくはtelinitコマンドの引数として1を指定するか、シングルユーザーモードを示すSまたはsを指定します。したがって、正解は選択肢**B**と**D**です。init 0はシステムを停止します。init 6はシステムを再起動します。init 3は、ほとんどのシステムではマルチユーザーモードへ移行します。

《解答》　**B、D**

第1章 システムアーキテクチャ

問題：1.10　重要度：★★★★

systemdを採用しているシステムで、Webサーバサービスhttpd.serviceを開始するコマンドを、必要なサブコマンドや引数とともに記述してください。 なお、現在httpd.serviceは停止しています。

_____

《解説》　systemdを採用しているシステムでは、**systemctl**コマンドを使ってサービスを制御します。サービスを開始するにはサブコマンド**start**を使います。systemctlコマンドの使い方と主なサブコマンドを覚えておきましょう。

《解答》　systemctl start httpd.service

問題：1.11　重要度：★★★

systemdのファイルを調査しています。/etc/systemd/system/sshd.serviceファイルはシンボリックリンクです。このシンボリックリンクの元ファイルの絶対パスとして下線部に当てはまる部分を記述してください。

```
$ ls -l /etc/systemd/system/ssh*
lrwxrwxrwx 1 root root 31 Apr 26  2018 /etc/systemd/system/sshd.service
-> _____/ssh.service
```

《解説》　**/lib/systemd/system**ディレクトリ以下には、systemdのデフォルトのUnit定義ファイルが格納されています。個々のホストごとのファイルは/etc/systemd/systemディレクトリ以下に配置されます。それらのファイルの多くはシンボリックリンクです。

《解答》　/lib/systemd/system

第2章 Linuxのインストールとパッケージ管理

- **2.1** ハードディスクのレイアウト設計
- **2.2** ブートローダのインストール
- **2.3** 共有ライブラリ管理
- **2.4** Debianパッケージの管理
- **2.5** RPMパッケージの管理
- **2.6** 仮想化のゲストOSとしてのLinux

理解しておきたい用語と概念

- [ ] パーティション
- [ ] スワップ領域
- [ ] GRUB
- [ ] 共有ライブラリ
- [ ] リンク
- [ ] パッケージ管理とパッケージ管理システム
- [ ] APT
- [ ] YUM
- [ ] インスタンス

習得しておきたい技術

- [ ] パーティションのレイアウト設計
- [ ] ブートオプションの指定
- [ ] GRUBのインストール
- [ ] GRUB設定ファイルの設定
- [ ] 必要な共有ライブラリの確認
- [ ] パッケージのインストール、アップグレード、削除
- [ ] dpkgコマンドとAPTツールを使ったパッケージ管理
- [ ] rpmコマンドとYUMを使ったパッケージ管理
- [ ] zypperコマンドを使ったパッケージ管理

2.1 ハードディスクのレイアウト設計

Linuxインストール時には、ハードディスクやSSDのパーティションレイアウトを適切に設定します。

2.1.1 Linuxインストールに必要なパーティション

ハードディスクやSSDは**パーティション**という区画に分割して利用することができます。Linuxをインストールするためには、少なくとも次の2つのパーティションが必要になります。

- ルートファイルシステムに割り当てるルートパーティション
- スワップ領域

実際には、さらにいくつかのパーティションに分割して利用するのが一般的です。その理由としては、次のようなことが挙げられます。

- 柔軟なシステム管理を行うことができる
- ディスクに障害が発生したときの被害を抑えることができる
- 障害発生時にスムーズな復旧作業ができる

次に示すディレクトリ群は、独立したパーティションに割り当てるのが一般的です。

- /home
  /homeには、一般ユーザーがそれぞれ利用するファイルが格納されます。多数のユーザーが利用するシステムの場合は、とりわけ専用のパーティションに分割する必要があります。一人で使っている場合には分割する必要性は感じられないかもしれませんが、/homeを別にしておくとディストリビューションを変更したり、再インストールしたりする際、環境を引き継ぐことができるので便利です。
- /var
  /varには、各種ログファイルやメールスプールなど更新頻度の高いファイルが格納されます。ログが大量に生成されログファイルが肥大化すると、ファイルシステムの容量を超えてしまうおそれがあります。ルートファイルシステムに/varがあると、ログがルートファイルシステムの容量を使い切ってしまい、システム全

2.1 ハードディスクのレイアウト設計

体に影響を与えてしまいます。/varを別パーティションにすることによって、被害がシステム全体に及ぶ危険を減らすことができます。

- /usr

  /usrには、プログラムやライブラリ、ドキュメントが置かれます[注1]。後からプログラムを追加するといったことがなければ、運用中に容量が増えることは基本的にありません。NFSを使ってコマンドやプログラムを共有する場合には、/usrを読み込み専用でマウントしておくことによりセキュリティを高めることができます。

- /boot

  システムによっては、ディスクの先頭パーティションとして数100MB程度を/bootパーティションに割り当てたほうがよい場合があります。たとえば、RAID[注2]を利用する場合、内蔵ハードディスク内に/bootパーティションが必要とされることもあります。

- EFIシステムパーティション（ESP）

  UEFIを使ったシステムでは、FATファイルシステムでフォーマットされたEFIシステムパーティション（ESP）が必要です。ESPには、OSのブートローダやデバイスドライバなどが格納されます。

- スワップ領域

  スワップ領域は仮想メモリ領域として利用されます[注3]。仮想メモリとは、物理メモリが不足した場合に、ディスクの一部を一時的にメモリの延長として使うことができるようにする機能です。スワップ領域のサイズの目安は、搭載されている物理メモリの1～2倍です。つまり、物理メモリを1GB搭載している場合は、スワップ領域として1GB程度を確保します。

> **NOTE** スワップ領域のサイズは、必ずしも物理メモリ以上のサイズが必要というわけではありません。スワップ領域が必要となるのは、物理メモリが足りなくなった場合です。つまり、十分な物理メモリを搭載していれば、スワップ領域を使わないようにすることもできます。ただしディストリビューションによっては、インストール時にスワップ領域のサイズとして物理メモリ以下のサイズを指定した場合、警告が表示されるものもあります。

> **参考** varはVARiableの略で、「ヴァー」と発音します。usrはUser Services and Routinesの略で、「ユーザー」と発音します。

- /（ルート）

  上記以外は、ルートファイルシステム（/ディレクトリが格納されたパーティション）になります。ルートファイルシステムはできるだけ小さくしたほうがよいでしょう。そのほうが、ファイルシステムに障害が発生したときの復旧が容易になるからです。

[注1] /usrを別パーティションにしていると、システムが正常に起動できなくなる場合があります。
[注2] 複数のハードディスクを組み合わせる使用方法。
[注3] スワップ領域は、ノートPCのハイバネーション（休止状態）時にメモリ内容を保存するためにも使われます。

2.1.2 パーティションのレイアウト設計

ディスクのパーティションレイアウトを設計する場合、次の点を考慮する必要があります。

- システムの用途
- ディスクの容量
- バックアップの方法

いくつかの例を見てみましょう。

20GBのハードディスクと512MBのメモリを搭載している場合

- スワップ …… 512MB（物理メモリと同程度にする）
- / …… 19GB（残りがルートパーティションになる）

200GBのディスクと1GBのメモリを搭載し、ユーザー100人が利用するファイルサーバを構築する場合（/home以下を共有する）

- スワップ …… 1GB
- /boot …… 100MB
- /usr …… 10GB
- /var …… 10GB
- / …… 1GB
- /home …… 約180GB

Webサーバを構築する場合（ディスク：100GB、メモリ：4GB、Webサーバ：Apache HTTP Server）

- スワップ …… 4GB
- /boot …… 100MB
- /usr …… 10GB
- /var …… 20GB
- /var/log …… 50GB（Webサーバのログファイルが容量を必要とするため）
- / …… 15GB

2.1 ハードディスクのレイアウト設計

パーティションの作成方法や各ディレクトリの役割については、第5章も参照してください。

ここが重要

- スワップ領域には物理メモリと同程度～2倍程度のサイズを割り当てます。
- 用途が異なるディレクトリは別パーティションに配置するようにします。

COLUMN

LVM（論理ボリューム管理）

最近では、LVMを使った柔軟なディスク管理が行われるようになってきています。LVMは、パーティション上にそのままファイルシステムを作成するのではなく、ボリュームグループという仮想ディスクを作成し、その上に仮想的なパーティションを作成する仕組みです。LVMを利用すると、ディスクの取り扱いやバックアップなどをより柔軟に実施することができます。LVMについては『Linux教科書 LPICレベル2 Version4.5対応』で取り上げます。

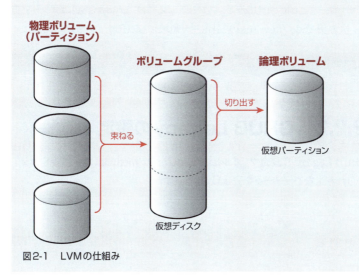

図2-1　LVMの仕組み

2.2 ブートローダのインストール

ハードディスクなどのストレージからOSを読み込んで起動するプログラムを**ブートローダ**(ブートマネージャ)といいます。代表的なLinuxのブートローダはGRUB(GRand Unified Bootloader)です。GRUBには、バージョン0.9x系のGRUB Legacyと、バージョン1.9x系のGRUB 2があります。

2.2.1 GRUBのインストール

GRUBは多機能なブートローダです。現在では、多くのディストリビューションで標準的に使われています。GRUBの特徴は次のとおりです。

- 多数のファイルシステムを認識可能
- シェル機能を搭載し、コマンドによる高度な管理が可能

ブートローダとしてGRUBをインストールするには、**grub-installコマンド**を実行します。次の例では、/dev/sdaのMBR[注4]領域にGRUBをインストールしています。

```
# grub-install /dev/sda
```

2.2.2 GRUB Legacyの設定

GRUB Legacyの設定ファイルは、**/boot/grub/menu.lst**です。設定ファイルで用いられる主なパラメータを表2-1に示します。

[注4] MBRはマスターブートレコード(Master Boot Record)の略で、起動ドライブの最初のセクタを表します。コンピュータを起動すると、BIOSはここからブートローダを読み込みます。

2.2 ブートローダのインストール

表2-1 /boot/grub/menu.lstの設定パラメータ

パラメータ	説明
timeout	メニューを表示している時間(秒)
default	デフォルトで起動するエントリの番号
title	メニューに表示されるエントリ名
root	ルートデバイスの指定[注5]
kernel	起動するカーネルイメージファイルと起動オプションの指定
makeactive	ルートパーティションをアクティブ化
chainloader	指定されたセクタの読み込みと実行
hiddenmenu	起動時に選択メニューを表示しない

GRUBの設定ファイルは、ディストリビューションによっては/boot/grub/grub.confとなっている場合もあります。/boot/grub/menu.lstの設定例を、次に示します。

▶ /boot/grub/menu.lstファイルの設定例

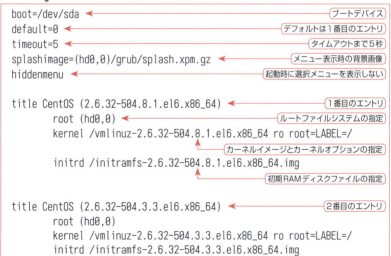

```
boot=/dev/sda          ← ブートデバイス
default=0              ← デフォルトは1番目のエントリ
timeout=5              ← タイムアウトまで5秒
splashimage=(hd0,0)/grub/splash.xpm.gz  ← メニュー表示時の背景画像
hiddenmenu             ← 起動時に選択メニューを表示しない

title CentOS (2.6.32-504.8.1.el6.x86_64)   ← 1番目のエントリ
    root (hd0,0)       ← ルートファイルシステムの指定
    kernel /vmlinuz-2.6.32-504.8.1.el6.x86_64 ro root=LABEL=/
                       ← カーネルイメージとカーネルオプションの指定
    initrd /initramfs-2.6.32-504.8.1.el6.x86_64.img
                       ← 初期RAMディスクファイルの指定

title CentOS (2.6.32-504.3.3.el6.x86_64)   ← 2番目のエントリ
    root (hd0,0)
    kernel /vmlinuz-2.6.32-504.3.3.el6.x86_64 ro root=LABEL=/
    initrd /initramfs-2.6.32-504.3.3.el6.x86_64.img
```

[注5] GRUB Legacyでは、/dev/sda1を(hd0,0)、/dev/sda2を(hd0,1)のように表します。デバイス名との対応は、/boot/grub/device.mapファイルで設定できます。

2.2.3 GRUB 2の設定

GRUB 2の設定ファイルは**/boot/grub/grub.cfg**ですが、GRUB Legacyとは異なり、直接ファイルを編集することはしません。/etc/default/grubで設定を行い、**grub-mkconfigコマンド**（またはgrub2-mkconfigコマンド）を実行すると、設定に基づいて、/boot/grub/grub.cfgが生成されます。

▶ /etc/default/grubの例

```
GRUB_TIMEOUT=5
GRUB_DEFAULT=saved
GRUB_DISABLE_SUBMENU=true
GRUB_TERMINAL_OUTPUT="console"
GRUB_CMDLINE_LINUX="rd.lvm.lv=centos/swap vconsole.font=latarcyrheb-sun16 vconsole.keymap=jp106 rd.lvm.lv=centos/root crashkernel=auto  rhgb quiet"
GRUB_DISABLE_RECOVERY="true"
```

> 注意　「=」の前後にはスペースを入れないようにしてください。

設定ファイルで用いられる主なパラメータを表2-2に示します。

表2-2　/etc/default/grubの主な設定パラメータ

パラメータ	説明
GRUB_TIMEOUT	起動メニューがタイムアウトするまでの秒数
GRUB_DEFAULT	起動メニューがタイムアウトしたときにデフォルトOSとして選択されるエントリ（saved：保存された選択肢）
GRUB_CMDLINE_LINUX	カーネルに渡される起動オプション

設定後は、grub-mkconfigコマンド（またはgrub2-mkconfigコマンド）を使って/boot/grub/grub.cfgを生成します。

```
# grub-mkconfig -o /boot/grub/grub.cfg
Generating grub configuration file ...
Linux イメージを見つけました: /boot/vmlinuz-4.15.0-42-generic
Found initrd image: /boot/initrd.img-4.15.0-42-generic
Linux イメージを見つけました: /boot/vmlinuz-4.15.0-39-generic
Found initrd image: /boot/initrd.img-4.15.0-39-generic
Found memtest86+ image: /boot/memtest86+.elf
Found memtest86+ image: /boot/memtest86+.bin
完了
```

2.2.4 ブートオプションの指定

ブートローダ起動時に、システムの動作を指定するためのさまざまなブートオプションを指定できます。GRUBでブートオプションを指定するには、起動時の画面でEキーを押します。すると、次のような画面が表示されます。

```
grub append> ro root=/dev/VolGroup00/LogVol00 rhgb quiet
```

ここでキーボードからオプションを入力できるようになります。代表的なブートオプションを表2-3に示します。

表2-3 主なブートオプション

パラメータ	説明
root=デバイス	ルートパーティション[注6]としてマウントするデバイス
nousb	USBデバイスを使用しない
single	シングルユーザーモードで起動する
1〜5	指定したランレベルで起動する

たとえば、シングルユーザーモードで起動したい場合は、ブートオプションとして「single」を追加します。

```
grub append> ro root=/dev/VolGroup00/LogVol00 rhgb quiet single
```

入力後にEnterキーを押せば、指定されたパラメータが適用されてシステムが起動します。

ここが重要

- GRUBのインストール方法、設定ファイルの項目の意味、ブートオプションの指定方法について理解しておきましょう。

[注6] /ディレクトリが格納されたパーティションを、ルートパーティションといいます。ルートパーティションを複数用意すれば、いくつものディストリビューションを共存させることもできます。

2.3 共有ライブラリ管理

ライブラリとは、よく使われる機能をまとめ、他のプログラムから利用できるようにしたものです。いわばプログラムの部品です。ライブラリには、静的ライブラリと共有ライブラリがあります。プログラムの作成時にその実行ファイル内に組み込まれるライブラリを、**静的ライブラリ**といいます。プログラムの実行時にロードされ、複数のプログラム間で共有されるライブラリを、**共有ライブラリ**といいます。

2.3.1　スタティックリンクとダイナミックリンク

C言語などでは、演算や制御などの基本的な機能以外は、プログラム本体からライブラリの機能（関数）を利用します。これを**リンク**といいます。**スタティックリンク**（**静的リンク**）は、コンパイルをする時点で、コンパイラがライブラリを実行ファイル内に埋め込みます。実行ファイル内にライブラリの機能が埋め込まれるということは、よく使われるライブラリの機能が、さまざまな実行ファイル内に重複して入ってしまうことになります。そこで、実行ファイルへライブラリを埋め込むことはせず、実行時にライブラリの機能を呼び出す方法が、**ダイナミックリンク**（**動的リンク**）です。

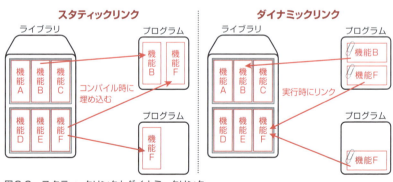

図2-2　スタティックリンクとダイナミックリンク

ダイナミックリンクによって呼び出されるライブラリを**共有ライブラリ**といいます。共有ライブラリは、libreadline.so.5のように、「lib～.so～」という名前が付けられています。共有ライブラリファイルは通常、/libあるいは/usr/libディレクトリに配置されています[注7]。

【注7】これらのディレクトリ以外にも、アーキテクチャに応じて/lib32や/lib64といったディレクトリも使われます（ディストリビューションにより差異があります）。

2.3 共有ライブラリ管理

ここが重要

- スタティックリンクとダイナミックリンクの特徴を理解しておきましょう。

2.3.2 必要な共有ライブラリの確認

実行ファイルが必要としている共有ライブラリは、**lddコマンド**で調べることができます。次の例では、catコマンドが必要とする共有ライブラリを表示しています。

```
$ ldd /bin/cat
        linux-vdso.so.1 =>  (0x00007fff545fe000)
        libc.so.6 => /lib64/libc.so.6 (0x00007fe41b479000)
        /lib64/ld-linux-x86-64.so.2 (0x00007fe41b84c000)
```

プログラムの実行時には、ld.soリンカおよびローダが実行時にリンクする共有ライブラリを検索して必要なライブラリをロードします。/lib、/usr/libディレクトリ以外のライブラリも検索する場合は、そのリストを**/etc/ld.so.confファイル**に記述しておきます。次に示すのはld.so.confの一例です。

▶ **/etc/ld.so.confの例**
```
/usr/lib64/iscsi
/usr/lib64/mysql
```

 /etc/ld.so.conf.dディレクトリ以下に複数の設定ファイルを配置し、/etc/ld.so.conf でそれらを読み込んでいる場合もあります。

しかし、プログラムを実行するたびにこれらのディレクトリを検索するのは非効率なので、実際にはバイナリのキャッシュファイルである**/etc/ld.so.cache**が参照されます。**ldconfigコマンド**は、/etc/ld.so.confファイルに基づいて/etc/ld.so.cache を再構築します。共有ライブラリを変更した場合は、ldconfigコマンドを実行してキャッシュを更新する必要があります。

```
# ldconfig
```

その他のディレクトリも検索対象に加えたい場合は、**環境変数LD_LIBRARY_PATH**にディレクトリリストを記述します。次の例では、/home/student/mylibディレクトリをLD_LIBRARY_PATHに追加しています。

```
$ export LD_LIBRARY_PATH=$LD_LIBRARY_PATH:/home/student/mylib
```

　ld.soリンカが共有ライブラリを検索する順序は、環境変数LD_LIBRARY_PATHが優先され、次にキャッシュファイルの/etc/ld.so.cacheになり、それからデフォルトのパスである/libと/usr/libになります。

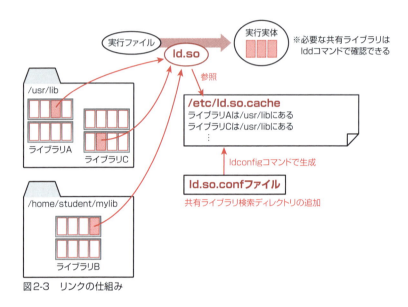

図2-3　リンクの仕組み

ここが重要

- 共有ライブラリの設定に関連するファイルと、lddコマンドの使い方、ldconfigコマンドを実行する必要性について理解しておきましょう。

2.4　Debianパッケージの管理

　実行プログラム、設定ファイル、ドキュメントなどを1つのファイルにまとめたものを**パッケージ**といいます。パッケージ管理の方式はディストリビューションによって異なります。代表的なものは、Debian GNU/Linuxなどで採用されているDebian形式と、Red Hat Enterprise Linuxなどで採用されているRPM形式です。

　2.4.1　パッケージ管理とは

　パッケージのインストールやアンインストール、アップデート作業において、どのようなパッケージがどこにインストールされているかを管理したり、パッケージ間の競合を回避したりする仕組みを提供するのが**パッケージ管理システム**です。パッケージ管理システムにより、インストールやアンインストール、アップデート作業が容易になります。

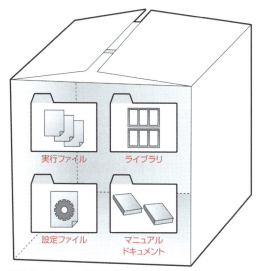

図2-4　パッケージの概念

　パッケージAに含まれるファイルをパッケージBが利用している場合、パッケージAなしではパッケージBを使うことができません。このように、あるパッケージが別のパッケージに依存しているというような関係を**パッケージの依存関係**といいます。ま

た、パッケージAとパッケージCが同名のファイルをインストールするものの、パッケージAはバージョン1のファイルを、パッケージCはバージョン2のファイルをインストールしようとすると、互いにぶつかり合う「競合」が発生してしまう、という場合もあります。このような関係を**パッケージの競合関係**といいます。パッケージ管理システムは依存関係や競合関係を監視し、依存関係や競合関係を損なうようなインストールやアンインストールには警告を発します。

Linuxでのパッケージ管理は大きく分けて、Debian形式とRPM形式の2種類があります。**Debian形式**は、Debian系のディストリビューションで利用されている形式です。パッケージ管理作業にはdpkgコマンド、APTツールなどが使われます。**RPM形式**は、Red Hat系ディストリビューションを中心に利用されている形式です。パッケージ管理作業にはrpmコマンドが使われます。両者には互換性がありません。

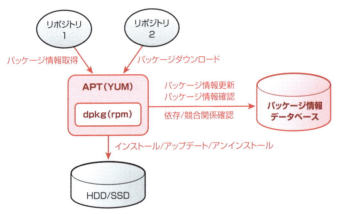

図2-5　パッケージ管理システムの概念

パッケージ管理システムを使って、コンパイル済みの状態で配布されるバイナリパッケージを扱う場合、ソースからのインストールとは異なり、動作環境に依存するようになります。そのため、ディストリビューションやバージョン、CPUアーキテクチャなどの動作環境が一致したパッケージを選択する必要があります。

リポジトリとは

リポジトリ（repository）は、ファイルやデータを集積している場所や、それらの情報を管理するデータベースを意味します。実際には、ファイルシステム上のディレクトリであったり、ネットワーク上のサーバであったりします。

2.4 Debianパッケージの管理

2.4.2 dpkgコマンドを用いたパッケージ管理

Debian/GNU LinuxやUbuntuなどのDebian系ディストリビューションにおいては、パッケージ管理方式としてDebian形式(deb形式)が使われます。Debian形式のパッケージファイル名は、次のようになっています。

書式　tree_1.6.0-1_i386.deb
　　　①　　②　　③　④　　⑤

① パッケージの名称
② バージョン番号
③ Debianリビジョン番号
④ アーキテクチャ
⑤ 拡張子

Debian形式のパッケージを扱うには**dpkgコマンド**を使います。

書式　dpkg [オプション] アクション

表2-4　dpkgコマンドの主なオプションとアクション

オプション	説明
-E	すでに同バージョンがインストールされていればインストールしない
-G	すでに新バージョンがインストールされていればインストールしない
-R (--recursive)	ディレクトリ内を再帰的に処理する
アクション	説明
-i パッケージファイル名 (--install)	パッケージをインストールする
-r パッケージ名 (--remove)	設定ファイルを残してパッケージをアンインストールする
-P パッケージ名 (--purge)	設定ファイルも含め完全にパッケージをアンインストールする
-l 検索パターン (--list)	インストール済みパッケージを検索して表示する
-S ファイル名検索パターン (--search)	指定したファイルがどのパッケージからインストールされたかを表示する(パターンにはワイルドカードが使える)
-L パッケージ名 (--listfiles)	指定パッケージからインストールされたファイルを一覧表示する
-s パッケージ名 (--status)	パッケージの情報を表示する
--configure パッケージ名	展開されたパッケージを構成する
--unpack パッケージ名	パッケージを展開する(インストールはしない)

次の例では、dpkgコマンドを用いてapache2パッケージをインストールしています。

```
# dpkg -i apache2_2.4.29-1ubuntu4.5_amd64.deb
以前に未選択のパッケージ apache2 を選択しています。
(データベースを読み込んでいます ... 現在 156754 個のファイルとディレクトリが
インストールされています。)
apache2_2.4.29-1ubuntu4.5_amd64.deb を展開する準備をしています ...
apache2 (2.4.29-1ubuntu4.5) を展開しています...
apache2 (2.4.29-1ubuntu4.5) を設定しています ...
Enabling module mpm_event.
Enabling module authz_core.
(以下省略)
```

次の例では、設定ファイルも含めてapache2パッケージをアンインストールしています。設定ファイルを残しておく場合は、-rまたは--removeを使います。

```
# dpkg --purge apache2
(データベースを読み込んでいます ... 現在 157029 個のファイルとディレクトリが
インストールされています。)
apache2 (2.4.29-1ubuntu4.5) を削除しています ...
apache2 (2.4.29-1ubuntu4.5) の設定ファイルを削除しています ...
(以下省略)
```

指定したファイルがどのパッケージからインストールされたかを表示するには-Sまたは--searchを使います。

```
$ dpkg -S '*/apache2'
apache2, apache2-bin: /var/lib/apache2
apache2: /etc/apache2
apache2, apache2-data: /usr/share/apache2
apache2: /etc/logrotate.d/apache2
apache2: /var/log/apache2
apache2: /usr/share/bug/apache2
(以下省略)
```

システムにインストール済みの全パッケージを一覧表示するには-lまたは--listを使います。

```
$ dpkg -l
要望=(U)不明/(I)インストール/(R)削除/(P)完全削除/(H)保持
```

```
| 状態=(N)無/(I)インストール済/(C)設定/(U)展開/(F)設定失敗/(H)半インストール/(W)
トリガ待ち/(T)トリガ保留
|/ エラー?=(空欄)無/(R)要再インストール (状態,エラーの大文字=異常)
||/ 名前                バージョン            アーキテクチ 説明
+++-===================-=======================-=============-==================
=====================================
ii  accountsservice     0.6.45-1ubuntu1         amd64         query and
manipulate user account information
ii  acl                 2.2.52-3build1          amd64         Access
control list utilities
ii  acpi-support        0.142                   amd64         scripts for
handling many ACPI events
ii  acpid               1:2.0.28-1ubuntu1       amd64         Advanced
Configuration and Power Interface event daemon
ii  adduser             3.116ubuntu1            all           add and
remove users and groups
(以下省略)
```

パッケージに含まれるファイルを表示するには-Lまたは--listfilesを使います。次の例では、bashパッケージからインストールされたファイルをすべて表示します。

```
$ dpkg -L bash
/.
/bin
/bin/bash
/etc
/etc/bash.bashrc
/etc/skel
(以下省略)
```

パッケージ情報を表示するには-sまたは--statusを使います。次の例では、bashパッケージの情報を表示しています。

```
$ dpkg -s bash
Package: bash
Essential: yes
Status: install ok installed
Priority: required
Section: shells
Installed-Size: 1588
```

```
Maintainer: Ubuntu Developers <ubuntu-devel-discuss@lists.ubuntu.com>
Architecture: amd64
Multi-Arch: foreign
Version: 4.4.18-2ubuntu1
(以下省略)
```

Debianパッケージのインストールでは、インストール時に対話的な設定が行われることがあります。

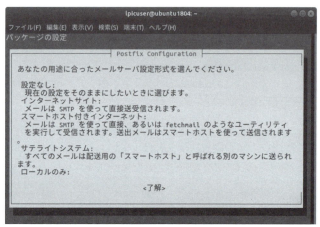

図2-6　postfixパッケージの対話的な設定画面例

dpkg-reconfigureコマンドを使うと、いつでも対話的な設定を実施することができます。たとえば、Postfixの設定を行いたい場合は、次のコマンドを実行します。

```
# dpkg-reconfigure postfix
```

2.4.3　apt-getコマンド

apt-getは、APT（Advanced Packaging Tool）というパッケージ管理ツールに含まれるコマンドで、依存関係を調整しながらパッケージのインストール、アップグレード、アンインストールを行います。apt-getの特徴は、インターネット経由で最新パッケージの入手からインストールと依存関係の解決までできることです。

書式　apt-get [オプション] サブコマンド パッケージ名

2.4 Debianパッケージの管理

表2-5 apt-getコマンドの主なオプションとサブコマンド

オプション	説明
-d	ファイルをダウンロードする(インストールはしない)
-s	システムを変更せず動作をシミュレートする
サブコマンド	**説明**
clean	過去に取得し保持していたパッケージファイルを削除する
dist-upgrade	システムを最新にアップグレードする
install	パッケージをインストールまたはアップグレードする
remove	パッケージをアンインストールする
update	パッケージデータベースを更新する
upgrade	システムの全パッケージのうち、他のパッケージを削除しないものをアップグレードする

apt-getコマンドでパッケージ管理を始めるには、まず/etc/apt/sources.list[注8]にパッケージを管理しているサイトのURLを記述します。

▶ /etc/apt/sources.listの設定例

```
# See http://help.ubuntu.com/community/UpgradeNotes for how to upgrade to
# newer versions of the distribution.
deb http://archive.ubuntu.com/ubuntu bionic main restricted
deb-src http://archive.ubuntu.com/ubuntu bionic main restricted
```

/etc/apt/sources.listファイルの書式は次のとおりです。

書式 deb http://archive.ubuntu.com/ubuntu bionic main restricted
　　　　 ①　　　　　　②　　　　　　　　　　　　　③　　　　④

① deb(debパッケージを取得)またはdeb-src(ソースを取得)
② 取得先のURI
③ バージョン名
④ main(公式にサポートされるソフトウェア)、universe(コミュニティによってメンテナンスされるソフトウェア)、restricted(デバイス用のプロプライエタリなドライバ)、multiverse(著作権もしくは法的な問題によって制限されたソフトウェア)、contrib(フリーではない依存関係のあるソフトウェア)、non-free(利用と改変再配布に制限のあるソフトウェア)

[注8] /etc/apt/sources.list.dディレクトリ以下のファイルでも設定可能です。

次に、設定したサイトに接続して最新のパッケージ情報を取得します。

```
# apt-get update
```

パッケージをインストールするには、apt-get installコマンドを実行します。次の例では、apache2パッケージをインストールしています。

```
# apt-get install apache2
パッケージリストを読み込んでいます ... 完了
依存関係ツリーを作成しています
状態情報を読み取っています ... 完了
提案パッケージ:
  apache2-doc apache2-suexec-pristine | apache2-suexec-custom
以下のパッケージが新たにインストールされます:
  apache2
アップグレード: 0 個、新規インストール: 1 個、削除: 0 個、保留: 0 個。
95.1 kB 中 0 B のアーカイブを取得する必要があります。
この操作後に追加で 534 kB のディスク容量が消費されます。
以前に未選択のパッケージ apache2 を選択しています。
(データベースを読み込んでいます ... 現在 156917 個のファイルとディレクトリが
インストールされています。)
.../apache2_2.4.29-1ubuntu4.5_amd64.deb を展開する準備をしています ...
apache2 (2.4.29-1ubuntu4.5) を展開しています ...
ufw (0.35-5) のトリガを処理しています ...
apache2 (2.4.29-1ubuntu4.5) を設定しています ...
ureadahead (0.100.0-20) のトリガを処理しています ...
systemd (237-3ubuntu10.9) のトリガを処理しています ...
man-db (2.8.3-2ubuntu0.1) のトリガを処理しています ...
```

これで、apache2パッケージがダウンロードされ[注9]、インストールされます。もしapache2に必要なパッケージがインストールされていなければ、必要なパッケージも自動的にダウンロードされ、インストールされます。また、設定が必要な箇所があれば質問をしてきます（dpkg-reconfigureコマンドを実行することで、後日再設定することもできます）。

パッケージをアンインストールするには、apt-get removeコマンドを実行します。次の例では、apache2パッケージをアンインストールします。

【注9】 取得したパッケージは、/var/cache/apt/archivesディレクトリ以下に格納されます。

```
# apt-get remove apache2
```

システムを一括して最新の状態にアップグレードすることも可能です。次の例では、Ubuntuの最新の状態にアップグレードしています。

```
# apt-get dist-upgrade
```

apt-get dist-upgradeコマンドは、バージョンアップの際、重要性の高いパッケージをインストールするために既存のパッケージを削除することがあります。削除を伴わないパッケージのアップグレードを実行するには、apt-get upgradeコマンドを実行します。これは、システムの全パッケージのうち、他のパッケージを削除しないもののみをアップグレードします。

```
# apt-get upgrade
```

参考 Ubuntuでは、do-release-upgradeコマンドを使うと、Ubuntu 16.04LTSから18.04LTSのようにメジャーバージョンの異なる大きなアップグレードをかけることができます。

ここが重要
- apt-getの主なコマンドと使い方を理解しておきましょう。

2.4.4 apt-cacheコマンド

apt-cacheは、パッケージ情報を照会・検索することのできるコマンドです。照会・検索する対象のパッケージはインストールされていなくてもかまいません。

書式 apt-cache サブコマンド

表2-6 apt-cacheコマンドの主なサブコマンド

サブコマンド	説明
search キーワード	指定したキーワードを含むパッケージを検索する
show パッケージ名	パッケージについての一般的な情報を表示する
showpkg パッケージ名	パッケージについての詳細な情報を表示する
depends パッケージ名	指定したパッケージの依存関係情報を表示する

次の例では、「apache2」に関連するパッケージを検索しています。

```
$ apt-cache search apache2
apache2 - Apache HTTP サーバ
apache2-bin - Apache HTTP Server (modules and other binary files)
apache2-data - Apache HTTP Server (common files)
(以下省略)
```

次の例では、apache2パッケージに関する情報を表示しています。

```
$ apt-cache show apache2
Package: apache2
Architecture: amd64
Version: 2.4.29-1ubuntu4.5
Priority: optional
Section: web
Origin: Ubuntu
Maintainer: Ubuntu Developers <ubuntu-devel-discuss@lists.ubuntu.com>
(以下省略)
```

apt-getとapt-cacheを合わせたようなコマンドが**apt**です。最近ではapt-get/apt-cacheコマンドに代わってaptコマンドの利用が推奨されています。

書式 apt [オプション] サブコマンド

表2-7 aptコマンドの主なオプション[注10]

オプション	説明
-c 設定ファイル	設定ファイルを指定する(デフォルトは/etc/apt/sources.list)
-d	パッケージのダウンロードのみ行う(installとともに)
-y	問い合わせに対して自動的にyesと回答する
--no-install-recommends	必須ではない推奨パッケージはインストールしない
--install-suggests	提案パッケージもインストールする
--reinstall	インストール済みパッケージの再インストールを許可する

[注10] オプションの位置はサブコマンドの後でもかまいません。

2.4 Debianパッケージの管理

表2-8 aptコマンドの主なサブコマンド

サブコマンド	説明
update	パッケージリストを更新する
install パッケージ名	パッケージをインストールする
remove パッケージ名	パッケージを削除する（設定ファイルは残す）
purge パッケージ名	パッケージを完全に削除する
upgrade パッケージ名	システムをアップグレードする（ファイル削除は伴わない）
full-upgrade	システムのメジャーバージョンを最新にアップグレードする
show パッケージ名	指定したパッケージに関する情報を表示する
list	パッケージのリストを表示する
list --installed	インストールされたパッケージを一覧表示する
list --upgradable	アップグレード可能なパッケージを表示する
search キーワード	指定したキーワードでパッケージ情報を全文検索する
depends パッケージ名	パッケージの依存関係を表示する
autoremove	必要とされていないパッケージを自動的に削除する

次の例では、パッケージリストを更新します。アップグレードやインストールを行う前に必要です。

```
# apt update
```

次の例では、システムをアップグレードします。対話的な動作をせず、問い合わせには自動的にYesと答えます。

```
# apt -y upgrade
```

次の例では、emacsパッケージをインストールします。

```
# apt install emacs
```

次の例では、emacsパッケージを削除します。

```
# apt remove emacs
```

次の例では「apache2」で始まる名前のパッケージだけを一覧表示します。

```
$ apt search "apache2*"
Listing... Done
apache2/bionic-updates,now 2.4.29-1ubuntu4.5 amd64 [installed]
```

```
apache2-bin/bionic-updates,now 2.4.29-1ubuntu4.5 amd64 [installed,automatic]
apache2-data/bionic-updates,now 2.4.29-1ubuntu4.5 all [installed,automatic]
(以下省略)
```

次の例では、パッケージの依存関係を満たすため自動的にインストールされたものの、もはや必要とされていないパッケージを削除します。

```
# apt autoremove
```

ここが重要
- aptコマンドの使い方に習熟しておきましょう。

2.5 RPMパッケージの管理

RPM[注11]は、Red Hat社が開発したパッケージ管理システムです。現在では、Red Hat Enterprise Linux、Fedora、CentOS、openSUSE、SUSE Linux Enterpriseなど、多くのディストリビューションに採用されています。

2.5.1 RPMパッケージ

RPMパッケージのファイル名は、次のようになっています。

書式

① パッケージの名称
② バージョン番号
③ リリース番号
④ アーキテクチャ
⑤ 拡張子

2.5.2 rpmコマンドの利用

rpmコマンドを使ってRPMパッケージをインストールしたり、削除したり、アップデートしたりできます。rpmコマンドにはいくつかのモード(インストールモード、照会モードなど)があり、モードごとに多彩なオプションが用意されています。

【注11】RPM Package Manager

表2-9 rpmコマンドの主なオプション

オプション	説明		
\multicolumn{4}{c}{インストール/アップグレードモード}			
-i パッケージファイル名 (--install)	パッケージをインストールする		
-U パッケージファイル名 (--upgrade)	パッケージをアップグレードする(なければインストールする)		
-F パッケージファイル名 (--freshen)	パッケージがインストールされていればアップグレードする		
	\multicolumn{3}{c}{インストール/アップグレードモードで併用するオプション}		
	-v	詳細な情報を表示する	
	-h (--hash)	進行状況を「#」で表示する	
	--nodeps	依存関係を無視してインストールする	
	--force	既存のファイルを新しいものに置き換える	
	--test	実際にはインストールせずテストを実施する	
\multicolumn{4}{c}{アンインストールモード}			
-e パッケージ名 (--erase)	パッケージをアンインストールする		
	\multicolumn{3}{c}{併用するオプション}		
	--nodeps	依存関係を無視してアンインストールする	
\multicolumn{4}{c}{照会モード}			
-q パッケージ名	指定したパッケージがインストールされているか照会する		
	\multicolumn{3}{c}{併用するオプション}		
	-a (--all)	インストール済みのすべてのパッケージを表示する	
	-f ファイル名	指定したファイルを含むパッケージ名を表示する	
	-p パッケージファイル名	対象としてパッケージファイルを指定する	
	-c (--configfiles)	設定ファイルのみを表示する	
	-d (--docfiles)	ドキュメントのみを表示する	
	-i (--info)	指定したパッケージの情報を表示する	
	-l (--list)	指定したパッケージに含まれるファイルを表示する	
	-R (--requires)	指定したパッケージが依存しているファイル等を表示する	
	--changelog	変更履歴を表示する	

パッケージのインストール

パッケージをインストールするには-iオプションを使います。インストール作業の経過をわかりやすくするため、-vオプションと-hオプションも併用するのが一般的です。次の例では、zshパッケージをインストールしています。

```
# rpm -ivh zsh-5.0.2-28.el7.x86_64.rpm
Preparing...                ################################# [100%]
Updating / installing...
   1:zsh-5.0.2-28.el7        ################################# [100%]
```

パッケージ間に依存関係がある場合、必要なパッケージがすでにインストールされているか、同時にインストールしない限りは、依存関係を損ねないようにインストールは中断されます。--nodepsオプションを指定すると、依存関係を無視してインストールできますが、他のパッケージの動作に影響が出るかもしれません。次の例では、依存関係を無視してmod_sslパッケージをインストールしています。

```
# rpm -ivh mod_ssl-2.4.6-80.el7.centos.1.x86_64.rpm
error: Failed dependencies:          ←  依存関係のエラー[注12]
        httpd is needed by mod_ssl-1:2.4.6-80.el7.centos.1.x86_64
        httpd = 0:2.4.6-80.el7.centos.1 is needed by mod_ssl-1:2.4.6-80.el
7.centos.1.x86_64
        httpd-mmn = 20120211x8664 is needed by mod_ssl-1:2.4.6-80.el7.cent
os.1.x86_64

# rpm -ivh --nodeps mod_ssl-2.4.6-80.el7.centos.1.x86_64.rpm
Preparing...                     ################################# [100%]
Updating / installing...
   1:mod_ssl-1:2.4.6-80.el7.centos.1  ################################# [100%]
warning: user apache does not exist - using root
```

パッケージのアップグレード

パッケージのアップグレードには、-Uオプションか-Fオプションを使います。両者の違いは、指定したパッケージがインストールされていなかった場合の動作です。-Uオプションの場合は新規インストールとして扱います。-Fオプションの場合は新規インストールを行いません。つまり、純粋にアップグレードのみを行うのが-Fオプションです。

[注12] 英語環境では「Failed dependencies」と表示されます

> **ここが重要**
>
> ● -Fオプションはアップグレード処理のみを行います。-Uオプションはアップグレードに加え新規インストール処理も行います。RPMファイルをワイルドカードで指定したときなどには、動作の違いが顕著になります。

次の例では、~/rpmsディレクトリ以下にあるRPMパッケージ(拡張子が.rpmのファイル)をすべてアップグレードします。

```
# rpm -Fvh ~/rpms/*.rpm
```

パッケージのアンインストール

パッケージを削除するには-eオプションを指定します。次の例では、httpdパッケージをアンインストールしています。

```
# rpm -e httpd
```

依存関係を無視してアンインストールするには、--nodepsオプションを使います。ただし、削除したパッケージと依存関係にあるパッケージは、正常に動作しなくなる可能性があります。

```
# rpm -e httpd-tools
エラー: 依存性の欠如:
        httpd-tools = 2.4.6-88.el7.centos は (インストール済み)httpd-
2.4.6-88.el7.centos.x86_64 に必要とされています
# rpm -e --nodeps httpd-tools
```

パッケージ情報の照会

パッケージを調査するには-qオプションを使います。次の例では、インストールされたすべてのパッケージから、パッケージ名に「vim」が含まれるものを表示しています。

```
# rpm -qa | grep vim
vim-filesystem-7.4.160-5.el7.x86_64
vim-minimal-7.4.160-4.el7.x86_64
vim-common-7.4.160-5.el7.x86_64
vim-enhanced-7.4.160-5.el7.x86_64
```

2.5 RPMパッケージの管理

各パッケージの情報を表示するには-qiを使います。また、インストール前のパッケージ情報を表示するには-qipオプションを使います。

```
$ rpm -qi bash
Name        : bash
Version     : 4.2.46
Release     : 30.el7
Architecture: x86_64
Install Date: Thu 29 Nov 2018 05:21:09 AM EST
Group       : System Environment/Shells
Size        : 3667709
License     : GPLv3+
Signature   : RSA/SHA256, Wed 25 Apr 2018 06:54:19 AM EDT, Key ID 24c6a8a7f4a80eb5
Source RPM  : bash-4.2.46-30.el7.src.rpm
Build Date  : Tue 10 Apr 2018 08:55:22 PM EDT
Build Host  : x86-01.bsys.centos.org
Relocations : (not relocatable)
Packager    : CentOS BuildSystem <http://bugs.centos.org>
Vendor      : CentOS
URL         : http://www.gnu.org/software/bash
Summary     : The GNU Bourne Again shell
Description :
The GNU Bourne Again shell (Bash) is a shell or command language
interpreter that is compatible with the Bourne shell (sh). Bash
incorporates useful features from the Korn shell (ksh) and the C shell
(csh). Most sh scripts can be run by bash without modification.
```

-qfオプションを使うと、指定したファイルが何というパッケージからインストールされたのかを表示します。

```
$ rpm -qf /bin/bash
bash-4.2.46-30.el7.x86_64
```

パッケージからどのようなファイルがインストールされるのかを調べるには、-qlpオプションを使います。インストール前に確認したい場合などに利用できます。次の例では、bashパッケージがインストールするファイルを表示しています。

```
$ rpm -qlp bash-4.2.46-30.el7.x86_64.rpm
/etc/skel/.bash_logout
/etc/skel/.bash_profile
```

```
/etc/skel/.bashrc
/usr/bin/alias
```

パッケージの依存関係を調べるには、-qRオプションを使います。

```
$ rpm -qR less
/bin/sh
groff-base
libc.so.6()(64bit)
libc.so.6(GLIBC_2.11)(64bit)
libc.so.6(GLIBC_2.14)(64bit)
libc.so.6(GLIBC_2.2.5)(64bit)
(以下省略)
```

パッケージの署名確認

RPMパッケージは配布元により電子署名されています。署名を確認するには、--checksig（または-K）オプションを使います。

```
$ rpm --checksig httpd-2.4.6-80.el7.centos.1.x86_64.rpm
httpd-2.4.6-80.el7.centos.1.x86_64.rpm: rsa sha1 (md5) pgp md5 OK
```

パッケージの展開

RPMパッケージをインストールせず、その内容を展開するには、**rpm2cpioコマンド**を使います。次の例のように、アーカイブを展開するcpioコマンドと組み合わせて使います。

```
$ rpm2cpio tree-1.6.0-10.el7.x86_64.rpm | cpio -id
```

すると、カレントディレクトリ以下にファイルやディレクトリが展開されます[注13]。

```
$ tree usr/
usr/
|-- bin
|   `-- tree
`-- share
    |-- doc
```

[注13] この例では、usrディレクトリ以下に展開されます。インストールすると/usr以下に展開されるディレクトリ構造そのままです。

```
|       `-- tree-1.6.0
|           |-- LICENSE
|           `-- README
`-- man
    `-- man1
        `-- tree.1.gz
```

> **ここが重要**
> ● rpmコマンドの主なオプションと使い方を理解しておきましょう。

2.5.3 YUM

CentOSやFedoraでは、APTツールに相当するものとして**YUM**（Yellow dog Updater, Modified）があります。元々はYellow Dog Linuxのパッケージ管理システムとして開発されていたものです。

YUMの設定は、**/etc/yum.conf**と**/etc/yum.repos.d**ディレクトリ以下のファイルで行います。以下は/etc/yum.confファイルの例です。

▶ /etc/yum.conf

```
[main]
cachedir=/var/cache/yum/$basearch/$releasever
keepcache=0
debuglevel=2
logfile=/var/log/yum.log    ← ログファイル
exactarch=1
obsoletes=1
gpgcheck=1
plugins=1
installonly_limit=5
```

/etc/yum.repos.dディレクトリ以下には、リポジトリ情報の設定ファイルが配置されます。パッケージの入手先を増やしたい場合は、リポジトリ情報の設定ファイルを追加します。次の例では、公式リポジトリ（CentOS-XX）に加え、EPEL[注14]のリポジトリ情報も追加されています。

[注14] CentOSなどエンタープライズLinux用の拡張パッケージ。

```
$ ls /etc/yum.repos.d/
CentOS-Base.repo         CentOS-Sources.repo       epel-testing.repo
CentOS-CR.repo           CentOS-Vault.repo         epel.repo
CentOS-Debuginfo.repo    CentOS-fasttrack.repo
```

YUMを使った管理は**yumコマンド**で行います。

書式　yum サブコマンド

表2-10　yumコマンドの主なサブコマンド

サブコマンド	説明
check-update	アップデート対象のパッケージリストを表示する
update［パッケージ名］	指定したパッケージをアップデートする
install パッケージ名	指定したパッケージをインストールする
remove パッケージ名	指定したパッケージをアンインストールする
info パッケージ名	指定したパッケージの情報を表示する
list	全パッケージ情報をリスト表示する
repolist	リポジトリ一覧を表示する
search キーワード	パッケージ情報をキーワードで検索する
search all キーワード	パッケージをキーワードで検索する（パッケージ名および説明文等すべて）
groups list	パッケージグループをリスト表示する
groups install グループ	指定したグループのパッケージをインストールする

アップデート

yum check-updateを実行すると、インストールされているパッケージの中で、アップデートパッケージが存在するパッケージのリストが表示されます。

```
# yum check-update
Loaded plugins: fastestmirror
Loading mirror speeds from cached hostfile
 * base: ftp.iij.ad.jp
 * extras: ftp.iij.ad.jp
 * updates: ftp.iij.ad.jp

GeoIP.x86_64                         1.5.0-13.el7                    base
NetworkManager.x86_64                1:1.12.0-8.el7_6                updates
```

```
NetworkManager-libnm.x86_64           1:1.12.0-8.el7_6                    updates
NetworkManager-team.x86_64            1:1.12.0-8.el7_6                    updates
（以下省略）
```

　yum updateを実行すると、インストールされている全パッケージが最新版にアップデートされます。

```
# yum update
読み込んだプラグイン:fastestmirror
Loading mirror speeds from cached hostfile
 * base: mirror.fairway.ne.jp
 * extras: mirror.fairway.ne.jp
 * updates: mirror.fairway.ne.jp
依存性の解決をしています
--> トランザクションの確認を実行しています。
---> パッケージ NetworkManager.x86_64 1:1.10.2-13.el7 を 更新
---> パッケージ NetworkManager.x86_64 1:1.12.0-8.el7_6 を アップデート
---> パッケージ NetworkManager-libnm.x86_64 1:1.10.2-13.el7 を 更新
---> パッケージ NetworkManager-libnm.x86_64 1:1.12.0-8.el7_6 を アップデート

（中略）

--> 依存性解決を終了しました。

依存性を解決しました

================================================================================
 Package                 アーキテクチャー
                                      バージョン              リポジトリー    容量
================================================================================
更新します：
 NetworkManager          x86_64       1:1.12.0-8.el7_6        updates       1.7 M
 NetworkManager-libnm    x86_64       1:1.12.0-8.el7_6        updates       1.4 M
 NetworkManager-team     x86_64       1:1.12.0-8.el7_6        updates       159 k

（中略）

トランザクションの要約
================================================================================
インストール    5 パッケージ (+2 個の依存関係のパッケージ)
```

```
更新            157 パッケージ

合計容量: 232 M
Is this ok [y/d/N]: y          ← yを入力【注15】
Downloading packages:
Running transaction check
```

(以下省略)

パッケージを個別にアップデートするには、yum updateコマンドを使います。もちろん、依存関係のあるパッケージも同時にアップデートされます。次の例では、opensslパッケージをアップデートしています。

```
# yum update openssl
```

インストールとアンインストール

yum installで、指定したパッケージをネットワーク経由で取得し、インストールできます。以下はパッケージをインストールする例として、rubyパッケージをインストールしています。依存関係のあるパッケージも自動的にインストールされます。

```
# yum install ruby

(中略)

Resolving Dependencies
--> Running transaction check
---> Package ruby.x86_64 0:2.0.0.648-33.el7_4 will be installed

(中略)

Dependencies Resolved

================================================================
 Package            Arch      Version                 Repository    Size
================================================================
Installing:
 ruby               x86_64    2.0.0.648-33.el7_4      base          71 k
```

【注15】yumコマンドを実行する際に-yオプションを付けると、yが指定されたものとみなされ、確認が省略されます。

```
Installing for dependencies:
 libyaml                    x86_64    0.1.4-11.el7_0         base     55 k
 ruby-irb                   noarch    2.0.0.648-33.el7_4     base     92 k
 ruby-libs                  x86_64    2.0.0.648-33.el7_4     base    2.8 M
(中略)
 rubygems                   noarch    2.0.14.1-33.el7_4      base    219 k

Transaction Summary
===============================================================================
Install  1 Package (+9 Dependent packages)

Total download size: 3.8 M
Installed size: 13 M
Is this ok [y/d/N]:y        ←  yを入力

(中略)

Installed:
  ruby.x86_64 0:2.0.0.648-33.el7_4

Dependency Installed:
  libyaml.x86_64 0:0.1.4-11.el7_0             ruby-irb.noarch 0:2.0.0.648-33.el7_4
  ruby-libs.x86_64 0:2.0.0.648-33.el7_4       rubygem-bigdecimal.x86_64 0:1.2.0-33.el7_4
  rubygem-io-console.x86_64 0:0.4.2-33.el7_4  rubygem-json.x86_64 0:1.7.7-33.el7_4
  rubygem-psych.x86_64 0:2.0.0-33.el7_4       rubygem-rdoc.noarch 0:4.0.0-33.el7_4
  rubygems.noarch 0:2.0.14.1-33.el7_4

Complete!
```

パッケージをアンインストールするには、yum removeコマンドを使います。次の例では、emacsパッケージをアンインストールしています。

```
# yum remove emacs
```

パッケージ情報の確認

パッケージ情報を表示するには、次のようにします。インストールされていないパッケージの情報[注16]も表示できます。次の例では、bashパッケージの情報を表

[注16] リポジトリに存在するパッケージが対象になります。

示しています。

```
$ yum info bash
Loaded plugins: fastestmirror
Loading mirror speeds from cached hostfile
 * base: ftp.riken.jp
 * extras: ftp.riken.jp
 * updates: ftp.riken.jp
Installed Packages
Name        : bash
Arch        : x86_64
Version     : 4.2.46
Release     : 30.el7
Size        : 3.5 M
Repo        : installed
From repo   : anaconda
Summary     : The GNU Bourne Again shell
URL         : http://www.gnu.org/software/bash
License     : GPLv3+
Description : The GNU Bourne Again shell (Bash) is a shell or command language
            : interpreter that is compatible with the Bourne shell (sh). Bash
            : incorporates useful features from the Korn shell (ksh) and the C shell
            : (csh). Most sh scripts can be run by bash without modification.
```

yum listを実行すると、リポジトリにあるすべてのパッケージ情報と、インストールされているかどうかを確認できます。

```
$ yum list

(中略)

Installed Packages
GeoIP.x86_64                         1.5.0-11.el7                    @anaconda
NetworkManager.x86_64                1:1.10.2-16.el7_5               @updates
NetworkManager-libnm.x86_64          1:1.10.2-16.el7_5               @updates

(中略)

Available Packages
389-ds-base.x86_64                   1.3.7.5-28.el7_5                updates
```

```
389-ds-base-devel.x86_64            1.3.7.5-28.el7_5              updates
389-ds-base-libs.x86_64             1.3.7.5-28.el7_5              updates
```

パッケージ情報をキーワードで検索することもできます。次の例では、「ruby」というキーワードが含まれるパッケージを検索しています。

```
$ yum search ruby

(中略)

==================================== N/S matched: ruby ====================================
graphviz-ruby.x86_64 : Ruby extension for graphviz
kross-ruby.x86_64 : Kross plugin for ruby
libselinux-ruby.x86_64 : SELinux ruby bindings for libselinux
marisa-ruby.x86_64 : Ruby language binding for marisa
(以下省略)
```

パッケージグループ単位のインストール

RPMパッケージは、いくつかのパッケージグループに分類できます。YUMではグループ単位でパッケージをインストールすることができます。どのようなグループがあるのかは次のようにして表示できます。

```
$ yum groups list
Available Environment Groups:
   Minimal Install
   Compute Node
   Infrastructure Server
   File and Print Server
   Basic Web Server
   Virtualization Host
   Server with GUI
   GNOME Desktop
   KDE Plasma Workspaces
   Development and Creative Workstation
Available Groups:
   Compatibility Libraries
   Console Internet Tools
   Development Tools
(以下省略)
```

GNOMEデスクトップ関連のパッケージをまとめてインストールするには、次のようにします。

```
# yum groups install "GNOME Desktop"
```

- yumコマンドの使い方に習熟しておきましょう。

2.5.4 dnfコマンド

これまでyumを採用していたディストリビューションでは、yumコマンドに代わって**dnfコマンド**が使われてきています[注17]。基本的にはyumコマンドの使い方とほぼ同じです。

書式 dnf サブコマンド

表2-11 dnfコマンドの主なサブコマンド

サブコマンド	説明
check-update	アップデート対象のパッケージリストを表示する
clean	キャッシュデータを削除する
upgrade (update)	システムの全パッケージをアップグレードする
upgrade パッケージ名	指定したパッケージをアップグレードする
install パッケージ名	指定したパッケージをインストールする
remove パッケージ名	指定したパッケージをアンインストールする
info パッケージ名	指定したパッケージの情報を表示する
list	全パッケージ情報をリスト表示する
search キーワード	パッケージ情報をキーワードで検索する
history	処理の履歴を表示する
updateinfo	パッケージのアップデート情報を表示する

[注17] Fedoraでは、すでにFedora 22以降で採用されています。

2.5.5 Zypperを使ったパッケージ管理

openSUSEでもRPMパッケージが使われますが、パッケージ管理には**zypperコマンド**を使います。

書式 zypper [サブコマンド]

表2-12 zypperコマンドの主なサブコマンド

サブコマンド	説明
install パッケージ名	指定したパッケージをインストールする(in)
remove パッケージ名	指定したパッケージをアンインストールする(rm)
info パッケージ名	指定したパッケージの情報を表示する
update	システムの全パッケージをアップデートする(up)
update パッケージ名	指定したパッケージをアップデートする(up)
list-updates	アップデート対象のパッケージリストを表示する(lu)
dist-upgrade	ディストリビューションをアップグレードする(dup)
search キーワード	パッケージ情報をキーワードで検索する(se)

多くのサブコマンドには短い名前が用意されています。たとえば、installはinと省略できます。次の例では、gitパッケージをインストールしています。

```
# zypper in git

(中略)

55 new packages to install.
Overall download size: 27.9 MiB. Already cached: 0 B. After the operation,
additional 117.6 MiB will be used.
Continue? [y/n/...? shows all options] (y): y     ← yを入力

(以下省略)
```

パッケージ名はワイルドカードを使って指定できます。次の例では、yastで始まる名前のパッケージをすべてインストールします。

```
# zypper in yast*
```

2.6 仮想化のゲストOSとしてのLinux

2.6.1 クラウドサービスとインスタンス

　最近では、Linuxサーバは仮想環境で運用されることが少なくありません。つまり、物理的なサーバにLinuxをインストールして利用するよりも、クラウドサービス上の仮想的なLinuxマシン「**インスタンス**」を利用することが一般的になってきています。物理サーバを扱うよりも素早くインフラを整えたり、簡単にリソース（CPUやメモリ、ストレージ容量など）を拡張できたりするのがクラウドサービスのメリットです。

　クラウドサービスを構成要素で分類すると、主にIaaS、PaaS、SaaSに分類できます。

図2-7　クラウドサービスで提供されるレイヤー

　IaaS（Infrastructure as a Service）は、クラウドサービス提供者が、ネットワークからOSまでをサービスとして利用者に提供する形態です。クラウドサービス提供者が管理する物理サーバ上で仮想マシンを起動し、利用者は仮想マシンを自由に扱うことができます。ミドルウェアやアプリケーションは必要に応じて利用者自らが仮想マシンにインストールします。

　PaaS（Platform as a Service）では、IaaSでの提供部分に加えてアプリケーション実行環境まで提供されます。つまり、開発環境やデータベース、プログラミング言語の実行環境などが提供され、すぐに開発に利用することが可能です。

　SaaS（Software as a Service）では、アプリケーションそのものが提供されます。従来はパッケージソフトウェアとして提供されていたものをインターネット上で提供するスタイルです。図2-7では、左側ほど自由度が高い反面、利用者が準備しなければならないことが多くなったり、運用に手間がかかったりします。反対に、右側ほど自由度は低くなりますが、利用者はすぐにアプリケーションを利用できます。

参考 クラウドに対して実際の物理サーバを社内やデータセンタに配置して運用することを
オンプレミスといいます。

IaaS上で提供される個々の仮想マシンは**インスタンス**(instance)とも呼ばれます。インスタンスはソフトウェア的に構成されたコンピュータと考えてもよいでしょう。インスタンスは、あらかじめ用意されたテンプレート(OSイメージ)から作成されます。物理的なサーバへのLinuxインストールには少なくとも十数分かかりますが、IaaS上のインスタンスはOSイメージをもとに作成されるため、数秒～数十秒程度で完了します。

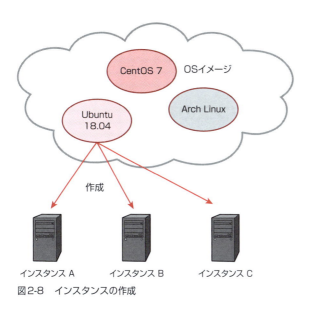

図2-8　インスタンスの作成

ここが重要
- クラウド上のインスタンスはOSイメージから素早く作成することができます。

以下、クラウドコンピューティングに関して知っておきたい用語をまとめておきます。

表2-13 クラウドコンピューティングの主な用語

用語	説明
ブロックストレージ	仮想的なディスクストレージ。物理的なサーバとは異なり簡単に容量を追加できる
ゲストOS	仮想マシンにインストールされたOS
OSイメージ	インスタンスのテンプレートとなるディスクイメージ
インスタンス	クラウド上で動作する個々の仮想マシン
コンテナ	独立したOSのように扱えるアプリケーション実行環境。仮想マシンよりも消費リソースが小さく軽量
アプライアンスコンテナ	特定用途向けにあらかじめWebサーバやデータベースサーバなどが組み込まれた状態で用意されているコンテナイメージ
ゲストドライバ	仮想マシンがホストマシン上のデバイスにアクセスする際などに使われるソフトウェア。仮想マシンにインストールして利用する

2.6.2 インスタンスの初期化

　テンプレートから簡単にインスタンスを作成できるのはクラウドの強みですが、ただテンプレートをコピーしただけでは、本来はサーバごとに異なるはずのホスト名やSSH鍵(ホストキー)が重複してしまいます。これを解決する仕組みが、インスタンスを初期化する仕組みである**Cloud-init**です。テンプレートとなるOSイメージにはCloud-initが組み込まれていて、インスタンスの初回起動時に、設定(ユーザーデータ)に基づいて適切な設定が行われます。

　Cloud-initでは、次のような情報を設定することができます。

- ホスト名
- SSH公開鍵
- 一般ユーザー
- インストールするパッケージ

　なお、個々のインスタンスを識別するのに**D-BusマシンID**が利用できます。D-BusマシンIDは/etc/machine-idファイルに格納されており、インスタンスごとに異なる値が割り当てられています。

```
$ cat /etc/machine-id
0826355f7b90c2c924f95e5ddfdfe26d
```

2.6 仮想化のゲストOSとしてのLinux

> **ここが重要**
> - LPICではクラウドコンピューティングの実務的な詳細については問われませんが、概要と用語を理解しておく必要があります。

練習問題

問題:2.1　重要度:★★★

Linuxのインストールについての説明として適切なものを1つ選択してください。

- A. 搭載メモリが4GBの場合、スワップ領域に8GB程度を割り当てる
- B. ルートパーティションにはディスクの大部分を割り当てる必要がある
- C. 「/home」の容量は、1ユーザーあたり1GBとして見積ればよい
- D. 「/var」ディレクトリを専用のパーティションに割り当てる場合、搭載メモリ容量と同程度が適切である
- E. 「/var」と「/var/log」を別々のパーティションに割り当てることはできない

《解説》 スワップ領域には、コンピュータの物理メモリの等倍〜2倍程度の容量を割り当てるのが一般的ですので、選択肢**A**は適切です。ルートパーティションにはディスクの大部分を割り当てる必要はなく、むしろできるだけ小さいほうが望ましいので、選択肢**B**は不正解です。/homeにはユーザーのホームディレクトリが格納されますが、1ユーザーあたりの容量はシステムやユーザーの利用目的によりさまざまなので、1ユーザーあたり1GBとして見積もればよいとはいえません。したがって選択肢**C**は不正解です。/varのサイズは搭載メモリ容量とは無関係なので、選択肢**D**は不正解です。/varと/var/logを別々のパーティションとすることは可能なので、選択肢**E**は不正解です。

《解答》　A

問題:2.2　重要度:★★★★★

ブートローダGRUBを/dev/sdaのMBRにインストールしたいとき、下線部に当てはまるコマンドを記述してください。

```
# _____ /dev/sda
```

《解説》 grub-installコマンドを使うことで、指定したデバイスのMBR（マスターブートレコード）にGRUBがインストールされます。

《解答》 grub-install

問題：2.3　重要度：★★★★

あるプログラムを実行するときに必要となる共有ライブラリを調べるコマンドを記述してください。

_____

《解説》 プログラムの実行時に必要な共有ライブラリをすべて表示するには、lddコマンドを使います。

《解答》 ldd

問題：2.4　重要度：★★★

ldconfigコマンドの説明として適切なものを選択してください。

- A. 環境変数LD_LIBRARY_PATHを編集する
- B. /etc/ld.so.confファイルを編集する
- C. /etc/ld.so.confに基づいて/etc/ld.so.cacheを作成する
- D. インストールされている共有ライブラリを表示する
- E. プログラムが必要とする共有ライブラリを表示する

《解説》 ldconfigコマンドは、/etc/ld.so.confに記述された情報に基づいて/etc/ld.so.cacheファイルを作成します。したがって、正解は選択肢Cです。プログラムが必要とする共有ライブラリを表示するのはlddコマンドです。

《解答》 C

第2章 Linuxのインストールとパッケージ管理

問題:2.5　重要度:★★★★

インストールされているdeblpicパッケージを、設定ファイルを残したままアンインストールしたい場合、どのコマンドを実行すればよいですか。

- [ ] **A.** dpkg –e deblpic
- [ ] **B.** dpkg –r deblpic
- [ ] **C.** dpkg –i deblpic
- [ ] **D.** dpkg ––purge deblpic
- [ ] **E.** dpkg ––remove deblpic

《解説》　選択肢**A**の-eは、rpmコマンドでパッケージをアンインストールするためのオプションです。したがって、選択肢**A**は不正解です。-iオプションはインストールを行うため、選択肢**C**は不正解です。--purgeオプションでは設定ファイルも含めて削除されるため、選択肢**D**は不正解です。正解は選択肢**B**と**E**です。dpkg -rコマンドもしくはdpkg --removeコマンドを実行すると、設定ファイルを除いてパッケージをアンインストールします。

《解答》　B、E

問題:2.6　重要度:★★★

apt-getを使って、Debian/GNU Linuxのシステムを最新にアップグレードしたい場合、どのコマンドを実行すればよいですか。

- ○ **A.** apt-get system-upgrade
- ○ **B.** apt-get system-update
- ○ **C.** apt-get dist-upgrade
- ○ **D.** apt-get update
- ○ **E.** apt-get versionup

《解説》 「apt-get system-upgrade」「apt-get system-update」「apt-get versionup」といったコマンドは存在しないので、選択肢A、B、Eは不正解です。「apt-get update」はパッケージの最新情報を取得するコマンドです。したがって選択肢Dは不正解です。正解は選択肢Cです。「apt-get dist-upgrade」で最新のシステムにアップグレードします。

《解答》 C

問題：2.7　重要度：★★★★

Ubuntu Serverで、リポジトリにはどのようなBtrfs関連のパッケージが存在するかをキーワードで検索しようとしています。下線部に当てはまるコマンドを記述してください。

$ _____ search btrfs

《解説》 apt searchもしくはapt-cache searchコマンドを使うと、リポジトリにあるパッケージの情報をキーワードで検索できます。apt-getコマンドではsearchサブコマンドを使えないので注意してください。

《解答》 aptまたはapt-cache

問題：2.8　重要度：★★★

httpdパッケージからインストールされた設定ファイルのみを一覧表示したいと思います。下線部に当てはまるオプションを2文字、記述してください。

$ rpm -____ httpd

《解説》 「rpm -qc パッケージ名」は、指定したパッケージからインストールされた設定ファイルだけを表示します。インストールされたすべてのファイルは「-ql」で、インストールされたドキュメントファイルだけなら「-qd」で表示できます。

《解答》 qc

第2章 Linuxのインストールとパッケージ管理

問題：2.9　重要度：★★★★

nanoパッケージをアンインストールしようとしています。このパッケージはrpmコマンドを使い、nano-1.3.12-1.1.i386.rpmをインストールしたものです。アンインストールするには、どのコマンドを実行すればよいかを選択してください。

- A. rpm -u nano
- B. rpm -d nano-1.3.12-1.1.i386.rpm
- C. rpm -U nano-1.3.12-1.1.i386.rpm
- D. rpm -x nano-1.3.12-1.1.i386.rpm
- E. rpm -e nano

《解説》 -uオプションはrpmコマンドにはありません。したがって、選択肢**A**は不正解です。-dオプションは-qオプションと併用してパッケージ中のドキュメントファイルを一覧表示します。したがって、選択肢**B**は不正解です。-Uオプションはパッケージをアップグレードします。したがって、選択肢**C**は不正解です。-xオプションはrpmコマンドにはありません。したがって、選択肢**D**は不正解です。正解は選択肢**E**です。RPMパッケージをアンインストールするには-eオプションを使い、パッケージ名を指定します。

《解答》 E

問題：2.10　重要度：★★★★

/bin/bashファイルがどのパッケージからインストールされたかをrpmコマンドで確認したい場合、指定すべきオプションの組み合わせを2つ選択してください。

- A. -q
- B. -i
- C. -f
- D. -p
- E. -e

《解説》 「rpm -qf /bin/bash」で、指定したファイルがどのパッケージからインストールされたかを確認できます。

```
$ rpm -qf /bin/bash
bash-4.2.46-30.el7.x86_64
```

《解答》 A、C

問題：2.11

重要度：★★★★

yumコマンドを使って、システムにインストール済みのパッケージをすべて最新版にアップデートしたいと思います。実際にアップデートする前に、アップデートされるパッケージの情報を確認したい場合に実行する適切なコマンドを選択してください。

- A. yum update-list
- B. yum updatepkgs
- C. yum update
- D. yum check-update
- E. yum --list-upgrade

《解説》 yum updateを実行すると、システムにインストール済みのパッケージがすべて最新版にアップデートされます（選択肢C）。その前にアップデートされるパッケージを確認するには、yum check-updateコマンドを実行します。したがって、正解は選択肢Dです。選択肢A、B、Eは無効なコマンドです。

《解答》 D

第2章 Linuxのインストールとパッケージ管理

問題:2.12　重要度:★★★★

yumコマンドを使ってpostfixパッケージをインストールしようとしています。下線部に当てはまるコマンドと引数を記述してください。

yum _____

《解説》　yumコマンドを使ってインストールするには、パッケージ名を引数としてyum installコマンドを実行します。したがって、正解は「install postfix」です。

《解答》　install postfix

問題:2.13　重要度:★★★

RPMパッケージをインストールしようとしたところ、次のようなエラーメッセージが表示されました。

```
# rpm -i ruby-irb-2.0.0.648-34.el7_6.noarch.rpm
error: Failed dependencies:
    /usr/bin/ruby is needed by ruby-irb-2.0.0.648-34.el7_6.noarch
```

インストールが失敗した理由としてもっとも適切なものを選択してください。

- A. パッケージをインストールするオプションは「-i」ではなく「-ivh」だから
- B. rpmコマンドの引数には、ファイル名ではなく「ruby-irb」のようにパッケージ名だけを指定すべきだから
- C. ruby-irbパッケージにとって必要なファイルがインストールされていないから
- D. ruby-irbパッケージに/usr/bin/rubyが含まれていなかったから
- E. 指定したパッケージファイルがカレントディレクトリに存在しなかったから

《解説》　エラーメッセージの「Failed dependencies」から、依存関係のエラーで失敗したことがわかります。rpmコマンドを使ってRPMパッケージをインストールする場合、

依存関係のあるパッケージもあわせてインストールするか、あらかじめインストールしておく必要があります。エラーメッセージを見ると、インストールしようとしたruby-irbパッケージには/usr/bin/rubyファイルが必要、と書かれているので、そのファイルを含むパッケージをあらかじめインストールしなければなりません。したがって、正解は選択肢**C**です。

rpmコマンドのインストールオプションは-iです。詳細を表示する-vオプションと、進捗状況を表示する-hオプションは指定しなくてもかまわないので、選択肢**A**は不正解です。インストールする際には、rpmコマンドの引数にパッケージファイル名を指定するので、選択肢**B**は不正解です。選択肢**D**はエラーメッセージの意味を取り違えていますので不正解です。指定したパッケージがカレントディレクトリに存在しない場合は、次のようなエラーメッセージになるので、選択肢**E**は不正解です。

```
error: open of ruby-irb-2.0.0.353-22.el7_0.noarch.rpm failed: No such file or directory
```

《解答》　C

問題:2.14　重要度:★★★★★

システムをアップデートしようと「apt upgrade」コマンドを実行したところ、更新パッケージ数は0と表示され、どのパッケージもアップデートされませんでした。ディストリビューションのWebサイトの情報を確認すると、複数のパッケージに更新があることが確認できました。アップデートされなかった要因として考えられるものを選択してください。

- A. 「apt upgrade」コマンドを一般ユーザーとして実行しようとした
- B. 先に「apt check-update」コマンドを実行する必要がある
- C. 「apt upgrade -a」のように「-a」オプションを指定する必要がある
- D. 先に「apt update」コマンドを実行する必要がある

《解説》　aptまたはapt-getコマンドを使ってパッケージをアップデートする場合、最初に「apt update」または「apt-get update」コマンドを実行して最新のパッケージ情報を取得しておく必要があります。この操作がなければ、システム上のパッケージ情報が古いままであるため、更新パッケージがないように処理されてしまいます。一般ユーザーで「apt upgrade」や「apt-get upgrade」コマンドを実行しようとするとエラーになりますので、選択肢**A**は不正解です。「apt check-update」「apt-get check-update」というコマンドはないので、選択肢 B は不正解です。「apt upgrade」「apt-get upgrade」時に指定する-aといったオプションはなく、オプション指定でパッケージ情報を更新することはできないので、選択肢 C は不正解です。

《解答》 D

問題：2.15　重要度：★★

/usr/lib/liblpic.aというライブラリに不具合が見つかったため、不具合を修正済みの新バージョンをインストールして置き換えました。しかし、そのライブラリを使用しているプログラム/usr/bin/lpicusrの挙動は、ライブラリを更新する前のままです。適切と考えられる対処方法を選択してください。なお、「ldd /usr/bin/lpicusr | grep liblpic」を実行したところ、何も表示されませんでした。

- A. /etc/ld.so.confに「/usr/lib」を追加する
- B. ldconfigコマンドを実行する
- C. lpicusrプログラムを再コンパイルして再インストールする
- D. 環境変数LD_LIBRARY_PATHに「/usr/lib/liblpic.a」を追加する
- E. システムを再起動する

《解説》　ライブラリには、プログラムをコンパイルするときに組み込んで利用する静的ライブラリと、プログラムを実行する際にリンクして利用する共有ライブラリがあります。lddコマンドによって表示されるのは共有ライブラリです。実行結果が何も表示されなかったことから、ライブラリは共有ライブラリではないことがわかります（一般的に、静的ライブラリの拡張子は「.a」、共有ライブラリの拡張子は「.so」です）。静的なライブラリをアップデートした場合、それを利用するプログラムを再コンパイルする必要がありますので、正解は選択肢 C です。
選択肢 A、B、D はすべて共有ライブラリに関するものなので、いずれも不正解です。システムを再起動しても静的ライブラリを使うプログラムの中身が変わるわけではありませんので、選択肢 E は不正解です。

《解答》 C

問題:2.16　重要度:★★★

オンプレミスの物理サーバと比較して、クラウドのIaaSサービスを利用することによるメリットをすべて選んでください。

- ☐ **A.** CPUやメモリ等のリソースを柔軟に割り当てることができる
- ☐ **B.** 導入に時間がかからない
- ☐ **C.** OSやアプリケーションのバージョンアップが不要となる
- ☐ **D.** 最小限のコストでスタートできる

《解説》　クラウドのIaaSサービスでは、CPUのコア数やメモリ容量、ディスク容量などを指定すると、すぐにインスタンスが起動し、利用できるようになるのが一般的です。そのため、リソースの柔軟な割り当てが容易なこと、導入時間(サーバ機の購入や配備など)が短縮できること、最小限の構成でスタート可能なこと、などがメリットとして挙げられます。リソースがさらに必要となったときには、インスタンスをOSイメージとして保存し、十分なリソースを指定し直した上で、新たなインスタンスを起動する、といった方法を使うことで、柔軟にリソース量を増やしていくことができます。ただし、OSやアプリケーションのバージョンアップはサービス提供者によって行われるとは限らず、一般的には利用者が行う必要があります。

《解答》　A、B、D

第3章 GNUとUNIXコマンド

- **3.1** コマンドライン操作
- **3.2** パイプとリダイレクト
- **3.3** テキスト処理フィルタ
- **3.4** 正規表現を使ったテキスト検索
- **3.5** ファイルの基本的な編集

➡ 理解しておきたい用語と概念

- [ ] シェル
- [ ] bash
- [ ] コマンド履歴
- [ ] メタキャラクタ
- [ ] シェル変数と環境変数
- [ ] manページ
- [ ] パイプ、リダイレクト
- [ ] 正規表現
- [ ] viエディタ

➡ 習得しておきたい技術

- [ ] bashシェルの基本的な操作
- [ ] manコマンドの使い方
- [ ] テキストフィルタコマンドによる編集
- [ ] ファイルやディレクトリのコピー、移動、削除
- [ ] viエディタの基本的な操作

3.1 コマンドライン操作

3.1.1 シェル

　Linux上でコマンドを入力すると、そのコマンドに対応するプログラムが実行され、その結果が表示されます。ユーザーからのコマンドを受け付け、必要なプログラムを実行しているのは、**シェル**(shell)というプログラムです。

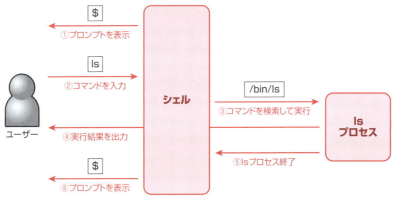

図3-1　シェル

　シェルにはいくつもの種類があり、ユーザーは好みに応じてシェルを選択することができます。代表的なシェルには、Bourneシェル(sh)、bash(Bourne Again Shell)、Cシェル(csh)、tcsh、Kornシェル(ksh)、Zシェル(zsh)があります。

　BourneシェルはUNIXの標準的なシェルで、これを改良したものが**bash**です。bashは多くのLinuxディストリビューションにおいて標準シェルとなっています。

　Cシェル(csh)は、C言語に似たスクリプトが利用できるシェルです。cshを拡張した**tcsh**もあり、LinuxでCシェルとして使われているのはtcshです。

　Korn シェル(ksh)は、Bourneシェルを拡張したものです。kshにbashやtcshの機能を取り入れた**zsh**という高機能シェルもあります。

> **参考** 利用可能なシェルは /etc/shells ファイルで確認できます。また、chsh コマンドを使ってデフォルトのシェルを変更することができます。

システムにログインした直後に起動されるシェルは、**ログインシェル**と呼ばれます。ユーザーごとのログインシェルは /etc/passwd ファイルに記述されています[注1]。次に示すのは /etc/passwd ファイルの一部ですが、ユーザー student のログインシェルは bash になっています（最後のフィールド）。

```
student:x:500:500::/home/student:/bin/bash
```

ユーザーがログインすると、シェルは「$」や「#」などのプロンプトを表示してユーザーからの指示を待ちます。プロンプトはシェルによって表示が若干異なります。bash では、一般ユーザーの場合は「$」が表示され、スーパーユーザー（root）の場合は「#」が表示されます。また、ユーザー名やカレントディレクトリ名、ホスト名を表示するなど、プロンプトの表示形式を自由に設定することができます。この設定は環境変数 PS1 で行います[注2]。次の例では、ユーザー名（lpic）とホスト名（centos）、カレントディレクトリ（tmp）が表示されています。

```
[lpic@centos tmp]$
```

> **用語解説　カレントディレクトリ**
> ユーザーが現在作業中のディレクトリをカレントディレクトリ（もしくはカレントワーキングディレクトリ）といいます。カレント（current）とは「現在の」という意味です。

ここが重要
- 一般ユーザーの場合とスーパーユーザーの場合では、プロンプトが異なります。シェルのプロンプトの表示形式は環境変数 PS1 で設定できます。

3.1.2　シェルの基本操作と設定

bash には、コマンドラインでの作業を効率よく行えるようにするためのさまざまな機能があります。

[注1] /etc/passwd ファイルについては第12章で学習します。
[注2] 環境変数についてはこの章で取り上げます。

補完機能

シェルの補完機能は、コマンドラインでの入力を支援し、入力ミスを軽減します。たとえば、linuxprofessional.txtというファイル名を入力したい場合、「linuxp」まで入力した状態でTabキーを押すと、残りの部分が自動的に補完されます。

```
$ ls
linux.txt      linuxprofessional.txt
$ cat linuxp  ← ここでTabキーを押すと補完機能が働き、補完されたところで
              Enterキーを押すとlinuxprofessional.txtの内容が表示される
```

では、このディレクトリで「cat linux」まで入力した時点でTabキーを押すとどうなるでしょうか。このディレクトリには、linux.txtとlinuxprofessional.txtという2つのファイルがあり、「linux」だけでは、どちらのファイルかを判別できません。入力時点での候補が複数ある場合は、Tabキーを押した時点でビープ音が鳴り、補完候補の間で共通している部分が補完されます。Tabキーをもう一度押すことにより、その時点での候補がすべて表示されます。

```
$ cat linux  ← ここでTabキーを2回押すと補完機能が働き、ファイル名が
             「linux」で始まるファイルがすべて表示される
linux.txt      linuxprofessional.txt
```

カーソルの移動

コマンドラインが長くなると、修正するときにカーソルを行頭に移動させたり、行末に移動させたりするのは面倒です。Ctrlキーを押しながらAキーを押すと、カーソルが行頭に移動します。Ctrlキーを押しながらEキーを押すと、カーソルが行末に移動します。

コマンドラインの編集

Ctrlキーを押しながらDキーを押すと、カーソル部分の1文字を削除します。また、Ctrlキーを押しながらHキーを押すと、カーソルの左側にある1文字を削除します。何らかの不具合で画面が乱れたときなどは、Ctrlキーを押しながらLキーを押すと、いったん画面をクリアしてから、カレント行を再表示します。

実行制御

プログラムやコマンドを実行中のとき、Ctrlキーを押しながらCキーを押すと、処理を中断させることができます。また、Ctrlキーを押しながらZキーを押すと、処理を一時停止状態にできます。

Ctrlキーを押しながらSキーを押すと、画面をロックしてキー操作をいっさい受け付けなくなります。ロックを解除するには、Ctrlキーを押しながらQキーを押します。

表3-1 コマンドラインの基本操作

操作	説明
Tabキー	コマンドやディレクトリ名を補完する
Ctrl＋Aキー	行の先頭へカーソルを移動する
Ctrl＋Eキー	行の最後へカーソルを移動する
Ctrl＋Dキー	カーソル部分を1文字削除する、ログアウトする
Ctrl＋Hキー	カーソルの左を1文字削除する（Backspaceキーと同じ）
Ctrl＋Lキー	画面をクリアしてカレント行を再表示する
Ctrl＋Cキー	処理を中断する
Ctrl＋Sキー	画面への出力を停止する
Ctrl＋Qキー	画面への出力を再開する
Ctrl＋Zキー	処理を一時停止（サスペンド）する

ディレクトリの指定

bashでは、ディレクトリを表す特殊記号（**メタキャラクタ**）を使うことができます。

表3-2 ディレクトリを表すメタキャラクタ

メタキャラクタ	説明
~	ホームディレクトリ
.	カレントディレクトリ
..	1つ上のディレクトリ

たとえば、ユーザーがstudentであり、studentのホームディレクトリは/home/student、カレントディレクトリが/home/student/work/lpicであるとします。このとき、それぞれのメタキャラクタが表すディレクトリは表3-3のとおりです。

表3-3 メタキャラクタの例（カレントディレクトリ：/home/student/work/lpic）

メタキャラクタを用いた表記	対応するディレクトリ
~	/home/student
.	/home/student/work/lpic
..	/home/student/work
~/tmp	/home/student/tmp

~が表すディレクトリは、ユーザーによって異なります。たとえば、次のコマンドを実行したとします。

```
$ cd ~
```

studentユーザーが実行すれば、studentユーザーのホームディレクトリ/home/studentに移動しますし、rootユーザーが実行すれば、rootユーザーのホームディレクトリ/rootに移動します。

「~ユーザー名」はユーザーのホームディレクトリを表します。たとえば、~studentはstudentユーザーのホームディレクトリを表します。

「~student」と「~/student」を混同しがちなので注意してください。「~student」はどのユーザーにとってもstudentユーザーのホームディレクトリ(/home/student)を表します。しかし「~/student」は各ユーザーのホームディレクトリ以下のstudentディレクトリを示すので、studentユーザーにとっては/home/student/studentであり、rootユーザーにとっては/root/studentとなります。

3.1.3　シェル変数と環境変数

　シェルはユーザーとLinuxシステムとの対話をつかさどります。そのためには、ユーザーのホームディレクトリやログイン名など、ユーザーに関する情報を保持していなければなりません。Linuxでは、このような情報は変数に保存されます。変数は、その有効範囲(スコープ)によって、シェル変数と環境変数に分けられます。

　シェル変数の有効範囲は、その変数を定義したシェル・プロセスのみになります[注3]。当該のシェル・プロセスを終了すると、シェル変数は失われます。別のシェルを新しく起動した場合は、新しいシェルから元のシェルで定義した内容を参照することはできません。

　環境変数は、その変数を定義したシェル上、およびそのシェルで実行されるプログラムにも引き継がれる変数です。環境変数は、シェル変数を**exportコマンド**でエクスポートすることによって設定します。

【注3】1人のユーザーがbashを複数起動していた場合、複数のbashプロセスが動作します。シェル変数の有効範囲は1つのbashプロセス上にとどまります。

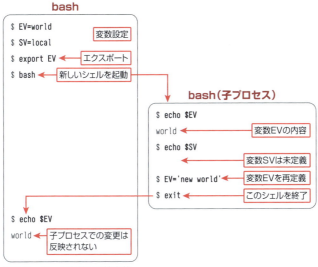

図3-2　シェル変数と環境変数

よく利用される環境変数として、表3-4のようなものがあります。

表3-4　主な環境変数

環境変数	説明
EDITOR	デフォルトのエディタのパス
HISTFILE	コマンド履歴を格納するファイル
HISTFILESIZE	HISTFILEに保存する履歴数
HISTSIZE	コマンド履歴の最大値
HOME	カレントユーザーのホームディレクトリ
HOSTNAME	ホスト名
LANG	ロケール（言語処理方式）
LOGNAME	ログインシェルのユーザー名
PATH	コマンドやプログラムを検索するディレクトリリスト
PS1	プロンプトの表示文字列
PS2	複数行にわたる入力時のプロンプト
PWD	カレントディレクトリ
TERM	端末の種類
USER	現在のユーザー

用語解説　端末

初期のコンピュータでは、キーボードとディスプレイのセットを複数接続し、複数のユーザーが同時に利用できるようになっていました。この、入出力に特化した機器のことを端末（terminal）といいます。端末は「キーボードから入力された文字をコンピュータに送る」「コンピュータから送られてきた信号をディスプレイに表示する」といった機能しか持っていません。この端末をソフトウェアで実現しているのが端末エミュレータです。端末エミュレータにはGNOME-terminalやKonsole、Windowsで動作するTeraTermなどがあります。

なお、コンピュータ本体に直接接続して管理に利用する端末をコンソール（console）と呼びます。多くのディストリビューションでは、デフォルトで6つの仮想的なコンソールが提供されています。

参考

端末上で「カーソルを1文字戻す」「画面をクリアする」といった操作は、エスケープシーケンスという特殊コードを使って行われます。しかし、エスケープシーケンスは端末のメーカーごとに異なっていたため、termcapというデータベースを使って、端末の種類に応じてエスケープシーケンスを使い分ける仕組みができました。アプリケーションは環境変数TERMを参照することで、ユーザーが使っている端末の種類を識別できます。

変数を定義する書式は次のとおりです。

書式　*変数名=値*

このとき「=」の前後にスペースが入らないように注意してください。変数名には英字、数字、アンダーバー（ _ ）を使うことができますが、先頭の文字に数字を使うことはできません。大文字と小文字は区別されます。値にスペースなどが入る場合は、二重引用符「 " 」もしくは単一引用符「 ' 」で囲みます（引用符については「3.1.6 引用符」を参照してください）。

定義された変数は、**echoコマンド**を使って参照できます。echoコマンドは指定した文字列や変数の値を出力します。変数を参照する場合は、変数名の先頭に「$」を付けます。echoコマンドの書式は次のとおりです。

書式　echo [*文字列または$変数名*]

たとえば、echoコマンドに文字列Linuxを指定すると、次のように実行されます。

```
$ echo Linux
Linux
```

echoコマンドに変数lpiを指定すると、変数の内容が表示されます[注4]。

[注4] 変数を解釈して処理しているのはシェルです。シェルは「echo Linux Professional Institute」のように変数を展開してからechoコマンドを実行します。

3.1 コマンドライン操作

```
$ lpi='Linux Professional Institute'
$ echo $lpi
Linux Professional Institute
```

変数を削除するには、**unsetコマンド**を使います。このとき、変数名の先頭には「$」記号を付けません。unsetコマンドの書式は次のとおりです。

書式 unset 変数名

先ほどセットした変数lpiを削除するには、次のように実行します。

```
$ unset lpi
```

定義されている環境変数を一覧表示するには、**envコマンド**や**printenvコマンド**を使います。また、環境変数とシェル変数を両方表示したい場合は、**setコマンド**を使います。

シェル変数は新たに起動したシェルから参照することはできませんが、**exportコマンド**でエクスポートすることによって参照できるようになります。exportコマンドの書式は次のとおりです。この場合も変数名の先頭に「$」記号は付けません。

書式 export 変数名[=値]

次の例では、シェル変数と環境変数の違いを確認しています。

```
$ VAR=lpic                ← VAR変数を定義(シェル変数)
$ echo $VAR               ← VAR変数の内容を出力
lpic                      ← 「lpic」が出力される
$ bash                    ← bashを新たに起動
$ echo $VAR               ← VAR変数の内容を出力
                          ← 定義されていないため、何も出力されない
$ exit                    ← 新たに起動したbashを終了
$ export VAR              ← VAR変数をエクスポート
$ bash                    ← bashを新たに起動
$ echo $VAR               ← VAR変数(環境変数)の内容を出力
lpic                      ← 新たに起動したbashでも「lpic」と出力される
```

エクスポートと変数定義を1行で書くこともできます。

```
$ export VAR=lpic
```

ここが重要

- 変数の定義方法と参照方法の理解が必要です。定義する際には、変数名の先頭に「$」記号は不要であり、参照する際には「$」記号が必要です。

×	$VAR=linux
○	VAR=linux
×	echo VAR
○	echo $VAR

ここが重要

- 変数の定義方法、内容の確認方法、シェル変数と環境変数の違いを理解しておきましょう。

3.1.4 環境変数PATH

プロンプトが表示されている状態でコマンドを入力すると、シェルはそのコマンド（プログラム）を実行します。コマンドには、**内部コマンド**と**外部コマンド**の2種類があります。

- 内部コマンド …… シェル自体に組み込まれているもの
- 外部コマンド …… 独立したプログラムとして存在するもの

たとえば、lsコマンドは/bin/lsが実行される外部コマンドですが、cdコマンドはシェルに組み込まれている内部コマンドです。

外部コマンドの場合は、シェルはそのコマンドがどこに置かれているのかを、**環境変数PATH**に指定されたディレクトリを順に調べて見つけ出します。コマンドが置かれたディレクトリを環境変数PATHに追加することを「パスを通す」といいます。パスの通っていない場所に置かれているコマンドやプログラムを実行する場合は、絶対パス（フルパス）もしくは相対パスを指定する必要があります。**絶対パス**とは、最上位のディレクトリ（ / ）から表記する方法で、システム内のファイル位置を一意に示します。反対に、/から始まらないディレクトリ表記を**相対パス**表記と呼び、**カレントディレクトリ**（ . ）を基点とした相対位置で表します。

たとえば、一般ユーザーが/usr/sbin/useraddコマンドを実行しようとしても、一般ユーザーの環境変数PATHには/usr/sbinが記載されていないため、コマンド

が見つからずエラーになります[注5]。次の例を見てください。

```
$ echo $PATH
/usr/local/bin:/usr/bin:/bin:/usr/local/games:/usr/games
$ useradd -D
Command 'useradd' is available in '/usr/sbin/useradd'
The command could not be located because '/usr/sbin' is not included in
the PATH environment variable.　←[コマンドがパスに含まれていないことを指摘するメッセージ]
useradd: command not found　←[useraddコマンドが見つからないメッセージ]
```

　この例では、PATH変数には/usr/local/bin、/usr/bin、/bin、/usr/local/games、/usr/gamesの5つのディレクトリが定義されています。シェルは、/usr/local/bin、/usr/bin、……の順にディレクトリ内を検索し、useraddコマンドが見つかれば実行します。
　PATH変数に含まれていないディレクトリにあるコマンドでも、絶対パスを指定すれば実行することができます(コマンドを実行する権限が必要です)。

```
$ /usr/sbin/useradd -D
```

　環境変数PATHにパスを追加するには、~/.bash_profileなどの環境設定ファイルのPATH設定を修正するか、次のコマンドを使用します。

書式　PATH=$PATH:*追加するディレクトリ名*

　次の例では、/opt/binディレクトリを環境変数PATHの末尾に追加しています。

```
$ PATH=$PATH:/opt/bin
```

　シェルは、環境変数PATHの先頭から順にディレクトリを検索していきます。もし同名のプログラムがあった場合は、環境変数PATHの先頭に近いほうのディレクトリに置かれているプログラムが実行されます。
　次の例を見てください。環境変数PATHに追加したいパスだけを指定しています。

```
$ PATH=/opt/bin
```

[注5] 一部のディストリビューションでは、一般ユーザーのPATHにも/sbinや/usr/sbinが記載されている場合があります。

このようにしてしまうと、パスが通っているディレクトリは/opt/binだけになってしまい、外部コマンドが使えなくなります(その場合でも、絶対パスを指定すれば使うことができます)。

通常、セキュリティ上の理由から、環境変数PATHにはカレントディレクトリを含めません。そのため、カレントディレクトリにあるプログラムを実行するには、カレントディレクトリを意味する「./」を明示します。次の例では、カレントディレクトリにあるプログラムmycommandを実行しています。

```
$ ./mycommand
```

> **ここが重要**
> ● カレントディレクトリにパスが通っていない場合、カレントディレクトリにあるプログラムを実行するには、プログラム名の前にカレントディレクトリを意味する「./」を明示する必要があります。

3.1.5 コマンドの実行

コマンドラインは次のような要素から成り立っています。

書式 *コマンド オプション 引数*

「コマンド」は、実行可能なプログラムまたはスクリプトです。「オプション」は、コマンドに対して動作を指示するスイッチです。ハイフン(「-」もしくは「--」)に続けて指定しますが、例外的にハイフンを必要としないコマンドもあります。「引数(ひきすう)」はコマンドに渡す値です。引数の有無で動作が変わるコマンドや、引数を取らないコマンド、複数の引数が必要なコマンドなどがあります。

コマンドは、1行に複数を並べて実行することができます。次の例では、pwdコマンドの実行後、lsコマンドが続けて実行されます。pwdコマンドは、カレントディレクトリの絶対パスを表示するコマンドです。

```
$ pwd;ls
```

コマンドを「;」で区切った場合、最初のコマンド(この場合はpwd)が正常に終了しても、エラーなどで正常に終了しなくても、2番目のコマンド(この場合はls)が実行されます。最初のコマンドの実行結果に応じて2番目のコマンドの動作を変更するには「&&」か「||」を使います。&&の場合、最初のコマンドが正常に終了したとき

だけ2番目のコマンドが実行されます。

```
$ ls prog/ruby && pwd
```

||の場合、最初のコマンドが正常に終了しなかったときだけ2番目のコマンドが実行されます。次の例では、カレントディレクトリにtempファイルがあればその内容を表示し、ない場合には「file not found」とメッセージを表示します。

```
$ cat temp || echo "file not found"
```

複数のコマンドをひとまとまりとして扱いたい場合には( )を使います。次の例では、date、pwd、lsの実行結果をまとめてkekka.logファイルに出力します。

```
$ (date; pwd; ls) > kekka.log
```

コマンドを実行すると、シェルは新たなシェルを起動し、そのシェル上でコマンドを実行します。現在のシェル内でコマンドが実行されるようにするには{ }でくくります。

表3-5　複数のコマンドの実行制御

コマンド	説明
コマンド1 ; コマンド2	コマンド1に続いてコマンド2を実行する
コマンド1 && コマンド2	コマンド1が正常に終了したときのみコマンド2を実行する
コマンド1 || コマンド2	コマンド1が正常に終了しなかった場合のみコマンド2を実行する
(コマンド1 ; コマンド2)	コマンド1とコマンド2を、ひとまとまりのコマンドグループとして実行する
{ コマンド1 ; コマンド2; }	現在のシェル内でコマンド1とコマンド2を実行する

ここが重要
- 複数のコマンドを並べて実行する場合、それぞれの特殊文字でどのように動作が変わるのか、正確に理解しておく必要があります。

3.1.6　引用符

「 ' 」── 単一引用符（シングルクォーテーション）

単一引用符の中は、すべて文字列であると解釈されます。

```
$ echo $DATE
8月31日          ← 環境変数DATEの内容が出力される
$ echo '$DATE'
$DATE           ← 文字列$DATEが出力される
```

「 " 」── 二重引用符(ダブルクォーテーション)

　二重引用符内も文字列であるとみなされます。ただし、二重引用符内に変数があれば、その変数の内容が展開されます。また、二重引用符内にバッククォーテーション「 ` 」が使われていると、その中も展開されます。

```
$ echo $DATE
8月31日
$ echo "今日の日付は$DATEです。"
今日の日付は8月31日です。    ← 二重引用符内の環境変数DATEの内容も出力される
```

　展開させたくない場合、たとえば$記号をそのまま使いたい場合は、バックスラッシュ「 \ 」を使います。バックスラッシュ直後の文字は、すべて通常の文字であるとみなされます。バックスラッシュは**エスケープ文字**と呼ばれます。

```
$ echo "変数\$DATEの内容は「$DATE」です。"
変数$DATEの内容は「8月31日」です。
```

> **ここが重要**
> ● バックスラッシュ記号「 \ 」は、Windowsなどの日本語環境では円マーク「￥」として表示されます。LPI認定試験が実施されるコンピュータもWindowsなので、試験では「￥」をバックスラッシュとして理解してください。

「 ` 」── バッククォーテーション

　バッククォーテーション内にコマンドがあれば、そのコマンドを実行した結果が展開されます。また変数の場合は、変数に格納されているコマンドを実行した結果が展開されます。次の例では、pwdコマンドを実行した結果が展開されています。

```
$ echo "カレントディレクトリは、`pwd`です。"
カレントディレクトリは、/home/lpic です。
```

　なお、「$(コマンド)」を使ってもかまいません。バッククォーテーションはシングル

クォーテーションと紛らわしいため、こちらの書き方をおすすめします。

```
$ echo "カレントディレクトリは、$(pwd) です。"
カレントディレクトリは、/home/lpic です。
```

これまでに見てきた3つの引用符の動作の違いを、まとめて次に示します。

```
$ DATE=date
$ echo $DATE
date
$ echo '$DATE'
$DATE
$ echo "$DATE"
date
$ echo `$DATE`
Fri Feb  8 12:42:18 JST 2019
```

3.1.7 コマンド履歴

　一度使ったコマンドをもう一度使ったり、一部だけ変更して使いたい場合は、bashの履歴機能を利用します。bashは実行したコマンドを保存しているので、その結果を呼び出すことにより、再入力の手間が省けます。

　プロンプトが表示されている状態で上矢印（↑）キー（またはCtrl+Pキー）を押すと、実行したコマンドが最近実行したものからさかのぼって表示されます。下矢印（↓）キー（またはCtrl+Nキー）を押すと逆順になります。目的のコマンドが出てきた時点でEnterキーを押すと、コマンドがそのまま実行されます。履歴から呼び出したコマンドは、bashの編集機能を使って編集することもできます。

　historyコマンドを使うと、コマンド履歴が順に表示されます。古いものから順に番号が付いているので、この履歴番号を直接指定して実行することもできます。次に、historyコマンドの実行例を示します。

```
$ history
    1  ls
    2  cat .profile
    3  vi .profile
    4  pwd
    5  echo $PATH
(中略)
```

```
25  echo "$DATE"
26  echo `$DATE`
27  history
```

履歴番号を指定してコマンドを再度実行するには、「!履歴番号」のようにします。たとえば、履歴番号5のコマンドを再度実行するには次のようにします。

```
$ !5
echo $PATH          ←実際に実行されるコマンドが表示される
/usr/local/bin:/usr/bin:/bin:/usr/local/games:/usr/games  ←コマンドの実行結果が表示される
```

コマンド履歴は、ユーザーのホームディレクトリにある.bash_historyファイルに保存されています。このファイルは、環境変数HISTFILEによって変更することができます。履歴を残す数は、環境変数HISTSIZEおよびHISTFILESIZEで設定されています。デフォルトは一般的に1000となっています。

表3-6 bashの履歴機能

コマンド	内容
↑(Ctrl＋P)	1つ前のコマンドを表示する
↓(Ctrl＋N)	1つ次のコマンドを表示する
!文字列	実行したコマンドの中で、指定した文字列から始まるコマンドを実行する
!?文字列	実行したコマンドの中で、指定した文字列を含むコマンドを実行する
!!	直前に実行したコマンドを再実行する
!履歴番号	履歴番号のコマンドを実行する

3.1.8 マニュアルの参照

Linuxでは、**オンラインマニュアルページ（manページ）**が標準で用意されています。manページは**manコマンド**を使って表示することができます。コマンドやファイルをはじめ、ライブラリやシステムコールなどの機能に関するmanページも用意されています。

マニュアルを構成するファイルは/usr/share/manに置かれています。manページの検索ディレクトリは、環境変数MANPATHが参照されます。MANPATHに何も指定されていない場合は、/etc/man.config（もしくは/etc/man.conf）ファイル[注6]に指定されたデフォルトのリストが使われます。manコマンドは、環境変数PAGER

[注6] Debian/GNU Linuxでは、/etc/manpath.configファイルが使われます。

で指定されたページャプログラム（通常はless）で表示を行いますが、好みに応じて変更することができます。

書式　man ［オプション］［セクション］コマンド名あるいはキーワード

表3-7　manコマンドの主なオプション

オプション	説明
-a	すべてのセクションのマニュアルを表示する
-f	指定されたキーワード（完全一致）を含むドキュメントを表示する
-k	指定されたキーワード（部分一致）を含むドキュメントを表示する
-w	マニュアルの置かれているディレクトリを表示する

　manコマンドでオンラインマニュアルを表示させるには、引数にコマンドを指定します。次のようにコマンドを実行すると、manコマンド自身のmanページを表示します。

```
$ man man
```

　manページは見出しで区切られています。表3-8に、よく使われる見出しを示します。

表3-8　manページの見出し

見出し	説明
NAME（名前）	コマンドやファイルの名前と簡単な説明
SYNOPSIS（書式）	書式（オプションや引数）
DESCRIPTION（説明）	詳細な説明
OPTIONS（オプション）	指定できるオプションの説明
FILES（ファイル）	設定ファイルなど関連するファイル
ENVIRONMENT（環境変数）	関連する環境変数
NOTES（注意）	その他の注意事項
BUGS（バグ）	既知の不具合
SEE ALSO（関連項目）	関連項目
AUTHOR（著者）	プログラムやドキュメントの著者

　manページのほとんどは画面内に収まらないので、manページの表示にはページャが使われます。manでは、デフォルトのページャとしてlessが設定されています。**lessコマンド**の役割は「テキストを1画面ずつ表示する」ことで、同様の機能を持つmoreコマンドの高機能版です。テキストを表示するだけでなく、テキスト内を

検索することもできます。表3-9に、lessの主な機能をまとめておきます。

表3-9　lessの主なキー操作

キー操作	説明
kキー、上矢印(↑)キー	上方向に1行スクロール
jキー、下矢印(↓)キー、Enterキー	下方向に1行スクロール
スペースキー、fキー	下方向に1画面スクロール
bキー	上方向に1画面スクロール
qキー	終了
/検索文字列	下方向に文字列を検索
?検索文字列	上方向に文字列を検索
hキー	ヘルプを表示する

manコマンドを使って検索をしていると、次のような問題にぶつかります。たとえば、/etc/passwdファイルについて調べたい場合、単に次のようにすると、passwdコマンドのほうのマニュアルが表示されてしまいます。

```
$ man passwd
```

このようなとき、同一の名前で異なる内容を扱えるようにするために、セクション（章）が設定されています。**セクション**とは、ドキュメントの内容による分類であり、Linuxでは表3-10のようになっています。

表3-10　セクション

セクション	説明
1	ユーザーコマンド
2	システムコール(カーネルの機能を使うための関数)
3	ライブラリ(C言語の関数)
4	デバイスファイル
5	設定ファイル
6	ゲーム
7	その他
8	システム管理コマンド
9	Linux独自のカーネル用ドキュメント

3.1 コマンドライン操作

manコマンドでセクションを指定するには、コマンドの前にセクション番号を指定します。次の例では、セクション5が指定されているので、passwdコマンドではなく、/etc/passwdファイルのフォーマットに関するマニュアルが表示されます。

```
$ man 5 passwd
PASSWD(5)          File Formats Manual              PASSWD(5)

名前
       passwd - パスワードファイル

説明
       passwd   ファイルには各ユーザアカウントの様々な情報が記録されている。
       書かれているのは次の通り。

              ログイン名
              暗号化されたパスワード（無いこともある）
              ユーザ ID 番号
              グループ ID 番号
              ユーザ名またはコメントのフィールド
              ユーザのホームディレクトリ
              ユーザのコマンドインタプリタ
(以下省略)
```

セクションを明確に区別するために、「passwd(1)」「passwd(5)」という形で表記するのが一般的です。上記の例では「PASSWD(5)」とあるので、セクション5を表示していることがわかります。セクションを指定しない場合は、最初に見つかったセクションが表示されます。-aオプションを使うと、すべてのセクションのmanページが表示されます。次の例では、すべてのpasswdマニュアルページを表示します。

```
$ man -a passwd
```

キーワードによっては、どのセクションに存在するのか最初はわかりません。そのような場合は、-fオプションを使うと、指定した検索キーワードと完全にマッチした一覧が表示されます。これは、**whatisコマンド**と同じです。次に示す2つのコマンドは同じ結果を表示します。

- man –f
- whatis

次の例では、crontabをキーワードとしてすべてのマニュアルを検索しています[注7]。

```
$ whatis crontab
crontab (1)         - 各ユーザーのための crontab ファイルを管...
crontab (5)         - cron を駆動するための一覧表
crontab (1p)        - schedule periodic background work
```

コマンド名などの正確な名前が不明の場合、-kオプションを使うとよいでしょう。manページのNAME欄には簡単な解説がありますが、-kオプションに続けてキーワードを指定すると、指定されたキーワードがマニュアルタイトルもしくはNAME欄に含まれるマニュアルの項目一覧を表示します。-kオプションと同等の機能を持つのが**aproposコマンド**です。次に示す2つのコマンドは同じ結果を表示します。

- man –k
- apropos

次の例では、キーワード「crontab」を含むマニュアルを検索しています。

```
$ apropos crontab
crontab (1)         - 各ユーザーのための crontab ファイルを管...
crontab (5)         - cron を駆動するための一覧表
anacrontab (5)      - configuration file for Anacron
crontab (1p)        - schedule periodic background work
crontabs (4)        - configuration and scripts for running periodical jobs
```

ここが重要

- マニュアルが置かれているディレクトリや、マニュアルを構成するセクションを覚えておきましょう。

> 参考 　シェルの内部コマンドの説明を表示するには、manコマンドではなくhelpコマンドを使います。

[注7] 「(1p)」はプログラミング言語Perlのマニュアルであることを示します。

3.1.9 ファイル操作コマンド

ファイルやディレクトリをコピーしたり、移動したり、削除したりするコマンドは、日々のLinux操作に不可欠です。オプションの使い方も含めてしっかりと理解してください。

lsコマンド

ディレクトリを指定した場合は、そのディレクトリ内のファイルを表示します。ファイル名を指定した場合は、そのファイルの属性を表示します。引数に何も指定しない場合は、カレントディレクトリ内のファイルとサブディレクトリを表示します。

書式　ls ［オプション］［ファイル名あるいはディレクトリ名］

表3-11　lsコマンドの主なオプション

オプション	説明
-a	「．」から始まるファイルも表示する
-A	「．」から始まるファイルも表示するが、「．(カレントディレクトリ)」と「．．(親ディレクトリ)」は表示しない
-d	ディレクトリ自身の情報を表示する
-F	ファイルの種類も表示する(ディレクトリは「/」、実行ファイルは「*」、シンボリックリンクは「@」がそれぞれ末尾に付く)
-i	iノード番号を表示する
-l	ファイルの詳細な情報を表示する
-t	日付順に表示する
-h	単位付きで表示する

参考　iノード番号とは、ファイルの管理情報が格納されたiノードに付けられた番号です。iノードについては第5章で学習します。

次の例では、/home/lpicディレクトリ内にあるファイルを表示しています。

```
$ ls /home/lpic
sample1.txt
sample2.txt
```

ディレクトリ自身の情報を表示するには-dオプションを使います。

```
$ ls -ld /home/lpic
drwx------ 5 lpic lpic 4096  1月  8 12:47 /home/lpic
```

オプションは複数を組み合わせて使用できます。次の例では、「.」で始まるファイルも含め(ただしカレントディレクトリと親ディレクトリは除く)、カレントディレクトリにあるファイルの詳細情報を表示します。

```
$ ls -lA
total 832
-rw-------  1 lpic lpic  1374 May 21  2018 .bash_history
-rw-r--r--  1 lpic lpic   220 Apr 15  2018 .bash_logout
-rw-r--r--  1 lpic lpic  3771 Apr 15  2018 .bashrc
-rw-r--r--  1 lpic lpic   655 Apr 15  2018 .profile
(以下省略)
```

cpコマンド

ファイルやディレクトリをコピーします。

書式　cp [オプション] コピー元ファイル名 コピー先ファイル名

書式　cp [オプション] コピー元ファイル名 コピー先ディレクトリ

表3-12　cpコマンドの主なオプション

オプション	説明
-f	コピー先に同名のファイルがあれば上書きする
-i	コピー先に同名のファイルがあれば上書きするかどうか確認する
-p	コピー元ファイルの属性(所有者、所有グループ、アクセス権、タイムスタンプ)を保持したままコピーする
-r、-R	ディレクトリ内を再帰的にコピーする(ディレクトリをコピーする)
-d	シンボリックリンクをシンボリックリンクとしてコピーする
-a	できる限り元ファイルの構成と属性をコピー先でも保持する(-dpRと同じ)

ここが重要

- ディレクトリをコピーするには、必ず-r(-R)オプションを付けてください(指定されていないとエラーになります)。また、ファイルの属性を保持したままコピーするには、-pオプションが必要です。

次の例では、data.txtファイルをdata.txt.orgという名前でコピーしています。

```
$ cp data.txt data.txt.org
```

次の例では、ファイル名が「.c」もしくは「.h」で終わるカレントディレクトリ内のファイルを/var/data/sourcesディレクトリにコピーしています。引数が3つ以上の場合は、最後の引数はディレクトリとみなされます。

```
$ cp *.c *.h /var/data/sources
```

次の例では、/etc/init.dディレクトリをカレントディレクトリにコピーしています。

```
$ cp -r /etc/init.d .
```

mvコマンド

指定した場所にファイルやディレクトリを移動します。また、ファイル名の変更にも用いられます。

書式 mv [オプション] 移動元ファイルかディレクトリ 移動先ファイルかディレクトリ

表3-13 mvコマンドの主なオプション

オプション	説明
-f	移動先に同名のファイルがあれば上書きする
-i	移動先に同名のファイルがあれば上書きするかどうか確認する

次の例では、sample.txtファイルをホームディレクトリに移動しています。ユーザーのホームディレクトリは「~」で表すことができます。

```
$ mv sample.txt ~
```

同一のディレクトリ内でファイルを移動すると、ファイル名を変更することができます。次の例では、ファイルの名前を「oldname.txt」から「newname.txt」に変更しています。

```
$ ls
oldname.txt
$ mv oldname.txt newname.txt
```

```
$ ls
newname.txt
```

mkdirコマンド

空のディレクトリを作成します。

書式 mkdir [オプション] ディレクトリ名

表3-14 mkdirコマンドの主なオプション

オプション	説明
-m	指定したアクセス権でディレクトリを作成する
-p	必要なら親ディレクトリも同時に作成する

次の例では、アクセス権[注8]を700としてディレクトリmydirを作成しています。

```
$ mkdir -m 700 mydir
```

次の例では、カレントディレクトリにtopディレクトリを作成し、その中にsecondディレクトリを、さらにその中にthirdディレクトリを作成しようとしています。

```
$ mkdir top/second/third
mkdir : cannot create directory 'top/second/third' : No such file or directory
```

エラーが発生しています。これは、thirdディレクトリを作成しようとしたところ、secondディレクトリやその上のtopディレクトリが存在しなかったためです。-pオプションを使うと、必要な親ディレクトリも作られます。

```
$ mkdir -p top/second/third
```

rmコマンド

ファイルやディレクトリを削除します。

書式 rm [オプション] ファイル名

[注8] アクセス権については第4章にて取り上げます。

表3-15 rmコマンドの主なオプション

オプション	説明
-f	ユーザーへの確認なしに削除する
-i	削除する前にユーザーに確認する
-r、-R	サブディレクトリも含め、再帰的にディレクトリ全体を削除する

rmdirコマンド

空のディレクトリを削除します。ディレクトリ内にファイルやサブディレクトリが残っている場合は削除できません。その場合は、前もってディレクトリ内にあるファイルを削除するか、rm -rfコマンドを実行してディレクトリ内のディレクトリ（およびサブディレクトリ）を削除しておきます。

書式 `rmdir ディレクトリ名`

表3-16 rmdirコマンドの主なオプション

オプション	説明
-p	複数階層の空ディレクトリを削除する

touchコマンド

ファイルのタイムスタンプ（アクセス時刻と修正時刻）を、現在時刻か、指定した日時に変更します。

書式 `touch [オプション] ファイル名`

表3-17 touchコマンドの主なオプション

オプション	説明
-t	タイムスタンプを「[[CC]YY]MMDDhhmm[.SS]」に変更する （デフォルトは現在時刻） 　CC：西暦の上2桁（省略可） 　YY：西暦の下2桁（省略可） 　MM：月 　DD：日 　hh：時（24時間表記） 　mm：分 　SS：秒（省略可：指定しない場合は「00」）
-a	アクセス時刻だけ変更する
-m	修正時刻だけ変更する

次の例では、sampleファイルのタイムスタンプを2019年2月1日午後8時30分に変更しています。

```
$ touch -t 201902012030 sample
$ ls -l sample
-rw-rw-r-- 1 student student 512 Feb 1 20:30 sample
```

引数で指定したファイルが存在しない場合は、空のファイルを作成します。次の例では、「touchtest」という名前のファイルを作成しています。

```
$ touch touchtest
$ ls -l touchtest
-rw-rw-r-- 1 student student 0 Feb  1 20:48 touchtest
```

fileコマンド

ファイルの種別を表示します。たとえば、プログラムなどのバイナリファイルをcatコマンドで開くと文字化けを起こしてしまいます。どんなファイルかわからない場合は、**file**コマンドで事前に確認できます。

書式 file ファイル名

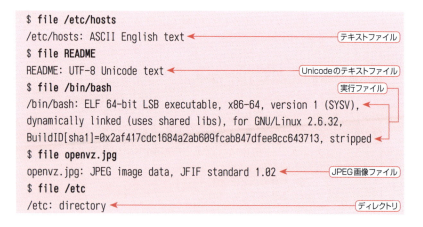

```
$ file /etc/hosts
/etc/hosts: ASCII English text          ← テキストファイル
$ file README
README: UTF-8 Unicode text              ← Unicodeのテキストファイル
$ file /bin/bash                         ← 実行ファイル
/bin/bash: ELF 64-bit LSB executable, x86-64, version 1 (SYSV),
dynamically linked (uses shared libs), for GNU/Linux 2.6.32,
BuildID[sha1]=0x2af417cdc1684a2ab609fcab847dfee8cc643713, stripped
$ file openvz.jpg
openvz.jpg: JPEG image data, JFIF standard 1.02   ← JPEG画像ファイル
$ file /etc
/etc: directory                          ← ディレクトリ
```

3.1.10 メタキャラクタの利用

ファイルを検索するときに役立つのがシェルのメタキャラクタです。**メタキャラクタ**とは、ファイル名のパターンを表す特殊な記号のことです。メタキャラクタを使う

と、パターンに一致する複数のファイルを一括して扱うことができます。たとえば、カレントディレクトリ内に以下の6つのファイルがあるとします。

```
$ ls
a.txt   aaa   b.txt   bbb   c.txt   ccc
```

ここで「a.txt b.txt c.txt」は「*.txt」のように表すことができます。また、「a*」は「a.txt aaa」を表します。

> **参考** シェルのメタキャラクタは、シェルによって展開されてからコマンドに渡されます。たとえば「ls *.txt」というコマンドを実行すると、シェルはカレントディレクトリ内からファイル名が「.txt」で終わるファイルを探し出し、「ls a.txt b.txt c.txt」のように展開してからlsコマンドを実行します。lsコマンドがメタキャラクタを解釈しているわけではないことに注意してください。

メタキャラクタを、メタキャラクタとしてでなく通常の文字として使いたい場合は、「\」をメタキャラクタの直前に記述することで、メタキャラクタの意味を打ち消します。たとえば、「*」はアスタリスク(*)を文字として扱います。

表3-18 主なメタキャラクタ

メタキャラクタ	説明
*	0文字以上の文字または文字列にマッチする。たとえば、「a*」は、a、ab、abc、aaaaのいずれにもマッチする。0文字にもマッチすることに注意が必要である
?	任意の1文字にマッチする。たとえば、「a?」は、aa、ab、a1などにマッチし、a、abcなどにはマッチしない
[ ]	[ ]内に列挙されている文字のいずれか1文字にマッチする。たとえば、「a[bcd]」は、ab、ac、adのいずれかにマッチする。abcなどにはマッチしない。連続した文字列には「-」が使える。[a-z]はアルファベットの小文字にマッチし、「0-9」は数字すべてにマッチする(つまり、[0-9]と[0123456789]は同じ意味になる)。範囲指定の先頭に「！」を使うと、マッチしない範囲を指定できる。a[!bcd]は、aa、a1などにはマッチするが、ab、ac、adにはマッチしない。[!a-z]はアルファベットの小文字以外の任意の文字にマッチする
{ }	「,」で区切られた文字列にマッチする。文字列の生成にも利用できる。たとえば、「test{1,2}」は、test1、test2を生成する

次の例では、カレントディレクトリにあるファイルで、ファイル名の末尾が「.txt」で終わるものをすべてリスト表示します。

```
$ ls *.txt
```

3.2 パイプとリダイレクト

3.2.1 標準入出力

　Linuxでは、通常のファイルと同等に、ディスプレイへの出力やキーボードからの入力を扱うことができます。つまり、キーボードからの入力もファイルの読み込みも同等に扱い、ディスプレイへの出力もファイルへの書き出しも同等に扱います。このような、データの入出力に伴うデータの流れのことを**ストリーム**と呼びます。

　Linuxではデータをストリームとして扱うため、3つの基本的なインターフェースが定められています。**標準入力**はプログラムへの入力ストリームであり、デフォルトはキーボードです。**標準出力**はプログラムからの出力ストリームであり、デフォルトは画面（端末）です。**標準エラー出力**はプログラムの正常動作とは関係のないエラーメッセージなどの出力ストリームであり、デフォルトは画面（端末）です。これらの標準入出力を自在に切り替えることにより、同一のプログラムにさまざまな動作を期待することができます。

表3-19　標準入出力

番号	入出力名	デフォルト
0	標準入力	キーボード
1	標準出力	画面（端末）
2	標準エラー出力	画面（端末）

 表3-19にある番号はファイルディスクリプタです。ファイルディスクリプタは、取り扱っているファイルをOSが識別するための番号です。

3.2.2 パイプ

　コマンドやプログラムの出力結果を、別のコマンドやプログラムの入力に渡せると、単純な動作のコマンドを組み合わせて複雑な処理をすることができます。このとき使われるのが**パイプ**（パイプライン）で、記号「|」で表します。パイプは、コマンドの標準出力を次のコマンドの標準入力に渡します。

　次の例では、lsコマンドの実行結果（標準出力）をwcコマンドの標準入力に渡しています。

```
$ ls | wc -l
     71
```

wcコマンドは、引数が与えられないと、標準入力からのストリームを処理します。この例では、カレントディレクトリ内のファイルやディレクトリ名がlsコマンドによって出力され、それを受けてwcコマンドが行数をカウントします。つまり、カレントディレクトリ内のファイルおよびディレクトリの数をカウントすることになります。

今度は、dmesgコマンドを使った例を見てみましょう。dmesgコマンドはカーネルメッセージを出力するコマンドです。

次の例では、dmesgコマンドの出力をlessコマンドに渡しています。

```
$ dmesg | less
```

dmesgコマンドを単体で実行すると出力が画面からあふれてしまうため、lessコマンドを介して1画面ずつ表示できるようにしているのです。

teeコマンド

コマンドの実行結果をファイルに保存するとともに、画面上にも表示したい場合は、パイプだけでは解決できません。このような場合にteeコマンドを使用します。

teeコマンドは、標準入力から読み込み、それをファイルと標準出力へとT字型に分岐させます。つまり、実行結果をファイルに書き込みつつ、次のコマンドへと実行結果を渡すことができます。

書式 tee [オプション] ファイル名

表3-20 teeコマンドの主なオプション

オプション	説明
-a	ファイルに上書きするのではなく追記する

次の例では、lsコマンドの実行結果をls_logファイルに書き込むとともに、wcコマンドに渡しています。

```
$ ls -l | tee ls_log | wc -l
```

3.2.3 リダイレクト

コマンドの実行結果は、通常、画面上(端末上)に表示されます。また、コマンドへの入力には、一般的にキーボードが使われます。実行結果を画面上に表示するのではなくファイルに保存したい場合や、コマンドへの入力にあらかじめ用意しておいたファイルを使う場合などに役立つのが**リダイレクト**(リダイレクション)です。リダイレクトはコマンドへの入力元や出力先をコントロールします。たとえば、コマンドの実行結果を画面上に表示するのではなく、ファイルに保存したい場合、リダイレクト記号の「>」を使います。

次の例では、lsコマンドの実行結果をfilelistファイルに保存しています。

```
$ ls -l > filelist
```

こうすると、lsコマンドは実行結果を画面に表示せず、その出力ストリームをファイルに直接送ります。ファイルが存在しない場合は新たに作成され、ファイルが存在していた場合は実行結果で上書きされます。

ファイルを上書きしないで、既存のファイルの末尾に追記する場合は、別のリダイレクト記号の「>>」を使います。次の例では、lsコマンドの実行結果をfilelistファイルの末尾に追加しています。

```
$ ls -l >> filelist
```

標準入力を切り替えるには、リダイレクト記号の「<」を使います。次の例では、grepコマンドへの入力をtarget.txtとし、実行結果をresult.txtに書き込んでいます。

```
$ grep "lpic" < target.txt > result.txt
```

特定の文字列が現れるまで入力を続けるには、リダイレクト記号の「<<」を使います。これは**ヒアドキュメント**と呼ばれます。次の例では、終了文字として「EOF」を指定し、「EOF」が入力されるまでファイルへの入力を続けます。

```
$ cat > sample.txt << EOF
> LPI
> Linux
> EOF
```

ヒアドキュメントを利用すると、短いファイルであればエディタを使わずに作成することができます。

3.2 パイプとリダイレクト

参考 EOFは「End Of File」の略で、終端を表す文字列としてよく使われます。

標準エラー出力をリダイレクトするには、リダイレクト記号の「2>」を使います。エラー出力のみをファイルに保存し、後で確認するといった用途に使用できます。次の例では、findコマンドの出力するエラーメッセージを、error.logファイルに保存しています。

```
$ find / -name "*.tmp" 2> error.log
```

表3-21 リダイレクトとパイプ

書式	説明
コマンド > ファイル	コマンドの標準出力(実行結果)をファイルに書き込む
コマンド < ファイル	ファイルの内容をコマンドの標準入力へ送る
コマンド >> ファイル	コマンドの標準出力(実行結果)をファイルに追記する
コマンド 2> ファイル	ファイルに標準エラー出力を書き込む
コマンド 2>> ファイル	ファイルに標準エラー出力を追記する
コマンド > ファイル 2>&1	ファイルに標準出力と標準エラー出力を書き込む
コマンド >> ファイル 2>&1	ファイルに標準出力と標準エラー出力を追記する
コマンド << 終了文字	終了文字が現れるまで標準入力へ送る
コマンド1 | コマンド2	コマンド1の標準出力をコマンド2の標準入力に渡す
コマンド1 2>&1 | コマンド2	コマンド1の標準出力と標準エラー出力をコマンド2の標準入力に渡す
コマンド1 | tee ファイル | コマンド2	コマンド1の標準出力(実行結果)をコマンド2の標準入力に渡すとともにファイルに書き込む
コマンド &> ファイル	標準出力と標準エラー出力を同じファイルに書き込む

参考 コマンドが出力するメッセージをいっさい画面上に表示したくない場合は、「コマンド > /dev/null 2>&1」とします。/dev/nullは特殊なファイルで、入力されたすべてのデータを消し去ります。

3.3 テキスト処理フィルタ

Linuxでは、テキストデータを加工するためのフィルタとなるコマンドが多数あります。それぞれのコマンドは特定の機能を持っていますが、シェル上でそれらを組み合わせて用いることにより、強力なデータ処理が可能になります。

> **参考** Linux/UNIXシステムでの「フィルタ」とは、ファイルやテキストデータを読み込んで何らかの処理を行って出力するプログラムを指しています。

3.3.1 テキストフィルタコマンド

catコマンド

ファイルの内容を表示します。正確には、ファイルの内容を標準出力に出力します。そのため、シェルのリダイレクトを使って複数のファイルを結合するという使い方もできます。

> **書式** cat [ファイル名]

表3-22 catコマンドの主なオプション

オプション	説明
-n	各行の左端に行番号を付加する

次の例では、file1、file2の2つのファイルをnewfileファイル1つにまとめています。

```
$ cat file1 file2 > newfile
```

> **参考** catコマンドは、引数を省略した場合、標準入力からの入力を受け付けるようになります。

nlコマンド

テキストファイルの一部または全部に行番号を付けて表示します。ヘッダ、本文、フッタの部分に分けて行番号を付加することができます。

書式 nl [オプション] [ファイル名]

表3-23 nlコマンドの主なオプション

オプション	説明
-b 形式	指定した形式で本文に行番号を付加する
-h 形式	指定した形式でヘッダに行番号を付加する
-f 形式	指定した形式でフッタに行番号を付加する

形式	説明
a	すべての行
t	空白以外の行
n	行番号の付加を中止

次の例では、/etc/passwdファイルに行番号を付けて表示しています。

```
$ nl /etc/passwd
     1  root:x:0:0:root:/root:/bin/bash
     2  daemon:x:1:1:daemon:/usr/sbin:/usr/sbin/nologin
     3  bin:x:2:2:bin:/bin:/usr/sbin/nologin
     4  sys:x:3:3:sys:/dev:/usr/sbin/nologin
     5  sync:x:4:65534:sync:/bin:/bin/sync
(以下省略)
```

odコマンド

バイナリファイルの内容を8進数や16進数で表示します。オプションを指定しない場合は8進数で表示します。

書式 od [オプション] [ファイル名]

表3-24 odコマンドの主なオプション

オプション	説明
-t 出力タイプ	出力するフォーマットを指定する

出力タイプ	説明
c	ASCII文字
o	8進数(デフォルト)
x	16進数

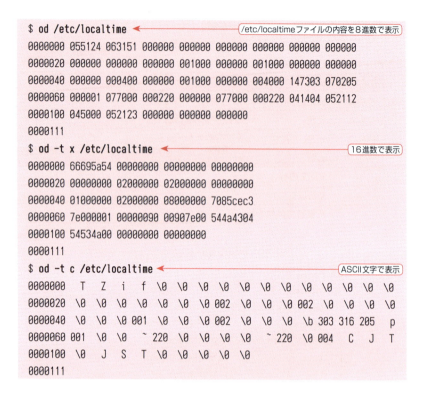

headコマンド

ファイルの先頭部分を表示します。オプションを指定しない場合は、先頭から10行目までを表示します。

書式 head [オプション] [ファイル名]

表3-25 headコマンドの主なオプション

オプション	説明
-n 行数	先頭から指定された行数分だけ表示する
-行数	先頭から指定された行数分だけ表示する[注9]
-c バイト数	出力するバイト数を指定する

次の例では、ファイルの1行目から5行目までを表示しています。

[注9] この書式は推奨されていません。

```
$ head -5 /etc/services
# Network services, Internet style
#
# Note that it is presently the policy of IANA to assign a single well-known
# port number for both TCP and UDP; hence, officially ports have two entries
# even if the protocol doesn't support UDP operations.
```

これは、次のように実行しても同じです。

```
$ head -n 5 /etc/services
```

tailコマンド

ファイルの末尾部分を表示します。デフォルトでは、最終行から10行が表示されます。「-f」オプションを使うと、ファイルの末尾を表示し続け、ファイルの末尾に行が追加されるとリアルタイムで表示します。ログファイルをリアルタイムで監視するときなどに便利です。

書式　tail［オプション］［ファイル名］

表3-26　tailコマンドの主なオプション

オプション	説明
-n 行数	末尾から指定された行数分だけ表示する
-行数	末尾から指定された行数分だけ表示する[注10]
-c バイト数	末尾から指定されたバイト数だけ表示する
-f	ファイルの末尾に追加された行を表示し続ける

次の例では、/var/log/messagesファイルの末尾10行を表示し、そのまま末尾をリアルタイムで表示し続けます。表示を終了するには、Ctrl+Cキーを押します。

```
# tail -f /var/log/messages
Feb  7 22:40:56 centos7 systemd: Started Session 35 of user student.
Feb  7 22:40:56 centos7 systemd-logind: New session 35 of user student.
Feb  7 22:50:01 centos7 systemd: Starting Session 36 of user root.
Feb  7 22:50:01 centos7 systemd: Started Session 36 of user root.
Feb  7 22:51:14 centos7 dbus-daemon: dbus[665]: [system] Activating via system
d: service name='net.reactivated.Fprint' unit='fprintd.service'
```

【注10】この書式は推奨されていません。

```
Feb  7 22:51:14 centos7 dbus[665]: [system] Activating via systemd: service na
me='net.reactivated.Fprint' unit='fprintd.service'
Feb  7 22:51:14 centos7 systemd: Starting Fingerprint Authentication Daemon...
Feb  7 22:51:14 centos7 dbus-daemon: dbus[665]: [system] Successfully activate
d service 'net.reactivated.Fprint'
Feb  7 22:51:14 centos7 dbus[665]: [system] Successfully activated service 'ne
t.reactivated.Fprint'
Feb  7 22:51:14 centos7 systemd: Started Fingerprint Authentication Daemon.
```
← 出力が終わってもプロンプトが表示されない

cutコマンド

ファイルの各行から指定したフィールドを取り出します。「-c」オプションで、何文字目から取り出すかを指定します。

書式　cut［オプション］［ファイル名］

表3-27　cutコマンドの主なオプション

オプション	説明
-c 文字数	取り出す文字位置を指定する
-d 区切り文字	フィールドの区切り文字（デリミタ）を指定する（デフォルトはタブ）
-f フィールド	取り出すフィールドを指定する

次の例では、/etc/resolv.confファイルの各行から5文字目を取り出しています。

```
$ cut -c 5 /etc/resolv.conf
n
i
c
s
```

次の例では、/etc/resolv.confファイルの各行から1～7文字目を取り出しています。

```
$ cut -c 1-7 /etc/resolv.conf
# Gener
domain
search
nameser
```

フィールドとフィールドの間を区切る文字は、「：」であったり「，」であったりとさまざまです。フィールド間を区切る文字のことを**デリミタ**と呼びます。-dオプションで、どの文字をデリミタとして認識するかを指定します。省略した場合はタブがデリミタとなります。また、-fオプションでは、何番目のフィールドを取り出すかを指定します。

次の例では、区切り文字を「：」として、/etc/passwdファイルの各行から第6フィールドだけを取り出しています。

```
$ cut -d: -f 6 /etc/passwd
/root
/bin
/sbin
/var/adm
(中略)
/var/spool/postfix
/var/empty/sshd
/home/student
```

pasteコマンド

1つ以上のファイルを読み込んで、行ごとに水平方向に連結します。連結するときの区切り文字は、デフォルトではタブになっています。

書式 paste [オプション] ファイル名1 ファイル名2 ...

表3-28 pasteコマンドの主なオプション

オプション	説明
-d 区切り文字	区切り文字（デリミタ）を指定する（デフォルトはタブ）

次の例では、区切り文字を「；」として2つのファイルを連結しています。

```
$ cat sample1.txt
aaaa
bbbb
$ cat sample2.txt
AAAA
BBBB
$ paste -d";" sample1.txt sample2.txt
aaaa;AAAA
```

bbbb;BBBB

trコマンド

標準入力から読み込まれた文字列を変換したり、削除したりします。

書式　tr［オプション］［*文字列1*［*文字列2*］］

表3-29　trコマンドの主なオプション

オプション	説明
-d	「文字列1」でマッチした文字列を削除する
-s	連続するパターン文字列を1文字として処理する
クラス	説明
[:alpha:]	英字
[:lower:]	英小文字
[:upper:]	英大文字
[:digit:]	数字
[:alnum:]	英数字
[:space:]	スペース

次の例では、/etc/hostsファイル中の小文字をすべて大文字に変更しています。

```
$ cat /etc/hosts | tr 'a-z' 'A-Z'
127.0.0.1      LOCALHOST LOCALHOST.LOCALDOMAIN LOCALHOST4 LOCALHOST4.LOCALDOMAIN4
::1            LOCALHOST LOCALHOST.LOCALDOMAIN LOCALHOST6 LOCALHOST6.LOCALDOMAIN6
192.168.11.13 CENTOS7 CENTOS7.EXAMPLE.COM
```

文字列の指定にはクラスが使えます。クラスを使って上の例を表現すると、次のようになります。

```
$ cat /etc/hosts | tr [:lower:] [:upper:]
```

次の例では、ファイルfile1中にある「：」を削除して出力します。

```
$ tr -d : < file1
```

sortコマンド

行単位でファイルの内容をソートします。デフォルトでは昇順にソートします。

> **書式** sort [オプション] [+開始位置 [-終了位置]] [ファイル名]

表3-30 sortコマンドの主なオプション

オプション	説明
-b	行頭の空白は無視する
-f	大文字小文字の区別を無視する
-r	降順にソートする
-n	数字を文字ではなく数値として処理する

splitコマンド

指定されたサイズでファイルを分割します。デフォルトでは、1,000行ごとに複数ファイルに分割します。分割されたファイルには、ファイル名の末尾に「aa」「ab」「ac」……が付加されます。

> **書式** split [オプション] [入力ファイル名 [出力ファイル名]]

表3-31 splitコマンドの主なオプション

オプション	説明
-行数	入力ファイルを指定された行ごとに分割する

次の例では、入力ファイルのsample.txtを100行ごとに分割し、s_sample.aa、s_sample.ab、……というファイル名で保存しています。

```
$ split -100 sample.txt s_sample.
$ ls
sample.txt    s_sample.aa    s_sample.ab   s_sample.ac
```

uniqコマンド

入力されたテキストストリームの中で重複している行を調べて、重複している行は1行にまとめて出力します。入力するテキストストリームはソートしておく必要があるので、多くの場合、sortコマンドとパイプで組み合わせて使います。

テキストストリーム
テキストストリームとは、ひとまとまりのテキストデータのことです。一般にストリームは、データの入出力に伴うデータの流れのことを表しています。

書式 uniq [オプション] [入力ファイル [出力ファイル]]

表3-32 uniqコマンドの主なオプション

オプション	説明
-d	重複している行のみ出力する
-u	重複していない行のみ出力する

次の例では、ファイルfile1をソートし、重複行をまとめて表示しています。

```
$ cat file1
111
222
333
222
$ sort file1 | uniq
111
222
333
```

wcコマンド

ファイルの行数、単語数、文字数を表示します。オプションを省略すると、行数、単語数、文字数を表示します。

書式 wc [オプション] [ファイル名]

表3-33 wcコマンドの主なオプション

オプション	説明
-c	文字数(バイト数)を表示する
-l	行数を表示する
-w	単語数を表示する

次の例では、/etc/servicesファイルの行数、単語数、文字数を表示しています。

```
$ wc /etc/services
 11176  61033 670293 /etc/services
```

次の例では、lsコマンドで表示されたファイル一覧の行数をカウントし、結果としてカレントディレクトリ内のファイルとディレクトリの数を表示します。

```
$ ls | wc -l
    41
```

xargsコマンド

書式　xargs コマンド

標準入力から受け取った文字列を引数に指定して、与えられたコマンドを実行します。次の例では、60日を超える日数の間更新されていないファイルを削除します[注11]。

```
$ find . -mtime +60 -type f | xargs rm
```

xargsコマンドは、findコマンドの実行結果を受け取って、rmコマンドの引数にそれを指定して実行します。これは次のコマンドと同じです。

```
$ find . -mtime +60 -type f -exec rm {} \;
```

xargsコマンドの利点は、引数の数が多すぎた場合でも処理できるということです。たとえば、非常に多数のファイルがあるディレクトリでrmコマンドを実行すると、シェルの制限を超えてしまうことがあります。

```
$ rm *
-bash: /bin/rm: Argument list too long
```

このような場合にxargsコマンドを使うと、制限を超えないよう適切に処理をしてくれます。

```
$ echo * | xargs rm
```

[注11] findコマンドについてはP.249を参照してください。

> **ここが重要**
> ● テキストフィルタコマンドは、実際の動作をぜひ実機で確認し、その仕組みを理解してください。

3.3.2 ファイルのチェックサム

ハッシュ関数を使うと、ファイルを一方向に暗号化し、一定の長さの文字列（**ハッシュ値**）にすることができます。「ファイルの内容を一定の長さに要約する」と考えてもよいでしょう。ハッシュ値は、ファイルサイズの大小にかかわらず同じ長さであり、元のファイルを少しでも変更すると全体が大きく変化します。この性質により、ファイルのチェックサム、つまりファイルが改ざんされたり破損したりしていないかの確認に利用されます。ハッシュ関数は一方向への暗号化であり、ハッシュ値から元のデータを復元することはできません。

ハッシュ関数には、MD5、SHA1、SHA256、SHA512など、さまざまな種類があります。

表3-34 ハッシュ値を出力するコマンド

コマンド	説明
md5sum	MD5によるハッシュ値を出力する
sha1sum	SHA1によるハッシュ値を出力する
sha256sum	SHA256によるハッシュ値を出力する
sha512sum	SHA512によるハッシュ値を出力する

次の例では、sample.txtファイルのSHA1ハッシュ値を表示しています。

```
$ sha1sum sample.txt
1014c8812720619a5a6bcd189e5d7f5d16276d86  sample.txt
```

次の例では、sample.txtファイルに1文字だけ追加したときにハッシュ値がまったく変わってしまうのを確認できます。

```
$ echo "a" >> sample.txt
$ sha1sum sample.txt
1cae0ff2f749d3eed680ebec9d047f8caec919f4  sample.txt
```

オープンソースソフトウェアのダウンロードサイトにチェックサムファイルが掲載されていることがあります。その場合、本体ファイルとチェックサムファイルを同じディレクトリにダウンロードします。

```
ls
httpd-2.4.37.tar.bz2  httpd-2.4.37.tar.bz2.sha256
```

-cオプションでチェックサムファイルを指定し、適切なコマンドを実行します。この例の場合、拡張子が「sha256」となっているので、sha256sumコマンドを使います。

```
$ sha256sum -c httpd-2.4.37.tar.bz2.sha256
httpd-2.4.37.tar.bz2: OK
```

問題がなければ「OK」と表示されます。

3.4 正規表現を使ったテキスト検索

正規表現は、シェルのメタキャラクタと同様、任意の文字列パターンを表すための表記方法です。正規表現を利用することで、ファイル内の文字列を柔軟かつ強力に検索することができます。

3.4.1 正規表現

正規表現(Regular Expression)とは、特定の条件を表す文字列を抽象的に表現したものです。正規表現はファイル検索をはじめ、さまざまな場所で利用されています。検索をする場合、特定の文字列と完全に一致するものを検索することは簡単です。しかし、次のようなものを探したい場合はどうでしょうか。

- 「a」で始まる5文字の文字列で、2文字目に「3」「5」「7」のいずれかが含まれる
- 行末の文字が「；」である
- 行頭は数字で始まり、行末はアルファベットの小文字である

こうした文字列を検索するには、検索する文字列の条件を正確に表現する必要
があります。そのための表記法が正規表現です。正規表現を使うと、上記の文字
列は次のように表すことができます。

- a[357]...
- ;$
- ^[0-9].*[a-z]$

文字

正規表現の中にある文字は、文字そのものを表します。たとえば、「abc」は文字
列「abc」をそのまま表しています。

任意の1文字

任意の1文字を表すには「.（ピリオド）」を使います。「a..d」は「abcd」や「a12d」な
どを表します。

文字クラス

一連の文字集合を表すには「[」と「]」でくくります。これが**文字クラス**です。た
とえば、[123] は「1」「2」「3」のいずれか1文字を表します。また、c[au]t は「cat」ま
たは「cut」を表します。

「-」を使って範囲を指定することもできます。a[5-7]b は「a5b」「a6b」「a7b」のいず
れかを表します。[0-9] は数字を、[a-z] はアルファベットの小文字を、[A-Z] はアル
ファベットの大文字を表します。[a-zA-Z] と書くと、大文字小文字を問わずアルファ
ベット1文字を意味します。「^（ハット）」が先頭に置かれている場合は「〜以外」を
表します。つまり、[^abc] は「aでもbでもcでもない1文字」という意味になります。

行頭と行末

「^」は行頭を、「$」は行末を表します。^aは「行頭にあるa」を意味します。a$は
「行末にあるa」を表します。^$は「行頭と行末の間に何もないもの」を表します。つ
まり、空白行（改行のみ）を意味しています。

 「^」は行頭を表しますが、文字クラス([ ])内で使われた場合は「〜以外」を表すので注意
してください。

> **参考** 「^」や「$」のように、文字列内の位置にマッチする正規表現をアンカーといいます。

繰り返し

直前の文字の0回以上の繰り返しを表すには「*」を使います。ab*zは「az」「abz」「abbz」などを表します。繰り返しが0回である「az」もマッチするので注意しましょう。シェルのメタキャラクタと混同しないように注意してください。

拡張正規表現（P.149参照）では、「{n}」を使うと、直前の文字のn回の繰り返しを表します。たとえば「[a-z]{5}」は英小文字の5回の繰り返し（5文字）を表します。「160-0006」のような郵便番号は「[0-9]{3}-[0-9]{4}」で表すことができます。

特殊文字

正規表現に用いられるメタキャラクタを文字として使いたい場合、たとえば「*」を、繰り返しの意味ではなくアスタリスク文字として扱いたい場合は、文字の前に「\（バックスラッシュ）」を置くことにより、正規表現としての意味を打ち消すことができます。たとえば、a*は「a*」という文字列そのものを表します。ただし、\が有効なのは直後の1文字だけです。

表3-35に、よく使われる正規表現をまとめておきます。

表3-35 主な正規表現

メタキャラクタ	説明
.	任意の1文字
*	直前の文字の0回以上の繰り返し
[ ]	[ ] 内の文字のいずれか1文字 　-：範囲を指定 　^：先頭にあるときは「～以外」を表す
^	行頭
$	行末
\	次にくる文字をメタキャラクタではなく通常の文字として処理する

> **ここが重要**
> - 正規表現とシェルのメタキャラクタでは、同じ文字でも意味が異なる場合があるので、混同しないようにしましょう。

3.4.2 grepコマンド

grepコマンドは、ファイルやテキストストリームの中に、正規表現によって表される検索文字列があるかどうかを調べます。引数にファイルを指定した場合、そのファイルの中で検索パターンにマッチした文字列が含まれる行をすべて表示します。ファイルは複数指定することができます。

書式 grep [オプション] 検索パターン [ファイル名]

書式 grep [オプション] [-f ファイル名] [ファイル名]

表3-36 grepコマンドの主なオプション

オプション	説明
-c	パターンがマッチした行の行数だけを表示する
-f	検索パターンをファイルから読み込む
-i	大文字小文字を区別せず検索する
-n	検索結果とあわせて行番号も表示する
-v	パターンがマッチしない行を表示する
-E	拡張正規表現を使用する

-iオプションを使うと、大文字と小文字の区別を無視します。次の例では、sample.txtファイルから、大文字小文字を問わず文字列「ab」を検索します。この場合、「ab」「Ab」「aB」「AB」のいずれかがマッチします。

```
$ grep -i ab sample.txt
```

-vオプションは、パターンがマッチしない行を表示します。次の例では、行頭に#記号のある行を省いて表示します。Linuxの設定ファイルやスクリプトでは、#で始まる行はコメント行を表すことが多いので、コメントを省いて表示する場合に便利です。正規表現の部分を「 ' 」で囲んでいるのは、シェルのメタキャラクタとして解釈されないようにするためです[注12]。

```
$ grep -v '^#' /etc/httpd/conf/httpd.conf
```

【注12】この場合は、「^」と「#」のいずれもがbashシェルのメタキャラクタとしては解釈されないため、引用符はなくてもかまいませんが、予期しないエラーを避けるためにも、引用符でくくるようにしたほうがよいでしょう。

3.4 正規表現を使ったテキスト検索

-fオプションを使うと、指定されたファイルの内容を検索パターンとして読み込みます。次の例では、「regexp」ファイルを検索パターンとして読み込んでいます。

```
$ grep -f regexp sample.txt
```

拡張正規表現を使うには、-Eオプションを付けるか、**egrepコマンド**を使います。拡張正規表現には表3-37のようなものがあります。

表3-37　拡張正規表現の例

メタキャラクタ	説明
+	直前の文字の1回以上の繰り返し
?	直前の文字の0回もしくは1回の繰り返し
|	左右いずれかの記述にマッチする
{n}	直前の文字のn回の繰り返し
{n,m}	直前の文字のn回からm回の繰り返し

次の例では、「22/tcp」もしくは「53/tcp」が含まれる行を/etc/servicesから検索しています[注13]。

```
$ egrep '\s(22|53)/tcp' /etc/services
ssh             22/tcp          # The Secure Shell (SSH) Protocol
domain          53/tcp          # name-domain server
```

検索パターンに正規表現を使わない場合は、**fgrepコマンド**を使います。たとえば、「.*」という(正規表現ではない)文字列で検索するには次のようにします。

```
$ fgrep '.*' sample.txt
```

grepコマンドの場合は、次のように、バックスラッシュを使ってエスケープする必要があります。

```
$ grep '\.\*' sample.txt
```

[注13]「\s」はスペースを表す正規表現です。

3.4.3 sedコマンド

sed(Stream Editor)は、テキストストリームに対して編集を行います。sedでは、編集する内容をコマンドやスクリプトとしてsedに指示しておき、sedはその指示に基づいてストリームの編集を行って、標準出力に編集結果を書き出します。

書式 sed [オプション] コマンド [ファイル]

書式 sed [オプション] -e コマンド1 [-e コマンド2 ...] [ファイル]

書式 sed [オプション] -f スクリプト [ファイル]

表3-38 sedコマンドの主なオプション

オプション	説明
-f ファイル	コマンドが書かれたスクリプトファイルを指定する
-i	処理した内容でファイルを上書きする

表3-39 sedコマンド内で指定できる主なコマンド

コマンド	説明
d	マッチした行を削除する
s	パターンに基づいて置換する。gスイッチを使うと、マッチ箇所すべてを置換する
y	文字を変換する

最初の書式では、指定したファイルに対してコマンドを適用します。ファイルが指定されなかった場合は標準入力から読み込まれます。

次の書式では、複数のコマンドを適用します。複数のコマンドを指定するときは、-eオプションをコマンドごとに使う必要があります。

最後の書式では、コマンドを記述したスクリプトファイルを指定します。sedはスクリプトファイルを読み込んで、そこに記述されたコマンドを適用します。

sedでは、コマンドが処理する対象となる行を指定することができます。たとえば、6行目から10行目までを対象とするなら、コマンドの直前に「6,10」と記述します。最終行は「$」で表します。

dコマンド

次の例では、file1.txtファイルの1行目から5行目までをdコマンドで削除して、file2.txtファイルに保存します。リダイレクトを使って保存しているところに注意して

ください。sedは元のファイル（file1.txt）を変更しません[注14]。

```
$ sed '1,5d' file1.txt > file2.txt
```

sコマンド

検索パターンにマッチする部分を置換パターンに置き換えるには、「s/*検索パターン*/*置換パターン*/」を指定します。次の例では、「linux」という文字を大文字の「LINUX」に変更しています。

```
$ sed s/linux/LINUX/ file1.txt
red hat LINUX
vine LINUX
LINUX linux linux
```

sコマンドでは、検索パターンにマッチする部分が1行に複数あっても、最初にマッチした部分だけを置換します。マッチする部分すべてを置換するには、gスイッチを最後に記述します。上の実行結果と3行目を比較してみてください。

```
$ sed s/linux/LINUX/g file1.txt
red hat LINUX
vine LINUX
LINUX LINUX LINUX
```

次の例では、/etc/passwdファイルの1行目から5行目までの行頭に>記号を加えます。コマンド部分を単一引用符（'）で囲んであるのは、シェルが>記号をリダイレクト記号と解釈しないようにするためです。

```
$ sed '1,5s/^/>/' /etc/passwd
>root:x:0:0:root:/root:/bin/bash
>bin:x:1:1:bin:/bin:/sbin/nologin
>daemon:x:2:2:daemon:/sbin:/sbin/nologin
>adm:x:3:4:adm:/var/adm:/sbin/nologin
>lp:x:4:7:lp:/var/spool/lpd:/sbin/nologin
sync:x:5:0:sync:/sbin:/bin/sync
shutdown:x:6:0:shutdown:/sbin:/sbin/shutdown
（以下省略）
```

【注14】 -iオプションを指定すると、元のファイル内容を変更します。

yコマンド

「y/検索文字/置換文字/」を使うと、ストリーム中に検索文字にマッチする文字があった場合、その文字を置換文字の同じ位置の文字に置き換えます。次の例では、「A」を「1」に、「B」を「2」に、「C」を「3」に置き換えます。このため、検索文字と置換文字には同じ長さを指定する必要があります。

```
$ cat sample.txt
AaBbCcDdEeFfGg
$ sed y/ABC/123/ sample.txt
1a2b3cDdEeFfGg
```

コマンドは、スクリプトファイルにまとめて記述しておくこともできます。次の例は、コマンドを記述したスクリプトファイルのsedscriptsを読み込んで、file5.txtファイルを処理しています。

```
$ cat sedscripts
1,10s/linux/Linux/g
$ sed -f sedscripts file5.txt
```

ここが重要
- grepとsedの基本的な使い方をしっかり身につけてください。

3.5 ファイルの基本的な編集

テキストファイルを編集するにはエディタ(テキストエディタ)を使います。Linuxでは、UNIXで標準的に使われている**viエディタ**を拡張したVim[注15]。やEmacs、nanoといったエディタが使えます。

3.5.1 エディタの基本

Linuxでシステムやサービスの設定を変更する方法は、大きく分けて2種類あります。

【注15】本書では両方をあわせてviエディタと表現します。

- 設定ファイル(テキストファイル)を編集する
- コマンドを実行する

　設定ファイルを編集する方法は、UNIX系OSで古くから使われている方法です。設定ファイル内に設定パラメータが記述されていて、それを編集することで設定が変わります。最近ではコマンドや対話型ツールを実行して変更する方法も増えてきましたが、コマンドを使った方法でも、裏で設定ファイルを書き換えている場合があります。

　このような理由で、Linuxの管理にはテキストファイルを編集する能力が欠かせません。一般的に、UNIX系のシステムではviというエディタがシステム管理で標準的に使われてきました。Linuxディストリビューションの多くは、viを改良・拡張した**Vim**(Vi IMproved)が搭載されています。

　ただし、viエディタは操作体系が独特で、操作に慣れるまでは難しく感じます。そのため、Ubuntuでは標準エディタとして**nano**エディタが搭載されています。nanoエディタは操作が簡単で、画面上に常に操作ガイドが表示されているため、比較的簡単に使い始めることができます(図3-3)。

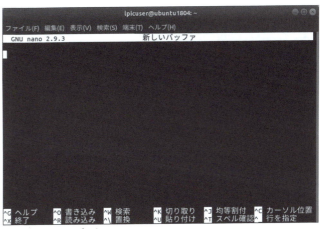

図3-3　nanoエディタ

　Linuxでよく使われるエディタとしては、Emacsもあります。Emacsは高機能なエディタで、拡張性に優れており、プログラマーが開発環境として利用することもよくあります(図3-4)。

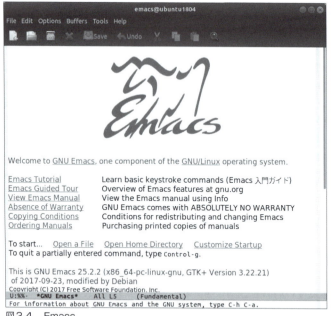

図3-4　Emacs

viエディタはほとんどのLinux/UNIX環境にインストールされているため、viエディタの扱いに慣れておくことが求められます。

環境変数**EDITOR**にエディタのパスを設定しておくと、デフォルトのエディタを指定できます。たとえばUbuntuでは、デフォルトのエディタはnanoですので、crontabコマンドやvisudoコマンドを実行するとnanoエディタが起動します。これをVimに変更したい場合は、次のようにします[注16]。

```
$ export EDITOR=/usr/bin/vim
```

3.5.2　viエディタの基本

viエディタの特徴は、**コマンドモード**、**入力モード**という2つの動作モードを切り替えながら使う点です。viを起動した時点ではコマンドモードになっています。コマンドモードでは、キーボードからの入力はviのコマンドと解釈されます。初心者には難しく思える反面、慣れるとキーボードから手を離さずに操作できるので便利です。

[注16]　永続的に設定したいときは、~/.bash_profileなどに記述しておきます（第7章を参照）。

3.5 ファイルの基本的な編集

viを起動するには、ファイル名を指定してviコマンドを実行します。ファイル名を指定しなければ、空の新規ファイルが開きます。-Rオプションを指定すると、読み取り専用モードでファイルを開きます(編集を書き込むことができません)。

書式 vi [-R] [ファイル名]

新しくテキストを入力するには、テキストを入力したい位置にカーソルを移動し、入力モードに切り替えます。表3-40のコマンドで入力モードになります。

表3-40 viの入力モード

コマンド	説明
i	カーソルの前にテキストを入力する
a	カーソルの後にテキストを入力する
I	行頭の最初の文字にカーソルを移動し、その直前にテキストを入力する
A	行末にカーソルを移動し、その直後にテキストを入力する
o	カレント行の下に空白行を挿入し、その行でテキストを入力する
O	カレント行の上に空白行を挿入し、その行でテキストを入力する

入力モードでEscキーを押すと、コマンドモードに切り替わります。コマンドモードでは、カーソルキーを使わずにカーソルの移動を行うことができます。カーソル移動によく使われるコマンドは、表3-41のとおりです。

表3-41 viのカーソル操作

コマンド	説明
h	1文字左へ移動する。左矢印(←)キーと同じ
l	1文字右へ移動する。右矢印(→)キーと同じ
k	1行上へ移動する。上矢印(↑)キーと同じ
j	1行下へ移動する。下矢印(↓)キーと同じ
0	行の先頭へ移動する
$	行の末尾へ移動する
H	画面の一番上の行頭へ移動する
L	画面の一番下の行頭へ移動する
gg	ファイルの先頭行へ移動する
G	ファイルの最終行へ移動する
*n*G	ファイルの*n*行目に移動する
:*n*	ファイルの*n*行目に移動する

これらのコマンドの前に数字を入力すれば、その回数分コマンドが繰り返されます。たとえば「5h」と入力すると、左へ5文字移動します。

viを終了したり、ファイルを保存したりする主なコマンドは、表3-42のとおりです。

表3-42 viの終了、ファイル保存、シェルコマンドの実行

コマンド	説明
:q	ファイルへ保存せずに終了する（編集した場合は保存するかどうかを確認してくる）
:q!	編集中の内容を保存せずに終了する
:wq	編集中の内容を保存して終了する
ZZ	編集中の内容を保存して終了する（:wqと同じ）
:w	編集中の内容でファイルを上書き保存する
:e!	最後に保存した内容に復帰する
:r ファイル名	ファイルの内容をカレント行以降に読み込む
:!コマンド	viを終了せずにシェルコマンドを実行する
:r!コマンド	シェルコマンドの実行結果を挿入する

viで作業中にカレントディレクトリのファイル一覧を見たくなったとします。そのような場合はviをいったん終了する必要はありません。「:!ls」のように入力すると、viを動作させたままlsコマンドが実行されます。

編集のための主なコマンドは、表3-43のとおりです。

表3-43 viの編集コマンド

コマンド	説明
x	カーソル位置の文字を削除する（Delete）
X	カーソル位置の手前の文字を削除する（Backspace）
dd	カレント行を削除する
dw	カーソル位置から次の単語までを削除する
yy	カレント行をバッファにコピーする
p	カレント行の下にバッファの内容を貼り付ける
P	カレント行の上にバッファの内容を貼り付ける
r	カーソル位置の1文字を置換する

これらのコマンドも数値による回数指定ができます。たとえば、「5dd」と入力すればカーソル位置から5行を削除でき、「20x」と入力すれば20文字を削除できます。

viでは単語の検索を行うこともできます。

表3-44 viの検索コマンド

コマンド	説明
/パターン	カーソル位置から後方に向かって指定したパターンを検索する
?パターン	カーソル位置から前方に向かって指定したパターンを検索する
n	次を検索する
N	次を検索する（逆方向）
:noh	候補のハイライト表示を解除する
:%s/A/B/	最初に見つかった文字列Aを文字列Bに置換する
:%s/A/B/g	すべての文字列Aを文字列Bに置換する

「:set」を使ってviの設定を変更することができます。

表3-45 viの設定変更

コマンド	説明
:set nu	行番号を表示する[注17]
:set nonu	行番号を非表示にする[注18]
:set ts=タブ幅	タブ幅を数値で指定する

参考 :setで行った変更は、viを終了させると消えてしまいます。設定を常に有効にするには、ホームディレクトリ内の.exrcファイル（vimを利用している場合は.vimrcファイル）に設定を記述しておきます。その場合、「set nu」のように「：」を除いて記述します。

ここが重要

- viエディタのモードおよびその切り替え方法、基本的なカーソル移動と編集、検索方法を覚えておく必要があります。実際にviエディタを操作するのがよいでしょう。

[注17] nuはnumberと入力してもかまいません。
[注18] nonuはnonumberと入力してもかまいません。

vimtutor

vimtutorコマンドを実行すると、viエディタの操作をチュートリアル形式で学べます。CentOSではvim-enhancedパッケージに、Ubuntuではvimパッケージに含まれています。画面の指示どおりに何度か繰り返して進めてみると、viエディタの基本的な操作が身につくはずです。

```
===============================================================================
=    V I M 教 本 ( チュートリアル ) へ よ う こ そ    -    Version 1.7    =
===============================================================================

    Vim は、このチュートリアルで説明するには多すぎる程のコマンドを備えた非常
    に強力なエディターです。このチュートリアルは、あなたが Vim を万能エディ
    ターとして使いこなせるようになるのに十分なコマンドについて説明をするよう
    なっています。

    チュートリアルを完了するのに必要な時間は、覚えたコマンドを試すのにどれだ
    け時間を使うのかにもよりますが、およそ25から30分です。

    ATTENTION:
    以下の練習用コマンドにはこの文章を変更するものもあります。練習を始める前
    にコピーを作成しましょう("vimtutor"したならば、既にコピーされています)。

    このチュートリアルが、使うことで覚えられる仕組みになっていることを、心し
    ておかなければなりません。正しく学習するにはコマンドを実際に試さなければ
    ならないのです。文章を読んだだけならば、きっと忘れてしまいます！。


(以下省略)
```

練習問題

問題：3.1　重要度：★★★★★

command1に続けてcommand2を実行するよう、bashのコマンドラインに入力したいと思います。command1が正常に終了しなかった場合のみ、command2が実行されるようにするには、どのように指定すればよいかを選択してください。

- A. command1 ; command2
- B. command1 || command2
- C. command1 && command2
- D. command1 :: command2
- E. command1 2> command2

《解説》　「command1 || command2」で、command1が正常に終了しなかった場合のみ、command2を実行します。
選択肢Aは、command1の結果にかかわらずcommand2を実行します。選択肢Cは、command1が正常に終了した場合のみcommand2を実行します。bashシェルには選択肢Dのような書式はありません。選択肢Eは、command1のエラー出力をcommand2ファイルに書き出します。

《解答》　B

第3章 GNUとUNIXコマンド

問題：3.2 重要度：★★★★☆

シェルにbashを使って作業をしているとき、次のコマンドラインを実行しました。結果として適切な説明を選択してください。

$ TEST=date;echo `$TEST`

- A. 現在の日時が表示される
- B. 「$TEST」と表示される
- C. 「$date」と表示される
- D. 「date」と表示される
- E. 誤りがあるのでエラーになる

《解説》 細かく分解して見てみましょう。まず、シェル変数TESTに「date」という値が入ります。セミコロン(;)はコマンドを順に実行します。したがって、設問のコマンドは「TEST=date」と「echo `$TEST`」を2行に分けて入力した場合と同じ結果になります。

バッククォーテーション(`)内の変数はコマンドとして置き換えられ、実行した結果が展開されます。このため、dateコマンドの実行結果である、現在の日時が表示されます。したがって、正解は選択肢 A です。

単一引用符(')の場合は変数が展開されません。もし「echo '$TEST'」なら、「$TEST」と表示されます。二重引用符(")の場合は変数が展開されます。もし「echo "$TEST"」なら、「date」と表示されます。

《解答》 A

問題:3.3　重要度:★★★★

自分専用のコマンドを収めた$HOME/binディレクトリを環境変数PATHに追加したいと思います。bashシェルではどのようにすればよいですか。

- A. PATH=PATH+'$HOME/bin'
- B. PATH=$HOME/bin
- C. PATH=$PATH:$HOME/bin
- D. $PATH=$HOME/bin
- E. PATH='$PATH:$HOME/bin'

《解説》　環境変数PATHにパスを追加する場合、「PATH=$PATH:」に続けて追加するディレクトリを指定します。したがって、正解は選択肢**C**です。選択肢**B**のやり方では、PATH変数の内容は新しく設定したディレクトリだけになってしまいます。変数を定義する場合、変数名の先頭に「$」は不要です(選択肢**D**)。選択肢**E**のように単一引用符で囲んでしまうと、PATH変数の内容は「$PATH:$HOME/bin」となってしまいます。なお、$HOMEにはホームディレクトリのパスが格納されています。

《解答》　C

問題:3.4　重要度:★★

ファイルsample.txt内の英小文字をすべて英大文字に変更して画面上に出力するコマンドをすべて選択してください。

- A. tr 'a-z' 'A-Z' sample.txt
- B. cat sample.txt | tr 'a-z' 'A-Z'
- C. tr -f 'a-z' -t 'A-Z' < sample.txt
- D. tr [:lower:] [:upper:] < sample.txt
- E. tr '[:lower:]' '[:upper:]' < sample.txt

《解説》 trコマンドで文字を変換して画面上に出力することができます。trコマンドはファイルを引数に指定できないので注意してください(選択肢A)。catコマンドなどを使って出力したものをパイプでtrコマンドに送るか(選択肢B)、入力リダイレクトを使って指定します(選択肢D、選択肢E)。なお、引用符(')で囲まなくてもかまいません(選択肢D)。選択肢Cは書式が誤っているので不正解です。

《解答》 B、D、E

問題:3.5 重要度:★★★

/var/log/messagesファイルの末尾20行を表示したい場合、下線部に当てはまるコマンドを記述してください。

_____ -n 20 /var/log/messages

《解説》 ファイルの末尾を表示するには**tail**コマンドを使います。-nオプションで表示する行数を指定しますが、「-20」のように指定してもかまいません。行数を指定しないと、末尾10行が表示されます。

《解答》 tail

問題:3.6 重要度:★★

テキストファイルsample.oldの中に重複する行があれば1行にまとめて出力し、sample.newとして保存しようとしています。下線部に当てはまるコマンドを記述してください。

$ sort sample.old | _____ > sample.new

《解説》 重複する行を1行にまとめたい場合は**uniq**コマンドを使います。ただし、あらかじめソートしておく必要があるので、sortコマンドと組み合わせるのが一般的です。

《解答》 uniq

問題:3.7 重要度:★★★★★

findコマンドの実行結果とエラー出力を、いずれもfind.logファイルに保存しようとしています。実行すべき適切なコマンドを選択してください。

- A. find / -name core > find.log
- B. find / -name core 2>> find.log
- C. find / -name core 2>&1 | find.log
- D. find / -name core > find.log 2>&1
- E. find / -name core 2>&1 find.log

《解説》 選択肢 A は、findコマンドの実行結果のみがfind.logに保存され、エラー出力は保存されないので不正解です。選択肢 B は、findコマンドのエラー出力のみをfind.logに追記するので不正解です。選択肢 C は、パイプの直後にあるfind.logがコマンドと認識されてしまうので不正解です。選択肢 E は、findコマンドのエラー出力が、標準出力の出力先である端末画面に出力されます。また、find.logはコマンドと認識されるため、不正解です。したがって、正解は選択肢 D です。

《解答》 D

問題:3.8 重要度:★★★★

テキストファイルlpic.txtに含まれるすべての「lpic」という文字列を「LPIC」に変更し、lpic2.txtファイルとして保存したい場合に実行すべきコマンドを選択してください。

- A. sed s/lpic/LPIC/f lpic.txt > lpic2.txt
- B. tr s/lpic/LPIC/f < lpic.txt > lpic2.txt
- C. sed -f /lpic/LPIC/ lpic.txt > lpic2.txt
- D. grep lpic LPIC < lpic.txt > lpic2.txt
- E. sed s/lpic/LPIC/g lpic.txt > lpic2.txt

第3章　GNUとUNIXコマンド

《解説》　指定したすべての文字列を置換するsedコマンドの書式は「sed s/文字列1/文字列2/g」ですので、正解は選択肢Eです。選択肢Aは「～/g」ではなく「～/f」となっているので書式誤りであり、不正解です。選択肢Bはtrコマンドの書式が誤っているので不正解です。sedの-fオプションは、指定したファイル中のコマンドを実行するオプションなので、選択肢Cは不正解です。grepは、指定された文字列パターンにマッチする行を抜き出すコマンドなので、選択肢Dは不正解です。

《解答》　E

問題：3.9　重要度：★★

sample.tar.gzファイルのSHA512ハッシュ値を表示しようとしています。下線部に当てはまるコマンドを記述してください。

$ _____ sample.tar.gz

《解説》　SHA512ハッシュ値を表示するには、**sha512sum**コマンドを使います。ハッシュ値を使うことで、ファイルの改ざんや破損がないか（オリジナルファイルと同じか）を確認できます。

《解答》　sha512sum

問題：3.10　重要度：★★★★

viエディタでテキストファイルを編集しています。現在カーソルの置かれている行から8行を削除したい場合の操作を選択してください。現在はコマンドモードになっています。

- A. 「dd」と入力すると行数を尋ねてくるので「8」と入力する
- B. 「d8」と入力する
- C. CtrlキーとDキーを8回押す
- D. 「8dd」と入力する
- E. 「8yy」と入力する

《解説》 コマンドモードでは、コマンドの前に数値を入力することにより、そのコマンドの適用回数を指定できます。正解は選択肢 **D** です。ここでは行削除「dd」の前に数値「8」を入力しているので、カレント行から8行が削除されます。

《解答》 **D**

問題：3.11　重要度：★★★★

自分用にコマンドをいくつか作成し、$HOME/binディレクトリ以下に格納しました。絶対パスで指定して実行するのは手間がかかるので、コマンド名のみの入力で実行されるようにしたいと思います。そこで、次のコマンドを実行しました。

```
$ echo $PATH
/usr/local/bin:/usr/bin:/bin:/usr/local/games:/usr/games
$ PATH=$HOME/bin
```

この結果として予想される事態を2つ選択してください。

- [ ] **A.** ~/binディレクトリ以下のコマンドはコマンド名のみで実行可能となる
- [ ] **B.** PATH変数の設定時に「$」を付け忘れているのでエラーメッセージが表示される
- [ ] **C.** PATH変数の設定時に「$」を付け忘れているのでPATH変数の内容は変更されないが、エラーメッセージは表示されない
- [ ] **D.** 「PATH="$HOME/bin"」のように引用符で囲って指定しなければエラーになる
- [ ] **E.** 多くのコマンドが「command not found」となって実行できなくなる

《解説》 PATH変数にパスを追加するには「PATH=$PATH:追加ディレクトリ」の書式で指定します。設問にあるように、単に「PATH= 追加ディレクトリ」とすると、新しく指定したディレクトリのみがPATH変数に設定されます。その結果、指定したディレクトリのコマンドとシェルの内部コマンド以外のコマンドは「command not found」となり、実行できなくなってしまいます。したがって、選択肢 **E** は適切です。

設問では、パスが通っているのは$HOME/binディレクトリだけになりますので、少なくとも$HOME/bin以下のコマンドはコマンド名のみで実行可能となります。したがって選択肢 **A** は適切です。変数を設定するときは、変数名に「$」記号を付けま

せん。したがって選択肢 B および選択肢 C は不正解です。また、変数に指定する文字列は引用符で囲って指定しなくてもエラーになりません。したがって選択肢 D は不正解です。

《解答》 A、E

問題：3.12

重要度：★★★

bash上で以下のコマンドを順に実行しました。

$ PATH=/opt/bin:$PATH
$ echo $PATH
/opt/bin:/usr/local/bin:/usr/bin:/bin

直後に、これまでに実行した、「$PATH」という文字列を含んだコマンド履歴をすべて表示しようと、次のコマンドを実行しました。

$ history | grep $PATH

少なくとも直前の2行が表示されることを期待しましたが、結果は何も表示されませんでした。このことに関する説明として適切と考えられるものを選択してください。

- A. bashはログアウト時に履歴が記録されるので、直前のコマンドはhistoryコマンドで出力されない
- B. デフォルトでは.bash_historyファイルが用意されていないので、あらかじめ作成しておく必要がある
- C. historyコマンドは引数に出力行数を指定する必要がある
- D. grepコマンドではなくfgrepコマンドを使う必要がある
- E. シェルによって展開されないよう'$PATH'のように引用符で囲む必要がある

《解説》 シェル上では、$記号に続けて文字列があれば、変数として展開されます。つまり変数の内容に置き換えられてからコマンドが実行されます。そのため、設問の最後のコマンドでは、次のように引数を指定したのと同じことになります。

```
$ history | grep /opt/bin:/usr/local/bin:/usr/bin:/bin
```

「$PATH」という文字列をコマンド履歴から検索したい場合は、シェルによって変数が展開されないよう、引用符で囲むか、「\」でエスケープする必要があります。次のいずれのコマンドでもかまいません。

```
$ history | grep '$PATH'
$ history | grep \$PATH
```

したがって、正解は選択肢**E**です。historyコマンドは直前に実行したコマンド履歴も表示できますので、選択肢**A**は不正解です。履歴ファイル.bash_historyがなくてもコマンド履歴機能は利用できますので、選択肢**B**は不正解です。historyコマンドは引数に出力行数を指定する必要はありませんので、選択肢**C**は不正解です。fgrepコマンドを使っても引数の変数は展開されますので、選択肢**D**は不正解です。

《解答》　**E**

問題:3.13　　　　　　　　　　　　　　　　　　重要度:★★

3台のホストに存在するユーザー名を重複なくリスト化しようとしています。

$ cut -d: -f1 /etc/passwd > passwd1

というコマンドを実行し、ユーザー名一覧をpasswd1ファイルに保存しました。また、別のホストで同様にpasswd2、passwd3といったファイルにユーザー名一覧を保存しました。これらのファイルを、次のようにして結合しました。

$ cat passwd1 passwd2 passwd3 > users.list

users.listファイルには「root」やシステムアカウントなど、各ホストで重複するユーザー名が含まれています。そこで、重複行を1つにまとめるため、次のコマンドを実行しました。

$ mv users.list users.list.org
$ uniq users.list.org > users.list

しかし、重複行は1つにまとまりませんでした。その理由として適切なものを選択してください。

- A. catコマンドで結合する前にsortコマンドを実行しておく必要がある
- B. mvコマンドの引数の指定が逆である
- C. catコマンドでファイルを結合するには「>」ではなく「>>」で指定しないとファイルが上書きされてしまう
- D. uniqコマンドを実行する前にsortコマンドでソートしておく必要がある
- E. 重複行を1行にまとめるにはuniqコマンドではなくwcコマンドを使う

《解説》　設問にあるようにcatコマンドでファイルを結合すると、「passwd1ファイルの内容」「passwd2ファイルの内容」「passwd3ファイルの内容」の順に結合されます。uniqコマンドで重複行を1つにまとめるには、あらかじめソートしておく必要がありますが、この状態ではソートされていません。そのため重複行がまとまらなかったのです。

```
$ sort users.list.org | uniq > users.list
```

のようにあらかじめソートしておく必要があります。

catコマンドで結合する前にソートしておいても、上記のとおり結合したファイルはソートされていないため、選択肢 **A** は不正解です。設問のmvコマンドは、作成したusers.listファイルのファイル名をusers.list.orgに変更するために使われているので、引数の指定が間違っているわけではありません（選択肢 **B**）。catコマンドによるファイルの結合は「>」でかまいません。「>>」でなければならないのは、次のような結合の仕方をする場合でしょう（選択肢 **C**）。

```
$ cat passwd1 > users.list
$ cat passwd2 >> users.list
$ cat passwd3 >> users.list
```

wcコマンドはファイルの行数や文字数をカウントするコマンドなので、選択肢 **E** は不正解です。

《解答》 D

第4章 ファイルとプロセスの管理

- 4.1 基本的なファイル管理
- 4.2 パーミッションの設定
- 4.3 ファイルの所有者管理
- 4.4 ハードリンクとシンボリックリンク
- 4.5 プロセス管理
- 4.6 プロセスの実行優先度

➡ 理解しておきたい用語と概念

- ☐ アーカイブ
- ☐ アクセス権
- ☐ 所有グループ
- ☐ SUID、SGID
- ☐ ハードリンク、シンボリックリンク
- ☐ プロセス、ジョブ
- ☐ PID
- ☐ フォアグラウンド、バックグラウンド
- ☐ プロセスの実行優先度
- ☐ 圧縮、解凍
- ☐ 所有者
- ☐ スティッキービット
- ☐ シグナル
- ☐ tmux

➡ 習得しておきたい技術

- ☐ ファイルの圧縮、解凍
- ☐ ファイルやディレクトリのアクセス権設定
- ☐ ハードリンク、シンボリックリンクの作成
- ☐ プロセスの監視
- ☐ プロセスの停止
- ☐ フォアグラウンドとバックグラウンド処理の切り替え
- ☐ プロセスの実行優先度変更

4.1 基本的なファイル管理

LinuxなどのUNIX系OSでは、ファイルやディレクトリはツリー状の階層構造としてたどることができます。ディレクトリ階層の頂点は「/」で、**ルートディレクトリ**と呼ばれます。ルートディレクトリを含んだファイルシステムを**ルートファイルシステム**といいます。ファイルシステムについては第5章で学びます。

> **NOTE** ファイルシステムといった場合、ファイルやディレクトリの配置を表す場合と、ディスクデバイスなどのデータをファイルやディレクトリとして扱う機能を表す場合があります。

4.1.1 ファイルの圧縮、解凍

大きなサイズのファイルをバックアップしたり、ネットワーク経由で送信したりする場合は、事前に圧縮をしておくと効率的です。Linuxでは、**gzipコマンド**を使った圧縮がよく利用されています。gzipで圧縮されたファイルは、拡張子が.gzとなります。

書式 gzip [オプション] [ファイル名]

表4-1 gzipコマンドの主なオプション

オプション	説明
-d	圧縮ファイルを展開する
-c	標準出力へ出力する
-r	ディレクトリ内のファイルをすべて圧縮する

次の例では、ファイルdatafileを圧縮しています。圧縮されたファイルはdatafile.gzとなり、元ファイルは削除されます。

```
$ gzip datafile
```

次の例では、sampledディレクトリ内にあるすべてのファイルを個々に圧縮します。ディレクトリ自体を圧縮するわけではない点に注意してください[注1]。

```
$ gzip -r sampled
```

[注1] ディレクトリを圧縮するには、次の節で解説するアーカイブをあらかじめ作成します。

圧縮前のファイルも残しておきたい場合は、-cオプションを使って標準出力へ出力したものをリダイレクトで保存します。次の例を実行すると、圧縮前のファイルdatafileを残したまま、datafile.gzを作成します。

```
$ gzip -c datafile > datafile.gz
```

gzip以外に**bzip2コマンド**を使った圧縮も扱えます。gzipよりも圧縮効率は高いのですが、処理に時間がかかります。

書式　bzip2 [オプション] [ファイル名]

表4-2　bzip2コマンドの主なオプション

オプション	説明
-d	圧縮ファイルを展開する
-c	圧縮ファイルを標準出力へ出力する

使い方はgzipコマンドと同じです。次の例では、ファイルdatafileを圧縮します。圧縮されたファイルはdatafile.bz2となり、元ファイルは削除されます。

```
$ bzip2 datafile
```

圧縮されたファイルを元に戻す(解凍する)には、gzipコマンドで圧縮された「〜.gz」ファイルの場合は**gunzipコマンド**を、bzip2コマンドで圧縮された「〜.bz2」ファイルの場合は**bunzip2コマンド**を使います。

書式　gunzip [ファイル名]

書式　bunzip2 [ファイル名]

次の例では、datafile.bz2ファイルを解凍しています[注2]。

```
$ bunzip2 datafile.bz2
```

参考　gunzipコマンドの代わりにgzip -dコマンドを、bunzip2コマンドの代わりにbzip2 -dコマンドを使ってもかまいません。

[注2] gunzipコマンドでは、拡張子.gzは省略できます。

bzip2よりもさらに圧縮効率の高いのが**xzコマンド**を使った圧縮です。ただし、bzip2コマンドよりもさらに処理に時間がかかります。

書式 `xz［オプション］［ファイル名］`

表4-3　xzコマンドの主なオプション

オプション	説明
-d	圧縮ファイルを展開する
-k	圧縮・解凍後に元ファイルを削除しない
-l	圧縮ファイル内のファイルを一覧表示する

次の例では、ファイルdatafileを圧縮します。圧縮されたファイルはdatafile.xzとなり、元ファイルは削除されます。

```
$ xz datafile
```

圧縮されたファイルを展開するには、-dオプションを指定します。次の例では、datafile.xzファイルを解凍しています。解凍と同時に圧縮ファイルは削除されます。

```
$ xz -d datafile.xz
```

参考　xz -dコマンドの代わりにunxzコマンドを使ってもかまいません。

4.1.2　圧縮ファイルの閲覧

圧縮されたテキストファイルは、次のコマンドを利用すれば、解凍しなくても内容を確認できます。

表4-4　圧縮ファイルの閲覧コマンド

コマンド	説明
zcat	gzipコマンドで圧縮されたファイルの内容を出力する
bzcat	bzip2コマンドで圧縮されたファイルの内容を出力する
xzcat	xzコマンドで圧縮されたファイルの内容を出力する

次の例では、圧縮ファイルsample.bz2の内容を出力します。

```
$ bzcat sample.bz2
```

4.1.3 アーカイブの作成、展開

複数のファイルをまとめたファイルを**アーカイブ**(書庫)といいます。ディレクトリ単位で圧縮を行う場合は、まずディレクトリのアーカイブを作る必要があります。

tarコマンド

ファイルやディレクトリを1つのアーカイブファイルにまとめたり、それを展開したりします。デフォルトのtarコマンドはファイルを圧縮しませんが、zオプションを付けるとgzipを使った圧縮/展開を、jオプションを付けるとbzip2を使った圧縮/展開をサポートします。tarコマンドのオプションでは「-」を省略することができます。

書式 tar [オプション] ファイル名あるいはディレクトリ名

表4-5 tarコマンドの主なオプション

オプション	説明
-c	アーカイブを作成する
-x	アーカイブからファイルを取り出す
-t	アーカイブの内容を確認する
-f ファイル名	アーカイブファイル名を指定する
-z	gzipによる圧縮/展開を行う
-j	bzip2による圧縮/展開を行う
-J	xzによる圧縮/展開を行う
-v	詳細な情報を表示する
-u	アーカイブ内にある同名のファイルより新しいものだけを追加する
-r	アーカイブにファイルを追加する
-N	指定した日付より新しいデータのみを対象とする
-M	複数デバイスへの分割を行う
--delete	アーカイブからファイルを削除する

次の例では、/homeのアーカイブを、SCSI接続されたテープドライブ(/dev/st0)に作成しています。

```
# tar cvf /dev/st0 /home
```

次の例では、アーカイブファイルsoftware.tar.gzを、カレントディレクトリ上に展開します。

```
# tar xvzf software.tar.gz
```

次の例では、/dev/sdb1にあるアーカイブの内容を表示します。

```
# tar tf /dev/sdb1
```

次の例では、/dev/sdb1にバックアップされた/varディレクトリの中から、/var/log/secureファイルを取り出します。/varディレクトリの最初の「/」を指定しなくてよいことに注意してください。

```
# tar xvf /dev/sdb1 var/log/secure
```

> **ここが重要**
> - tarコマンドのオプションについて十分に理解しておきましょう。

cpioコマンド

ファイルをアーカイブファイルにコピーしたり、アーカイブからファイルをコピーします。

書式　cpio フラグ [オプション]

表4-6　cpioコマンドの主なフラグ

フラグ	説明
-i オプション パターン	アーカイブからファイルを抽出する
-o オプション	アーカイブを作成する
-p オプション ディレクトリ	ファイルを別のディレクトリにコピーする

表4-7　cpioコマンドの主なオプション

オプション	説明
-A	既存のアーカイブにファイルを追加する
-d	必要ならディレクトリを作成する
-r	ファイル名を対話的に変更する
-t	コピーはせず、入力された内容を一覧表示する
-v	ファイル名の一覧を表示する

次の例では、カレントディレクトリ以下を/tmp/backupファイルとしてバックアップします。

```
$ ls | cpio -o > /tmp/backup
```

ddコマンド

入力側に指定したファイルからの入力を、ファイルもしくは標準出力に送ります。

書式　dd ［オプション］

表4-8　ddコマンドの主なオプション

オプション	説明
if=*入力ファイル*	入力側ファイルを指定する(デフォルトは標準入力)
of=*出力ファイル*	出力側ファイルを指定する(デフォルトは標準出力)
bs=*バイト数*	入出力のブロックサイズを指定する
count=*回数*	回数分の入力ブロックをコピーする

ddコマンドは、ハードディスクやCD-ROMなどのデバイスの内容をそのまま取り扱えます。cpコマンドはファイルをコピーするだけですが、ddコマンドならデバイスの内容をファイルにコピーしたり、デバイスからデバイスへコピーしたりすることができます。たとえば、次のコマンドを実行すると、/dev/sdbに接続されたディスクの内容をそのまま/dev/sdcに出力します。その結果、パーティション情報やファイルシステムごとディスクをコピーすることができます[注3]。

```
# dd if=/dev/sdb of=/dev/sdc
```

【注3】もちろんコピー先のディスクはコピー元と同じサイズか、より大きなサイズでなければなりません。

4.2 パーミッションの設定

4.2.1 所有者

ファイルやディレクトリを作成すると、作成したユーザーがその所有者として設定されます。同時に、所有者のプライマリグループ[注4]が、ファイルやディレクトリのグループとなります。

たとえば、linuxというグループに属するユーザーlpicがファイルを作成すると、そのファイルの所有者はlpicに、所有グループはlinuxになります。所有者を確認するには、ls -lコマンドを実行します。

```
$ ls -l
-rw-r--r-- 1 lpic linux   0 Jun 27 22:00 testfile
```

4.2.2 アクセス権

ファイルやディレクトリには、アクセス権が設定されます。**アクセス権**（**パーミッション**）とは、どのユーザーに対してどういった操作を許可するのかという情報のことです。アクセス権は、所有者、所有グループに属するユーザー、その他のユーザーの、3種類に対して設定できます。アクセス権には、**読み取り可能**、**書き込み可能**、**実行可能**の3種類があります。

ファイルに対して読み取り権のみが与えられている場合、そのファイルの内容を読み取ることができますが、変更を加えることはできません。ディレクトリに対して読み取り権が与えられている場合、そのディレクトリ内のファイル一覧を表示することができます。

ファイルに対して書き込み権が与えられている場合、ファイルの内容を変更したり、削除したりすることができます。ディレクトリに対して書き込み権が与えられている場合、そのディレクトリ内でファイルを作成したり、削除したりすることができます。

ファイルに対して実行権が与えられている場合、そのファイルを実行することができます。ディレクトリに対して実行権が与えられている場合、そのディレクトリ内のファイルにアクセスすることができます。

[注4] プライマリグループについては第9章で説明しています。

4.2 パーミッションの設定

アクセス権は、表4-9のように表記します。

表4-9 アクセス権

権限	表記
読み取り権	r
書き込み権	w
実行権	x

アクセス権を確認するには、ls -lコマンドを実行します。

```
$ ls -l
-rwxr-xr-- 1 lpic  linux   128  Jun 27 22:00  sample.sh
drwxr--r-- 1 lpic  linux    32  Jun 27 21:00  testdir
```

ディレクトリのアクセス権を確認するには、-dオプションも指定するとよいでしょう。

```
$ ls -ld /etc
drwxr-xr-x 64 root root 4096 Jan 14 06:13 /etc
```

実行結果の左のほうにある「rwxr-xr--」「rwxr--r--」の部分がアクセス権です。アクセス権は左から3文字ずつ、「ユーザー(所有者)のアクセス権」「グループのアクセス権」「その他ユーザーのアクセス権」を表しています。「-」はその部分のアクセス権がないことを意味します。sample.shというファイルでは、アクセス権は次のようになっています。

- 所有者に対しては「読み取り可能、書き込み可能、実行可能」
- グループに対しては「読み取り可能、実行可能」
- その他ユーザーに対しては「読み取り可能」

図4-1 アクセス権

アクセス権の左側の1文字は、ファイルの種別を表します。「-」は通常のファイル、「d」はディレクトリ、「l」はリンクを表します。

第4章　ファイルとプロセスの管理

　アクセス権は、数値でも表すことができます。この場合、「読み取り=4」「書き込み=2」「実行=1」として、所有者、グループ、その他ユーザーごとに足した数値で表します。

所有者	グループ	その他ユーザー	
rwx	r-x	r--	： 記号表記
421	4 1	4	
↓	↓	↓	
7	5	4	： 数値表記

図4-2　アクセス権の表記法

　図4-2の場合、「754」というのが数値で表したアクセス権です。

ここが重要
- アクセス権の表記方法、記号表記と数値表記の変換、それぞれのアクセス権の意味をしっかり理解しておきましょう。

アクセス権の変更

　アクセス権を変更するには、**chmodコマンド**を使います。

書式　`chmod [オプション] アクセス権 ファイル名`

表4-10 chmodコマンドの主なオプションとアクセス権限

オプション	説明
–R	指定したディレクトリ以下にある全ファイルのアクセス権を変更する
対象	説明
u	所有者
g	グループ
o	その他ユーザー
a	すべてのユーザー
操作	説明
+	権限を追加する
-	権限を削除する
=	権限を指定する
許可の種別	説明
r	読み取り許可
w	書き込み許可
x	実行許可
s	SUIDもしくはSGID
t	スティッキービット

　chmodコマンドでアクセス権を変更する場合、アクセス権の指定方法には2つの種類があります。1番目の方法では、記号を用いて指示します。権限を追加する場合には「+」を、権限を削除する場合には「-」を、権限を指定するには「=」を使います。所有者は「u」、グループは「g」、その他ユーザーは「o」を、これら3種類の対象をすべて表すには「a」を使います。複数の対象に対して異なる操作を行うときは「,」で区切ります。

　次の例では、グループとその他ユーザーに書き込み権を追加しています。変更前のアクセス権が「rw-r--r--」(644)の場合、変更後は「rw-rw-rw-」(666)になります。

```
$ chmod go+w samplefile
```

　次の例では、その他ユーザーの読み取り権と書き込み権を削除しています。変更前のアクセス権が「rwxrwxrwx」(777)の場合、変更後は「rwxrwx--x」(771)になります。

```
$ chmod o-rw samplefile
```

2番目の方法では、数値表記を使って指定します。次の例では、ファイルのアクセス権を「644」に設定しています。変更前のアクセス権にかかわらず、変更後は「rw-r--r--」(644)になります。

```
$ chmod 644 samplefile
```

- chmodコマンドによる変更方法によく慣れておく必要があります。数値で指定する方法と、アクセス権を追加・削除する方法、どちらにも慣れておきましょう。

4.2.3 SUID、SGID

passwdコマンドを使うことにより、一般ユーザーは自分自身のパスワードを変更できます。シャドウパスワードを利用していない場合は、パスワードの変更は/etc/passwdファイルに保存されます[注5]。/etc/passwdファイルの所有者とアクセス権は次のようになっています。

```
$ ls -l /etc/passwd
-rw-r--r-- 1 root root 1504 Jan 14 06:13 /etc/passwd
```

このファイルの所有者はrootであり、root自身にしか書き込みができないことになります。それでは、なぜ、passwdコマンドを一般ユーザーが実行した場合に、その結果が/etc/passwdファイルに保存されるのでしょうか。passwdコマンドを調べてみましょう。

```
$ ls -l `which passwd`
-rws--x--x 1 root bin 3964 Mar 9 21:00 /usr/bin/passwd
```

これを見ると、所有者のアクセス権は「rws」となっており、実行権が「s」になっています。これは、実行権を持っているユーザーによってプログラムが実行された場合には、ファイルの所有者の権限で実行されることを意味します。これを**SUID**(Set User ID)といいます。passwdコマンドの場合、このファイルの所有者であるrootの権限で実行されるため、/etc/passwdファイルに書き込むことができるわけです。

[注5] passwdコマンドやシャドウパスワードについては第9章で取り上げます。

SUIDを使った場合、所有者の実行権欄が「s」になります。数値で表現するには、3桁のアクセス権表記に4000を加えます。/usr/bin/passwdの場合、「4711」と表現できます。次の例では、指定したファイルにSUIDを設定しています。

```
# chmod u+s samplefile
```

SUIDと同様に、グループのアクセス権が適用されるように設定することもできます。これが**SGID**（Set Group ID）です。SGIDが設定されると、グループのアクセス権の実行権が「s」になります。数値で表現するには、3桁のアクセス権表記に2000を加えます。次の例では、指定したファイルにSGIDを設定しています。

```
# chmod g+s samplefile
```

> **参考** ディレクトリに対してSGIDを設定すると、そのディレクトリ内に作成されたファイルやディレクトリの所有グループには、ディレクトリ自体の所有グループが適用されます。つまり、誰がファイルを作成しようと、ファイルの所有グループは同じになります。複数ユーザーで共有するディレクトリに設定すると便利です。

4.2.4　スティッキービット

/tmpディレクトリのアクセス権を見ると、次のようになっています。

```
$ ls -ld /tmp
drwxrwxrwt   10 root   root        1024  Jul 8 16:03 /tmp
```

その他のユーザーの実行権が「t」となっていますが、これが**スティッキービット**です。スティッキービットが設定されたディレクトリでは、書き込み権限はあっても、自分以外のユーザーが所有するファイルを削除することはできません。/tmpディレクトリはどのユーザーも書き込みが可能となっていますが、スティッキービットが設定されていることにより、自分以外のユーザーが作成したファイルを削除することはできなくなります。

スティッキービットを数値で表記する場合には、3桁のアクセス権表記に1000を加えます。次の例では、sampledirディレクトリにスティッキービットを設定しています。

```
# chmod o+t sampledir
```

> **ここが重要**
> - SUID、SGID、スティッキービットの意味と、設定方法、確認方法を理解しておいてください。

4.2.5 デフォルトのアクセス権

ファイルやディレクトリを作成したときに設定されるアクセス権は、umask値で決定されます。ファイルは「666」から、ディレクトリは「777」からumask値を引いた値がデフォルトのアクセス権として適用されます。**umaskコマンド**でumask値の設定や確認ができます。

書式 umask [マスク値]

umask値はユーザーごとに設定されます。umaskコマンドをオプションなしで実行すると、現在のumask値を確認できます。

```
$ umask
0002
```

最近ではumask値は4桁で表示されますが、ここでは下3桁(002)を見ればよいでしょう。上記の場合、ファイルを作成したときのアクセス権は664(=666−002)、ディレクトリを作成したときのアクセス権は775(=777−002)となります。

次の例では、umask値を027に設定しています。その結果、新規作成されたファイルには、その他のユーザーについてはすべての権限が与えられません。

```
$ umask 027
$ touch testfile
$ mkdir testdir
$ ls -l
合計 0
drwxr-x--- 2 lpic lpic 6 2月 9 13:36 testdir     ← ディレクトリは750
-rw-r----- 1 lpic lpic 8 2月 9 13:36 testfile    ← ファイルは640
```

4.3 ファイルの所有者管理

ファイルへのアクセス許可は、ファイルに設定されているアクセス権と所有者、所有グループにより決まります。所有者と所有グループを変更できるのはrootユーザーのみです。

4.3.1 所有者の変更

ファイルやディレクトリの所有者を変更するには、**chownコマンド**を使います。変更できるのはrootユーザーだけです。

書式 chown [オプション] ユーザー [:グループ] ファイル名やディレクトリ名

表4-11 chownコマンドの主なオプション

オプション	説明
-R	指定したディレクトリとその中にある全ファイルの所有者を変更する

次の例では、testfileファイルの所有者をlpicに変更しています。

```
# ls -l testfile
-rw-rw--r-- 1 linux   staff   2408 Jun 27 10:00 testfile
# chown lpic testfile
# ls -l testfile
-rw-rw--r-- 1 lpic    staff   2408 Jun 27 10:00 testfile
```

ユーザーは、ユーザー名で指定することも、ユーザーID[注6]で指定することもできます。また、ユーザーとグループを同時に変更することもできます。

```
# ls -l testfile
-rw-rw--r-- 1 linux   staff   2408 Jun 27 10:00 testfile
# chown lpic:lpic testfile
# ls -l testfile
-rw-rw--r-- 1 lpic    lpic    2408 Jun 27 10:00 testfile
```

[注6] ユーザーIDについては第9章で解説します。

4.3.2　グループの変更

ファイルやディレクトリの所属するグループを変更するには、**chgrpコマンド**を使います。chgrpコマンドは一般ユーザーでも使うことができますが、その際に変更できるグループは、実行するユーザーが所属しているグループに限られます。スーパーユーザーの場合は、どのグループにでも変更することができます。

書式　chgrp [オプション] グループ ファイル名やディレクトリ名

表4-12　chgrpコマンドの主なオプション

オプション	説明
-R	指定したディレクトリとその中にある全ファイルの所有グループを変更する

次の例では、testfileファイルの所有グループをlpicに変更しています。

```
# ls -l testfile
-rw-rw--r-- 1 linux  staff  2408 Jun 27 10:00 testfile
# chgrp lpic testfile
# ls -l testfile
-rw-rw--r-- 1 linux  lpic   2408 Jun 27 10:00 testfile
```

複数ユーザーで共同作業をする場合、各ユーザーが属する1つのグループを作成し、ディレクトリに対して所有グループをそのグループに設定しておくと、そのグループに属するユーザーはファイルに自由にアクセスでき、その他のユーザーはアクセスできないといった設定ができるので便利です。

ここが重要
- chownコマンド、chgrpコマンドの使い方をよく理解しておいてください。

4.4 ハードリンクとシンボリックリンク

多くのオペレーティングシステムでは、ファイルやディレクトリに別名を付け、異なった名前で同一のファイルにアクセスできる仕組みが備わっています。Linuxの場合には、2種類の仕組みがあります。

4.4.1 ハードリンク

Linuxでは、ファイルをディスクに保存すると、重複しないiノード番号が割り当てられます。すべてのファイルには対応するiノードが存在し、iノードにはディスク上のファイルに関する属性情報が格納されています。ディレクトリは特殊なファイルの形態であり、所属するファイル名とiノードを関連づけています。iノードに格納されている情報の一部を次に示します。

- ファイル種別
- ファイルサイズ
- アクセス権
- 所有者
- リンク
- ディスク上の物理的な保存場所（ブロック番号）

ファイルの実体（ディスク上に保存されているデータ）が1つでも、その実体を参照するファイルが複数あれば、それぞれのファイル名で同一の実体を参照することができます。これが**ハードリンク**です。

ハードリンクでは、元のファイルと、リンクとして作成したファイルの区別がつけられません。どちらもiノードが同じだからです。ファイルをコピーした場合は、いずれかを変更しても他方に影響はありません。ハードリンクの場合は、いずれのハードリンクファイルに変更を加えても、同一の実体に対して変更を加えることになります。

ハードリンクが複数作成されている場合、そのすべてを削除するまでは、ファイルの実体は削除されません。リンクが作成されている数は、lsコマンドで確認することができます。

次の例では、1つのファイルと、そのファイルへの2つのハードリンクがあるため、リンク数が3となっています。

```
$ ls -li
total 12
129851 -rw-r--r--  3 lpic  lpic      1433 Jul 17 13:22 file.org
129851 -rw-r--r--  3 lpic  lpic      1433 Jul 17 13:22 file2
129851 -rw-r--r--  3 lpic  lpic      1433 Jul 17 13:22 file3
```

-iオプションでiノード番号を表示します。前記の例ではいずれもiノード番号が同じである点に注目してください。

ハードリンクは、リンク元のファイルが存在するファイルシステムと異なるファイルシステム上に作成することはできません。iノードはファイルシステムごとに管理されているためです。また、ディレクトリのハードリンクを作成することもできません。

4.4.2 シンボリックリンク

もう1つのリンクは**シンボリックリンク**です。シンボリックリンクは、リンク元の場所を指し示します。シンボリックリンク自身が持っているのは、リンク元へのポインタです。そのため、シンボリックリンクを残したまま、リンク元のファイルを削除することも可能です。この場合、シンボリックリンクにアクセスすると、実体ファイルが見つけられずエラーになります。

シンボリックリンクは、ハードリンクと異なり、別のファイルシステムへもリンクを作成することができます。また、ディレクトリのリンクを作成することもできます。

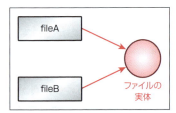 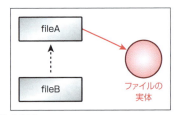

図4-3　ハードリンク(左)とシンボリックリンク(右)

シンボリックリンクのアクセス権表示は「lrwxrwxrwx」となりますが、実際のアクセス権は、リンク元ファイルのアクセス権が適用されます。

> **参考**　Windowsのショートカット、macOSのエイリアスはシンボリックリンクに相当します。

4.4.3 リンクの作成

リンクを作成するには、**ln コマンド**を使います。オプションなしで実行した場合、ハードリンクが作成されます。シンボリックリンクを作成するには、-s オプションを使います。

> **書式** ln ［オプション］ リンク元（実体） リンクファイル

表4-13 ln コマンドの主なオプション

オプション	説明
-s	シンボリックリンクを作成する

次の例では、元のファイル file.original に対し、ハードリンクとシンボリックリンクを作成しています。また、-i オプションで i ノード番号を表示しています。

```
$ ls
file.original
$ ln file.original file.link_hard         ← ハードリンクを作成
$ ln -s file.original file.link_sym       ← シンボリックリンクを作成
$ ls -l                                   ← 作成したリンクを確認
-rw-r--r--  2 lpic  lpic  128 Jun 28 12:20 file.original
-rw-r--r--  2 lpic  lpic  128 Jun 28 12:20 file.link_hard
lrwxrwxrwx  1 lpic  lpic   12 Jun 28 12:21 file.link_sym -> file.original
$ ls -li                                  ← それぞれの i ノードを確認（ハードリンクは i ノード番号が同じ）
255 -rw-r--r--  2 lpic  lpic  128 Jun 28 12:20 file.original
255 -rw-r--r--  2 lpic  lpic  128 Jun 28 12:20 file.link_hard
278 lrwxrwxrwx  1 lpic  lpic   12 Jun 28 12:21 file.link_sym -> file.original
```

4.4.4 リンクのコピー

cp コマンドを用いてシンボリックリンクをコピーすると、デフォルトではリンク元のファイル内容がコピーされます。シンボリックリンク自体をコピーするには、-d オプションを使います。

```
$ ls -l
-rw-r--r--  2 lpic  lpic  128 Jun 28 12:20 file.original
-rw-r--r--  2 lpic  lpic  128 Jun 28 12:20 file.link_hard
```

```
lrwxrwxrwx  1 lpic  lpic    12 Jun 28 12:21 file.link_sym -> file.original
$ cp file.link_sym file.link2              ←―――――[-dオプションなしでコピー]
$ cp -d file.link_sym file.link3           ←―――――[-dオプションを付けてコピー]
$ ls -l
-rw-r--r--  2 lpic  lpic   128 Jun 28 12:20 file.original
-rw-r--r--  2 lpic  lpic   128 Jun 28 12:20 file.link_hard
lrwxrwxrwx  1 lpic  lpic    12 Jun 28 12:21 file.link_sym -> file.original
-rw-r--r--  1 lpic  lpic   128 Jun 28 12:21 file.link2
lrwxrwxrwx  1 lpic  lpic    12 Jun 28 12:21 file.link3 -> file.original
```

> **ここが重要**
> - lnコマンドの使い方をマスターしましょう。
> - ハードリンクは別のファイルシステム上には作成できません。
> - シンボリックリンクはファイルシステムを越えてリンクを作成できます。
> - ディレクトリのハードリンクは作成できません。
> - ディレクトリのシンボリックリンクは作成できます。

4.5 プロセス管理

4.5.1 プロセスの監視

プロセスとは、動作中のプログラムをオペレーティングシステムが管理する基本単位です。プログラムを実行すると新しいプロセスが生成されます。

> **NOTE** プログラムはファイルとしてハードディスク上に保存されています。プログラムを実行すると、そのプログラムがさまざまな付帯情報とともにメモリ上に読み込まれ、CPUが実行できるようになります。プロセスは、実行されている、もしくは実行可能な状態になっているプログラムと考えてもよいでしょう。

プロセスの生存期間はさまざまであり、サーバプログラムのように長時間にわたるものもあれば、多くのコマンドのように一瞬で結果を出して終了してしまうものもあります。現在実行されているプロセスを表示するには、**psコマンド**を使います。

書式 ps [オプション]

4.5 プロセス管理

表4-14 psコマンドの主なオプション

オプション	説明
a	他のユーザーのプロセスも表示する
f	親子関係をツリー状に表示する
u	ユーザー名も表示する
x	制御端末のないデーモンなどのプロセスも表示する
-e	すべてのプロセスを表示する
-l	詳細な情報を表示する
-p *PID*	特定のPID（プロセスID）のプロセス情報のみ表示する
-C *プロセス名*	指定した名前のプロセスのみ表示する
-w	長い行は折り返して表示する

> **注意** psコマンドには、「-」を付けるオプションと「-」を付けないオプションがあります。オプションによっては「-」の有無で動作が違ってくるので注意してください。psコマンドでは「-」なしのオプションを利用することが推奨されています。

次の例では、psコマンドを実行したユーザー自身が起動しているプロセスを表示しています。

```
$ ps
  PID TTY          TIME CMD
  852 tty1     00:00:00 bash
  878 tty1     00:00:00 ps
```

システム上で実行されているすべてのプロセスを表示するには、axオプションを使うか、-eオプションを使います。

```
$ ps ax
  PID TTY      STAT   TIME COMMAND
    1 ?        Ss     0:02 /usr/lib/systemd/systemd --switched-root
    2 ?        S      0:00 [kthreadd]
    3 ?        S      0:00 [ksoftirqd/0]
    5 ?        S<     0:00 [kworker/0:0H]
    7 ?        S      0:00 [migration/0]
    8 ?        S      0:00 [rcu_bh]
    9 ?        S      0:00 [rcuob/0]
   10 ?        S      0:01 [rcu_sched]
```

現在実行中のプロセスを継続的に監視するには**top コマンド**を使います。top コマンドの実行例を次に示します。

```
$ top
(画面が切り替わる)
top - 03:44:19 up  9:20,  2 users,  load average: 0.00, 0.01, 0.05
Tasks: 113 total,   2 running, 111 sleeping,   0 stopped,   0 zombie
%Cpu(s):  0.0 us,  0.0 sy,  0.0 ni,100.0 id,  0.0 wa,  0.0 hi,  0.0 si,  0.0 st
KiB Mem:   1018256 total,   683048 used,   335208 free,      884 buffers
KiB Swap:   839676 total,        0 used,   839676 free.   436024 cached Mem

  PID USER      PR  NI    VIRT    RES    SHR S  %CPU %MEM     TIME+ COMMAND
 8798 lpic      20   0  123632   1548   1092 R   0.3  0.2   0:00.03 top
    1 root      20   0   52992   6844   3768 S   0.0  0.7   0:02.30 systemd
    2 root      20   0       0      0      0 S   0.0  0.0   0:00.01 kthreadd
    3 root      20   0       0      0      0 S   0.0  0.0   0:00.57 ksoftirqd/0
    5 root       0 -20       0      0      0 S   0.0  0.0   0:00.00 kworker/0:0H
    7 root      rt   0       0      0      0 S   0.0  0.0   0:00.00 migration/0
    8 root      20   0       0      0      0 S   0.0  0.0   0:00.00 rcu_bh
    9 root      20   0       0      0      0 S   0.0  0.0   0:00.00 rcuob/0
   10 root      20   0       0      0      0 S   0.0  0.0   0:01.42 rcu_sched
   11 root      20   0       0      0      0 R   0.0  0.0   0:02.90 rcuos/0
   12 root      rt   0       0      0      0 S   0.0  0.0   0:00.70 watchdog/0
   13 root       0 -20       0      0      0 S   0.0  0.0   0:00.00 khelper
   14 root      20   0       0      0      0 S   0.0  0.0   0:00.00 kdevtmpfs
   15 root       0 -20       0      0      0 S   0.0  0.0   0:00.00 netns
```

top コマンドを実行すると画面が切り替わります。上記実行例の 1 行目にはシステムの稼働状況が、2 行目には実行プロセス数が、3 行目には CPU の状態が、4〜5 行目にはメモリとスワップの状況が表示されます。それ以降の行には、プロセスごとの情報が表示されます。デフォルトでは、CPU をより多く利用している（CPU 時間を消費している）順に並んでいます。top コマンドを終了するには Q キーを押します。

プロセスによっては実行中に他のプロセスを起動するものもあります。元のプロセスを**親プロセス**、親プロセスから起動されたプロセスを**子プロセス**と呼びます。これらの親子関係によるプロセスの階層構造を表示するには、ps コマンドに f オプションを付けるか、**pstree コマンド**を使います。pstree コマンドは、次のようにプロセスの階層構造をわかりやすく表示します。

```
$ pstree
systemd─┬─ModemManager───2*[{ModemManager}]
        ├─NetworkManager─┬─dhclient
        │                └─3*[{NetworkManager}]
        ├─2*[abrt-watch-log]
        ├─abrtd
        ├─accounts-daemonqqq2*[{accounts-daemon}]
        ├─alsactl
        ├─atd
(以下省略)
```

プロセスは**PID**（**プロセスID**）と呼ばれる固有の識別子を持っています。PIDは、プロセスが開始したときに順番に割り当てられます。Linuxではシステムを起動すると、まず最初にinitというプログラムが実行されます。そのため、initのPIDは常に1となります。またプロセスは、そのプロセスを開始したユーザーから引き継がれた**UID**（**ユーザーID**）と、グループを表す**GID**（**グループID**）も持っています。UIDとGIDによって、そのプロセスがシステムのどの部分にアクセスできるかを制御しています。つまりプロセスは、プロセスを実行したユーザー権限で動作することになります。

4.5.2 プロセスの終了

プロセスを終了させるには、**killコマンド**を使います。

書式 `kill -[シグナル名またはシグナルID] PID`

書式 `kill -s [シグナル名またはシグナルID] PID`

書式 `kill -SIGシグナル名 PID`

killコマンドは、プロセスに対してシグナルを送信します。**シグナル**とは、プロセスへ送られるメッセージです。プロセスはシグナルを受け取ると、終了や再起動など受け取ったシグナルに応じた動作を実行します。シグナルには、シグナル名とシグナルID（番号）が付けられており、killコマンドではいずれかを指定することになります。シグナルは30種類以上あり、kill -lコマンドを実行すると、利用できるシグナルの一覧が表示されます。

```
$ kill -l
 1) SIGHUP       2) SIGINT       3) SIGQUIT      4) SIGILL
 5) SIGTRAP     6) SIGABRT      7) SIGBUS       8) SIGFPE
 9) SIGKILL    10) SIGUSR1     11) SIGSEGV     12) SIGUSR2
13) SIGPIPE    14) SIGALRM     15) SIGTERM     16) SIGSTKFLT
17) SIGCHLD    18) SIGCONT     19) SIGSTOP     20) SIGTSTP
21) SIGTTIN    22) SIGTTOU     23) SIGURG      24) SIGXCPU
25) SIGXFSZ    26) SIGVTALRM   27) SIGPROF     28) SIGWINCH
29) SIGIO      30) SIGPWR      31) SIGSYS      34) SIGRTMIN
35) SIGRTMIN+1 36) SIGRTMIN+2  37) SIGRTMIN+3  38) SIGRTMIN+4
39) SIGRTMIN+5 40) SIGRTMIN+6  41) SIGRTMIN+7  42) SIGRTMIN+8
43) SIGRTMIN+9 44) SIGRTMIN+10 45) SIGRTMIN+11 46) SIGRTMIN+12
47) SIGRTMIN+13 48) SIGRTMIN+14 49) SIGRTMIN+15 50) SIGRTMAX-14
51) SIGRTMAX-13 52) SIGRTMAX-12 53) SIGRTMAX-11 54) SIGRTMAX-10
55) SIGRTMAX-9 56) SIGRTMAX-8  57) SIGRTMAX-7  58) SIGRTMAX-6
59) SIGRTMAX-5 60) SIGRTMAX-4  61) SIGRTMAX-3  62) SIGRTMAX-2
63) SIGRTMAX-1 64) SIGRTMAX
```

主なシグナルは次のとおりです。

表4-15 主なシグナル

シグナル名	シグナルID	動作
HUP	1	ハングアップ（端末が制御不能もしくは切断による終了）
INT	2	キーボードからの割り込み（Ctrl＋Cキー）
KILL	9	強制終了
TERM	15	終了（デフォルト）
CONT	18	停止しているプロセスを再開
STOP	19	一時停止

　HUPシグナルは、デーモンプログラムの設定を変更した際に、設定ファイルを再読み込みしたい場合などに使われます。INTシグナルは、割り込みによって動作を停止させます。KILLシグナルは、プロセスをただちに強制終了させます。TERMシグナルは、プロセスを正常終了させます。プロセスは開いていたファイルを閉じるなど、適切な手順を経て終了します。

　シグナルを指定しないでkillコマンドを実行した場合、TERMシグナルがプロセスに対して送られます。次の例では、PIDが560のプロセスにTERMシグナルが送られます。

```
$ kill 560
```

killコマンドでのシグナルの指定は、シグナル名でも、シグナル名に「SIG」を付けても、またはシグナルIDで指定してもかまいません。-sオプションに続けてシグナルIDを指定しても同様です。次の例は、いずれもPIDが560のプロセスにTERMシグナルを送ります。

```
$ kill -15 560
$ kill -s 15 560
$ kill -TERM 560
$ kill -SIGTERM 560
```

プログラムが異常動作を起こした場合など、TERMシグナルでは終了できないことがあります。そのようなときには、KILLシグナルを送って強制終了します。

```
$ kill -KILL 560
```

強制終了した場合、そのプロセスが開いているファイルが開いたままになることもあります。システムに何らかの障害が発生する可能性があるため、KILLシグナルは最終手段として使うべきです。一般的に、親プロセスを強制終了すると、その親プロセスから生成されたプロセスも終了します。

> **ここが重要**
> - KILLシグナルをいきなり使うことは避けてください。ファイルが破損するなど、システムに障害が発生するかもしれません。

プロセスは複数並べて指定することもできます。次の例では、PIDが570と571のプロセスを終了させます。

```
$ kill 570 571
```

特定のプロセスが異常な動作をしていたり、終了できなくなった場合、問題となっているプロセスに対してkillコマンドを実行し、そのプロセスを終了させます。killコマンドで指定するPIDは、psコマンドを使って調べてもよいですが、**pgrepコマンド**を使うと便利でしょう。pgrepコマンドは、指定した名前のプロセスに対応するPIDを表示します。

第4章 ファイルとプロセスの管理

書式 pgrep [オプション] プロセス名

表4-16　pgrepコマンドの主なオプション

オプション	説明
-u ユーザー名	プロセスの実行ユーザーを指定する
-g グループ名	プロセスの実行グループを指定する

次の例では、プロセス名が「vim」のプロセスのPIDを調べています。

```
$ pgrep vim
6227
```

次の例では、プロセスの実行ユーザーが「student」であるプロセスのPIDを調べています。

```
$ pgrep -u student
4993
4994
```

killコマンドではPIDを指定する必要がありますが、**killallコマンド**を使うと、プロセス名で指定することができます。シグナル名またはシグナルIDの指定方法はkillコマンドと同じです。

書式 killall -[シグナル名またはシグナルID] プロセス名

書式 killall -s [シグナル名またはシグナルID] プロセス名

書式 killall -SIGシグナル名 プロセス名

次の例では、vimという名前のプロセスすべてに対してTERMシグナルが送られます。

```
$ killall vim
```

killallコマンドと同様に、プロセス名を指定してシグナルを送るコマンドに**pkillコマンド**があります。pkillコマンドも、デフォルトではTERMシグナルを送ります。シグナルの指定方法はkillallコマンドと同じです。

書式 pkill ［オプション］［シグナル］プロセス名

表4-17　pkillコマンドの主なオプション

オプション	説明
-u ユーザー名	プロセスの実行ユーザーを指定する
-g グループ名	プロセスの実行グループを指定する

　次の例では、ユーザーlpicが実行しているvimプロセスに対してTERMシグナルが送られます。他のユーザーが実行しているvimプロセスは影響を受けません。

```
# pkill -u lpic vim
```

4.5.3　ジョブ管理

　ジョブとは、ユーザーがコマンドやプログラムをシェル上で実行するひとまとまりの処理単位です。シェル上で1つのコマンドを実行したものも、複数のコマンドをパイプでつないで実行したものも、いずれも1つのジョブになります。ジョブは、**フォアグラウンド**もしくは**バックグラウンド**で実行されます。

バックグラウンドジョブの実行

　フォアグラウンドでジョブが実行されていると、キーボードからの入力はすべてそのジョブに渡されます。つまり、そのジョブが終了するまで、シェル上で他の作業はできないことになります。処理に時間がかかるジョブはバックグラウンドで実行すると、ジョブの終了を待たずにシェルを使うことができます。バックグラウンドでコマンドを実行するには、コマンドラインの最後に「&」を追加します。たとえば、updatedbコマンドをバックグラウンドで実行するには、次のようにします。

```
# updatedb &
```

　実行中のジョブは**jobsコマンド**で参照することができます。

```
# jobs
[1]+ Running    updatedb
[2]  Stopped    tailf /var/log/secure
[3]- Running    less /etc/xinetd.conf
```

[ ]内の数値はジョブ番号です。ジョブ番号はジョブが開始された順に付けられます。ジョブ番号の後ろの「+」は現在実行中のジョブを、「-」は直前に実行されたジョブを表しています。また、「Stopped」は実行を一時停止中であることを表し、「Running」はバックグラウンドで実行中であることを表しています。

> **ここが重要**
> ● コマンドライン末尾に「&」を付けるとバックグラウンドで実行されます。

ログアウトした後もプログラムを実行させたい場合は、**nohupコマンド**を使います。

書式 nohup コマンド

たとえば、長時間にわたって処理を行っている場合でも、席を外すためにログアウトすることができます。次の例は、updatedbコマンドをログアウト後も実行させます。

```
# nohup updatedb &
```

フォアグラウンドとバックグラウンド

現在実行中のジョブのモード(フォアグラウンドとバックグラウンド)を変更するには、**bgコマンド**あるいは**fgコマンド**を使います。

すでにフォアグラウンドで実行中のジョブをバックグラウンドで実行するには、まずCtrl+Zキーでジョブを一時停止(サスペンド)させ、次にジョブ番号を引数にしてbgコマンドを実行します。

```
# tail -f /var/log/messages        ←(ここでCtrl+Zキーを入力する)
[1]+ Stopped    tail -f /var/log/messages
# bg 1
[1]+ tail -f /var/log/messages
```

逆に、バックグラウンドで動いているジョブをフォアグラウンドにするにはfgコマンドを使います。bgコマンドと同様に、ジョブ番号を引数にしてfgコマンドを実行します。

```
# jobs
[1]- Stopped    tail -f /var/log/messages
[2]+ Running    tail -f /var/log/secure
# fg 2
```

```
[2]+  tail -f /var/log/secure
```

4.5.4 システムの状況把握

システムの状況を把握するには、先に紹介したtopコマンドが便利ですが、そのほかにもいくつかのコマンドがあり、状況に応じて使い分けます。まず、メモリの利用状況、空き状況を確認するには、**free**コマンドを使います。

書式 free [オプション]

表4-18 freeコマンドの主なオプション

オプション	説明
-m	MB単位で表示する
-s 秒	指定した間隔で表示し続ける

デフォルトではKB単位で表示されます。

```
$ free
            total       used       free     shared  buff/cache  available
Mem:      1015828     101604     296016       6884      618208     699244
Swap:      839676        264     839412
```

「Mem:」とある行がメモリの状況、「Swap:」とある行がスワップの状況です。この例では、搭載されているメモリが1015828KB、利用中のメモリが101604KB、空きメモリが296016KBです。ただし、ディスク読み書きのパフォーマンスを高めるためのバッファキャッシュにもメモリが使われているので、それを差し引いた利用可能なメモリ使用量は699244KBとなります。

-mオプションを付けるとMB単位で表示されるので、見やすくなります。

```
$ free -m
            total       used       free     shared  buff/cache  available
Mem:          992         99        288          6         603        682
Swap:         819          0        819
```

システムの稼働時間や平均負荷は、**uptime**コマンドで確認できます。

書式 uptime

```
$ uptime
 00:37:28 up  6:13,  2 users,  load average: 0.00, 0.01, 0.05
```

平均負荷（load average）は、CPUがほかのプロセスを処理中であるために実行待ちとなっているプロセスの平均数です[注7]。3つの数字は、直近1分間、5分間、15分間の平均数です。この数値が、搭載されているCPU数（もしくはコア数のトータル）を超えているなら、何らかの処理待ちが発生していると推測できます。たとえば、4コアのCPUを2つ搭載したサーバでは、この値が恒常的に8を超えているかどうかが目安となります。

システムのアーキテクチャやOSを確認するには、**unameコマンド**を使います。コマンドのみを実行すると、OSの種類が表示されます。

書式 uname

```
$ uname
Linux
```

-aオプションを付けると、ホスト名やカーネルバージョン、アーキテクチャなど詳細な情報を表示します。次の例では、OSがLinux、ホスト名がcentos7.example.com、カーネルバージョンが3.10.0、アーキテクチャがx86_64であることがわかります。

```
$ uname -a
Linux centos7.example.com 3.10.0-862.el7.x86_64 #1 SMP Fri Apr 20
16:44:24 UTC 2018 x86_64 x86_64 x86_64 GNU/Linux
```

watchコマンドを使うと、コマンドを一定時間ごとに実行することができます。

書式 watch ［オプション］ コマンド

表4-19　watchコマンドの主なオプション

オプション	説明
-n 秒	指定した秒数ごとに更新する
-d	変化した部分をわかりやすく表示する
-t	ヘッダ情報を表示しない（コマンド実行結果のみ表示する）

【注7】正確には、実行可能状態にあるプロセスと、ディスク入出力の完了を待っている待機状態（割り込み不可）にあるプロセスの平均数です。

次の例では、10秒ごとにuptimeコマンドを実行しています。

```
$ watch -n 10 uptime
（画面が切り替わる）
Every 10.0s: uptime          Sun Dec  2 14:09:15 2018   ← 10秒ごとに表示が更新される


 14:09:15 up 64 days,  5:24,  1 user,  load average: 0.32, 0.17, 0.05
```

4.5.5　端末の活用

サーバ管理では、端末エミュレータを使ってネットワーク経由でサーバを操作するのが一般的です。tmuxやscreenは、1つの端末画面の中に複数のウィンドウ（仮想端末）を作成し、切り替えて作業することができるソフトウェアです[注8]。また、各ウィンドウの作業状態を保ったまま終了し（デタッチ）、次回接続時に再開できる機能を持っています。誤って端末画面を閉じてしまったり、ネットワークが切断されてしまっても、次に接続を再開すれば同じ環境で作業を続けることができます。端末画面を上下左右に分割することもできます。ここではtmuxについて説明します。

シェル上でtmuxコマンドを実行すると、1つめのセッションが開きます。

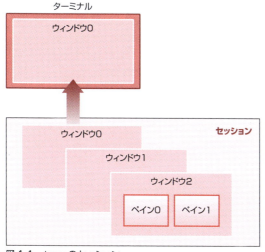

図4-4　tmuxのセッション

[注8] このようなソフトウェアをターミナルマルチプレクサといいます。

tmuxでは、さまざまな制御をするためのキー操作があります。たとえば、新しいウィンドウを作成するには、最初にCtrlキーとBキーを押し、次にCキーを押します。「Ctrlキー+Bキー」を**プレフィックスキー**といいます。プレフィックスキーとは、何らかのtmuxの機能を使うのに先だって入力する、キーの組み合わせのことです。デフォルトでは「Ctrlキー+Bキー」が割り当てられています。

ウィンドウ操作

tmuxを起動した時点では1つのウィンドウが開かれています。プレフィックスキー+Cキーで新規ウィンドウを作成できます。開いているウィンドウは端末画面の最下部に表示されています。

```
[0] 0:sudo  1:vi-  2:bash*
```

ウィンドウは、左から0番、1番の順に番号が割り当てられています。現在のウィンドウには「*」マークが付きます。上の例では2番のウィンドウです。プレフィックスキー+Wキーで次のようにウィンドウの一覧が表示されます。Qキーで表示を終了します。

```
(0)  0: sudo  "srv"
(1)  1: vi-   "srv"
(2)  2: bash* "srv"
```

プレフィックスキー+0キーで0番のウィンドウ、プレフィックスキー+1キーで1番のウィンドウ、のようにプレフィックスキーとウィンドウ番号のキーでウィンドウを切り替えます。もしくは、プレフィックスキー+Nキーを押すたびに次のウィンドウへ切り替えます。反対方向はプレフィックスキー+Pキーです。

ウィンドウを削除するには、当該ウィンドウでプレフィックスキー+&キーを押します。すると最下部に確認が表示されます。yを入力すると、ウィンドウは削除されます。

```
kill-window bash? (y/n)
```

セッション操作

tmuxは、ウィンドウの動作状態を保ったままセッションを終了させることができます。これを**デタッチ**といいます[注9]。逆に、デタッチした環境に再接続することを**ア**

【注9】 正確には、ディスプレイ（端末プログラム）とtmuxのセッションとを切り離すのがデタッチです。その反対がアタッチです。

タッチといいます。夜帰宅する前にデタッチし、翌朝アタッチすれば、すぐに前日作業していた状態から続けられる、というわけです。

　デタッチをするには、プレフィックスキー＋Dキーを入力します。すると、[detached (from session 0)]と表示されてtmuxが終了します（実際にはtmuxはバックグラウンドで動作しています）。

```
$ tmux
[detached (from session 0)]
```

　デタッチしたセッションの一覧は、tmux lsコマンドで確認できます。

```
$ tmux ls
0: 2 windows (created Sun Apr 15 12:51:36 2018) [100x29]
```

　セッションに再接続（アタッチ）するには、tmux attachコマンドを使います。

```
$ tmux attach
```

　セッションが複数ある場合は、-tオプションに続けて数字でセッションを指定します。

```
$ tmux ls
0: 1 windows (created Sun Apr 15 20:31:08 2018) [100x29]    ← 0番のセッション
1: 1 windows (created Sun Apr 15 20:35:44 2018) [100x29]    ← 1番のセッション
$ tmux attach -t 1                                           ← 1番のセッションにアタッチする
```

　既存のセッションにアタッチせず、新しくセッションを開く場合は、次のようにします。

```
$ tmux new-session
```

　セッションを削除するには、次のコマンドを実行します。セッションが複数あるときは、-tオプションで番号を指定できます[注10]。

```
$ tmux kill-session
```

　すべてのセッションをまとめて削除するには、次のコマンドを実行します。

```
$ tmux kill-server
```

【注10】 指定しなければ、直近に利用したセッションが削除されます。

4.6 プロセスの実行優先度

プロセスには**実行優先度**（**プライオリティ**）があり、必要に応じて優先度の指定を行うことができます。優先度の高いプロセスは、優先度の低いプロセスよりもより多くのCPU時間を割り当てられるので、結果として単位時間当たりにこなせる処理がより多くなります。実行されているプロセスの優先度を確認するには、topコマンドもしくはps -lコマンドを使います。次のps -lコマンドの実行例では、PRI列が優先順位（PRIority）を示しています。

```
$ ps -l
F S   UID   PID  PPID  C PRI  NI ADDR SZ WCHAN  TTY          TIME CMD
4 S  1001  8609  8608  0  80   0 -  29111 wait   pts/0    00:00:00 bash
0 T  1001  8944  8609  0  80   0 -  37925 signal pts/0    00:00:00 vim
0 R  1001  9033  8609  0  80   0 -  30315 -      pts/0    00:00:00 ps
```

4.6.1 コマンド実行時の優先度指定

プロセスの実行優先度を高くしたり低くしたりするために指定する値が**ナイス値**です。ナイス値は-20から19まであり、ナイス値が小さいほど優先順位が高くなります。つまり、もっとも優先順位が高くなるのは-20です。ナイス値を指定するには**niceコマンド**を使います。

書式 nice [-n ナイス値] コマンド

次の例では、実行優先度を「10」高くしてupdatedbコマンドを実行しています。

```
# nice -n -10 updatedb
```

ナイス値に負数を設定することができるのはrootユーザーのみです。一般ユーザーで負数を指定するとエラーとなり、ナイス値は変更されません（コマンド自体は実行されます）。

```
$ nice -n -20 uptime
nice: cannot set niceness: 許可がありません
 05:36:19 up 35 days, 22:58,  1 user,  load average: 0.09, 0.23, 0.13
```

4.6.2 実行中プロセスの優先度変更

すでに実行中のプロセスのナイス値を変更するには**reniceコマンド**を使います。reniceコマンドでは、PIDを指定して特定のプロセスの優先度を変更するほか、ユーザーを指定して、そのユーザーの実行しているプロセスに対して優先度の変更をすることもできます。なお、ナイス値を減少させる、つまりより高い優先度を設定できるのはrootユーザーだけです。一般ユーザーは優先度を低くすることはできますが、高くすることはできません。

書式 `renice [-n] ナイス値 [[-p] PID] [[-u] ユーザー名]`

表4-20 reniceコマンドの主なオプション

オプション	説明
-n ナイス値	ナイス値を指定する(-nは省略可能)
-p PID	PID（プロセスID)を指定する(-pは省略可能)
-u ユーザー名	ユーザー名で指定する(-uは省略可能)

次の例では、PIDが1200のプロセスのナイス値を-10に変更します。オプションを省略した場合は、PIDが指定されたとみなされます。reniceコマンドでは、ナイス値の指定に「-」を使わないことに注意してください（「--10」のような指定は誤りです）。

```
# renice -10 -p 1200
```

次の例では、ユーザーlpicが実行するすべてのプロセスの優先度を5に変更します。

```
# renice 5 -u lpic
```

ここが重要
- niceコマンドとreniceコマンドの使い方に慣れておく必要があります。ナイス値の意味と指定方法も確認しておきましょう。

第4章 ファイルとプロセスの管理

問題：4.1

重要度：★★★☆☆

cpioコマンドを使ってアーカイブを作成しようとしています。カレントディレクトリ以下のファイルを、/tmp/archive.cpioファイルとしてアーカイブにするには、どのコマンドを実行すればよいか選択してください。

- A. cpio –cf /tmp/archive.cpio .
- B. ls | cpio -o > /tmp/archive.cpio
- C. cpio –cf . /tmp/archive.cpio
- D. cat * | cpio –d /tmp/archive.cpio
- E. cpio cvf /tmp/archive.cpio < ls

《解説》 cpioコマンドでは、アーカイブにするファイル名を標準入力から受け取り、標準出力へアーカイブ内容を出力します。アーカイブを作成するオプションは-oです。したがって、適切な書式である選択肢Bが正解です。それ以外の選択肢はすべて書式などに誤りがあります。

《解答》 B

問題:4.2　重要度:★★★★

data.tar.bz2を展開しようとしています。下線部に当てはまるオプションを3つ選択してください。

$ tar _____ data.tar.bz2

- [ ] **A.** c
- [ ] **B.** x
- [ ] **C.** z
- [ ] **D.** f
- [ ] **E.** j

《解説》　アーカイブを展開するにはxオプションを指定します（選択肢 **B**）。また、アーカイブファイルはfオプションで指定します（選択肢 **D**）。設問にあるファイルは、拡張子が「.bz2」ですから、bzip2で圧縮されているとわかります。bzip2で圧縮されたファイルの展開にはjオプションを使います（選択肢 **E**）。cオプションはアーカイブを作成するオプションなので、選択肢 **A** は不正解です。zオプションはbzip2ではなくgzipに対応するオプションなので、選択肢 **C** は不正解です。

《解答》　B、D、E

問題:4.3　重要度:★★★

圧縮されたファイルを解凍することのできるコマンドをすべて選択してください。

- [ ] **A.** gzip
- [ ] **B.** gunzip
- [ ] **C.** bzip2
- [ ] **D.** bunzip2
- [ ] **E.** split

《解説》　gzipコマンドで圧縮されたファイルは、gzip -dコマンドもしくはgunzipコマンドで解凍できます。また、bzip2コマンドで圧縮されたファイルは、bzip2 -dコマンドもしくはbunzip2コマンドで解凍できます。splitコマンドでは、圧縮ファイルの展開はできません。

《解答》　**A、B、C、D**

問題：4.4　重要度：★★★★★

アクセス権「rwxrw-r--」を数値で表すとどうなりますか。3桁の数値で記述してください。

――――――

《解説》　r=4、w=2、x=1のように数値化し、所有者、所有グループ、その他ユーザーごとに加算すると簡単に求められます。正解は「764」です。アクセス権の表記はどちらの方法でも記述できるように、いずれかからもう一方へ変換できるようにしておきましょう。

《解答》　**764**

問題：4.5　重要度：★★★★★

カレントディレクトリにあるファイルtestのアクセス権を、所有者は読み取り、書き込み、実行ができ、グループは読み取りと実行ができ、その他のユーザーは読み取りのみができるように設定しようとしています。実行すべきコマンドを選択してください。

- **A.** chmod 754 test
- **B.** chmod test 754
- **C.** chmod 731 test
- **D.** chmod test 731

《解説》　chmodコマンドは、アクセス権、対象ファイルの順に指定するため、選択肢BとD

は不正解です。設問にあるアクセス権は「rwxr-xr--」であり、数値表記では「754」になります。したがって、選択肢 A は正解、選択肢 C は不正解です。

《解答》 A

問題：4.6

重要度：★★★★★

カレントディレクトリにあるディレクトリimagesと、そのディレクトリ内にあるすべてのファイルの所有者をuser1に変更するコマンドを記述してください。

＿＿＿＿＿＿＿＿＿＿＿＿＿＿＿＿＿＿＿＿＿＿

《解説》 ファイルやディレクトリの所有者を変更するにはchownコマンドを使います。ディレクトリ内のすべてのファイルやサブディレクトリの所有者も同時に変更するには、-Rオプションを付ける必要があります。

《解答》 chown -R user1 images

問題：4.7

重要度：★★★★★

カレントディレクトリにあるファイルlpic.datのシンボリックリンクlpic.dat.lnkを作成するコマンドを選択してください。

- A. ln lpic.dat lpic.dat.lnk
- B. ln lpic.dat.lnk lpic.dat
- C. ln -s lpic.dat lpic.dat.lnk
- D. ln -s lpic.dat.lnk lpic.dat

《解説》 lnコマンドは、オプションなしの場合はハードリンクを作成し、-sオプションを付けるとシンボリックリンクを作成します。したがって、-sオプションのない選択肢 A と B は不正解です。lnコマンドは、リンク元（実体）、リンク先（リンクファイル）の順に指定します。したがって、選択肢 D は不正解です。正解は選択肢 C です。

《解答》 C

問題:4.8

重要度:★

システム上で実行されているすべてのプロセスを表示したい場合に、psコマンドに指定するオプションを2つ記述してください。ただし、「-」を指定しないオプションとします。

$ ps ___

《解説》　システム上のすべてのプロセスをpsコマンドで表示するには、aおよびxオプションを指定するか、-eオプションを指定します。aオプションだけでは、制御端末のないプロセス、つまりシェル上でコマンドとして実行したのではなく、ほかのプロセスから起動したプロセスや、サーバプログラムなどのデーモンプロセスが表示されません。psコマンドのオプションには、「-」を指定するものとしないものが混在していますので注意してください。

《解答》　ax

問題:4.9

重要度:★★★★★

バックグラウンドでupdatedbコマンドを実行させたいと思います。bashシェルを使っている場合、updatedbコマンドに続けて、何と入力すればよいですか。1文字を記入してください。

updatedb ___

《解説》　コマンドをバックグラウンドで実行するには、コマンドラインの末尾に「&」を付けて実行します。したがって、正解は「&」です。

《解答》　&

問題：4.10　　　重要度：★★★

フォアグラウンドで実行中のジョブを一時停止させるには、どのような操作をすればよいかを選択してください。

- A. Altキーを押しながらF2キーを押す
- B. Ctrlキーを押しながらZキーを押す
- C. Ctrlキーを押しながらPキーを押す
- D. CtrlキーとAltキーとDeleteキーを同時に押す

《解説》　実行中のジョブを一時停止させるには、Ctrlキーを押しながらZキーを押すので、正解は選択肢 B です。Altキーを押しながらF2キーを押すと、仮想コンソールが切り替わります。したがって、選択肢 A は不正解です。Ctrlキーを押しながらPキーを押しても、ジョブに対しては何の変化もありません。したがって、選択肢 C は不正解です。CtrlキーとAltキーとDeleteキーを同時に押すと、一般的にはマシンが再起動するので、選択肢 D も不正解です。

《解答》　B

問題：4.11

重要度：★★★★

PIDが568のプロセスが異常な動作をしているので終了させたいと考え、次のコマンドを入力しました。

kill 568

ところがプロセスはそのまま動作し続けています。強制的に終了させるための適切なコマンドを選択してください。

- **A.** kill –HUP 568
- **B.** kill –INT 568
- **C.** kill –TERM 568
- **D.** kill –KILL 568
- **E.** kill –1 568

《解説》 KILLシグナルを指定するとプロセスを強制的に終了させることができるので、正解は選択肢**D**です。HUPシグナルは、プロセスに対して設定の再読み込みを促したいときなどに利用します。したがって、選択肢**A**は不正解です。INTシグナルは一時停止を行うので、選択肢**B**は不正解です。TERMシグナルは、オプションなしでkillコマンドを実行した場合のデフォルト値です。したがって、選択肢**C**は不正解です。シグナルを数値で示した場合、1はHUPシグナルになるので、選択肢**E**も不正解です。

《解答》 **D**

問題:4.12

重要度:★★★★

PIDが569のプロセスは、処理が終了するまでに1時間あまりかかりそうです。至急処理しなければならないジョブが現れたので、優先度を低くしたい場合、実行するのが適切なコマンドを選択してください。

- A. nice –19 –p 569
- B. nice 19 –p 569
- C. renice 19 –p 569
- D. renice –19 –p 569

《解説》 すでに実行中のプロセスの優先度を変更するコマンドはreniceです。したがって、選択肢AとBは不正解です。優先度は–20がもっとも優先度が高く、数値が大きくなるに従って優先度は低くなります。選択肢Dは、高い優先度を指定しているので不正解です。したがって、正解は選択肢Cです。

《解答》 C

問題：4.13　　　重要度：★★★★

fredユーザーが実行しているプロセスnanoを終了させようと、以下の操作を実行しました。

```
$ whoami
lpic
$ ps aux | grep nano
fred    3290 0.0 0.0  8596 1008 pts/0    T    04:32   0:00 nano free.log
$ kill 3290
-bash: kill: (3290) - Operation not permitted
```

エラーが発生した原因として適切なものを選択してください。

- A. fredユーザー以外の一般ユーザーがkillコマンドを実行したから
- B. 指定すべきPIDが誤っているから
- C. killコマンドの引数にはプロセス名を指定すべきだから
- D. killコマンドでシグナルが指定されていないから
- E. プロセスを終了できるのはrootユーザーだけだから

《解説》　一般ユーザーがkillコマンドを使って終了できるプロセスは、そのユーザー自身が実行しているプロセスのみです。したがって選択肢Eは不正解です。設問では、whoamiコマンドの実行結果から、killコマンドを実行したユーザーがfredユーザーではない(lpicユーザーである)ことがわかります。なお、whoamiコマンドは、コマンドを実行したユーザーを表示するコマンドです。したがって正解は選択肢Aです。

psコマンドの出力から、nanoプロセスのPIDは3290です。killコマンドの引数は間違っていないので、選択肢Bは不正解です。引数にプロセス名を指定できるのは、killコマンドではなくkillallコマンドですので、選択肢Cは不正解です。killコマンドでシグナルが指定されていない場合はTERMシグナルが使われますので、設問のケースではシグナルの指定は必要ありません。したがって選択肢Dは不正解です。

《解答》　A

問題:4.14 重要度:★★★

以下のコマンドを実行しました。

```
$ ls -l
-rw-r--r-- 1 student student 362031 Jul 28 08:07 services
$ umask
0022
$ ln services services.new
$ ln services.new services.hard
$ ln -s services services.sym
$ chmod u+w,g+r services.hard
```

このときのservices.newファイルのパーミッションを3桁の数値で表してください。

《解説》 lnコマンドの実行結果から、servicesファイル、services.newファイル、services.hardファイルはハードリンクです。したがって、どのファイルのパーミッションを変更しても、すべてのファイルのパーミッションは同じになります。services.hardファイルを作成した時点でのパーミッションは、servicesファイルと同じなので「**644**」です。これに「u+w,g+r」としても、所有者にw、グループにrのアクセス権はすでに設定されているので、パーミッションは変わりません。umaskは、リンクファイルの作成には関係ありません。

《解答》 644

第5章 デバイスとLinuxファイルシステム

- **5.1** パーティションとファイルシステムの作成
- **5.2** ファイルシステムの管理
- **5.3** ファイルシステムのマウントとアンマウント
- **5.4** ファイルの配置と検索

理解しておきたい用語と概念

- [ ] デバイスファイル
- [ ] パーティション
- [ ] ファイルシステム
- [ ] ext2、ext3、ext4、XFS、VFAT、exFAT
- [ ] マウントとアンマウント
- [ ] /etc/fstab
- [ ] ジャーナリングファイルシステム
- [ ] FHS

習得しておきたい技術

- [ ] パーティションの作成
- [ ] ファイルシステムの作成
- [ ] ファイルシステムのチェック
- [ ] ファイルシステムの使用量と空き容量の管理
- [ ] マウントとアンマウント
- [ ] FHSで規定されたディレクトリの役割
- [ ] findやlocateによるファイルの検索

5.1 パーティションとファイルシステムの作成

ディスクに保存されるデータをファイルとして管理する仕組みが**ファイルシステム**です。ハードディスクやSSDを利用するには、ディスク内にパーティションを作成し、次にパーティション内にファイルシステムを作成し、そのファイルシステムをマウントするという作業を行います。

5.1.1 ハードディスク

ハードディスク(およびSSDなど)の接続形態にはいくつかの規格があります。サーバやPCで主に利用されている規格は以下のとおりです。

SATA

現在主流となっている規格がSATA(Serial ATA)[注1]です。かつて広く使われていたIDEに比べてデータ転送速度が速く、ほとんどのPCで標準的に搭載されています。

SAS

SATAよりも高速で信頼性も高いのが**SAS**(Serial Attached SCSI)です。主にサーバ用途で使われますが、SATAと比べて高価です。

SCSI

SCSIは、ハードディスクやDVDドライブ、テープドライブなど、さまざまな周辺機器を接続するための一般的な規格です。SCSIは高価ですが、データ転送速度も一般的に速いので、高速性や拡張性を要求されるサーバやワークステーション環境で利用されることがあります。SCSIデバイスを使うには、SCSIホストアダプタ(SCSIカード)が必要です。

USB

周辺機器を接続する規格としてポピュラーな**USB**で接続するハードディスクもあります。必要なときに外付けで利用できるのが便利です。

[注1] http://www.serialata.org/

5.1 パーティションとファイルシステムの作成

ここが重要

- ハードディスクやSSDの接続形態には、SATA、SAS、SCSI、USBなどがあります。

デバイスファイル

Linuxでは、これらのデバイスに対応するデバイスファイルが用意されています。**デバイスファイル**とは、ハードディスクやSSD、DVDドライブ、シリアルポートといったデバイスの入出力を扱うための特殊なファイルです。このようにデバイスに関連づけられたファイルを利用して、ファイルと同じようにデバイスにアクセスすることができます。つまり、デバイスファイルへの書き込みはデバイスへの出力を、デバイスファイルの読み込みはデバイスからの入力を表します。

主なデバイスファイルは表5-1のとおりです。

表5-1 主なデバイスファイル

デバイスファイル	説明
/dev/sda	1番目のハードディスク
/dev/sdb	2番目のハードディスク
/dev/sdc	3番目のハードディスク
/dev/sdd	4番目のハードディスク
/dev/sr0	1番目のCD/DVDドライブ
/dev/st0	1番目のテープドライブ

Linuxが扱うデバイスには、**ブロックデバイス**と**キャラクタデバイス**があります。ハードディスクやSSDなど、メディア上の任意の場所にアクセスできるデバイスがブロックデバイスです。キーボードやシリアルポートなど、文字単位でデータを読み書きするデバイスがキャラクタデバイスです。ここでは、ディスクやパーティションはブロックデバイスであると知っていれば十分です。

システムのブロックデバイス一覧は、**lsblkコマンド**で確認できます。

```
$ lsblk
NAME    MAJ:MIN RM  SIZE RO TYPE MOUNTPOINT
sr0      11:0    1 1024M  0 rom
sda     253:0    0  100G  0 disk
|-sda1  253:1    0   99G  0 part /
|-sda2  253:2    0    1K  0 part
`-sda5  253:5    0 1021M  0 part [SWAP]
```

第5章 デバイスとLinuxファイルシステム

> **ここが重要**
> ● それぞれのデバイスファイル名を正確に暗記しておきましょう。

5.1.2 パーティションの種類

1台のディスクドライブを複数の論理的な区画(**パーティション**)に分割して使うことができます。それぞれのパーティションには、異なるファイルシステムを作成できます。BIOSベースのシステムでは、パーティションの種類は3つあります。

基本パーティション

ディスクには最大4個の基本パーティションを作成することができます。パーティション内にはファイルシステムを格納します。基本パーティションのデバイスファイル名は、ハードディスク/dev/sdaの場合、/dev/sda1～sda4となります。

拡張パーティション

基本パーティションの1つを拡張パーティションにすることができます。拡張パーティションの中にはファイルシステムではなく、論理パーティションが格納されます。

論理パーティション

論理パーティションとは、拡張パーティション内に作成されたパーティションのことです。論理パーティションのデバイスファイル名は、作成済み基本パーティションの数にかかわらず、/dev/sda5以降となります。

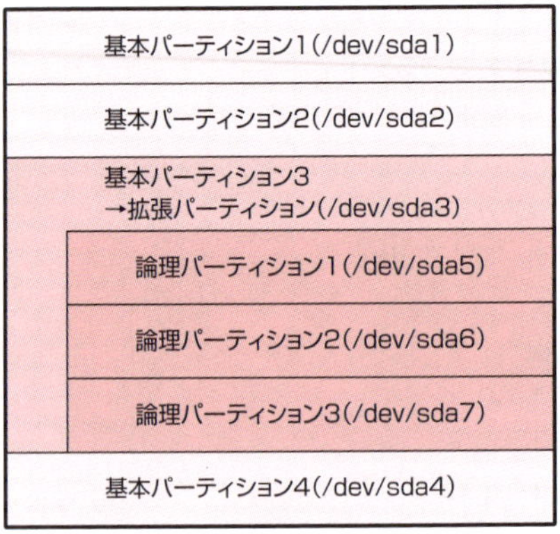

```
┌─────────────────────────────────────┐
│ 基本パーティション1(/dev/sda1)        │
├─────────────────────────────────────┤
│ 基本パーティション2(/dev/sda2)        │
├─────────────────────────────────────┤
│ 基本パーティション3                    │
│ →拡張パーティション(/dev/sda3)        │
│   ┌───────────────────────────────┐ │
│   │ 論理パーティション1(/dev/sda5) │ │
│   ├───────────────────────────────┤ │
│   │ 論理パーティション2(/dev/sda6) │ │
│   ├───────────────────────────────┤ │
│   │ 論理パーティション3(/dev/sda7) │ │
│   └───────────────────────────────┘ │
├─────────────────────────────────────┤
│ 基本パーティション4(/dev/sda4)        │
└─────────────────────────────────────┘
```

図5-1　パーティション

UEFIベースのシステムでは、他のパーティションの管理等に使われるEFIシステムパーティションと、1つ以上の基本パーティションが利用できます。拡張パーティション、論理パーティションは使用しません。

パーティションに分割するメリット

パーティションに分割することにより、さまざまなメリットが得られます。システムに障害が発生した場合、ファイルシステムの一部が破壊されることがあります。このとき、ディスクを分割しておけば、障害による被害を1つのパーティション内に限定することができます。また、大量のログが発生するなどしてディスクの空き容量が足りなくなった場合も、被害を限定し、システム全体への影響を少なくできます。

> **ここが重要**
> ● パーティションの種類と役割を理解しておく必要があります。

5.1.3 ルートファイルシステム

Linuxのディレクトリはツリー状の階層構造になっています。ディレクトリツリーの頂点となるのが/ディレクトリです。/ディレクトリを含むファイルシステムを**ルートファイルシステム**といいます。

/ディレクトリの直下には、/homeや/varといったディレクトリが配置されます。これらのディレクトリをルートファイルシステムに格納してもよいのですが、複数のパーティションを用意し、各パーティションに/home、/varなどのディレクトリを割り当てるのが一般的です。これは耐障害性および保守性を高めるためです。/homeや/varは/ディレクトリ以下にマウントされ、1つの統合されたファイルシステムとして運用することができます。

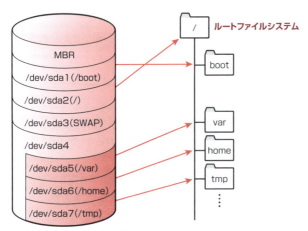

図5-2 パーティションのマウント

 マウント
ファイルシステム内のディレクトリツリーを、特定のディレクトリ以下に結合することをマウントといいます。Windowsではドライブという概念がありますが、Linuxでは、すべてのパーティションや外部メディアを、/ディレクトリ以下のディレクトリツリーに結合して利用します。

ルートファイルシステムには、表5-2に示すディレクトリが含まれていなければなりません。これらのディレクトリ内のファイルやコマンドはシステムの起動に必要となるからです。たとえば、ファイルシステムをマウントするにはmountコマンドを使いますが、mountコマンドは/sbinディレクトリに置かれています。

表5-2 ルートファイルシステムに必要なディレクトリ

ディレクトリ	内容
/bin、/sbin	システムに必要なコマンド、プログラム
/etc	各種設定
/lib	ライブラリ
/dev	デバイスファイル

 ## 5.1.4 パーティション管理コマンド

パーティションを操作するための代表的なコマンドは**fdiskコマンド**です。操作を誤るとハードディスクのデータを壊してしまうこともあるので、慣れるまでは注意して操作してください。

fdiskコマンド

パーティションの作成、削除、変更、情報表示などを行います。-lオプションを指定すると、そのデバイス（ハードディスク）のパーティションテーブルの状態を表示します。

書式 `fdisk [-l] デバイス名`

次の例では、/dev/sdaのパーティションテーブルの状態を表示しています。

```
# fdisk -l /dev/sda

Disk /dev/sda: 8589 MB, 8589934592 bytes, 16777216 sectors
Units = sectors of 1 * 512 = 512 bytes
Sector size (logical/physical): 512 bytes / 512 bytes
I/O サイズ (最小 / 推奨): 512 バイト / 512 バイト
Disk label type: dos
ディスク識別子: 0x000acfe8


デバイス ブート      始点        終点      ブロック   Id  システム
/dev/sda1   *        2048     1026047      512000   83  Linux
/dev/sda2          1026048    16777215    7875584   8e  Linux LVM
```

fdiskコマンドでデバイス名のみを指定すると、コマンド形式の実行モードになります。サブコマンドを使って対話的にパーティションの作成、削除、変更などを行います。

表5-3 fdiskコマンドの主なサブコマンド

サブコマンド	機能
l	パーティションタイプを一覧表示する
n	パーティションを作成する
d	パーティションを削除する
p	パーティションテーブルを表示する
t	パーティションタイプを変更する
a	ブートフラグのオン/オフを切り替える
w	パーティションテーブルの変更を保存して終了する
q	パーティションテーブルの変更を保存しないで終了する
m	ヘルプメニューを表示する

次の例では、/dev/sdbに500MBのパーティションを作成しています。

```
# fdisk /dev/sdb
Welcome to fdisk (util-linux 2.23.2).

Changes will remain in memory only, until you decide to write them.
Be careful before using the write command.

Device does not contain a recognized partition table
Building a new DOS disklabel with disk identifier 0x911b4456.

コマンド (m でヘルプ): p  ←──────────────── ［パーティションテーブルを表示］


Disk /dev/sdb: 8589 MB, 8589934592 bytes, 16777216 sectors
Units = sectors of 1 * 512 = 512 bytes
Sector size (logical/physical): 512 bytes / 512 bytes
I/O サイズ (最小 / 推奨): 512 バイト / 512 バイト
Disk label type: dos
ディスク識別子: 0x911b4456

デバイス ブート      始点         終点        ブロック   Id  システム

コマンド (m でヘルプ): n  ←──────────────── ［パーティションを作成］
Partition type:
   p   primary (0 primary, 0 extended, 4 free)
   e   extended
Select (default p): p  ←────────────────── ［基本パーティションとして作成］
パーティション番号 (1-4, default 1): 1 ← ［パーティション番号は1(/dev/sdb1)］
最初 sector (2048-16777215, 初期値 2048): ← ［開始位置はデフォルト］
初期値 2048 を使います
Last sector, +sectors or +size{K,M,G} (2048-16777215, 初期値 16777215):
+500M ←──────────────────────────────────── ［500MBを指定］
Partition 1 of type Linux and of size 500 MiB is set

コマンド (m でヘルプ): p ←──────────────── ［パーティションテーブルを表示］


Disk /dev/sdb: 8589 MB, 8589934592 bytes, 16777216 sectors
Units = sectors of 1 * 512 = 512 bytes
Sector size (logical/physical): 512 bytes / 512 bytes
```

```
I/O サイズ (最小 / 推奨): 512 バイト / 512 バイト
Disk label type: dos
ディスク識別子: 0x911b4456

デバイス ブート    始点      終点       ブロック   Id  システム
/dev/sdb1          2048     1026047    512000    83  Linux          ← 作成されたパーティション


コマンド (m でヘルプ): w   ← パーティションテーブルを変更して保存
パーティションテーブルは変更されました!

ioctl() を呼び出してパーティションテーブルを再読込みします。
ディスクを同期しています。
```

gdisk コマンド

パーティションテーブルの方式には、従来のMBR(マスターブートレコード)の他に、**GPT**(GUIDパーティションテーブル)があります。MBRでは、扱えるハードディスクの容量は2TBまでであり、基本パーティションを4個作成できます。GPTでは2TBの制限はなくなり、パーティションも最大128個まで作成できます。**gdisk コマンド**を使うと、GPTに対応したパーティション操作が行えます。

> **注意** GPTを利用するには、OSやマザーボードが対応している必要があります。最近のLinuxディストリビューションは基本的に対応しています。

書式 gdisk [-l] デバイス名

次の例では、/dev/sdcに500MBのパーティションを作成しています。サブコマンドはfdiskコマンドと同じです。

```
# gdisk /dev/sdc
GPT fdisk (gdisk) version 0.8.6

Partition table scan:
  MBR: not present
  BSD: not present
  APM: not present
  GPT: not present
```

```
Creating new GPT entries.

Command (? for help): n          ← パーティションを作成
Partition number (1-128, default 1): 1    ← パーティション番号は1(/dev/sdc1)
First sector (34-16777182, default = 2048) or {+-}size{KMGTP}: ←
                                                                開始位置はデフォルト

Last sector (2048-16777182, default = 16777182) or {+-}size{KMGTP}: +500M ←
                                                                           500MBを指定
Current type is 'Linux filesystem'
Hex code or GUID (L to show codes, Enter = 8300): ←
                                                   デフォルトのLinuxファイルシステムを指定
Changed type of partition to 'Linux filesystem'

Command (? for help): p          ← パーティションテーブルを表示
Disk /dev/sdc: 16777216 sectors, 8.0 GiB
Logical sector size: 512 bytes
Disk identifier (GUID): 02EB9116-6664-4CC1-954B-557E9C0ACBBE
Partition table holds up to 128 entries
First usable sector is 34, last usable sector is 16777182
Partitions will be aligned on 2048-sector boundaries
Total free space is 15753149 sectors (7.5 GiB)

Number  Start (sector)    End (sector)  Size        Code  Name
   1             2048         1026047   500.0 MiB   8300  Linux filesystem  ←
                                                          作成されたパーティション

Command (? for help): w          ← パーティションテーブルを変更して保存

Final checks complete. About to write GPT data. THIS WILL OVERWRITE EXISTING
PARTITIONS!!

Do you want to proceed? (Y/N): y   ← 確認
OK; writing new GUID partition table (GPT) to /dev/sdc.
The operation has completed successfully.
```

partedコマンド

MBRにもGPTにも対応したパーティション操作コマンドが**parted**コマンドです。

書式 `parted デバイス名 [-s サブコマンド]`

5.1 パーティションとファイルシステムの作成

表5-4 partedコマンドの主なサブコマンド

サブコマンド	説明
check 番号	ファイルシステムの簡単なチェックを行う
mklabel [gpt|msdos]	新しいパーティションテーブルを作成する
mkpart 種類 開始 終了	指定した種類のパーティションを作成する
rm 番号	指定したパーティションを削除する
print、p	パーティションテーブルを表示する
quit、q	終了する

次の例では、/dev/sdbにパーティションテーブルをGPTで用意し、500MBのパーティションを作成しています。

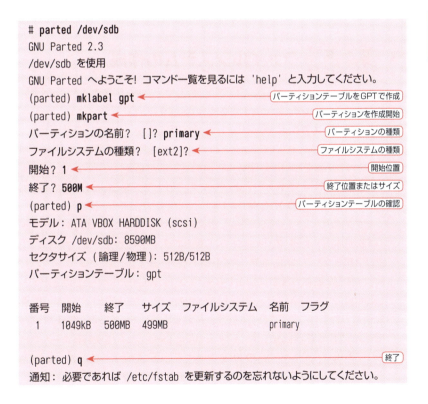

```
# parted /dev/sdb
GNU Parted 2.3
/dev/sdb を使用
GNU Parted へようこそ! コマンド一覧を見るには 'help' と入力してください。
(parted) mklabel gpt          ← パーティションテーブルをGPTで作成
(parted) mkpart               ← パーティションを作成開始
パーティションの名前？ []? primary     ← パーティションの種類
ファイルシステムの種類？ [ext2]?       ← ファイルシステムの種類
開始？ 1                      ← 開始位置
終了？ 500M                   ← 終了位置またはサイズ
(parted) p                    ← パーティションテーブルの確認
モデル: ATA VBOX HARDDISK (scsi)
ディスク /dev/sdb: 8590MB
セクタサイズ (論理/物理): 512B/512B
パーティションテーブル: gpt

番号  開始    終了    サイズ  ファイルシステム  名前      フラグ
 1   1049kB  500MB   499MB                    primary

(parted) q                    ← 終了
通知: 必要であれば /etc/fstab を更新するのを忘れないようにしてください。
```

partedは、対話形式ではなく一括して処理を実行することもできます。次の例では、/dev/sdbの最初のパーティションとして1GBのパーティションを作成し、その結果を表示しています。このように、対話形式で利用するサブコマンドやパラメータを-sオプションに続けて指定します。

```
# parted /dev/sdb -s mkpart primary ext4 1 1G
# parted /dev/sdb -s p
モデル：ATA VBOX HARDDISK (scsi)
ディスク /dev/sdb: 8590MB
セクタサイズ (論理/物理)：512B/512B
パーティションテーブル：gpt

番号  開始     終了     サイズ   ファイルシステム   名前       フラグ
 1   1049kB  1000MB   999MB                      primary
```

fdiskコマンドやgdiskコマンドでは、パーティション操作後にwコマンドで書き込みをすることで、はじめてパーティションテーブルに反映されますが、partedコマンドでは即座にパーティションテーブルに反映されます。

5.1.5 ファイルシステムの作成

パーティションを作成しただけでは、まだ、ファイルを保存することはできません。次にファイルシステムを作成する必要があります。

ファイルシステムは、ファイルとしてディスク上のデータを扱う仕組みです。ファイルシステムがなければ、ディスク上のデータを読み取るにも「182945セクタと182946セクタのデータを取り出す」といった面倒な指示が必要になります。これに対して、ファイルシステムがあれば「/dataディレクトリの中にあるsales.txtファイルを開く」のようにわかりやすく扱うことができます。

セクタはディスク上の区画を表しますが、ハードディスクでは通常1セクタが512バイト、CD-ROMでは2,048バイトなど、媒体によってさまざまです。ファイルシステムでは**ブロック**という単位でデータを保存し管理します。アプリケーションプログラムは、物理的な媒体の種類にかかわらず、ブロック単位でデータを扱うことができます。

Linuxのファイルシステムでは、「ファイルの中身（データ）」と「ファイルの属性や管理情報」は別々に保存されています。後者を格納しているのが**iノード**（Indexノード）と呼ばれる管理領域です。iノードはファイルシステム作成時にあらかじめ用意されており、ファイルやディレクトリを作成するたびに1つずつ使われていきます。つまり、すべてのファイルやディレクトリには、それを管理するiノードがあります。

ファイルシステムの種類

Linuxで扱うことのできるファイルシステムにはさまざまな種類があります。執筆時点で多くのディストリビューションで採用されているのは、**ext4**というファイルシス

テムです。ext4およびその旧バージョンである**ext2**、**ext3**[注2]は、Linux向けに開発されたファイルシステムです。ext2/ext3/ext4ファイルシステムは互換性があり、管理コマンドの多くは共通しています。

UNIX系OSから移植されたファイルシステムもあります。CentOS 7/Red Hat Enterprise Linux 7で標準となっているXFSは、IRIXというUNIXのファイルシステムとして開発されました。また、IBM社が開発したJFSは、もともとはAIXというUNIXのファイルシステムです。

Btrfsは、比較的最近になって開発が始まったファイルシステムで、執筆時点では開発中となっています。ext2/ext3/ext4ファイルシステムに特有の制約が払拭されることや、先進的な機能が提供されていることから、安定版の登場が期待されています。

表5-5 ファイルシステムの種類

ファイルシステム	説明
ext2	Linuxの標準ファイルシステム
ext3	ext2にジャーナリング機能[注3]を加えたファイルシステム
ext4	ext3を機能拡張したファイルシステム
XFS	SGI社が開発したジャーナリングファイルシステム
JFS	IBM社が開発したジャーナリングファイルシステム
Btrfs	高度な機能を備えたファイルシステム（開発中）
iso9660	CD-ROMのファイルシステム
msdos	MS-DOSのファイルシステム
vfat	SDカードや古いWindowsで使われるファイルシステム
exFAT	FATの後継となるフラッシュメモリ向けファイルシステム

mkfsコマンド

パーティション上にファイルシステムを作成します。mkfsコマンドは、各ファイルシステムの種類に対応したプログラムのフロントエンドであり、ファイルシステムの種類に対応したコマンドを呼び出します。たとえば、ext3ファイルシステムを指定した場合は、mkfs.ext3プログラムが呼び出されます（デフォルトはext2）。

書式 `mkfs [-t ファイルシステムタイプ] [オプション] デバイス名`

[注2] もっとも初期のファイルシステムはext（Extended file system）ですが、現在使われることはまずありません。
[注3] ジャーナリングファイルシステムについてはP.237を参照してください。

表5-6 mkfsコマンドの主なオプション

オプション	説明
-t ファイルシステムタイプ	ファイルシステムの種類を指定する(ext2など)
-c	実行前に不良ブロックを検査する

表5-7 mkfsから呼び出されるプログラム

ファイルシステム	プログラム	mkfsコマンドの書式
ext2	mkfs.ext2	mkfs -t ext2
ext3	mkfs.ext3	mkfs -t ext3
ext4	mkfs.ext4	mkfs -t ext4
XFS	mkfs.xfs	mkfs -t xfs
VFAT	mkfs.vfat	mkfs -t vfat
exFAT	mkfs.exfat	mkfs -t exfat
Btrfs	mkfs.btrfs	mkfs -t btrfs

次の例では、ext4ファイルシステムを/dev/sdb1に作成しています。

```
# mkfs -t ext4 /dev/sdb1
```

mke2fsコマンド

ext2、ext3およびext4ファイルシステムを作成するには、mke2fsコマンドも利用できます。デフォルトではext2ファイルシステムを作成します。ext3ファイルシステムを作成するには-jオプションを付けます。

書式 mke2fs [オプション] デバイスファイル名

表5-8 mke2fsコマンドの主なオプション

オプション	説明
-t ファイルシステムタイプ(ext2、ext3、ext4)	ファイルシステムの種類を指定する
-j	ext3ファイルシステムを作成する
-c	実行前に不良ブロックを検査する

参考 ext2/ext3/ext4ファイルシステムを作成すると、デフォルトでは5%の領域がrootユーザー用に予約されます。領域サイズはmke2fsコマンドやtune2fsコマンドの-mオプションで変更できます。

Btrfsの作成

Btrfs（B-tree file system）は、Linux向けの新しいファイルシステムで、耐障害性に優れ、先進的な機能が取り込まれています。主な特徴は次のとおりです。

- パーティションやディスクを物理ボリュームといいます。複数の物理ボリュームをまとめて1つの仮想的なボリュームを作成できます（ストレージプール）。
- 複数の物理ボリュームにまたがってファイルシステムを作成できます（マルチデバイスファイルシステム）。
- スナップショットを作成できます。スナップショットは「ある時点でのファイルシステムの状態の記録」です。スナップショットを利用すれば、ファイルシステムをアンマウントすることなくバックアップできます。
- ファイルシステムを分割したサブボリュームを利用できます。サブボリュームはディレクトリを作成するかのように簡単に作成できます。スナップショットはサブボリューム単位で作成します。

Btrfsを作成するには、**mkfs.btrfsコマンド**を実行します。

書式　mkfs.btrfs デバイス名

次の例では、/dev/sdb1および/dev/sdb2をまとめてBtrfsファイルシステムを作成しています。

```
# mkfs.btrfs /dev/sdb1 /dev/sdb2
```

ここが重要
- Btrfsの特徴と用語を理解しておいてください。

mkswapコマンド

パーティション上にスワップ領域を作成します。通常は、スワップ領域として、独立したパーティションを割り当てます。システムには最低1つのスワップ領域が必要です。

書式　mkswap デバイス名

次の例では、/dev/sda6にスワップ領域を作成しています。

```
# mkswap /dev/sda6
```

5.2 ファイルシステムの管理

5.2.1 ディスクの利用状況の確認

システムの運用にあたって、ファイルシステムの管理は重要です。ファイルシステムの空き領域がなくなったり、何らかの原因でファイルシステムが破壊された場合、すみやかに原因を特定して復旧しなければなりません。ファイルシステムに書き込めなくなる原因としては、次のようなことが考えられます。

- 空き容量が不足している
- 使用できるiノードがない

空き容量が不足している場合の解決策は、不要なファイルを削除する、別パーティションに新しいファイルシステムを作成するなどが考えられます。 ファイルシステムの空き容量は、**dfコマンド**で確認することができます。

書式 df ［オプション］ ［デバイス名やディレクトリ名］

表5-9 dfコマンドの主なオプション

オプション	説明
-h	容量を適当な単位で表示する(Mは1,048,576バイト)
-H	容量を適当な単位で表示する(Mは1,000,000バイト)
-k	容量をKB単位で表示する
-i	iノードの使用状況を表示する

引数なしでdfコマンドを使うと、マウントされているすべてのファイルシステムの使用状況を表示します。ディレクトリを指定すると、そのディレクトリが属しているファイルシステムのみを表示します。次の例では、容量を適当な単位で表示しています。

5.2 ファイルシステムの管理

```
# df -h
Filesystem      Size    Used    Avail   Use%    Mounted on
/dev/sda8       981M    66M     865M    8%      /
/dev/sda1       50M     1.6M    45M     4%      /boot
/dev/sda5       486M    13k     461M    1%      /home
/dev/sda7       243M    69k     230M    1%      /tmp
/dev/sda2       2.9G    998M    1.7G    36%     /usr
/dev/sda6       486M    31M     430M    7%      /var
```

iノード(ファイルの属性を格納するもの)には、ディスク上のファイルに関する情報(アクセス権、所有者など)が記録されています。すべてのファイルには対応するiノードがあります。作成できるiノードの数は、ファイルシステム作成時に設定され、後から追加・変更することはできません。iノードが枯渇してしまうと、ディスクに空き容量があったとしてもファイルを新規に保存することができなくなります。小さなサイズのファイルを大量に保存する場合にはiノードの不足に注意が必要です。

 NOTE ファイルの中身と属性情報は、ファイルシステム上ではバラバラに保存されます。ファイルの中身はデータブロックに、属性情報はiノードブロックに格納されます。ファイルを保存するときには、データブロックとiノードブロックそれぞれに情報が書き込まれます。どちらかの書き込みが失敗すると、整合性が取れなくなります。整合性はfsckコマンドでチェックできます。

iノードの使用状況を確認するには、dfコマンドに-iオプションを付けます。容量で表示した場合のdfコマンドの出力と比較してみてください。

```
# df -i
Filesystem      Inodes   IUsed    IFree    IUse%    Mounted on
/dev/sda8       127744   17271    110473   14%      /
/dev/sda1       13272    37       13235    1%       /boot
/dev/sda5       128520   11       128509   1%       /home
/dev/sda7       64256    48       64208    1%       /tmp
/dev/sda2       384000   56568    327432   15%      /usr
/dev/sda6       128520   805      127715   1%       /var
```

ファイルやディレクトリが占めている容量を表示するには、**duコマンド**を使います。引数のファイル名やディレクトリ名を省略すると、カレントディレクトリを対象として集計表示します。

書式　du ［オプション］［ファイル名やディレクトリ名］

表5-10 duコマンドの主なオプション

オプション	説明
-a	ディレクトリ以外にファイルについても表示する
-l	リンクも含めて集計する
-c	すべての容量の合計を表示する
-k	容量をKB単位で表示する
-m	容量をMB単位で表示する
-s	指定したファイルやディレクトリのみの合計を表示する
-S	サブディレクトリを含めずに集計する
-h	容量を読みやすい単位で表示する

次の例では、さまざまなオプションを使ってtestdirディレクトリ内の容量を表示しています。

```
$ ls -l
total 21
-rw-rw-r--    1 lpic     lpic        10240 Jun 27 15:14 file1
-rw-rw-r--    1 lpic     lpic        10240 Jun 27 15:14 file2
drwxrwxr-x    2 lpic     lpic         1024 Jun 27 15:39 testdir
$ ls -l testdir
total 10
-rw-rw-r--    1 lpic     lpic        10240 Jun 27 15:15 file3
$ du                                        ← カレントディレクトリ内の容量を表示する
11      ./testdir
32      .
$ du -s testdir                             ← testdirディレクトリの容量を表示する
11      testdir
$ du -S                                     ← testdirディレクトリ内の容量を集計しない
11      ./testdir
21      .
$ du -c                                     ← 容量の合計を表示する
11      ./testdir
32      .
32      total
$ du -a                                     ← ファイルの容量も表示する
10      ./testdir/file3
11      ./testdir
10      ./file2
```

```
10      ./file1
32      .
```

5.2.2 ファイルシステムのチェック

システム障害などが原因でファイルシステムに破損が発生することがあります。**fsckコマンド**を使うと、ディスクのチェックを行い、必要であれば修復を試みることができます。ディスクのチェックと修復は、ファイルシステムをアンマウントした状態で行います。書き込み中のディスクに対して実行すると、ファイルシステムを破壊してしまう危険性があるので注意してください。

 fsckを実行する場合、対象となるファイルシステムはアンマウントしておくか、少なくとも読み取り専用モードでマウントしておきます。そうしなければ、ファイルシステムが壊れてしまうおそれがあります。

fsckは、実際にはファイルシステムごとに用意されたチェックプログラム（ext3用のfsck.ext3、XFS用のfsck.xfsなど）のフロントエンドとなっています。

書式 fsck [オプション] デバイス名

表5-11 fsckコマンドの主なオプション

オプション	説明
-t ファイルシステム名	ファイルシステムの種類を指定する
-a	自動的に修復を実行する
-r	対話的に修復を実行する
-A	/etc/fstabに記述されている全ファイルシステムに対して実行する
-N	実際には実行せず何が行われるかのみ表示する

ext2、ext3およびext4ファイルシステムのチェックと修復には、**e2fsckコマンド**が利用できます。

書式 e2fsck [オプション] デバイス名

表5-12　e2fsckコマンドの主なオプション

オプション	説明
-p	すべての不良ブロックを自動的に修復する
-y	問い合わせに対して自動的に「yes」と回答する
-n	問い合わせに対して自動的に「no」と回答する

　ファイルシステムのチェック時に障害を検出した場合、その箇所を修復するかどうかを尋ねられます。-yオプションを指定しておけば、自動的に修復が実行されます。fsckコマンドはLinux起動時にも実行され、/etc/fstabでfsckの対象と指定されているファイルシステムをチェックします。

> **ここが重要**
> - df、duコマンドのそれぞれのオプションの使い方を理解してください。またfsck、e2fsckコマンドの動作についても注意が必要です。

5.2.3　ファイルシステムの管理

　tune2fsコマンドは、ext2、ext3、ext4ファイルシステムのさまざまなパラメータを設定します。たとえば、ファイルシステムをfsckコマンドでチェックする間隔を指定することができます[注4]。調整するファイルシステムはアンマウントしておくか、読み取り専用でマウントしておく必要があります。

書式　tune2fs ［オプション］ デバイス名

表5-13　tune2fsコマンドの主なオプション

オプション	説明
-c 回数	チェックなしでマウントできる最大回数を指定する
-i 時間	ファイルシステムをチェックする最大の時間間隔を指定する
-j	ext2ファイルシステムをext3ファイルシステムに変換する
-L	ファイルシステムのボリュームラベルを設定する

【注4】デフォルトでは、前回fsck後180日かマウント27回のいずれか早いほうでファイルシステムチェックが行われます。

次の例では、/dev/sda5のファイルシステムをext2からext3に変換しています[注5]。

```
# tune2fs -j /dev/sda5
```

5.2.4 XFS

多くのLinuxディストリビューションでは、ext4が標準のファイルシステムになっていますが、Red Hat Enterprise Linux 7やCentOS 7ではXFSが標準のファイルシステムとなっています。**XFS**は、SGI社が自社のUNIXであるIRIX用に開発した、堅固で高速なジャーナリングファイルシステムです。現在はオープンソースとなっており、多くのディストリビューションで利用可能です。最大ファイルシステムサイズや最大ファイルサイズが8EB[注6]と、非常に大きなサイズに対応しています。

 ジャーナリングファイルシステム
ファイルシステムの操作をジャーナル(ログ)に記録する仕組みを備えたファイルシステム。ファイルシステムの整合性チェックが素早く行えること、つまり障害が発生した際のリブート時間を短縮できることが大きなメリットです。

XFSでは、表5-14のコマンドを使って操作を行います。

表5-14 XFSファイルシステムの主な操作コマンド

コマンド	説明
mkfs.xfs	XFSファイルシステムを作成する
xfs_info	XFSファイルシステムの情報を表示する
xfs_db	XFSファイルシステムのデバッグを行う
xfs_check	XFSファイルシステムをチェックする
xfs_admin	XFSファイルシステムのパラメータを変更する
xfs_fsr	XFSファイルシステムのデフラグを行う
xfs_repair	XFSファイルシステムを修復する

次の例では、/dev/sdb1にXFSファイルシステムを作成しています。

[注5] ext3からext4へ変換するには「tune2fs -O extent,uninit_bg,dir_index デバイスファイル」を実行した後、fsck.ext4コマンドを実行して整合性を確認します。
[注6] 1EB(エクサバイト)は1000PB(ペタバイト)。ただしシステムアーキテクチャによって上限が小さくなることがあります。

```
# mkfs.xfs  /dev/sdb1
meta-data =/dev/sdb1          isize=256      agcount=4, agsize=60992 blks
         =                    sectsz=512     attr=2, projid32bit=1
         =                    crc=0
data     =                    bsize=4096     blocks=243968, imaxpct=25
         =                    sunit=0        swidth=0 blks
naming   =version 2           bsize=4096     ascii-ci=0 ftype=0
log      =internal log        bsize=4096     blocks=853, version=2
         =                    sectsz=512     sunit=0 blks, lazy-count=1
realtime =none                extsz=4096     blocks=0, rtextents=0
```

> **ここが重要**
> ● XFSの主な操作コマンドを覚えておきましょう。

5.3 ファイルシステムのマウントとアンマウント

ディスク上のファイルシステムを利用するためには、最初にマウントを行う必要があります。

5.3.1 マウントの仕組み

あるファイルシステムに別のファイルシステムを組み込んで、全体として1つのファイルシステムとして扱えるようにすることを**マウント**といいます。マウントしたファイルシステムが結合されるディレクトリが**マウントポイント**です。/media以下や/mnt以下などにある空のディレクトリがマウントポイントとして用意されています。マウントは、DVD-ROMやUSBメモリなどのリムーバブルメディアや、NFS（Network File System）などのリモートファイルシステムにも使われます。マウントした後は、デバイスやネットワークの違いを意識せずにファイルにアクセスできます。

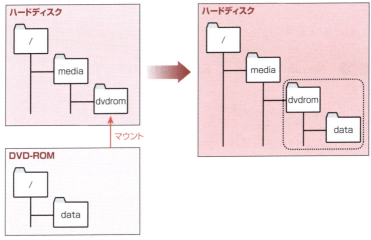

図5-3 マウント

図5-3では、/media/dvdromディレクトリをマウントポイントに指定して、DVD-ROMをマウントしています。その結果、DVD-ROM内のdataディレクトリは、/media/dvdrom/dataとしてアクセスできるようになります。

5.3.2 /etc/fstabファイル

ファイルシステムの情報は、**/etc/fstabファイル**に記述されています。マウントするときにはこの設定ファイルが参照されるため、マウントする頻度の高いファイルシステムを記述しておきます。

▶ **/etc/fstabファイルの例**

```
LABEL=/         /              ext3     defaults           1 1
/dev/sda1       /boot          ext3     defaults           1 2
/dev/sda2       /usr           ext3     defaults           1 2
/dev/sda3       swap           swap     defaults           0 0
/dev/sda5       /home          ext3     defaults           1 2
/dev/sda7       /tmp           ext3     defaults           1 2
/dev/sda6       /var           ext3     defaults           1 2
tmpfs           /dev/shm       tmpfs    defaults           0 0
devpts          /dev/pts       devpts   gid=5,mode=620     0 0
sysfs           /sys           sysfs    defaults           0 0
proc            /proc          proc     defaults           0 0
/dev/cdrom      /media/cdrom   iso9660  noauto,owner,ro    0 0
```

/etc/fstabの書式は次のとおりです。

書式

① デバイスファイル名

デバイスファイル名もしくはラベル(LABEL=ラベル名)またはUUID[注7]を指定します[注8]。

② マウントポイント

ファイルシステムのマウント先になるディレクトリを指定します。

③ ファイルシステムの種類

ファイルシステムの種類を指定します(表5-5)。

④ マウントオプション

マウントする際に必要となるオプションを指定します(表5-15)。複数のオプションを指定する場合は「,」で区切ります。

[注7] UUIDはデバイスを識別するために使われるIDです。
[注8] パーティションにはわかりやすい名前のラベルを付けることができます。

5.3 ファイルシステムのマウントとアンマウント

⑤ dumpフラグ

1であればdumpコマンドによるバックアップ対象となります。通常、ext2/ext3ファイルシステムは1を、その他のファイルシステムは0を指定します。

⑥ ブート時にfsckがチェックする順序

Linuxが起動するときにfsckがチェックする順序を0、1、2、……で指定できます。1、2、……の順にチェックされ、0を指定するとチェックされません。ルートファイルシステムは1である必要があります。

最近のシステムでは、デバイスファイル欄にUUIDを指定していることがあります。

▶ Ubuntuの/etc/fstabファイル

```
# <file system> <mount point>   <type>  <options>       <dump>  <pass>
# / was on /dev/sda1 during installation
UUID=dd992ea1-ae8a-4efc-b6c6-aaec6942fd6f /              ext4    errors=remount-ro 0 1
# swap was on /dev/sda5 during installation
UUID=9c6ce0c6-3549-4134-9356-07add327a1f3 none           swap    sw                0 0
```

UUID（Universally Unique Identifier）は、デバイスを識別するために使われるIDです。デバイスにはユニークなUUIDが付けられており、**blkidコマンド**でデバイスファイルとの対応を確認できます。

```
$ blkid
/dev/sda1: UUID="dd992ea1-ae8a-4efc-b6c6-aaec6942fd6f" TYPE="ext4" PARTUUID="5b0ec429-01"
/dev/sda5: UUID="9c6ce0c6-3549-4134-9356-07add327a1f3" TYPE="swap" PARTUUID="5b0ec429-05"
```

> **参考** デバイスファイル名ではなくUUIDでデバイスを指定するメリットは何でしょうか。システムにデバイスを追加すると、システム起動時の認識順序が変わることがあり、その結果、同じデバイスに割り当てられるデバイスファイル名が異なってしまうことがあります。それによってシステムの起動時やデバイスへのアクセス時にエラーが発生するおそれがあります。UUIDでデバイスを指定することによって、そのような事故を防ぐことができます。

表5-15 主なマウントオプション

オプション	説明
async	ファイルシステムの非同期入出力を設定する
auto	-aオプションでmountコマンドを実行したときにマウントする
noauto	-aオプションでmountコマンドを実行してもマウントされない
defaults	デフォルトのオプションを設定する（async、auto、dev、exec、nouser、rw、suid）
exec	バイナリの実行を許可する
noexec	バイナリの実行を許可しない
ro	読み取り専用でマウントする
rw	読み書きを許可してマウントする
unhide	隠しファイルも表示する
suid	SUIDとSGIDを有効にする
user	一般ユーザーでもマウントを可能にする
users	マウントしたユーザー以外のユーザーもアンマウントできるようになる
nouser	一般ユーザーのマウントを許可しないようにする

ここが重要

- /etc/fstabの正確な書式と、それぞれの項目の意味を理解しておきましょう。

注意 最近では/etc/fstabファイルを自動的に更新する場合もあります。

5.3.3 マウントとアンマウント

ファイルシステムをマウントするには**mountコマンド**を、マウントを解除（アンマウント）するには**umountコマンド**を使います。

mountコマンド

ファイルシステムをマウントするにはmountコマンドを使います。オプションなしでmountコマンドを使用すると、現在のマウント状況が表示されます。

書式 mount ［オプション］

書式 mount ［オプション］ デバイス名 マウントポイント

5.3 ファイルシステムのマウントとアンマウント

表5-16 mountコマンドの主なオプション

オプション	説明
-a	/etc/fstabに記述されているファイルシステムをすべてマウントする（noautoオプションが付いているものを除く）
-t ファイルシステム名	ファイルシステムの種類を指定する
-o	マウントオプションを指定する

次の例では、オプションを指定せずにmountコマンドを実行し、マウント状況を表示しています。

```
# mount
proc on /proc type proc (rw,nosuid,nodev,noexec,relatime)
sysfs on /sys type sysfs (rw,nosuid,nodev,noexec,relatime,seclabel)
devtmpfs on /dev type devtmpfs (rw,nosuid,seclabel,size=500020k,nr_inodes=125005,mode=755)
(以下省略)
```

次の例では、/dev/sdb3にあるext4ファイルシステムを/dataディレクトリにマウントしています。

```
# mount -t ext4 /dev/sdb3 /data
```

デバイス名もしくはマウントポイントのどちらかを省略すると、/etc/fstabファイルの記述が参照されます。上記の例で指定しているパーティション（/dev/sdb3）が/etc/fstabに記述されている場合、次のコマンドでも同じ動作を実行します。

```
# mount /data
```

umountコマンド

ファイルシステムをアンマウントするには、umountコマンドを使います。

書式　umount [オプション]

書式　umount [オプション] デバイス名またはマウントポイント

表5-17 umountコマンドの主なオプション

オプション	説明
-a	/etc/mtabに記述されているファイルシステムをすべてアンマウントする
-t ファイルシステム名	指定した種類のファイルシステムだけをアンマウントする

> **注意** /etc/mtabファイルには、マウントされているファイルシステムの情報が格納されています。/etc/mtabファイルはmountコマンドやumountコマンドが使用しているファイルであり、ユーザーが手動で書き換えることはありません。

次の例では、先ほど/dataにマウントした/dev/sdb3パーティションをアンマウントしています。

```
# umount /data
```

これは、次のようにしても同じです。

```
# umount /dev/sdb3
```

次の例では、マウントしているすべてのxfsファイルシステムをアンマウントします。

```
# umount -at xfs
```

> **注意** マウントポイント以下のディレクトリを利用中のユーザーやプログラムがある場合、アンマウントすることはできません。

ここが重要

- mountコマンド、umountコマンドの使い方に熟達しておく必要があります。また、/etc/fstabファイル、/etc/mtabファイルとの関係も理解しておきましょう。

5.4 ファイルの配置と検索

5.4.1 FHS

　Linuxにおけるファイルシステム内のレイアウトは、**FHS**（Filesystem Hierarchy Standard：ファイルシステム階層標準）として標準化が進められています。主要なディストリビューションは、FHSをサポートしています。2019年3月時点でのFHSの最新バージョンは3.0です[注9]。

　ルートファイルシステムは、Linuxのディレクトリ階層の中で最上位に位置します。ルートファイルシステムに含まれなければならないディレクトリは、/bin、/sbin、/etc、/dev、/libです。

/bin

　基本的なコマンドが配置されます。このディレクトリにあるコマンドは、一般ユーザーでも実行可能です。cat、chgrp、chmod、chown、cp、date、dd、df、dmesg、echo、hostname、kill、ln、login、ls、mkdir、more、mount、mv、ps、pwd、rm、rmdir、sed、sh、su、sync、umount、unameといったコマンドが規定されています。

/sbin

　システム管理に必須のコマンドが配置されます。このディレクトリにあるコマンドは、rootユーザーのみ実行が可能です。shutdown、fdisk、fsck、ifconfig、init、mkfs、mkswap、reboot、routeといったコマンドが規定されています。

/etc

　システムやアプリケーションの設定情報、スクリプトファイルなどが配置されます。

/dev

　ハードディスクやDVD-ROMなどのデバイスファイルが配置されます。デバイスファイルは特殊ファイルであり、デバイスに応じたデバイスファイルが必要です。

[注9] http://refspecs.linuxfoundation.org/fhs.shtml

/lib

共有ライブラリやカーネルモジュールが配置されます。とりわけ、/bin、/sbinにあるコマンドが必要とするライブラリはここに配置されます。

/media

DVD-ROMなどリムーバブルメディアのマウントポイントが配置されます。

/mnt

一時的にマウントするファイルシステムのマウントポイントが配置されます。

/opt

パッケージ管理の仕組みを使ってプログラムがインストールされるディレクトリです。ディストリビューションによっては配置されません。

/proc

カーネル内部の情報にアクセスするための仮想的なファイルシステムです。つまり、このディレクトリ内のファイルはファイルのように見えるだけで、実際にはディスク上に存在しません。

/root

スーパーユーザーrootのホームディレクトリです。/homeファイルシステムがマウントできなくなった場合でも、システムのメンテナンスを行うことができるよう、/homeとは別になっています。FHSではオプション扱いとなっています。

/boot

起動に必要な設定やカーネルイメージが配置されます。起動時にBIOSの制限を受けないようにするため、ルートファイルシステムとは別に、ディスクの先頭付近に配置されることがあります。

/home

ユーザーごとのホームディレクトリが置かれます。独立したファイルシステムにすることにより、クォータを設定することができたり、保守性を向上させたりできます。FHSではオプション扱いとなっています。

/tmp [注10]

一時ファイルが置かれます。すべてのユーザーが読み書き可能です。

/var [注11]

ログファイル、メールやプリンタのスプールなど、頻繁に書き換えられるファイルが配置されます。/varディレクトリの下はさらに細分化されており、次のようなディレクトリがあります。

- /var/cache
  manコマンドで表示するために整形したデータなど、一時的なキャッシュファイルが配置されます。
- /var/lock
  アプリケーションが排他制御に使うためのロックファイルが配置されます。
- /var/log
  ログファイルが書き出されます。システムのログファイルmessages、メールシステムのログファイルmaillog(mail.log)などがあります。
- /var/run
  システムの状態を示すファイルが配置されます。特に、PIDが格納されたファイルを見ると、PIDを調べることができます。たとえば、httpd.pidファイルには、httpdプロセスのPIDが格納されています。httpd.pidを使ってhttpdを再起動する場合は次のようにします [注12]。

```
# kill -HUP `cat /var/run/httpd.pid`
```

- /var/spool
  印刷待ちのデータ(/var/spool/lpd)や予約されたジョブ(/var/spool/at)など、処理待ちのデータが配置されます。

[注10] tmpはTeMPoraryの略です。
[注11] varはVARiableの略です。
[注12] systemdやUpstartを使ったシステムでは、この方法は使えません。

/usr[注13]

コマンドやユーティリティなどが配置されます。/usrディレクトリの下はさらに細分化されており、次のようなディレクトリがあります。

- /usr/bin
  ユーザーが一般的に使うコマンドで、緊急時のシステム保守に必須ではないコマンドはここに配置されます。
- /usr/sbin
  システム管理コマンドで、緊急時のシステム保守に必須ではないコマンドがここに配置されます。
- /usr/lib
  プログラムに必要な共有ライブラリが配置されます。
- /usr/local
  ローカルシステムで必要とされるコマンドやライブラリ、ドキュメントなどが配置されます。このディレクトリ内は、さらにbin、sbin、libなどのディレクトリに細分化されます。
- /usr/share
  x86やx86_64といったシステムアーキテクチャに依存しないファイルが配置されます。たとえば、/usr/share/manにはmanコマンドで使うマニュアルが配置されます。
- /usr/src
  Linuxのカーネルソースなど、ソースコードが配置されます。

> **ここが重要**
> - 代表的なディレクトリの役割を理解しておきましょう。とりわけ、/bin、/sbinディレクトリと/usr以下の/usr/bin、/usr/sbinディレクトリの相違には注意が必要です。また、ルートファイルシステムに必要なディレクトリ、FHSでオプション扱いになっているディレクトリも覚えておきましょう。

[注13] usr は User Services and Routines の略です。

5.4.2 ファイルの検索

Linuxにはさまざまな検索コマンドが用意されています。検索の用途に応じて、適切なコマンドを選択する必要があります。

findコマンド

指定したディレクトリ以下から、検索条件にマッチするファイルやディレクトリを検索します。ファイル名だけでなく、アクセス権やファイルサイズ、更新日時などを併用して検索できたり、検索条件にメタキャラクタが使えるほか、検索条件にマッチしたファイルに対してアクションを起こす（たとえば削除）など、高度な処理が可能なコマンドです。

検索ディレクトリの指定を省略した場合は、カレントディレクトリが検索対象になります。検索対象ディレクトリにアクセスできる権限を持っている必要があることに注意してください。つまり、一般ユーザーのアクセスが禁止されているディレクトリの中を、一般ユーザーがfindコマンドで検索することはできません。

```
$ find /root -name "*.txt"
find: /root: Permission denied
```

書式 find [検索ディレクトリ] [検索式]

表5-18 findコマンドの主な検索式

検索式	説明
-name ファイル名	ファイル名で検索する
-atime 日時	最終アクセス時刻で検索する
-mtime 日時	最終更新時刻で検索する
-perm アクセス権	アクセス権で検索する
-size サイズ	ファイルサイズ（ブロック単位）で検索する
-type ファイルの種類	ファイルの種類で検索する 　f：ファイル　　　l：シンボリックリンク 　d：ディレクトリ
-user ユーザー名	ファイルの所有者で検索する
-print	マッチしたファイルを表示する（省略可能）
-exec コマンド {} \;	マッチしたファイルに対してコマンドを実行する
-ok コマンド {} \;	マッチしたファイルに対してコマンドを実行する（確認あり）

次の例では、/homeディレクトリ以下から、ファイル名の末尾が「.rpm」のファイルを検索します。検索式は、メタキャラクタとしてシェルに解釈されないよう引用符で囲んだほうがよいでしょう。

```
# find /home -name "*.rpm"
```

> **注意** 引用符で囲まないとどうなるでしょうか。たとえば、上記の例を実行したとき、カレントディレクトリにtest.rpmというファイルが存在したと仮定します。すると、「find /home -name test.rpm」が実行されてしまい、「.rpmで終わる名前のファイルすべて」ではなくなってしまいます。また、カレントディレクトリに.rpmファイルが複数存在すると、引数が多くなりすぎてエラーになってしまいます。これは、findコマンドに引数が渡される前に、シェルによってメタキャラクタが展開されてしまうためです。

次の例では、/dataディレクトリ以下から過去1日以内に更新されたファイルを検索します。

```
$ find /data -type f -mtime -1
```

次の例では、/usr/binディレクトリ以下からSUIDが設定されたファイルを検索します。

```
$ find /usr/bin -type f -perm -u+s
```

次の例では、/tmpディレクトリ以下から所有者がstudentであるファイルやディレクトリを検索します。

```
$ find /tmp -user student
```

次の例では、カレントディレクトリ以下から30日を超える日数の間アクセスされていないファイルを検索し、削除しています。

```
$ find -atime +30 -exec rm {} \;
```

ここが重要

- findコマンドの使い方に習熟しておきましょう。

locateコマンド

あらかじめ作成されたデータベースに基づいて、指定されたパターンに一致するファイルを検索します。findコマンドよりも高速に動作します。

書式 locate *検索パターン*

次の例では、ファイル名が「.h」で終わるファイルを検索しています。

```
$ locate "*.h"
```

updatedbコマンド

locateコマンドは、あらかじめ作成されたファイル名データベースに基づいて検索するので、findコマンドよりも高速に動作します。しかし、当然ながらデータベースの更新後に作成・変更されたファイルは見つけることができません。データベースを更新するには、updatedbコマンドを使います。

書式 updatedb ［*オプション*］

表5-19 updatedbコマンドの主なオプション

オプション	説明
-e パス	データベースに取り込まないパスを指定する

次の例では、/homeディレクトリを対象から除外して、データベースを再構築しています。

```
# updatedb -e /home
```

updatedbコマンドは、多くのディストリビューションではcronを用いて定期的に更新されるようになっています[注14]。updatedbコマンドの動作を変更するには、/etc/updatedb.confファイルを編集します。このファイルでは、updatedbコマンドの動作に影響を与える環境変数が定義されています。

[注14] CentOS 7およびUbuntu 18.04では/etc/cron.daily/mlocateです。

▶ /etc/updatedb.confの設定例

```
PRUNEPATHS="/tmp /var/spool /media /home/.ecryptfs"  ← データベースに登録しないディレクトリ

PRUNEFS="NFS nfs nfs4 rpc_pipefs afs binfmt_misc proc smbfs autofs iso9
660 ncpfs coda devpts ftpfs devfs mfs shfs sysfs cifs lustre tmpfs usbf
s udf fuse.glusterfs fuse.sshfs curlftpfs ecryptfs fusesmb devtmpfs"  ← データベースに登録しないファイルシステム
```

whichコマンド

コマンドを探し出して絶対パスを表示します。

書式　which コマンド名

次の例では、useraddコマンドの絶対パスを表示しています。

```
# which useradd
/usr/sbin/useradd
```

whichコマンドは環境変数PATHに基づいて検索を行うため、一般ユーザーが管理者用のコマンドを検索することはできません[注15]。次の例は、一般ユーザーでuseraddコマンドを検索した場合です。

```
$ which useradd  ← 何も表示されない
```

whereisコマンド

指定されたコマンドのバイナリファイル、ソースコード、マニュアルファイルが置かれている場所を検索します。

書式　whereis [オプション] コマンド

[注15] 一般ユーザーでもPATH変数の設定によっては検索可能です。ディストリビューションによっては、一般ユーザーにもデフォルトで/sbinをPATHに含めているものもあります。

表5-20 whereisコマンドの主なオプション

オプション	説明
-b	バイナリファイルのみ検索する
-m	マニュアルファイルのみ検索する
-s	ソースファイルのみ検索する

次の例では、useraddコマンドのバイナリとマニュアルファイルの絶対パスを表示しています。

```
$ whereis useradd
useradd: /usr/sbin/useradd /usr/share/man/man8/useradd.8.gz
```

typeコマンド

指定したコマンドが通常の実行ファイルなのか、シェルの組み込みコマンドなのか、エイリアスなのか、といった情報を表示します。

書式 type コマンド

```
$ type cat
cat はハッシュされています (/usr/bin/cat)     ← 外部コマンド
$ type echo
echo はシェル組み込み関数です                  ← 組み込みコマンド/関数
$ type vi
vi は `vim' のエイリアスです                   ← エイリアス
$ type for
for はシェルの予約語です                       ← シェルの予約語
```

ここが重要

- locateコマンドはfindコマンドよりも高速です。
- whichコマンドはパスの通ったコマンドのみ検索できます。

第5章 デバイスとLinuxファイルシステム

問題：5.1

重要度：★★★★☆

fdiskコマンドを使って、パーティション/dev/sda5を作成しました。そのパーティションにext3ファイルシステムを作成したいと思います。次に実施すべきことがらとして適切なものを2つ選択してください。

- A. mkfsコマンドを使ってext3ファイルシステムを作成する
- B. /etc/fstabにマウントの設定を記述後、mountコマンドを実行する
- C. mke2fsコマンドを使ってext3ファイルシステムを作成する
- D. fsckコマンドを使って/dev/sda5の不良ブロックをチェックする
- E. mke3fsコマンドを使ってext3ファイルシステムを作成する

《解説》 ext3ファイルシステムを作成するには、mkfs、mke2fs、mkfs.ext3といったコマンドを利用します。したがって、正解は選択肢AとCです。mountコマンドを使ってマウントできるのは、ファイルシステムを作成後なので、選択肢Bは不正解です。fsckコマンドはファイルシステムの整合性をチェックするので、まだファイルシステムが作成されていないパーティションに対しては実行できません。したがって、選択肢Dは不正解です。mke3fsというコマンドはないので、選択肢Eは不正解です。

《解答》 A、C

問題:5.2 重要度:★★★★

ファイルシステムごとの使用状況を調べるのに適したコマンドを選択してください。

- A. df
- B. du
- C. fdisk
- D. dump
- E. cat /proc/filesystems

《解説》 duコマンドはディレクトリ内のファイル容量を表示するので、選択肢Bは不正解です。fdiskコマンドでは、パーティションのブロック数は調べられますが、使用状況を見ることはできません。したがって、選択肢Cは不正解です。dumpコマンドはファイルシステムのバックアップを行うコマンドであるため、選択肢Dも不正解です。/proc/filesystemsというファイルはありますが、そこからファイルシステムの使用状況は調べられないので、選択肢Eは不正解です。正解は選択肢Aです。dfコマンドは、ファイルシステムごとの使用状況(ディスク容量、iノード)を表示できます。

《解答》 A

問題:5.3 重要度:★★★

ext4ファイルシステムの整合性チェックを行うコマンドをすべて選択してください。

- A. mkfs
- B. fsck
- C. dmesg
- D. mke2fs
- E. e2fsck

《解説》 mkfsコマンド、mke2fsコマンドはファイルシステムを作成するコマンドなので、選択肢AとDは不正解です。dmesgコマンドは起動時にカーネルが出力するメッ

セージを表示するコマンドであるため、選択肢Cは不正解です。正解は選択肢BとEです。なお、fsckコマンドから起動されるfsck.ext4などを直接利用することもできます。

《解答》　B、E

問題：5.4　重要度：★★

以下は/etc/fstabファイルの一部です。

/dev/sda1　/boot　ext4　defaults　1 2

この中で、マウントポイントを選択してください。

- A. /dev/sda1
- B. /boot
- C. ext4
- D. defaults
- E. 1

《解説》　選択肢Aはデバイスファイル、選択肢Cはファイルシステムタイプ、選択肢Dはマウントオプション、選択肢Eはdumpフラグなので、いずれも不正解です。正解は選択肢Bです。/bootをマウントポイントとして、/dev/sda1がマウントされます。

《解答》　B

問題：5.5

重要度：★★★★

mountコマンドを使って、DVD-ROMドライブを/media/dvdromにマウントしようとしています。DVD-ROMドライブは、/dev/sr0として認識されています。/etc/fstabファイルには、このデバイスに関する記述がありません。mountコマンドにどのようなオプション、引数を指定すればよいか記述してください。なお、ファイルシステムタイプも明示的に指定してください。

mount _____

《解説》 /etc/fstabファイルにDVD-ROMデバイスに関する記述がある場合は、mount /dev/sr0、もしくはmount /media/dvdromだけでもマウントできます。DVD-ROMのファイルシステム名はudfです。正解は「-t udf /dev/sr0 /media/dvdrom」です。

《解答》 -t udf /dev/sr0 /media/dvdrom

問題：5.6

重要度：★★★★

マウントしているファイルシステムをアンマウントするコマンド名を記述してください。

_____

《解説》 うっかり「unmount」と答えてしまうかもしれませんが、unmountというコマンドは存在しないため間違いです。正解は「umount」です。

《解答》 umount

問題:5.7　重要度:★★★

すべてのユーザーが利用できるユーティリティコマンドを作成しました。そのコマンドの実行ファイルを配置するのがもっとも適切と考えられるディレクトリを選択してください。

- A. /bin
- B. /sbin
- C. /usr/local/bin
- D. /usr/local/sbin
- E. /home

《解説》　ディストリビューション標準ではないプログラムや独自に作成した実行ファイルなどは、/usr/localディレクトリ以下に配置することが多く、/binや/sbin以下に配置することはまずありません。したがって、選択肢AとBは不正解です。/usr/local/sbinにはシステム管理者用のコマンドが配置されるので、選択肢Dは不正解です。すべてのユーザー向けの実行ファイルを/home以下に配置することはないので、選択肢Eは不正解です。

《解答》　C

問題:5.8　重要度:★★★★

lessコマンドの絶対パスのみを表示したい場合、実行すべきコマンドを選択してください。

- A. locate less
- B. which less
- C. whereis less
- D. find less

《解説》 whereisコマンドをオプションなしで使うと、ソースコードやマニュアルのあるディレクトリも検索されます。したがって、選択肢Cは不正解です。findコマンドやlocateコマンドを使うと、「less」という名の付いたディレクトリやファイルをすべて検索することになります。したがって、選択肢AとDは不正解です。正解は選択肢Bです。whichコマンドは、指定されたコマンドを探し出して絶対パスを表示します。

《解答》 B

問題：5.9

重要度：★★★

locateコマンドが利用するファイル名データベースを更新するコマンドを記述してください。

_____

《解説》 locateコマンドは、あらかじめ作成されたファイル名データベースに基づいて検索します。ファイル名データベースの更新には**updatedb**コマンドを使います。このコマンドを実行するにはrootユーザーの権限が必要です。

《解答》 **updatedb**

第6章 101模擬試験

101試験は、出題数は約60問、試験時間90分、合格に必要な正答率65%（※著者による推定値）とされています。実際の試験では定期的に問題が追加されたり入れ替えられたりするため、この模擬試験よりも難易度が高くなることがあります。8割程度の正答で満足することなく、全問正解を目指して繰り返しトライしてください。むろん、この模擬試験の問題を丸暗記しても、実際の試験とは異なりますので、正解不正解よりも理解を確実なものとするために利用してください。

問題:1

接続されているハードウェアデバイスを調査するために役立つコマンドとして適切なものを2つ選択してください。

- [ ] **A.** lspci
- [ ] **B.** cat /proc/hdd
- [ ] **C.** udev
- [ ] **D.** lsusb
- [ ] **E.** cat /proc/usb

問題:2

ロードされているカーネルモジュールを表示するコマンドとして適切なものを2つ選択してください。

- [ ] **A.** lsmod
- [ ] **B.** insmod
- [ ] **C.** kmod
- [ ] **D.** cat /proc/modules
- [ ] **E.** cat /dev/modules

問題：3

起動時にカーネルが出力するメッセージをシステム起動後に確認できるコマンドを2つ選択してください。

- [ ] **A.** kmesg
- [ ] **B.** systemctl
- [ ] **C.** dmesg
- [ ] **D.** journalctl
- [ ] **E.** lsmod

問題：4

電源を入れてからOSが起動するまでのブート手順として適切に並んでいるものを選択してください。

- **A.** BIOS、ブートローダ、init、カーネル
- **B.** BIOS、カーネル、ブートローダ、init
- **C.** ブートローダ、BIOS、カーネル、init
- **D.** BIOS、ブートローダ、カーネル、init
- **E.** ブートローダ、BIOS、init、カーネル

問題：5

ブートローダにGRUBを使っています。起動時にカーネルオプションとして「root=/dev/sda3」を指定したい場合、カーネル選択メニューが表示されているときにどのキーを押せばよいですか。もっとも適切なものを1つ選択してください。

- ○ **A.** S
- ○ **B.** E
- ○ **C.** P
- ○ **D.** K
- ○ **E.** O

問題：6

SysVinitを採用したシステムで、30分後にシステムを再起動したいと思います。実行すべきコマンドを、必要なオプション、引数とともに記述してください。

_____

問題：7

systemdのサービスsshd.serviceを開始し、システム起動時に自動的に開始されるようにしようとしています。実行すべきコマンドを2つ選択してください。

- ☐ **A.** systemctl start sshd.service
- ☐ **B.** systemctl sshd.service start
- ☐ **C.** systemctl enable sshd.service
- ☐ **D.** systemctl sshd.service enable
- ☐ **E.** systemctl on sshd.service
- ☐ **F.** systemctl sshd.service on

問題: 8

シャットダウン前に、ユーザーにシャットダウンを予告しようとしています。各ユーザーの端末にメッセージを表示するには、どのコマンドを実行すればよいかを選択してください。

- A. shutdown now "Message..."
- B. shutdown -k now "Message..."
- C. shutdown -M "Message..."
- D. shutdown -m now "Message..."
- E. init 6 -m "Message..."

問題: 9

サーバを構築する際、ルートパーティションとは別のパーティションを利用したほうがよいと考えられるディレクトリを2つ選択してください。

- A. /sbin
- B. /etc
- C. /mnt
- D. /home
- E. /var

問題：10

スワップ領域の容量の目安としてもっとも適切なものを選択してください。

- ○ **A.** 物理メモリの10%
- ○ **B.** 物理メモリの半分
- ○ **C.** 物理メモリの2倍程度
- ○ **D.** ハードディスク容量の10%
- ○ **E.** ハードディスク容量の5%

問題：11

ブートローダとしてGRUBをインストールしようとしています。ハードディスク/dev/sdaのMBRにGRUBをインストールするコマンドを、適切な引数とともに記述してください。

_____

問題：12

GRUB 2の設定では、/etc/default/grubに設定を記述し、_____コマンドを実行すると、設定がgrub.cfgファイルに書き込まれます。下線部に当てはまるコマンドを記述してください。

問題：13

/bin/bashが必要とする共有ライブラリの一覧を表示するコマンドを、引数とともに記述してください。

_____

問題：14

Ubuntuでサーバを運用しています。メールサーバのPostfixをインストールしたとき、対話的なインターフェースで基本設定を済ませましたが、設定にミスがありました。そこで、インストール時に自動的に実行される、対話的な設定プログラムを再度実行して設定をしようとしています。どのコマンドを使えばよいか選択してください。

- **A.** dpkg --setup postfix
- **B.** apt reconfig postfix
- **C.** dpkg --reconfig postfix
- **D.** apt setup postfix
- **E.** dpkg-reconfigure postfix

問題：15

Debian GNU/LinuxでAPTを使ってパッケージ管理をしています。パッケージ情報のキャッシュを更新するには、apt-get ＿＿＿＿＿＿＿＿＿＿＿＿コマンドを実行します。下線部に当てはまるサブコマンドを記述してください。

問題：16

apt-cacheコマンドを使って、zshパッケージが依存するパッケージの情報を表示しようとしています。下線部に当てはまるサブコマンドを記述してください。

$ apt-cache ＿＿＿＿＿＿＿＿＿＿＿＿ zsh

問題:17

WebサイトからダウンロードしたRPMファイルをインストールしようとしたところ、次のように表示されました。

```
# rpm -ivh vsftpd-3.0.2-22.el7.x86_64.rpm
Preparing...                ################################# [100%]
package vsftpd-3.0.2-25.el7.x86_64 (which is newer than vsftpd-3.0.2-22.el7.x86_64) is already installed
file /usr/sbin/vsftpd from install of vsftpd-3.0.2-22.el7.x86_64 conflicts with file from package vsftpd-3.0.2-25.el7.x86_64
# rpm -q vsftpd
vsftpd-3.0.2-25.el7.x86_64
```

上記に関する説明として適切なものを選択してください。

- A. 指定したvsftpdパッケージのインストールは正常に終了した
- B. より新しいバージョンのvsftpdパッケージがすでにインストールされていた
- C. 指定したvsftpdパッケージはインストールされたが依存関係のエラーが発生した
- D. 依存関係のエラーが発生したためにインストール作業は失敗した
- E. インストールしようとしたパッケージのアーキテクチャがOSのアーキテクチャと一致しなかった

問題:18

RPMパッケージ管理システムにおいて、インストール済みのlvパッケージがどのようなパッケージに依存しているかを表示するコマンドを選択してください。

- A. rpm -ql lv
- B. rpm -qR lv
- C. rpm -qP lv
- D. rpm -qlp lv
- E. rpm -qd lv

問題:19

yum _____ コマンドを実行すると、システムの全パッケージに対するアップデートを実行したときに対象となるパッケージの情報表示のみを行います。下線部に当てはまるサブコマンドを記述してください。

問題:20

クラウドサービスにおいて、あらかじめ用意されたOSイメージに基づいて、利用者の要求に応じて提供されるアプリケーション実行環境のことを何と呼びますか。適切なものを選択してください。

- A. IaaS
- B. Docker
- C. インスタンス
- D. SaaS
- E. ミドルウェア

問題:21

次のコマンドを実行した結果として、適切なものを1つ選択してください。

$ cd /etc ; export VAR=`pwd` ; echo $VAR

- A. pwd
- B. VAR
- C. $VAR
- D. /
- E. /etc

問題:22

次のコマンドを実行した結果として、適切なものを選択してください。

$ VAR="\"text\\" ; echo $VAR

- A. text
- B. "text\\
- C. "text\
- D. \"text
- E. \"text\\

問題: 23

bashのコマンド履歴は、ユーザーのホームディレクトリ直下のファイル＿＿＿＿＿＿＿＿＿＿に格納されます。このファイルは変数＿＿＿＿＿＿＿＿で指定できます。それぞれの下線部に当てはまる組み合わせとして適切なものを選択してください。

- A. .history、HISTSIZE
- B. .bash_history、HISTRYFILE
- C. .bashrc、HISTFILE
- D. .bash_history、HISTFILE
- E. .bash_histfile、BASH_HISTORY

問題: 24

システム管理コマンドであるmountコマンドのオンラインマニュアルを、セクションを指定して表示させるコマンドを、引数やオプションとともに記述してください。

_____

問題: 25

file.txtは50行からなるファイルです。このファイルのちょうど真ん中10行だけを表示するコマンドをすべて選択してください。

- A. head -n 20 file.txt | tail -n 20
- B. head -n 30 file.txt | tail -n 10
- C. tail -n 10 file.txt | head -n 40
- D. tail -n 20 file.txt | head -n 20
- E. tail -n 30 file.txt | head -n 10

問題：26

ファイルclients.txtの内容をソートし、重複する行は1行にまとめたいと考えています。下線部に当てはまる適切なコマンドを記述してください。

$ cat clients.txt | sort | _____

問題：27

data.csvファイルはテキストファイルです。このファイルには、1行に1つのレコードが記録され、それぞれの行はコロン（:）で区切られた7個の値が格納されています。例を挙げます。

3:fred:bash:Linux:JP:ubuntu:18.04

このファイルの各行から2番目と5番目の値を取り出すコマンドを選択してください。

- A. cut -d: -f2,5 data.csv
- B. grep -d":" -c2,5 data.csv
- C. cut --colon -s 1,5 data.csv
- D. grep -c --field=2,5 data.csv
- E. sort -d":" -f 2,5 data.csv

問題：28

/home/staff/tmpディレクトリ以下にあるファイルやサブディレクトリを/home/staff/doc以下に移動するコマンドを、必要な引数やオプションとともに記述してください。なお、移動先にすでに同一名のファイルがある場合は、確認なしで上書きするものとします。

_____

問題: 29

カレントディレクトリにfile3、file3.txt、file313、file33、file33.txtの5つのファイルがあるとき、以下のコマンドを実行すると表示されるファイルをすべて選択してください。

$ ls file[123]*3*

- [ ] **A.** file3
- [ ] **B.** file3.txt
- [ ] **C.** file313
- [ ] **D.** file33
- [ ] **E.** file33.txt

問題: 30

access_logファイルが配置されているディレクトリを探すコマンドとして、次の下線部に当てはまる組み合わせを選択してください。ただし、access_logは /var以下にあることはわかっているものとします。

find ____ ____ access_log

- ○ **A.** -name   , =
- ○ **B.** -filename , =
- ○ **C.** /var   , -name
- ○ **D.** /var/*   , -filename
- ○ **E.** /var   , --file

問題:31

シェル変数を環境変数として設定するためのコマンドを記述してください。

_____

問題:32

以下のコマンドの実行結果として適切な記述を1つ選択してください。

$ tr a-z A-Z < /var/log/messages > /dev/null 2>&1

- ○ A. /var/log/messages内の小文字が大文字に変換されて表示される
- ○ B. /var/log/messages内の大文字が小文字に変換されて表示される
- ○ C. /var/log/messages内の小文字を大文字に変換し、/dev/nullファイルに出力する
- ○ D. /var/log/messages内の大文字を小文字に変換し、/dev/nullファイルに出力する
- ○ E. 何も表示されない

問題:33

dmesgコマンドの実行結果を、リダイレクトを使ってdmesg.logファイルとして保存しようとしています。適切なコマンドを記述してください。

_____

問題:34

findコマンドで検索した結果を使ってファイルを削除したいと思います。下線部に当てはまるコマンドを記述してください。

find /tmp -atime +60 | _____ rm -i

問題:35

configureスクリプトを実行したときに表示されるメッセージをconfigure.logファイルにも保存したい場合、下線部に当てはまる適切なコマンドを記述してください。

$ ./configure | _____ configure.log

問題:36

実行中のrsyslogdプロセス(PIDは33272)にHUPシグナルを送ろうとしています。適切なコマンドを2つ選択してください。

- [ ] **A.** kill -s HUP 33272
- [ ] **B.** kill -HUP rsyslogd
- [ ] **C.** kill -p 33272 -s HUP
- [ ] **D.** killall -HUP rsyslogd
- [ ] **E.** killall -s HUP -p 33272

問題:37

updatedbコマンドをバックグラウンドで実行しようとしています。下線部に当てはまる記号を記述してください。

updatedb _____

問題：38

以下のとおり説明されるコマンドを記述してください。

このコマンドを実行すると、システム状況とプロセスの実行状況が表示される画面に切り替わる。画面上部には実行プロセス数、CPU処理やメモリの使用状況が表示される。その下には、プロセスごとの実行状況が表示される。画面はデフォルトでは3秒ごとに更新されるので、システムの状況を継続的に監視するのに便利である。

_____

問題：39

ログアウト後も実行を継続させるように指定してプログラムを起動したいと思います。利用するコマンドを5文字で記述してください。

_____

問題：40

実行中のプロセス（PIDは20340）の優先度をもっとも低く変更したい場合、下線部に当てはまる適切なコマンドを記述してください。

_____ 19 -p 20340

問題：41

実行中のプロセスの優先度を確認したい場合に利用できるコマンドを2つ選択してください。

- [ ] **A.** ps
- [ ] **B.** top
- [ ] **C.** nice
- [ ] **D.** free
- [ ] **E.** uptime

問題：42

httpd.confファイルから、行頭が「#」である行を除いて表示するコマンドを次の中から選択してください。

- ○ **A.** grep -v ^# httpd.conf
- ○ **B.** grep -z ^# httpd.conf
- ○ **C.** grep -z $# httpd.conf
- ○ **D.** cat -v ^# httpd.conf
- ○ **E.** cat -z $# httpd.conf

問題：43

ファイルdata.txt内にある「Tokyo」という文字列をすべて「TOKYO」に置換して標準出力に出力したいので、次のコマンドを実行しました。

```
$ cat data.txt
1 MZ-1200,Tokyo,Chiba,Kanagawa,Tokyo,Kanagawa,Akita
2 MZ-2000,Kanagawa,Tokyo,Tokyo,Kanagawa,Chiba
3 MZ-2200,Tochigi,Tokyo,Shizuoka,Kyoto
(……)
$ sed s/Tokyo/TOKYO/ data.txt
1 MZ-1200,TOKYO,Chiba,Kanagawa,Tokyo,Kanagawa,Akita
2 MZ-2000,Kanagawa,TOKYO,Tokyo,Kanagawa,Chiba
3 MZ-2200,Tochigi,TOKYO,Shizuoka,Kyoto
(……)
```

実行結果を見ると、一部しか置換されていません。すべての「Tokyo」という文字列を「TOKYO」に置換するための操作としてもっとも適切なものを選択してください。

- ○ **A.** sedコマンドを実行する前にsortコマンドを実行しソートしておく
- ○ **B.** 大文字と小文字を区別するようcオプションを追加する
- ○ **C.** 「sed /Tokyo/TOKYO/」のように指定する
- ○ **D.** マッチした箇所すべてを置換するようgスイッチを追加する
- ○ **E.** 「sed -f /Tokyo/TOKYO/」のように指定する

問題：44

emacsの扱いに慣れているため、デフォルトのエディタをemacsに設定したいと考えています。下線部に指定すべき環境変数名を記述してください。

```
$ export _____=/usr/bin/emacs
```

問題：45

viでファイルの編集をしています。カーソル位置を含めて3行を削除するには、コマンドモードでどう操作すればよいかを、3文字で記述してください。

_____

問題：46

viでファイルの編集をしています。カーソル位置よりファイルの末尾に向かってキーワード検索をしたい場合、コマンドモードにおいて最初に入力すべき文字を記述してください。

_____

問題：47

ext3ファイルシステムを/dev/sda4に作成したい場合に、適切なコマンドをすべて選択してください。

- [ ] **A.** mke2fs /dev/sda4
- [ ] **B.** mke3fs /dev/sda4
- [ ] **C.** mkfs -t ext3 /dev/sda4
- [ ] **D.** mke2fs -j /dev/sda4
- [ ] **E.** mkfs.ext3 /dev/sda4

問題：48

パーティションを作成したり削除したりできるコマンドを3つ選択してください。

- [ ] **A.** mkfs
- [ ] **B.** pdisk
- [ ] **C.** gdisk
- [ ] **D.** fdisk
- [ ] **E.** parted

問題：49

/vmディレクトリ以下でのファイル作成が失敗するようになりました。ファイルへの追加書き込みは成功します。原因を確認しようと、以下のコマンドを実行しました。

```
$ ls -ld /vm
drwxr-xr-x 243 root root 16384 Nov 28 09:33 /vm
$ df -h
Filesystem      Size  Used Avail Use% Mounted on
udev            967M     0  967M   0% /dev
tmpfs           200M  1.6M  198M   1% /run
/dev/sda1       199M   62M  136M  32% /boot
/dev/sda2        63G  7.2G   53G  12% /
/dev/sda5       9.9G  4.6G  4.2G  59% /vm
(以下省略)
$ df -i
Filesystem       Inodes   IUsed    IFree IUse% Mounted on
udev             247465     462   247003    1% /dev
tmpfs            255140     829   254311    1% /run
/dev/sda1         48254     172    48082    1% /boot
/dev/sda2       4194304  178366  4015938    5% /
/dev/sda5       2875946 2875946        0   99% /vm
(以下省略)
```

原因としてもっとも考えられる理由を選択してください。/、/boot、/vmはいずれもext4ファイルシステムです。

- A. 一般ユーザーは/vm以下に書き込めないようになっているから
- B. /vmディレクトリが存在しないから
- C. /dev/sda5に空き容量が存在しないから
- D. /dev/sda5の空きiノードがなくなったから

問題：50

ext4ファイルシステムの整合性確認や修復を行うコマンドを2つ選択してください。

- [ ] A. fsck
- [ ] B. fsck.ext4
- [ ] C. fsck.xfs
- [ ] D. checkfs
- [ ] E. mkfs

問題：51

/etc/fstabに記述されているパーティションすべてをマウントしたいとき、mountコマンドに付けるオプションとして適切なものを選択してください。

- ○ A. -a
- ○ B. -all
- ○ C. -A
- ○ D. -e
- ○ E. -u

問題：52

/dataにマウントしている/dev/sdb1をアンマウントしようと、次のようにコマンドを実行しました。

$ umount /data
umount: /data: device is busy
umount: /data: device is busy
$ grep /data /etc/fstab
/dev/sdb1   /data   ext3   defaults,users   0 0
$ pwd
/data/tmp

アンマウントに失敗した理由としてもっとも適切なものを選択してください。

- **A.** 一般ユーザーとしてアンマウントを実行しようとしたから
- **B.** umountコマンドでは引数にデバイスファイルを指定しなければならないから
- **C.** ユーザーがマウントポイント以下のディレクトリを利用中だから
- **D.** /dev/sdb1のデバイスがデータの読み書きを実行中だから
- **E.** /dev/sdb1をマウントしたユーザー以外のユーザーでアンマウントしようとしているから

問題：53

/etc/fstabファイルに適切なエントリが存在しない場合、/dev/sda9を/var/dataとしてマウントするためのコマンドを、適切なオプションとともに記述してください。なお、ファイルシステムタイプはext4であり、オプションを使って明示的に指定してください。

_____

問題：54

ファイルの所有者や所有グループを変更するコマンドを記述してください（コマンド名のみ）。

_____

問題：55

スティッキービットが設定されているアクセス権をすべて選択してください。

- ☐ **A.** 0775
- ☐ **B.** 1775
- ☐ **C.** 2741
- ☐ **D.** 3755
- ☐ **E.** 6711

問題：56

新規に作成されるファイルのデフォルトパーミッションを「rw-r--r--」としたい場合にumask値として設定すべき値を選択してください。

- ○ **A.** 220
- ○ **B.** 002
- ○ **C.** 022
- ○ **D.** 644
- ○ **E.** 755

問題：57

/dataディレクトリのリンクを作成し、その中にファイルをコピーしようとしました。

```
$ pwd
/home/student
$ ln -s /data data
$ ls -ld data
lrwxrwxrwx 1 student student 5 Jul 28 07:56 data -> /data
$ cp data.txt data
cp: cannot create regular file `data/data.txt': Permission denied
```

ファイルのコピーが失敗した理由としてもっとも可能性が高いものを選択してください。

- A. /dataディレクトリは/homeディレクトリとは別のパーティションに存在する
- B. lnコマンドを実行したときに引数の順序を逆にしてしまった
- C. /dataディレクトリは一般ユーザーが書き込めないパーミッションになっている
- D. カレントディレクトリにdata.txtファイルが存在しなかった
- E. ディレクトリのリンクを作成するときはシンボリックリンクではなくハードリンクにしなければならない

問題：58

シンボリックリンクとハードリンクについての説明として適切なものを2つ選択してください。

- ☐ A. すべてのハードリンクはiノード番号が同じである
- ☐ B. シンボリックリンクのリンク元とリンク先はiノード番号が同じである
- ☐ C. lnコマンドでディレクトリのハードリンクを作成するには-dオプションが必須である
- ☐ D. 別々のファイルシステムにハードリンクを作成することができる
- ☐ E. 別々のファイルシステムにシンボリックリンクを作成することができる

問題：59

環境変数PATHで指定されているディレクトリ内から指定した名前のコマンドを検索し、絶対パスを表示するコマンドを選択してください。

- ○ A. who
- ○ B. which
- ○ C. what
- ○ D. locate
- ○ E. where

問題：60

以下の実行例では、コマンドのパスとmanページのファイルを表示しています。下線部に当てはまるコマンドを記述してください。

```
$ _____ bash
bash: /bin/bash /usr/share/man/man1/bash.1.gz
```

101模擬試験
解答・解説

☐	問題1	A、D	☐	問題31	export
☐	問題2	A、D	☐	問題32	E
☐	問題3	C、D	☐	問題33	dmesg > dmesg.log
☐	問題4	D	☐	問題34	xargs
☐	問題5	B	☐	問題35	tee
☐	問題6	shutdown -r +30	☐	問題36	A、D
☐	問題7	A、C	☐	問題37	&
☐	問題8	B	☐	問題38	top
☐	問題9	D、E	☐	問題39	nohup
☐	問題10	C	☐	問題40	renice
☐	問題11	grub-install /dev/sda	☐	問題41	A、B
☐	問題12	grub-mkconfig	☐	問題42	A
☐	問題13	ldd /bin/bash	☐	問題43	D
☐	問題14	E	☐	問題44	EDITOR
☐	問題15	update	☐	問題45	3dd
☐	問題16	depends	☐	問題46	/
☐	問題17	B	☐	問題47	C、D、E
☐	問題18	B	☐	問題48	C、D、E
☐	問題19	check-update	☐	問題49	D
☐	問題20	C	☐	問題50	A、B
☐	問題21	E	☐	問題51	A
☐	問題22	C	☐	問題52	C
☐	問題23	D	☐	問題53	mount -t ext4 /dev/sda9 /var/data
☐	問題24	man 8 mount			
☐	問題25	B、E	☐	問題54	chown
☐	問題26	uniq	☐	問題55	B、D
☐	問題27	A	☐	問題56	C
☐	問題28	mv -f /home/staff/tmp/* /home/staff/doc	☐	問題57	C
			☐	問題58	A、E
			☐	問題59	B
☐	問題29	C、D、E	☐	問題60	whereis
☐	問題30	C			

第6章 101模擬試験

問題：1　正解　A、D

解説

　lspciコマンドは接続されているPCIデバイスの一覧を表示します。lsusbはUSBデバイスの情報を表示します。したがって、正解は選択肢AとDです。/proc/hddや/proc/usbというファイルはないので、選択肢BとEは不正解です。udevは動的にデバイスファイルを作成するための仕組みです。接続されているハードウェアデバイスの調査に役立つとはいえないので、選択肢Cは不正解です。

問題：2　正解　A、D

解説

　ロードされているカーネルモジュールはlsmodコマンドによって確認できます。また、/proc/modulesファイルをcatコマンドで表示しても同様の情報が得られます。

問題：3　正解　C、D

解説

　dmesgコマンドやjournalctlコマンドを使うと、起動時に画面表示されるメッセージ等を確認できます。これにより、カーネルがハードウェアをどのように認識しているかを把握できます。kmesgというコマンドはありません。systemctlはsystemdの管理コマンドです。lsmodはロードしているカーネルモジュールの一覧を表示するコマンドです。

問題：4　正解　D

解説

　システムの電源を入れるとBIOSが起動し、そこからGRUBなどのブートローダが起動します。ブートローダはカーネルをロードし、カーネルはシステム初期化後にinitプロセスを実行します。最近では、BIOSの代わりにUEFIが使われていることが多く、initプロセスの代わりにsystemdが動作しているディストリビューションも一般的です。

問題：5　正解　B

解説

　GRUBでは、カーネル選択メニューが表示されているときに「A」もしくは「E」のキーを押せば、カーネルオプションを編集できるようになります。

模擬試験 解説

問題：6　正解　shutdown -r +30

解説

SysVinitを採用したシステムで再起動を行うには、**shutdown -r**コマンドを使います。30分後は「**+30**」と指定します。

問題：7　正解　A、C

解説

サービスを開始するには「systemctl start Unit名」、システム起動時に自動的にサービスを開始するには「systemctl enable Unit名」です。引数の順序に注意してください。

問題：8　正解　B

解説

-kオプションを指定してshutdownコマンドを実行すると、実際にはシャットダウンを行わず、メッセージを各ユーザーの端末上に表示します。initコマンドではメッセージを出力することができません。

問題：9　正解　D、E

解説

中規模・大規模なサーバ構築においては、パーティションの設定は重要です。すべてのディレクトリを1つのパーティションに格納してしまうと、どこか特定のディレクトリに大量のファイルが書き込まれるだけで、システムは利用不可能な状況に追い込まれることもありえます。たとえば、/homeはユーザー数が増えれば多くの領域を必要とするため、別のパーティションに置いたほうがよいでしょう。また、/varはログファイルなどが格納され肥大化しやすいので、別パーティションにすることが好ましいです。さらに、/home、/varはバックアップの観点からも別パーティションにすることが望まれます。

問題：10　正解　C

解説

スワップ領域は、物理メモリが不足してしまったときに、仮想的なメモリとして利用するための領域です。一般的に、スワップ領域用のパーティションは、物理メモリの2倍程度を確保するのが適当とされています。

問題:11　正解　grub-install /dev/sda

解説

GRUBをインストールするには**grub-install**コマンドを使います。引数として**/dev/sda**を指定すると、/dev/sdaのMBRにGRUBをインストールします。

問題:12　正解　grub-mkconfig

解説

GRUB 2の設定ファイルは/boot/grub/grub.cfgですが、直接編集しません。/etc/default/grubで設定を行い、**grub-mkconfig**コマンドを実行すると/boot/grub/grub.cfgが生成されます。

問題:13　正解　ldd /bin/bash

解説

lddコマンドを使って、プログラムの実行に必要な共有ライブラリを表示できます。引数にはプログラムファイル(コマンドの絶対パス)を指定します。

問題:14　正解　E

解説

UbuntuやDebian GNU/Linuxでパッケージをインストールした際の対話的な基本設定は、dpkg-reconfigureコマンドを実行することで設定し直せます。

問題:15　正解　update

解説

apt-get **update**を実行すると、パッケージ情報や依存関係情報のキャッシュが最新の状態に更新されます。

問題:16　正解　depends

解説

apt-cache **depends**で、指定したパッケージが依存するパッケージの情報を表示します。指定したパッケージに依存するパッケージの情報は、apt-cache rdependsで検索できます。

問題:17　正解　B

解説

出力メッセージには「～ is already installed」とあるので、すでに同名のパッケージがインストールされていたことがわかります。インストール済みのパッケージのバージョンは「3.0.2-25.el7」であり、これはインストールしようとしたバージョン「3.0.2-22.el7」よりも新しいです。アーキテクチャは「x86_64」で、インストール済みのパッケージのアーキテクチャも同じです。

問題:18　正解　B

解説

rpmコマンドであるパッケージが依存しているパッケージやライブラリの情報を表示するには、-q（--query）オプションに加えて-R（--requires）オプションを指定します。

問題:19　正解　check-update

解説

yum **check-update**を実行すると、yum updateを実行したときにアップデート対象となるパッケージの一覧を表示します。

問題:20　正解　C

解説

クラウドサービス上で提供される、独立したOSのように扱えるアプリケーション実行環境をインスタンスといいます。IaaSやSaaSはクラウドサービスの形態、Dockerはコンテナを作成・運用するソフトウェアです。ミドルウェアは、データベース管理ソフトやプログラミング言語の実行環境など、OSとアプリケーションの間に入る種類のソフトウェアです。

問題:21　正解　E

解説

「`（バッククォーテーション）」によって囲まれた文字は、その文字をコマンドとして実行したときの実行結果を表します。したがって、「`pwd`」はpwdコマンドの実行結果を表します。ここでは、カレントディレクトリである「/etc」が変数VARの値となります。

問題:22　正解　C

解説

変数に文字「"」を含めたい場合は、文字列の終わりを表す"と解釈されないよう\を付けて区別します。「\"」は文字列「"」を表します。単に「\」を表したいときには「\\」とします。

問題:23　正解　D

解説

bashのコマンド履歴は~/.bash_historyに格納されます。このファイルは変数HISTFILEで定義します。HISTSIZEは保存するコマンド履歴数を、HISTFILESIZEはHISTFILEで定義したファイルに保存する履歴数を指定します。

問題:24　正解　man 8 mount

解説

オンラインマニュアルでは、passwdのように同一名称のマニュアルが複数のセクションに存在していることがあります。したがって、オンラインマニュアルを表示する際、セクション番号を指定しないと目的のマニュアルを参照できない場合があります。

問題:25　正解　B、E

解説

設問は50行あるファイルの21行目から30行目までを表示することを要求しているので、方法としては「上から30行分を取り出してから、下から10行分を表示する」か「下から30行分を取り出してから、上から10行分を表示する」の2通りがあります。

模擬試験 解説

問題：26　正解　uniq

解説

uniqコマンドを使うと、重複する内容の行を1行にまとめることができます。あらかじめsortコマンドでソートしておく必要があります。

問題：27　正解　A

解説

cutコマンドは各行から特定のフィールドを取り出して出力します。-dオプションでフィールドとフィールドの区切りとなる文字を指定します（デフォルトはタブ）。また-fオプションで取り出したいフィールドの番号を指定します。

問題：28　正解　mv -f /home/staff/tmp/* /home/staff/doc

解説

移動先に同名のファイルが存在した場合に強制的に上書きさせるには、-fオプションを付けます。

問題：29　正解　C、D、E

解説

[123]は「1もしくは2もしくは3いずれか1文字」を表します。*は0文字以上の文字列を表します。したがって「file[123]*3*」は、

- fileで始まり、
- 1もしくは2もしくは3いずれか1文字があり、
- その直後もしくは何文字かをおいて3がある
- 場合によってはその後何らかの文字列が続く

という条件になります。

問題:30　正解　C

解説

ファイルを検索するときに有用なコマンドがfindです。findを利用すると、指定したディレクトリの中から条件を満たすファイルを探すことができます。検索ディレクトリは最初の引数として指定します。ファイル名を条件にして検索するには、-nameを利用します。

問題:31　正解　export

解説

シェル変数は、定義されたシェル内で参照可能な変数です。シェル変数をエクスポートして環境変数とすると、シェルから起動したコマンドやサブシェルにも変数とその値が引き継がれます。

問題:32　正解　E

解説

trコマンドの処理結果はリダイレクトで/dev/nullに出力されています。/dev/nullは書き込まれたデータがすべて消えてしまう特殊ファイルであり、「2>&1」は「標準エラー出力も標準出力に送る」ということなので、結果的に何も表示されません。「> /dev/null 2>&1」は実行結果をどこにも出力したくない場合の常套句です。

問題:33　正解　dmesg > dmesg.log

解説

リダイレクト「>」を使ってコマンドの出力をファイルに保存できます。

問題:34　正解　xargs

解説

xargsコマンドは、標準入力から取得したデータを引数として、指定されたコマンドを実行します。この設問の場合、findコマンドが検索したファイル(最終アクセスから60日を超える日数が経過した/tmp以下のファイル)について、逐次rmコマンドを実行します。

問題:35　正解　tee

解説

多くのコマンドはメッセージを標準出力に出力し、画面に表示します。しかし、画面に表示するのと同時にファイルに保存しておきたい場合もあります。このようなときに利用するのが**tee**コマンドです。

問題:36　正解　A、D

解説

killコマンドやkillallコマンド、pkillコマンドを使ってプロセスにシグナルを送信できます。killコマンドではPIDを、killallコマンドやpkillコマンドではプロセス名を指定します。シグナルの種類は、-sオプションで指定するか、「-シグナルID」「-シグナル名」で指定します。

問題:37　正解　&

解説

コマンドラインの末尾に「**&**」を付けると、コマンドはバックグラウンドで実行されます。updatedbコマンドはファイル名データベースを更新します。

問題:38　正解　top

解説

説明文にあるのは**top**コマンドです。topコマンドは、システムの状況を継続的に監視するために使われます。

問題:39　正解　nohup

解説

ある端末で実行したプロセスは、通常はその端末からログアウトすると終了してしまいます。**nohup**コマンドを使うと、ログアウト後もプロセスを動作させることができます。

問題:40　正解　renice

解説

実行中のプロセスの優先度を変更するには、reniceコマンドを使います。引数には新しい優先度とプロセスID（-pオプション）を指定します。

問題:41　正解　A、B

解説

プロセスの優先度は、psコマンドやtopコマンドで表示することができます。他の選択肢にあるコマンドでは確認できません。

問題:42　正解　A

解説

特定の文字列が入っている行を抽出するにはgrepコマンドを利用しますが、特定の文字列が入っていない行を抽出するためにはgrepコマンドに-vオプションを付けます。行頭は正規表現「^」で、行末は「$」で表されます。

問題:43　正解　D

解説

「sed s/A/B/」とすると、文字列AをBに置換して標準出力に出力します。ただし、1行に複数の文字列Aがあった場合は最初のものしか置換されないので、すべて置換したい場合はgスイッチを付ける必要があります。

問題:44　正解　EDITOR

解説

デフォルトのエディタは環境変数EDITORで設定できます。エディタのパス（この場合は/usr/bin/emacs）をセットしてください。

問題:45　正解　3dd

解説

行削除は dd コマンドを使います。コマンドの直前に繰り返し回数を指定すればよいので、コマンドモードで「3dd」と入力します。

問題:46　正解　/

解説

「/キーワード」とすると後方へのキーワード検索、「?キーワード」とすると前方へのキーワード検索を行います。この操作はコマンドモードで行います。

問題:47　正解　C、D、E

解説

ext3ファイルシステムを作成するには、mkfsコマンドでファイルシステムタイプをext3と指定します。これはmkfs.ext3コマンドの実行と同じです。また、mke2fsコマンドに-jオプションを付けてもかまいません。mke3fsというコマンドはありません。

問題:48　正解　C、D、E

解説

パーティションの作成・削除はfdisk、gdisk、partedといったコマンドで行えます。mkfsはファイルシステムの作成コマンドです。pdiskというコマンドはありません。

問題:49　正解　D

解説

df -iコマンドの実行結果から、/vm（/dev/sda5）の残りiノード数（IFree欄）が0であることがわかります。空きiノードが0になると、新規にファイルを作成することはできなくなります。設問で生じている問題と一致するので、空きiノードがなくなったことがその理由と考えられます。

問題:50　正解　A、B

解説

　ext4ファイルシステムの整合性確認や修復を行う場合は、fsckコマンドやfsck.ext4コマンドを利用するとほぼ自動で行うことができます。

問題:51　正解　A

解説

　/etc/fstabファイルに記述されているファイルシステムを一斉にマウントするには、mountコマンドに-aオプションを付けて実行します。

問題:52　正解　C

解説

　pwdコマンドの実行結果から、umountコマンドを実行したユーザー自身が/data以下のディレクトリをカレントディレクトリとしていることがわかります。これがアンマウントを実行できなかった理由ですので、正解は選択肢Cです。「device is busy」と表示されているのはそのためです。
　/etc/fstabファイルを見るとusersオプションが指定されているので、一般ユーザーはマウントおよびアンマウントすることができます。umountコマンドにはマウントポイントを指定してもかまいません。

問題:53　正解　mount -t ext4 /dev/sda9 /var/data

解説

　mountコマンドの書式は次のとおりです。

mount [-t ファイルシステムタイプ] [デバイスファイル] [マウントポイント]

問題:54　正解　chown

解説

　chownコマンドで、ファイルの所有者や所有グループを変更できます。所有グループのみの変更であればchgrpコマンドが利用できます。

問題：55 正解 B、D

解説

スティッキービットが設定されているファイルのアクセス権は、3桁のパーミッションの値に1000を加えた値で表現されます。3755（=2000+1000+755）は、SGIDと同時にスティッキービットが設定されていることを表します。

問題：56 正解 C

解説

デフォルトのパーミッションは、ファイルの場合、666からumask値を引いた値になります。したがって、デフォルトのパーミッションを「rw-r--r--」つまり644とする場合は、umask値は022と設定します。

問題：57 正解 C

解説

シンボリックリンクのパーミッションは常に「rwxrwxrwx」と表示されますが、実際にはリンク元のパーミッションが適用されます。設問の例では、/dataディレクトリのパーミッションが明かされていませんが、cpコマンドを実行したときに「Permission denied」となっているため、アクセス権の問題であると推察できます。

別々のパーティションに作成できないのはシンボリックリンクではなくハードリンクです（選択肢A）。lnコマンドの引数の順序は適切です（選択肢B）。カレントディレクトリにdata.txtファイルが存在しなければ「No such file or directory」というエラーになるはずです（選択肢D）。ディレクトリのハードリンクを作成することはできません（選択肢E）。

問題：58 正解 A、E

解説

すべてのハードリンクはiノード番号が同じです。一方、シンボリックリンクのリンク元とリンク先それぞれのファイルはiノード番号が異なります。ディレクトリのハードリンクや、ファイルシステムをまたぐハードリンクは作成できません。

問題：59　正解　B

解説

whichコマンドは、環境変数PATHに指定されているディレクトリの中の実行ファイルから、指定された名前のファイルを検索して、絶対パスを表示します。locateコマンドは、あらかじめ準備されたデータベースに基づいて検索します。

問題：60　正解　whereis

解説

whereisコマンドは、コマンドの実行ファイルのパスや、manページのファイルの場所を表示します。

第2部 102試験

試験名：LPIC-1 102

第7章 シェルとシェルスクリプト

- 7.1 シェル環境のカスタマイズ
- 7.2 シェルスクリプト

▶ 理解しておきたい用語と概念

- [ ] 環境変数とシェル変数
- [ ] シェルのオプション
- [ ] エイリアス
- [ ] シェルの関数
- [ ] シェルの設定ファイル
- [ ] シェルスクリプト
- [ ] 実行結果の戻り値

▶ 習得しておきたい技術

- [ ] 環境変数とシェル変数の設定と確認
- [ ] シェルのオプション設定
- [ ] エイリアスの設定と解除
- [ ] シェルの関数の定義と参照
- [ ] bash設定ファイルの特徴
- [ ] シェルスクリプトの実行
- [ ] シェルスクリプト(do、done、if、for、while、read、test)

7.1 シェル環境のカスタマイズ

7.1.1 環境変数とシェル変数

ユーザーが使用する言語やプロンプトの表示形式など、シェルを利用するユーザーの環境はさまざまです。ユーザー環境はさまざまな変数によって定義されており、それぞれの変数にプログラムやシェルが利用する値が格納されています。変数は、環境変数とシェル変数に分けることができます[注1]。

シェル自身と、そのシェルから起動されるすべてのプロセス(コマンドや別のシェル)で有効となる変数が**環境変数**です。代表的な環境変数としては、コマンドを検索するディレクトリリストを格納するPATH、ユーザーのホームディレクトリのフルパスを表すHOMEなどがあります。

一方、**シェル変数**は、そのシェル内でのみ有効となります(他のシェルやプログラムでは有効となりません)。シェル変数は、**export**コマンドでエクスポートすることによって環境変数となり、このシェルから起動したコマンドや他のシェルでも使えるようになります。

envコマンドや**printenv**コマンドを実行すると、設定されている環境変数が表示されます。**setコマンド**を実行すると、シェル変数と環境変数が表示されます。

```
$ printenv
XDG_SESSION_ID=23
HOSTNAME=centos7.example.com
SELINUX_ROLE_REQUESTED=
TERM=xterm
SHELL=/bin/bash
HISTSIZE=1000
SSH_CLIENT=192.168.11.8 53524 22
SELINUX_USE_CURRENT_RANGE=
SSH_TTY=/dev/pts/0
USER=student
(以下省略)
$ set
BASH=/bin/bash
```

[注1] 環境変数とシェル変数については第3章も参照してください。

```
BASHOPTS=checkwinsize:cmdhist:expand_aliases:extglob:extquote:force_fignore:
histappend:interactive_comments:login_shell:progcomp:promptvars:sourcepath
BASH_ALIASES=()
BASH_ARGC=()
BASH_ARGV=()
BASH_CMDS=()
BASH_COMPLETION_COMPAT_DIR=/etc/bash_completion.d
(以下省略)
```

printenvコマンドに変数を指定すると、その値だけが表示されます。

```
$ printenv HOME
/home/student
```

7.1.2 シェルのオプション

シェルにはさまざまなオプション機能があり、**setコマンド**を使ってオン/オフを切り替えられます。

書式　set [-o][+o] [オプション]

-oで指定するとオプションが有効になり、+oで指定するとオプションが無効になります。主なオプションには表7-1のようなものがあります。

表7-1　bashで利用可能なsetの主なオプション

オプション	説明
allexport	作成・変更した変数を自動的にエクスポートする
emacs	emacs風のキーバインドにする
ignoreeof	Ctrl＋Dによってログアウトしないようにする
noclobber	出力リダイレクトによる上書きを禁止する[注2]
noglob	メタキャラクタを使ったファイル名展開を無効にする
vi	vi風のキーバインドにする

たとえば、noglobオプションを有効にした例を見てみましょう。デフォルトでは*や?のようなメタキャラクタの展開機能は有効になっていますが、noglobオプションを有効にすると、「*.sh」というファイル名にしかマッチしないようになることがわかります。

[注2] ただし「>|」を使うと上書きできます。

```
$ ls *.sh
iftest2.sh  readtest.sh  user-add.sh  while.sh
$ set -o noglob
$ ls *.sh
ls: *.sh にアクセスできません: そのようなファイルやディレクトリはありません
```

noglobオプションを無効にするには、次のようにします。

```
$ set +o noglob
```

設定されているオプションを確認するには、次のようにします。

```
$ set -o
allexport            off
braceexpand          on
emacs                on
errexit              off
errtrace             off
functrace            off
hashall              on
histexpand           on
history              on
ignoreeof            off
interactive-comments on
keyword              off
monitor              on
noclobber            off
noexec               off
noglob               off
nolog                off
notify               off
nounset              off
onecmd               off
physical             off
pipefail             off
posix                off
privileged           off
verbose              off
vi                   off
xtrace               off
```

7.1.3 エイリアス

bashでは**エイリアス機能**を利用することで、コマンドに別名を付けたり、コマンドとオプションをひとまとめにして新しいコマンドのようにしたり、一連のコマンドを簡単に呼び出したりできるようになります。エイリアスの設定は**aliasコマンド**で行います。次の例では、単に「ls」と入力した場合にls -lコマンドが実行されるようにしています。

```
$ alias ls='ls -l'
$ ls
合計 4
drwxr-xr-x 2 student student    6 2月  2 00:19 Desktop
drwxr-xr-x 2 student student    6 2月  2 00:19 Documents
drwxr-xr-x 2 student student    6 2月  2 00:19 Downloads
drwxr-xr-x 2 student student    6 2月  2 00:19 Music
drwxr-xr-x 2 student student    6 2月  2 00:19 Pictures
(以下省略)
```

このように、lsにエイリアスが設定されていると、シェルは「ls」を「ls -l」に置き換えて実行します。単一引用符でくくっているのは、コマンドとオプションの間のスペースがシェルによって解釈されないようにするためです。

一連のコマンドにエイリアスを設定することもできます。次の例では、ls -lコマンドの実行結果をlessコマンドで表示するエイリアス「lsless」を定義します。

```
$ alias lsless='ls -l | less'
```

エイリアスを解除するには、**unaliasコマンド**を使います。

```
$ unalias lsless
```

unaliasコマンドを-aオプション付きで実行すると、設定されているすべてのエイリアスが解除されます。エイリアスを解除するのではなく、一時的にエイリアスを使用しない場合は、実行するコマンドの前に「\」を付けると、そのときだけエイリアス設定が無視されます。次の例では、「ls='ls -l'」となっている場合でも、オプションなしのlsコマンドを実行します。

```
$ \ls
```

> **ここが重要**
> ● エイリアスの設定方法と解除方法、一時的に無効にする方法を覚えておきましょう。

7.1.4 関数の定義

bashの組み込みコマンドである**functionコマンド**を使うと、bashシェル上で利用できる独自の関数を定義できます。頻繁に利用するコマンドの組み合わせを定義しておくと便利です。

書式　　[function] *関数名*() { コマンド; }

「{」の後ろと「}」の前にはスペースが必要なので注意してください。「function」は省略できます。シェルスクリプト内では、次の書式もよく使われます。

書式　　[function]
　　　　　関数名()
　　　　　{
　　　　　　　コマンド
　　　　　}

こちらの書式ではコマンド末尾に「;」は不要です。

次の例では、シンボリックリンクファイルのみをリスト表示するlslink関数を定義しています[注3]。

```
$ function lslink() { ls -l | grep '^l'; }
```

引数も使うことができると便利です。1番目の引数は「$1」と表します(引数の表記方法については次の節で解説します)。次の例では、指定したディレクトリの中にあるリンクファイルのみをリスト表示するlslink関数を定義します。

```
$ function lslink() { ls -l $1 | grep '^l'; }
```

[注3] シンボリックリンクファイルは、ls -lコマンドで表示したとき、行頭のファイル種別記号が「l」になります。つまり「行頭の"l"」を表す正規表現「^l」で絞り込めばよいわけです。

関数を実行するには、コマンドを実行するのと同じように、関数名を入力します。関数が利用できるのは、その関数を定義したシェル内のみとなります。setコマンドを使うと、定義されている関数が変数リストに続いて一覧表示されます。このことからもわかるように、bashでは変数名と関数名を区別しないため、名前が重複しないよう注意しなければなりません。定義されている関数のみを表示するには、**declare -fコマンド**を使います。

```
$ declare -f lslink
lslink ()
{
    ls -l $1 | grep '^l'
}
```

関数定義を削除するには、変数を削除するときと同様に、**unsetコマンド**を使います。次の例では、関数lslinkを削除しています。

```
$ unset lslink
```

ここが重要

- 関数の役割と特徴、設定方法、表示方法、削除方法を理解しておきましょう。

7.1.5 bashの設定ファイル

シェルを起動するたびに、環境変数やエイリアス、関数などを定義するのは非効率です。そのため、それらの定義を自動的に行うための設定ファイルが用意されています。設定ファイルには、表7-2のようなものがあります[注4]。

【注4】これらの設定ファイルはいずれもシェルスクリプトです。

表7-2 bashの設定ファイル

ファイル	説明
/etc/profile	ログイン時に実行され、全ユーザーから参照される
/etc/bash.bashrc	bash起動時に実行され、全ユーザーから参照される
/etc/bashrc	~/.bashrcから参照される
~/.bash_profile	ログイン時に実行される
~/.bash_login	~/.bash_profileがない場合、ログイン時に実行される
~/.profile	~/.bash_profileも~/.bash_loginもない場合、ログイン時に実行される
~/.bashrc	bash起動時に実行される
~/.bash_logout	ログアウト時に実行される

ここが重要

- /etcディレクトリ以下の設定ファイルは全ユーザーに影響が及びます。ホームディレクトリ以下の設定ファイルはユーザーごとの設定です。

/etc/profileファイル

bashのログイン時に実行されます。すべてのユーザーから参照されるため、基本的な環境変数などが設定されます。次に示すのは、/etc/profileファイルの一部を抜粋したものです。

▶ /etc/profileの例

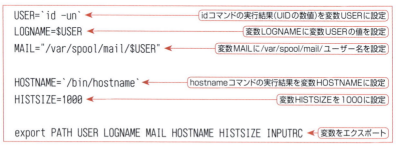

```
USER=`id -un`           ← idコマンドの実行結果(UIDの数値)を変数USERに設定
LOGNAME=$USER           ← 変数LOGNAMEに変数USERの値を設定
MAIL="/var/spool/mail/$USER"  ← 変数MAILに/var/spool/mail/ユーザー名を設定

HOSTNAME=`/bin/hostname`   ← hostnameコマンドの実行結果を変数HOSTNAMEに設定
HISTSIZE=1000              ← 変数HISTSIZEを1000に設定

export PATH USER LOGNAME MAIL HOSTNAME HISTSIZE INPUTRC  ← 変数をエクスポート
```

> 参考　/etc/profile.dディレクトリ以下に配置された*.shファイルも使われます。

/etc/bash.bashrcファイル

bash起動時に実行され、すべてのユーザーから参照されます。次に示すのは、/etc/bash.bashrcファイルの一部を抜粋したものです。

▶ **/etc/bash.bashrcの例**

```
# If not running interactively, don't do anything
[ -z "$PS1" ] && return    ◀── 対話型シェルでなければ何もせず終了
# check the window size after each command and, if necessary,
# update the values of LINES and COLUMNS.
shopt -s checkwinsize    ◀── ウィンドウサイズをチェック
# set a fancy prompt (non-color, overwrite the one in /etc/profile)
PS1='${debian_chroot:+($debian_chroot)}\u@\h:\w\$ '    ◀── プロンプトを設定
```

 ディストリビューションによっては、このファイルは存在しません。

~/.bash_profileファイル

~/.bash_profile（「~」は、ユーザーのホームディレクトリを表します）は、そのユーザー独自の設定を行います。~/.bash_profileは、ログイン時に実行されます。~/.bash_profileが存在しない場合は、~/.bash_login、~/.profileの順にファイルが検索され、最初に見つかったものが読み込まれます。

▶ **~/.bash_profileの例**

```
# Get the aliases and functions
if [ -f ~/.bashrc ]; then    ◀── もし~/.bashrcというファイルがあるなら
    . ~/.bashrc    ◀── ~/.bashrcファイルを読み込む
fi

# User specific environment and startup programs

PATH=$PATH:$HOME/bin    ◀── 変数PATHの設定
BASH_ENV=$HOME/.bashrc    ◀── 変数BASH_ENVの設定
USERNAME="root"    ◀── 変数USERNAMEの設定

export USERNAME BASH_ENV PATH    ◀── 設定した変数をエクスポート
```

~/.bashrcファイル

対話型シェルが起動されるたびに実行されます。システムを利用する全ユーザーに対する設定は/etc/bashrcに記述し、~/.bashrcから呼び出すようになっています。

▶ ~/.bashrcの例

```
# .bashrc

# User specific aliases and functions

alias rm='rm -i'     ← エイリアスrmの設定
alias cp='cp -i'     ← エイリアスcpの設定
alias mv='mv -i'     ← エイリアスmvの設定

# Source global definitions
if [ -f /etc/bashrc ]; then   ← もし/etc/bashrcというファイルがあるなら
        . /etc/bashrc         ← /etc/bashrcファイルを読み込む
fi
```

~/.bash_logoutファイル

~/.bash_logoutがあれば、ログインシェルの終了時に~/.bash_logoutを読み込んで実行します。

7.1.6 bash起動時における設定ファイルの実行順序

bashがログインシェルとして起動された場合、(/etc/profileがあれば)まず最初に/etc/profileを読み込んで実行します。/etc/bash.bashrcファイルがあれば、/etc/profile内で読み込み実行します。その後、bashは~/.bash_profile、~/.bash_login、~/.profileの順にファイルを探し、最初に見つかったものを読み込んで実行します。bashがログインシェルではなく対話型のシェルとして起動された場合は、~/.bashrcがあればこれを読み込んで実行します[注5]。

[注5] Debian系ディストリビューションでは、/etc/bash.bashrc、~/.bashrcの順に実行されます。

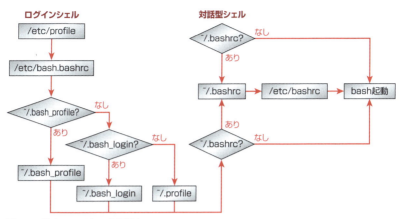

図7-1　設定ファイルの実行順序

> **注意**　ログインしたときにまず起動するのがログインシェルです。「bash」コマンドを入力したり、X Window System上で端末エミュレータを実行したときに起動するのが対話型のシェルです。ログインシェルの場合、psコマンドで見ると「-bash」のように、頭に「-」が付きます。

ここが重要

- 設定ファイルの実行される順序、全ユーザー向けの設定か各ユーザー個別の設定か、ログインシェルと対話型シェルの場合の違いについて、よく理解しておきましょう。

7.2 シェルスクリプト

　bashシェルをはじめ、シェルにはスクリプト言語によるプログラミング機能が備わっています。これが**シェルスクリプト**です。シェルスクリプトを使うことにより、一連のコマンドライン作業を自動化することができます。

7.2.1　シェルスクリプトの基礎

　シェルスクリプトは、テキストファイルにコマンドを記述するだけで作成できます。次の例は、いくつかのコマンドを順次実行するように書かれたlsldスクリプトをcatコマンドで表示しています[注6]。

【注6】このシェルスクリプトを実行すると、指定したディレクトリ以下にあるシンボリックリンクファイルとディレクトリを表示します。

```
$ cat lsld
ls -l $1 > lslink
echo "Link Files"
grep '^l' lslink
echo "Directories"
grep '^d' lslink
```

スクリプトを実行する方法は、いくつかあります。1つめは、bashコマンドの引数としてスクリプトファイル名を指定する方法です。スクリプトファイルには読み取り権が必要ですが、実行権は必要ありません。

```
$ bash lsld
```

sourceコマンドを使う方法もあります。

```
 source lsld
```

sourceを簡略化して「.」で置き換えることもできます。シェルスクリプト内でよく使われる表記です。カレントディレクトリを示す「.」と混同しないようにしてください。

```
$ . lsld
```

スクリプトファイルに実行権を追加すると、ファイル名を指定するだけで、コマンドのように実行できるようになります。

```
$ chmod a+x lsld
$ ./lsld
```

> **注意** カレントディレクトリにあるスクリプトを実行するために「./」を付ける必要があるのは、そのディレクトリにパスが通っていない（変数PATHにそのディレクトリが含まれていない）場合です。パスの通っているディレクトリ内にあるスクリプトファイルは、「./」を付けなくても実行できます。~/binなどのディレクトリを作成して利用するとよいでしょう。なお、変数PATHに「.」を追加することはセキュリティ上のリスクをはらみますので避けてください。

bashコマンドの引数にシェルスクリプトを指定した場合や、実行権のあるシェルスクリプトをファイル名の指定で実行した場合は、bashの子プロセス（サブシェル）が起動し、スクリプトはそちらで実行されます。つまり、新しいbashが起動し、そちらがスクリプトを処理します。元のbashはその実行が終了するまで待機します。一方、sourceコマンドや「.」コマンドを使った場合は、元のシェル上で実行されます。この違いについては第3章を参照してください。

7.2 シェルスクリプト

`exec`コマンドを使うと、シェルスクリプトを実施しているシェルのプロセスが、指定したコマンドのプロセスに置き換わります。

書式 `exec コマンド`

どういうことか確認しておきましょう。zshコマンドを実行すると、新しいzshシェルが起動し、元のシェルは待機します。次の例では、PID 11726のbashシェルからPID 11887のzshシェルが起動していることがわかります。

```
$ ps
  PID TTY          TIME CMD
11726 pts/0    00:00:00 bash
11886 pts/0    00:00:00 ps
$ zsh
% ps
  PID TTY          TIME CMD
11726 pts/0    00:00:00 bash
11887 pts/0    00:00:00 zsh
11909 pts/0    00:00:00 ps
```

一方、execコマンドを使ってzshを実行すると、PIDが11726となっています。つまり、bashシェルのプロセスがzshシェルのプロセスに置き換えられたのです。

```
$ ps
  PID TTY          TIME CMD
11726 pts/0    00:00:00 bash
11918 pts/0    00:00:00 ps
$ exec zsh
% ps
  PID TTY          TIME CMD
11726 pts/0    00:00:00 zsh
11940 pts/0    00:00:00 ps
```

シェルスクリプトを使った処理では、シェルを待機させる必要がないケースもあります。たとえば、X Window Systemでウィンドウマネージャを起動するような場合です[注7]。ウィンドウマネージャ実行後は、待機しているシェルのプロセスは不要なので、そのような場合にexecコマンドを使うとよいでしょう。

【注7】X Window System、ウィンドウマネージャについては第8章を参照してください。

スクリプトに渡す引数

一般のコマンドと同様に、シェルスクリプトにも引数が使えると便利です。bashでは、表7-3に示す特殊な変数を用いて引数などを参照できます。

表7-3 引数を表す変数

変数名	説明
$0	シェルスクリプトファイル名(フルパス)
$1	1番目の引数
$2	2番目の引数。以下順に$3、$4、……$nとなる
$#	引数の数
$@	すべての引数(スペース区切り)
$*	すべての引数(区切りは環境変数IFSで指定されたもの)

たとえば、次のようにシェルスクリプトを実行してみます。

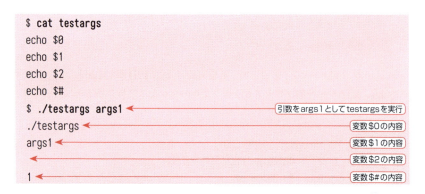

引数は1つしか指定されていないので、$2には何も入っていません。

実行結果の戻り値

コマンドを実行すると、終了時にシェルに対して**戻り値**を返します。正常終了した場合は0、正常終了しなかった場合は0以外の値が返されます。この戻り値を利用すれば、コマンドの実行が正常に終了したかどうかを判定できます。戻り値は、特殊な変数$?に格納されます。次の例ではエラーが発生したため、戻り値が2になっています。

```
$ ls -l file3
ls: file3 にアクセスできません： そのようなファイルやディレクトリはありません
$ echo $?
2
$ echo $?
0
```

　1回目の結果は、lsコマンドがエラーを返したので戻り値が2となっています。2回目の結果は、直前のechoコマンドが正常終了したので戻り値が0となっています。コマンドを実行するたびに変数$?の値が初期化され、新たな戻り値が格納されます。

ここが重要

- コマンドの実行結果の戻り値は変数$?に格納されます。 戻り値が0であれば正常終了を意味します。

7.2.2 ファイルのチェック

　ファイルが存在するかどうかによってスクリプトの動作を変えるなど、ファイルに関する情報を取得する必要が生じる場合があります。 その場合には**testコマンド**を使います。testコマンドには、別の書式として「[ ]」があります[注8]。

書式　test *条件文*

書式　[*条件文*]

　条件文に書かれた式を評価し、真（条件が満たされる）なら0を、偽（条件が満たされない）なら0以外の値を返します。2番目の書式では、「[」の後ろと「]」の前にはスペースが必要です。条件文に使われる主な条件式は、表7-4のとおりです。

【注8】「[」はシェルのメタキャラクタではなくコマンドです。

表7-4 testコマンドの主な条件式

条件式	実行結果
ファイル形式のテスト	
–f ファイル	（ディレクトリなどを除く）ファイルがあれば真
–d ディレクトリ	ディレクトリがあれば真
–r ファイル	ファイルが存在し、かつ読み込み可能であれば真
–w ファイル	ファイルが存在し、かつ書き込み可能であれば真
–x ファイル	ファイルが存在し、かつ実行可能であれば真
–s ファイル	サイズが0より大きいファイルがあれば真
–L ファイル	シンボリックリンクであるファイルがあれば真
ファイル特性のテスト	
–e ファイル	ファイルがあれば真
ファイル1 –nt ファイル2	ファイル1がファイル2より修正時刻が新しければ真
ファイル1 –ot ファイル2	ファイル1がファイル2より修正時刻が古ければ真
数値のテスト	
数値1 –eq 数値2	数値1と数値2が等しければ真
数値1 –ge 数値2	数値1が数値2より大きい、もしくは等しければ真
数値1 –gt 数値2	数値1が数値2より大きければ真
数値1 –le 数値2	数値1が数値2より小さい、もしくは等しければ真
数値1 –lt 数値2	数値1が数値2未満であれば真
数値1 –ne 数値2	数値1と数値2が等しくなければ真
文字列のテスト	
–n 文字列	文字列の長さが0より大きければ真
–z 文字列	文字列の長さが0であれば真
文字列1 = 文字列2	2つの文字列が等しければ真
文字列1 != 文字列2	2つの文字列が等しくなければ真
テストの論理結合	
!条件	条件式が偽であれば真
条件1 –a 条件2	両方の条件式が真であれば真（and）
条件1 –o 条件2	いずれかの条件式が真であれば真（or）

次に、いくつかの例を示します。

- –f .bashrc …… .bashrcファイルが存在すれば真
- –d bin …… binディレクトリが存在すれば真
- "$1" –lt 10 …… 1番目の引数の値が10未満なら真

このようなtestコマンドは、次に説明する条件分岐の条件式で使われます。

7.2.3 制御構造

シェルスクリプトは、先頭から順にコマンドを実行するだけではありません。条件によって処理を分岐したり、繰り返し処理を実行したりできます。

条件分岐

条件によって処理を選択するには、**if文**を使います。

書式
```
if 条件式
then
    実行文1
else
    実行文2
fi
```

条件式が真の場合、実行文1が実行されます。条件式が偽の場合、実行文2が実行されます。次に示すシェルスクリプトでは、testscriptというファイルがあればそれを実行し、なければファイルが存在しないことを表示します。

▶ iftest1.sh
```
if test -f testscript
then
  source ./testscript
else
  echo "testscript file not exist"
fi
```

このスクリプトは、次のように書き換えることもできます。

▶ iftest2.sh
```
if [ -f testscript ] ; then
  . ./testscript
  else echo "testscript file not exist"
fi
```

「;」を使って複数のコマンドを1行にまとめて記述することができます（1行目）。また、スクリプトの実行には、testコマンドやsourceコマンドの省略された形を使っています（1～2行目）。

> **参考** 条件式の部分はtestコマンドに限らず、通常のコマンドも指定できます。その場合、コマンドが正常に実行されれば（戻り値が0であれば）「真」とみなされます。

case文による条件分岐

条件分岐には**case文**も使えます。式の値に応じて複数に分岐する場合は、if文よりもこちらのほうが便利でしょう。

書式
```
case 式 in
    値1)
        実行文1 ;;
    値2)
        実行文2 ;;
      :
      :
    esac
```

次の例では、引数に月を指定すると月名を英語で表示するスクリプトcasetest.shを実行しています。

```
$ cat casetest.sh
case $1 in
  1) echo "January" ;;
  2) echo "February" ;;
  3) echo "March" ;;
  4) echo "April" ;;
  5) echo "May" ;;
  6) echo "June" ;;
  7) echo "July" ;;
  8) echo "August" ;;
  9) echo "September" ;;
  10) echo "October" ;;
  11) echo "November" ;;
  12) echo "December" ;;
esac
```

```
$ ./casetest.sh 7
July
```

> **ここが重要**
> ● case文は、実行文の末尾に「;;」を付けることと、最後にesacを指定することを覚えておいてください。

for文による繰り返し処理

繰り返し処理を行う場合には、**for文**を用います。指定した変数にリスト（スペース区切りの文字列）中の値を代入していき、そのつど実行文を実行します。

書式　for *変数名* in *変数に代入する値のリスト*
　　　　do
　　　　　　実行文
　　　　done

▶ fortest.sh
```
for var in Vine SUSE Gentoo
do
  echo $var Linux
done
```

実行結果は次のとおりです。

```
$ ../fortest.sh
Vine Linux
SUSE Linux
Gentoo Linux
```

seqコマンドを使うと、連続した数値を自動的に生成できるので、リストの生成に利用できます。

▶ seqtest.sh
```
for i in `seq 10 15`
do
  echo $i
done
```

実行結果は次のとおりです。

```
$ ../seqtest.sh
10
11
12
13
14
15
```

while文による繰り返し処理

for文以外の繰り返し処理として、**while文**を使う方法があります。whileは、条件文が満たされている間、doとdoneの間の実行文を実行します。実行文は複数行にわたってもかまいません。

 while *条件文*
do
実行文
done

次の例では、変数iの値が10になるまで、do〜doneの間を繰り返します。繰り返しが行われるたびに、letコマンドによって変数の値が1つずつ増えていきます。

▶ whiletest.sh
```
i=1
while [ $i -le 10 ]
do
  echo $i
  let i=i+1
done
```

実行結果は次のとおりです。

```
$ ../whiletest.sh
1
2
3
4
```

```
5
6
7
8
9
10
```

readコマンド

readコマンドは、シェルスクリプト内で標準入力からの入力を受け付ける際に利用できます。次の例では、ユーザーの名前を入力すると、その名前を使って挨拶を返します。

▶ readtest.sh
```
echo -n "Who are you? : "
read username
echo "Hello, $username!"
```

echoコマンドの-nオプションを使って、名前の受け付け時に改行されないようにしています（1行目）。キーボードから入力した文字列は、シェル変数usernameに格納されます（2行目）。

```
$ . readtest.sh
Who are you? : nakajima          ←（名前を入力）
Hello, nakajima!
```

while文と組み合わせ、ファイルから1行ずつ読み込むこともできます。次の例では、あらかじめユーザー名のリストをファイルに保存しておくと、ユーザーを自動的に作成し、パスワードもユーザー名と同じに設定していきます。

▶ user-add.sh
```
# usage : user-add.sh UserListFile
while read USERNAME
do
    useradd $USERNAME
    echo $USERNAME | passwd --stdin $USERNAME
done < $1
```

実行結果は次のとおりです[注9]。

```
# cat userlist
yamano
sugimoto
furuta
# ./user-add.sh userlist
Changing password for user yamano.
passwd: all authentication tokens updated successfully.
Changing password for user sugimoto.
passwd: all authentication tokens updated successfully.
Changing password for user furuta.
passwd: all authentication tokens updated successfully.
```

7.2.4 シェルスクリプトの実行環境

シェルスクリプトは、シェルの種類によって異なります。作成したスクリプトがbashシェル用に書かれている場合、スクリプトの先頭で次のように指定します。

```
#!/bin/bash
```

これを1行目に書くことで、スクリプトはbashシェルで実行されるようになります。

> **ここが重要**
> - シェルスクリプトの1行目には通常、「#!/bin/bash」のように、実行するシェルのパスを記述します。

実行権のあるスクリプトファイルをコマンドラインで指定したり、bashコマンドの引数に指定してシェルスクリプトを実行すると、新しいシェルプロセス（bash）が、実行したシェルの子プロセスとして生成され、その環境でスクリプトが実行されます。したがって、元のシェルでexportコマンドを用いてエクスポートされた変数は、シェルスクリプトの実行環境でも有効となります。逆に、スクリプト内で環境を変更した場合、スクリプトの実行が終わっても、実行元のシェル環境には反映されません。

[注9] Debian GNU/LinuxやUbuntuのpasswdコマンドは--stdinオプションをサポートしていないため、実行できません。

シェルスクリプトは、実行したユーザーの権限で動作します。他のユーザー権限で実行させるには、一般的にはSUID、SGIDを利用しますが、セキュリティ上の理由により、Linuxではスクリプトファイルに設定されたSUID、SGIDは無視されます。

第7章 シェルとシェルスクリプト

 練習問題

問題：7.1　　　　　　　　　　　　　　　　　　　　重要度：★★★★

以下は、aliasコマンドの実行結果です。

$ alias ls
alias ls='ls -laF'

このエイリアスを解除することなく、一時的にエイリアスを無効にして、オプションなしのlsコマンドを実行したい場合、どのようにすればよいですか。

- A. lsコマンドを「'」で囲って実行する
- B. lsコマンドを「`」で囲って実行する
- C. 「unalias ls」コマンドを実行する
- D. lsコマンドの直前に「#」を付けて実行する
- E. lsコマンドの直前に「\」を付けて実行する

《解説》　エイリアスを解除することなく、一時的にエイリアスを無効にするには、コマンドの直前に「\」を付けて実行します。したがって、正解は選択肢Eです。選択肢AやBのようにすると、文字列の入力中であると解釈され、第2プロンプトが表示されますので、不正解です。unaliasコマンドを実行するとエイリアスは完全に解除されてしまうため、選択肢Cは不正解です。選択肢Dのようにすると、そのコマンドラインはコメント行とみなされて実行されないため、選択肢Dは不正解です。

《解答》　E

問題:7.2

重要度:★★★★★

「ls -l | grep '^l'」という一連のコマンドを表すlslink()関数を作成したい場合、関数作成には何というコマンドを使いますか。コマンド名を記述してください。

_____

《解説》 正解は「**function**」です。functionはbashの組み込みコマンドで、次のように使います。

```
$ function lslink() { ls -l | grep '^l'; }
```

《解答》 **function**

問題:7.3

重要度:★★★★★

システムを利用するすべてのユーザーが、ログイン後すぐに必要となる基本的な環境変数を設定しておきたい場合、どの設定ファイルに設定を記述するのが適切かを選択してください。

- ○ **A.** /etc/profile
- ○ **B.** /etc/bash.conf
- ○ **C.** ~/.bash_profile
- ○ **D.** ~/.profile

《解説》 /etc/bash.confというファイルはないので、選択肢**B**は不正解です。~/.bash_profileや~/.profileは、それぞれのユーザーが利用するファイルであり、システムを利用する全ユーザーには影響しません。したがって、選択肢**C**と**D**は不正解です。正解は選択肢**A**です。/etc/profileは、ログイン時に全ユーザーから参照されます。

《解答》 **A**

第7章 シェルとシェルスクリプト

問題:7.4　重要度:★★★

次のスクリプトを実行した際、変数「$#」に入る値を選択してください。

$ ./testscript args1 args2

- A. ./testscript
- B. 2
- C. args1
- D. args2
- E. 1

《解説》　「$#」には引数の数が入ります。ここで引数は「args1」と「args2」なので、引数の数は2となります。したがって、正解は選択肢 **B** です。なお、$0には「./testscript」が、$1には「args1」が、$2には「args2」が入ります。

《解答》　B

問題:7.5　重要度:★★

bashシェルスクリプトで、「test -x file_a」と同じ動作をするものを選択してください。

- A. source file_a
- B. [-x file_a]
- C. function file_a
- D. . ./file_a
- E. script -x file_a

《解説》　testコマンドは、[〜] の形式でも使われます（実際には [〜] の形式で使われるケースが大半です）。正解は選択肢 **B** です。ここでは、「file_aファイルに実行権があれば真」という意味になります。

《解答》 B

> **問題：7.6**　重要度：★★
>
> 以下は、端末から名前を入力すると、その名前を使って挨拶を返すシェルスクリプトです。下線部に当てはまるコマンドを記述してください。
>
> echo -n "Enter your name : "
> _____ name
> echo "Hello, $name!"

《解説》　3行目を見ると、nameを変数として使っていることがわかります。$nameには名前が入ると考えられるので、2行目は**read**コマンドを使って名前を入力させていることになります。1行目は名前の入力を促すためのメッセージです。-nオプションを使うと、echoコマンドは改行を付け足しません。このスクリプトの実行例は次のとおりです。

```
Enter your name : fred
Hello, fred!
```

《解答》　**read**

第8章 ユーザーインターフェースとデスクトップ

- **8.1** Xのインストールと設定
- **8.2** グラフィカルデスクトップ
- **8.3** アクセシビリティ

▶ 理解しておきたい用語と概念

- ☐ Xサーバ、Xクライアント
- ☐ xorg.conf
- ☐ X.Org、X11
- ☐ ディスプレイマネージャ
- ☐ ウィンドウマネージャ
- ☐ KDE、GNOME、Xfce
- ☐ VNC
- ☐ アクセシビリティ

▶ 習得しておきたい技術

- ☐ xorg.confファイルの概要
- ☐ ネットワーク経由でのXの利用

8.1 Xのインストールと設定

8.1.1 GUIを実現する技術

LinuxやUNIXでは、GUIを実現するために**X Window System**（**X**、**X11**）が使われてきました。かつてはフリーのX Window Systemとして**XFree86**が多くのLinuxディストリビューションで標準的に採用されていました。現在では、XFree86から派生した**X.Org**[注1]が主流となっています。

Xはクライアント/サーバ方式を採用しています。**Xサーバ**は、モニターやビデオカード、キーボードといったハードウェアの管理を行います。**Xクライアント**はユーザーアプリケーションで、Webブラウザやオフィスアプリケーションなどが相当します。つまりXサーバは、Xクライアントにグラフィカルなインターフェースを提供します。XサーバとXクライアントは同じコンピュータ上で動作していても、異なるコンピュータ上で動作していてもかまいません。

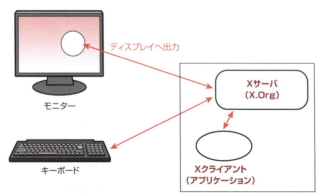

図8-1　XサーバとXクライアント

X Window Systemはとても古くからある仕組みなので、現在のコンピュータ環境で利用するには無理が出てきています。そのため、まったく新しい仕組みとして**Wayland**[注2]が開発されています。Waylandでは、**ウィンドウマネージャ**[注3]がディスプレイサーバとしてハードウェアやグラフィックを管理します。ただし、現在ではま

[注1] http://www.x.org/
[注2] Waylandはプロトコル名でもあり、Linux用のライブラリ名でもあります。
[注3] Mutterなどのコンポジット型ウィンドウマネージャが対応しています。Waylandでは「コンポジタ」と呼びます。

だWaylandに対応していないアプリケーションもあり、対応していても不十分な場合もあります。

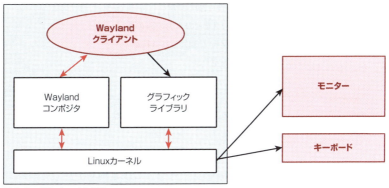

図8-2　Waylandの構造

8.1.2　X.Orgの設定

X.Orgの設定は、以前は/etc/X11/xorg.confファイルで行っていましたが、現在は手動で設定する必要はほとんどありません。ただし、LPICではxorg.confファイルについて問われますので、ここでは設定を **/etc/X11/xorg.confファイル** で行うものとして解説します。

設定は/etc/X11/xorg.confファイルのほか、**/etc/X11/xorg.conf.dディレクトリ** 以下に複数の.confファイルとして配置されることもあります。

xorg.confファイルは複数のセクションから構成されています。セクションは「Section "セクション名"」から「EndSection」までの範囲に、それぞれのセクションの用途ごとに設定が記述されます。

> **参考**　デフォルトの設定ファイルは/usr/share/X11/xorg.conf.dに配置されています。手動で設定が必要な場合は、設定を変更するファイルを/etc/X11/xorg.conf.dディレクトリ以下にコピーし、編集します。

表8-1 xorg.confの主なセクション

セクション	説明
Files	フォントやカラーデータベースファイルのパス名
Module	ダイナミックモジュールの設定
InputDevice	キーボードやマウスなどの入力装置の設定
InputClass	入力装置の「クラス」に適用される設定
Device	ビデオカードの設定
Monitor	モニターの設定
Modes	ビデオモードの設定
Screen	ディスプレイの色深度(表示色数)や画面サイズの設定
ServerLayout	入出力デバイスとスクリーンの指定

次に示すのは、/etc/X11/xorg.confファイルの設定例です。

▶ /etc/X11/xorg.confファイルの例

```
Section "ServerLayout"
        Identifier     "X.org Configured"
        Screen      0  "Screen0" 0 0
        InputDevice    "Mouse0" "CorePointer"
        InputDevice    "Keyboard0" "CoreKeyboard"
EndSection

Section "Files"
        ModulePath    "/usr/lib/xorg/modules"
        FontPath      "/usr/share/fonts/X11/misc"
        FontPath      "/usr/share/fonts/X11/cyrillic"
        FontPath      "/usr/share/fonts/X11/100dpi/:unscaled"
        FontPath      "/usr/share/fonts/X11/75dpi/:unscaled"
        FontPath      "/usr/share/fonts/X11/Type1"
        FontPath      "/usr/share/fonts/X11/100dpi"
        FontPath      "/usr/share/fonts/X11/75dpi"
        FontPath      "built-ins"
EndSection

Section "Module"
        Load   "glx"
EndSection

Section "InputDevice"    ← キーボードの設定
        Identifier  "Keyboard0"
        Driver      "kbd"
EndSection
```

```
Section "InputDevice"                                          ← マウスの設定
        Identifier  "Mouse0"
        Driver      "mouse"
        Option      "Protocol" "auto"
        Option      "Device" "/dev/input/mice"                 ← マウスのデバイスファイル
        Option      "ZAxisMapping" "4 5 6 7"
EndSection

Section "Monitor"                                              ← モニターの設定
        Identifier  "Monitor0"
        VendorName  "Monitor Vendor"
        ModelName   "Monitor Model"
EndSection

Section "Device"                                               ← ビデオカードの設定
        Identifier  "Card0"
        Driver      "vboxvideo"
        BusID       "PCI:0:2:0"
EndSection

Section "Screen"
        Identifier "Screen0"
        Device     "Card0"
        Monitor    "Monitor0"
(中略)
        SubSection "Display"
                Viewport  0 0
                Depth     16
        EndSubSection
        SubSection "Display"
                Viewport  0 0
                Depth     24
        EndSubSection
EndSection
```

> **参考** X Window Systemでは、ネットワーク経由でフォントを利用できるよう、フォントサーバxfs（X Font Server）が使われることがあります。xfsを利用するホストでは、xorg.confのFilesセクションで接続先サーバとポート番号を指定します。

xorg.confファイルの設定は難解なので、設定を補助するツールも用意されています。ハードウェアをスキャンしてxorg.confファイルを自動生成するには、次のコマンドを実行します。

```
# Xorg -configure
```

```
X.Org X Server 1.15.1
Release Date: 2014-04-13
X Protocol Version 11, Revision 0
Build Operating System: Linux 3.2.0-37-generic i686 Ubuntu

(中略)

Xorg detected your mouse at device /dev/input/mice.
Please check your config if the mouse is still not
operational, as by default Xorg tries to autodetect
the protocol.

Your xorg.conf file is /root/xorg.conf.new

To test the server, run 'X -config /root/xorg.conf.new'
```

上記の場合、/root/xorg.conf.newファイルが生成されます。そのファイルを使ってテストを実施するには次のコマンドを実行します。

```
# X -config /root/xorg.conf.new
```

マウスポインタだけの画面が表示されれば、最低限の設定はできています。必要な項目を手動で修正し、/etc/X11ディレクトリ以下にコピーします。

```
# cp /root/xorg.conf.new /etc/X11/xorg.conf
```

ここが重要

- xorg.confファイルの各セクションで何を設定するのかを理解しておきましょう。

GUIログインが失敗するなど、GUI環境に問題がある場合は、Xのログファイル（**/var/log/Xorg.0.log**）やデスクトップアプリケーションのログファイル（**~/.xsession-errors**）を確認し、原因を調べます。

> 参考　Xサーバのログは/var/log/Xorg.ディスプレイ番号.logというファイル名で保存されます。

ここが重要

- X.Orgの設定ファイル名を覚えておきましょう。

8.1.3　Xサーバの起動

X Window Systemの設定が適切に行われていれば、コンソール画面で**startxコマンド**を実行すると、X Window Systemが起動します。その流れは、おおよそ図8-3のようになっています。

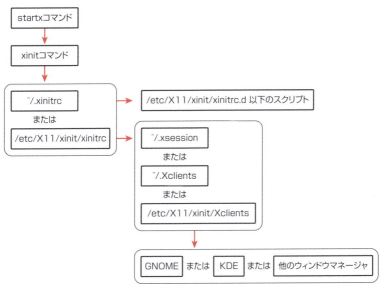

図8-3　Xの起動

 システムによっては上記と大きく異なる場合もあります。

8.1.4　ネットワーク経由でのXの利用

Xはネットワーク経由で利用できます。つまり、Xサーバが稼働しているのとは別のコンピュータで動作しているXクライアントを表示し、操作するといったことが可能です。ここでは、リモートホストremotepcにアカウントのあるユーザーlpicが、remotepc

上でXクライアントを動作させ、それを自分のホストlocalpcのディスプレイに表示する場合を見ていきます。

まず、クライアントとサーバの関係に注意してください。Xサーバはディスプレイへの出力を管理します。つまり、ローカルコンピュータでXサーバが稼働し、リモートホストのXクライアントが、ローカルのXサーバを使って表示します。一般的なクライアント/サーバの配置とは逆になるので注意が必要です。

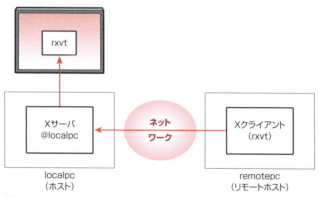

図8-4　ネットワーク経由でのXの利用

XクライアントがXサーバを利用できるよう許可を与えるには、**xhostコマンド**を使用します。xhostは、Xサーバへのアクセス制御を調整するコマンドです。+オプションで許可するホストを、-オプションで許可を取り消すホストを指定します。

書式　xhost [+-][ホスト名]

表8-2　xhostコマンドの主なオプション

オプション	説明
+ホスト名	指定したホストをXサーバ接続許可リストに追加する
-ホスト名	指定したホストをXサーバ接続許可リストから削除する
+	すべてのホストがXサーバに接続することを許可する（ただし、アクセス制御は無効）
-	Xサーバ接続許可リストによるアクセス制御を有効にする

最初に、remotepcのXクライアントがlocalpcのXサーバを利用できるよう許可を与えます。

```
[lpic@localpc]$ xhost +remotepc
```

次に、remotepcの**環境変数DISPLAY**でXサーバを指定し、環境変数DISPLAYをエクスポートします。

```
[lpic@remotepc]$ DISPLAY=localpc:0
[lpic@remotepc]$ export DISPLAY
```

環境変数DISPLAYは、次のような書式で記述されています。

書式 *[ホスト名]:ディスプレイ番号*

ホスト名にはXサーバのホスト名(もしくはIPアドレス)を指定します。ディスプレイ番号には、デフォルトのディスプレイであれば0を指定します。前記の例では、localpc上のデフォルトディスプレイを指定しています。

最後に、remotepcでXクライアントを起動します。次の例では、端末エミュレータrxvtを実行しています。

```
[lpic@remotepc]$ rxvt &
```

これで、localpcのディスプレイ上に、remotepcで実行されているrxvtのウィンドウが表示されます。

- xhostコマンドでXサーバの利用を許可できること、環境変数DISPLAYで表示先を設定することを覚えておくようにしてください。

COLUMN

X11フォワーディング

リモートホストでXを動かし、ローカルホストでGUIソフトウェアを表示させる仕組みとして、X11フォワーディングがあります。その際、リモートホスト側にはX Window Systemすべてをインストールしなくても、Xサーバとxauthをインストールすればよいでしょう。なお、X11フォワーディングでは、SSHサーバおよびクライアントの適切な設定も必要です。

8.2 グラフィカルデスクトップ

8.2.1 ディスプレイマネージャ

　GUIでログイン画面を表示し、ユーザー認証を行うソフトウェアを**ディスプレイマネージャ**といいます。ディスプレイマネージャには、X.Org標準のXDM（X Display Manager）、GNOMEで利用されるGDM（Gnome Display Manager）、KDE Plasmaで利用されるSDDM（Simple Desktop Display Manager）、Ubuntuで標準採用されているLightDM（図8-5）などがあります。

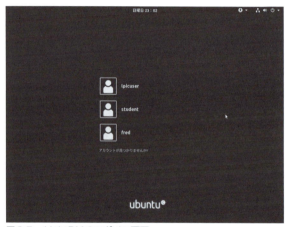

図8-5　LightDMのログイン画面

　複数のデスクトップ環境がインストールされている場合、ディスプレイマネージャで切り替えることもできます（図8-6）。

図8-6　デスクトップ環境の切り替え

GUI環境をインストールしても、デフォルトのログインがCUIである場合、システム起動時にディスプレイマネージャが自動的に有効になるよう設定しておきます。LightDMの場合、次のようにします。

```
# systemctl enable lightdm.service
```

8.2.2 ウィンドウマネージャ

Xの外観を制御しているソフトウェアが**ウィンドウマネージャ**です。ウィンドウマネージャは、ウィンドウの外観、メニュー、アイコンなどを提供するXクライアントです。Xサーバだけでは作業環境として使えないため、ウィンドウマネージャは必須です。ウィンドウマネージャを変更すると、ものによってはまったく別のOSであるかのようにユーザーインターフェースが変わる点には注意が必要です。代表的なウィンドウマネージャとしては、twm、FVWM、Enlightenment、Mutter、Fluxbox、Compiz、KWinなどがあります。

表8-3 代表的なウィンドウマネージャ

ウィンドウマネージャ	説明
twm	最小限の機能を備えた基本的なウィンドウマネージャ
FVWM	軽快でシンプルなウィンドウマネージャ
Enlightenment	高度なカスタマイズが可能なウィンドウマネージャ
Metacity	GNOME 2の標準ウィンドウマネージャ
Mutter	GNOME 3の標準ウィンドウマネージャ
Fluxbox	軽快でカスタマイズ性の高いウィンドウマネージャ
WindowMaker	簡素で軽量なウィンドウマネージャ
Compiz	立体的な画面効果が華々しいウィンドウマネージャ
KWin	KDEの標準ウィンドウマネージャ

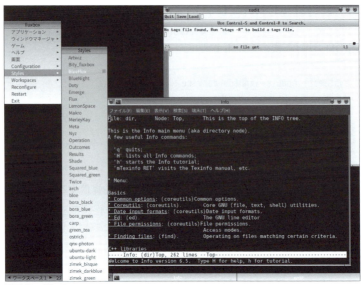

図8-7　Fluxbox

8.2.3　デスクトップ環境

　現在では、ウィンドウマネージャも含め、アプリケーションまで揃えて統一的な操作が提供されるのが一般的です。これは**統合デスクトップ環境**と呼ばれます。統合デスクトップ環境の代表例は、**GNOME**[注4]と**KDE Plasma**です。

　GNOMEは、GTK+というGUIツールキットをベースとして開発されました。ディスプレイマネージャとしてGDM、標準のウィンドウマネージャとしてMutterを使います。Red Hat Enterprise Linux、CentOS、Fedora、Ubuntuなどで標準のデスクトップ環境として採用されています（図8-8）。

[注4] グノームまたはノームと発音します。

8.2 グラフィカルデスクトップ

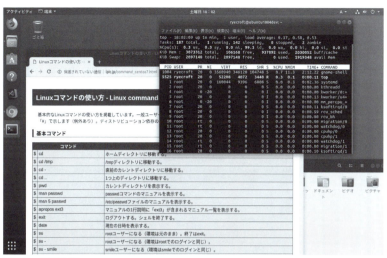

図8-8　GNOME

 GUIツールキット
ウィンドウ、ボタン、メニューなど、GUIアプリケーションを構成するGUI部品を集めたもの。一般的にライブラリの形で提供されます。

KDE（KDE Software Compilation）は、デスクトップ環境KDE Plasma、ライブラリ（KDEフレームワーク）、アプリケーション（KDEアプリケーション）から構成される大規模なソフトウェア群です。Qt（キュート）というGUIツールキットをベースとして開発されました。ディスプレイマネージャとしてSDDM、ウィンドウマネージャとしてKWinを使います。openSUSE、Slackware、Kubuntuなどで標準のデスクトップ環境として採用されています（図8-9）。

第8章 ユーザーインターフェースとデスクトップ

図8-9　KDE

表8-4　GNOMEとKDE Plasmaを構成する主なソフトウェア

種類	GNOME	KDE Plasma
テキストエディタ	gedit	KEdit
端末	GNOME端末	Konsole
ファイルマネージャ	Nautilus	Dolphin
ディスプレイマネージャ	GDM	SDDM
ウィンドウマネージャ	Mutter	KWin

　GNOMEやKDEを動作させるには、それなりのCPUパワーや多くのメモリを必要とします。そのため、古いPCでは動きが遅くなってしまい、快適とはいえません。そのようなPCでも動作するよう、より軽快なデスクトップ環境として**Xfce**やLXDE、MATEなどがあります（図8-10）。

8.2 グラフィカルデスクトップ

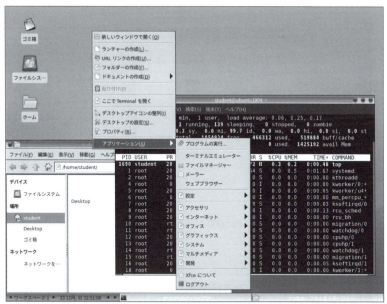

図8-10　Xfce

8.2.4　リモートデスクトップ

　ネットワーク経由でリモートコンピュータのデスクトップを操作する技術として、**リモートデスクトップ**があります。リモートデスクトップを使うと、たとえば手元のWindowsパソコンで、離れた場所にあるLinuxパソコンのデスクトップを操作することができます。

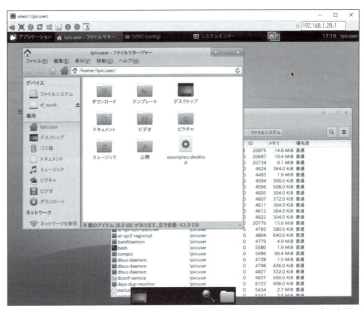

図8-11　Windows用のVNCクライアントでUbuntuのデスクトップ(LXDE)を表示している例

　また、仮想化技術の進展にともなって、**仮想デスクトップ環境**(VDI)も普及してきています。サーバ側で複数のデスクトップ環境を実行することで、アプリケーションやデータ、セキュリティを集中管理できます。また、クライアント側コンピュータの性能が高くなくても、サーバの豊富なリソースを利用できます。

　以下、リモートデスクトップで注意しておきたい用語を解説します。

VNC

　VNC(Virtual Network Computing)は、Windows、Linux、macOSなどクロスプラットフォーム対応のリモートデスクトップソフトウェアです。デスクトップを提供するコンピュータ側でVNCサーバを稼働させます。VNCサーバは次のコマンドで起動します。「:1」はディスプレイ番号です。

```
$ vncserver :1
```

　この状態でリモートデスクトップクライアントから接続します。終了するには、次のコマンドを実行します。

```
$ vncserver -kill :1
```

RDP

RDP（Remote Desktop Protocol）は、Windows標準のリモートデスクトッププロトコルです。Windowsのリモートデスクトップで標準的に利用できます。WindowsのデスクトップをLinuxデスクトップに表示したい場合に利用します。Windows側ではリモートデスクトップアクセスを許可する設定が必要です。

SPICE

SPICE（Simple Protocol for Independent Computing Environment）は、RDPと同様の画面転送プロトコルで、オープンソースで開発されています。VNCと異なり、通信の暗号化やマルチモニタなど、多数の機能に対応しています。

XDMCP

XDMCP（X Display Manager Control Protocol）は、ディスプレイマネージャをネットワーク越しに利用できるプロトコルで、Xサーバとディスプレイマネージャの間で使われます。XDMCPは通信経路が暗号化されていないため、安全性に問題があります。そのため、SSHを介して利用するといった注意が必要です。

COLUMN　リモートデスクトップビューア

Ubuntu標準のリモートデスクトップクライアント「リモートデスクトップビューア」は、VNCのほか、RDPやSPICE、SSHのX11フォワーディングに対応しています。

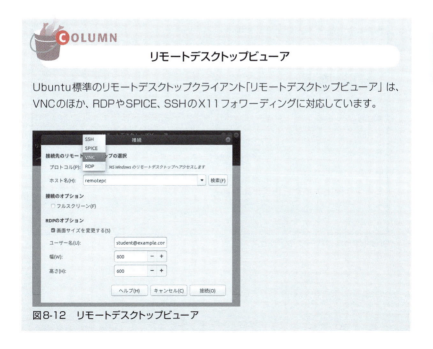

図8-12　リモートデスクトップビューア

8.3 アクセシビリティ

多くの人にとってCUIよりもGUIのほうが親しみやすいとしても、障がいのある人にとってもそうとは限りません。Linuxでは、障がい者を支援するためのさまざまなソフトウェアが利用できます。そのような技術を**AT**（Assistive Technology）といいます。また、ユーザー補助機能全般を**アクセシビリティ**（Accessibility）といいます。

8.3.1 アクセシビリティの設定

キーボードやマウスの操作を、より障がい者にとって扱いやすいようにする機能を**キーボードアクセシビリティ**といいます。Ubuntuでは、［設定］アプリから［ユニバーサルアクセス］をクリックしてアクセシビリティを設定できます。

図8-13　ユニバーサルアクセス

表8-5　アクセシビリティの設定

設定項目	説明
ハイコントラスト	視覚障がい者のためにコントラストを強調して見やすくする
大きな文字	システムの文字を大きく表示する
カーソルの大きさ	大きなカーソルを表示する
ズーム	カーソル位置を拡大するなどズームして表示する
スクリーンリーダー	フォーカスのある画面のテキストを音声で読み上げる
切り替えキー	CapsLockとNumLockのオン・オフが切り替わるとビープ音を鳴らして知らせる
視覚警告	警告音が鳴ったときに、画面全体をフラッシュするなど視覚的にも警告する
スクリーンキーボード	マウスを使ってスクリーン上のソフトウェアキーボードで文字入力できる
リピートキー	キーを長押しすると繰り返しキー入力したことにする
カーソルの点滅	テキスト入力時のカーソル点滅速度を調整する
タイピング支援（AccessX）	スティッキーキー、スローキー、バウンスキーを設定する
マウスキー	テンキーでもマウスカーソルを動かせるようにする
クリック支援	主ボタンの押しっぱなしを副ボタン押下とみなすなど
ダブルクリックと認識する間隔	ダブルクリックと認識する間隔時間を調整できる

主な項目を見ておきます。

スティッキーキー（固定キー）

　障がいによっては、「Ctrlキーを押しながらLキーを押す」のように、複数のキーを同時に押す操作が困難な場合があります。**スティッキーキー**を有効にすると、別のキーを入力するまでの間、修飾キー（Shift、Alt、Ctrl、Metaキーなど）が押されたままの状態になります。この状態を**ラッチ**といいます。たとえば、Ctrlキーを押し、次にLキーを押すと、Ctrl+Lを押したのと同じことになります。Lキーを押した時点でラッチは解除されます。

　修飾キーを連続で押すとロックされます。たとえば、Shiftキーを押しっぱなし状態にしたいときは、2回連続でShiftキーを押します。この状態を**ロック**といいます。Shiftキーをもう一度押すまでロック状態は維持されます。

　連続してShiftキーやCtrlキーが押されたら、それを複数同時に押下したとみなされて操作が実行されます。

スローキー

正確にキーを入力できないユーザーのため、キー押下を認識する時間を調整したり、キー押下に合わせてビープ音を鳴らしたりすることができる機能です。

バウンスキー

誤って立て続けに同じキーを押してしまっても、連続した入力とみなされないよう、素早く何度も押したり押し続けたりした場合の入力を無視することができます。

トグルキー

NumLockキー、CapsLockキー、ScrollLockキーなどを押して機能が有効になると、通常はキーボードのLEDランプが点灯します。その認識が難しいユーザーのため、オンになったときはビープ音を1回、オフになったときはビープ音を2回鳴らす機能です。

マウスキー

マウスの代わりにテンキーを使ってマウスポインタを移動させたり、クリック操作をしたりすることができる機能です。マウスを扱うのが困難なユーザー向けです。

その他のアクセシビリティ機能

アクセシビリティ機能は、障がい者の身体機能をサポートするだけではありません。マウスやタッチパッド上でのアクションを操作に割り当てるジェスチャーや、音声認識によって操作する機能などは一般的になっていますが、アクセシビリティを高める機能でもあります。

ここが重要

- アクセシビリティ機能の概要と用語を知っておいてください。

練習問題

問題:8.1 重要度:★★★★

XサーバとしてX.Orgを利用しています。中心となる設定ファイル名を記述してください。

_____

《解説》 X.Orgの設定ファイルは、通常、/etc/X11ディレクトリ以下に置かれています。正解は「xorg.conf」です。

《解答》 xorg.conf

問題:8.2 重要度:★★

X.Orgの設定ファイルで、キーボードやマウスなどの入力装置に関する設定を行うセクションを選択してください。

- A. Device
- B. InputDevice
- C. ServerLayout
- D. Input

《解説》 X.Org設定ファイルxorg.confのDeviceセクションではビデオカードの設定を記述します。したがって、選択肢Aは不正解です。ServerLayoutセクションでは入出力デバイスとスクリーンの指定を記述します。したがって、選択肢Cは不正解です。Inputというセクションは存在しないため、選択肢Dは不正解です。 正解は選択肢Bです。

《解答》 B

第8章 ユーザーインターフェースとデスクトップ

問題：8.3　重要度：★★★★☆

ホストremotepcのXクライアントが、ホストlocalpcのXサーバを利用できるように設定しようとしています。ホストlocalpc上で利用の許可を設定するには、どのコマンドを使えばよいかを選択してください。

- A. xhost +remotepc
- B. xhosts +remotepc
- C. xhost localpc remotepc
- D. xmod remotepc

《解説》　選択肢Cは書式が誤っているので不正解です。xhostsというコマンドはありません。したがって、選択肢Bは不正解です。xmodというコマンドは存在しないため、選択肢Dは不正解です。正解は選択肢Aです。「xhost +remotepc」を実行すると、ネットワーク越しにXサーバの利用が可能になります。

《解答》　A

問題：8.4　重要度：★★★☆☆

ディスプレイマネージャをすべて選択してください。

- A. LightDM
- B. LXDE
- C. GTK+
- D. SDDM
- E. Mutter

《解説》　ディスプレイマネージャは、GUI環境でログイン画面を表示し、ユーザー認証を行うソフトウェアです。XDM（X Display Manager）、GDM（Gnome Display Manager）、SDDM（Simple Desktop Display Manager）、LightDMなどがあります。LXDEは統合デスクトップ環境、GTK+はGNOMEで利用されているツールキットの名称、Mutterはウィンドウマネージャの名称です。

《解答》　A、D

問題：8.5　　　　　　　　　　　　　　　　　　　　重要度：★★★★

ネットワーク経由でリモートホストのXクライアントがローカルホストのXサーバを利用したい場合、リモートホストで設定すべき環境変数を記述してください。

_____

《解説》　リモートホストのXクライアントプログラムがローカルホストのXサーバを利用する場合、Xクライアントは出力先のXサーバを知る必要があります。その設定は環境変数 **DISPLAY** を利用します。DISPLAY変数には「localpc:0」のような値が設定されます。

《解答》　**DISPLAY**

問題：8.6　　　　　　　　　　　　　　　　　　　　重要度：★★

WindowsのデスクトップをLinux端末からネットワーク越しに操作しようとしています。Windows標準のリモートデスクトップ機能で採用されているプロトコルを選択してください。

- A. VNC
- B. AD
- C. SMB
- D. RDP
- E. SPICE

《解説》　Windows標準のリモートデスクトップ機能では、プロトコルとしてRDP（Remote Desktop Protocol）が使われています。LinuxのクライアントソフトウェアでもRDPを扱えるものがあります。RDPであればWindows側に追加でソフトウェアをインストールする必要がありません。
　VNCやSPICEもリモートデスクトップで使われますが、Windows標準ではありま

せん。AD（Active Directory）はWindowsのディレクトリサービスの名称です。SMBはWindowsのファイル共有などに使われるプロトコルです。

《解答》　D

問題：8.7

重要度：★★★★★

Shiftキーと他のキーを同時に押すことができないユーザーのために提供されている、Shiftキーを一度押すと、他のキーを押すまでShiftキーがアクティブな状態のままになる機能のことを何と呼びますか。適切なものを選択してください。

- A. バウンスキー
- B. スティッキーキー
- C. スローキー
- D. マウスキー
- E. トグルキー

《解説》　問題文はスティッキーキーの説明です。バウンスキーは、単一のキーを素早く何度も押した場合はキー入力を無視する機能です。スローキーは、キーを素早く操作できない場合、キー入力を認識するまでの時間を調整できる機能です。マウスキーは、テンキーでマウスの動きをエミュレートする機能です。トグルキーは、インジケータライトの代わりにビープ音を使う機能です。

《解答》　B

第9章 管理タスク

- 9.1 ユーザーとグループの管理
- 9.2 ジョブスケジューリング
- 9.3 ローカライゼーションと国際化

■▶ 理解しておきたい用語と概念

- □ ユーザー、グループ
- □ /etc/passwd
- □ シャドウパスワード
- □ /etc/skel
- □ cron、at
- □ ローカライゼーションと国際化
- □ ロケール
- □ タイムゾーン

■▶ 習得しておきたい技術

- □ ユーザー/グループの作成、変更、削除
- □ ホームディレクトリの雛型の作成
- □ cronとsystemdのタイマーUnitを使った定期的なジョブスケジューリング
- □ atを使ったジョブの予約と確認、削除
- □ cronとatの利用制限
- □ ロケールの設定と確認
- □ 文字コードの変換
- □ タイムゾーンの設定

9.1 ユーザーとグループの管理

Linuxは複数のユーザーが同時に利用することのできるマルチユーザーシステムです。ユーザーの情報はテキストファイルに保存されています。

9.1.1 ユーザーアカウントと/etc/passwd

Linuxでは、ユーザーアカウント情報は**/etc/passwdファイル**に保存されます。/etc/passwdファイルはプレーンテキストなので、catコマンドやlessコマンドなどで中を見ることができます。/etc/passwdファイルは、1行につき1ユーザーアカウントの情報が記述されています。項目は「：」で区切られています。各項目の意味は次のとおりです。

書式　`lpic:x:1000:1000:LPI Linux :/home/lpic:/bin/bash`
　　　　　①　②　③　　④　　　⑤　　　　　⑥　　　　⑦

①**ユーザー名** …… システム内で一意のアカウント名
　ユーザーの名前やプログラム名が使われます。同じシステム内で重複はできません。

②**パスワード** …… 暗号化されたパスワード
　現在ではシャドウパスワードが使われているので、このフィールドには「x」が入ります。

③**UID（ユーザーID）** …… ユーザーを識別するための一意なID
　rootユーザーは必ず0であり、一般ユーザーは通常、1000以降[注1]の番号が割り当てられます。1〜99まではシステム管理用に使用されます。

④**GID（グループID）** …… グループを識別するための一意なID
　GIDとグループ名との対応は/etc/groupファイルで定義されます。

⑤**GECOS** …… コメント
　ユーザーのフルネームやその他の情報などを記述します。

⑥**ホームディレクトリ**
　ユーザーのホームディレクトリの絶対パスを格納します。

[注1] ディストリビューションにより、500以降を割り当てたり、1000以降を割り当てたりします。

⑦デフォルトシェル

ユーザーがログインしたり新たにシェルを開いた際に起動されるシェルの絶対パスを格納します。

 プレーンテキスト
純粋に文字情報だけで構成されているデータのこと。プレーンテキストを保存したファイルがテキストファイルです。装飾情報が含まれているHTMLファイルなどはプレーンテキストではありません。

/etc/passwdファイルは、一般ユーザーでも読み取ることができます。パスワードは暗号化されているとはいえ、時間をかければ暗号解読は可能です。したがって、パスワードをこのファイルに記述しておくことはセキュリティの観点から望ましくありません。そのため、現在では**シャドウパスワード**を使い、パスワード情報は**/etc/shadow**に格納するようになっています。/etc/shadowはスーパーユーザー(root)しか読み出しができないので、セキュリティが強化されます。

参考 シャドウパスワードを使わなくても、一般ユーザーには/etc/passwdファイルの読み取りを禁止すればよいのではないかと思われるかもしれません。しかし/etc/passwdファイルから一般ユーザーの読み取り権限を削除してしまうと、さまざまな不都合が生じます。たとえば、一般ユーザーではプロンプトが適切に表示されなかったり、ls -lコマンドの表示がおかしくなったりします。

9.1.2 グループアカウントと/etc/group

グループの設定は、**/etc/groupファイル**に保存されています。

書式
staff:x:1002:linux,lpic
　①　　②　③　　　④

①グループ名

グループの名称が入ります。

②グループパスワード

グループメンバー用のパスワードが入ります。現在ではシャドウパスワードが使われているので、このフィールドには「x」が入ります。

③GID(グループID)

グループを識別するためのGIDが入ります。

④グループメンバー

このグループをサブグループにしているユーザーのユーザー名が入ります。複数のユーザーが属している場合は「,」で区切って並べます。

上記の例では、staffというグループにユーザーlinuxとlpicが所属しています。デフォルトのグループ割り当てについては、一般ユーザーはすべて特定のグループに所属させるものや、ユーザーアカウントを作成するごとにそのユーザー専用のグループも作成して割り当てるものなど、ディストリビューションによって異なります。

ユーザーは複数のグループに属することができます。ユーザーにとっての基本となるグループを**プライマリグループ**（**基本グループ**）、それ以外に参加しているグループを**サブグループ**（**参加グループ**）といいます。ファイルやディレクトリを作成したときに所有グループとしてデフォルトで適用されるのがプライマリグループです[注2]。ユーザーのプライマリグループは、/etc/passwdファイルのGIDフィールドで確認できます。

> **ここが重要**
> - /etc/passwd、/etc/groupファイルの書式と各項目の意味を正確に理解しておきましょう。

9.1.3 コマンドを用いたユーザーとグループの管理

Linuxでは、グラフィカルなツールを使ってユーザーやグループを管理することもできますが、ツールはディストリビューションによって異なります。ディストリビューションに依存せずユーザー管理・グループ管理ができるよう、コマンドを使った操作を習得しておきましょう。

useraddコマンド

ユーザーアカウントを作成するには**useraddコマンド**を使います[注3]。

書式 useradd [オプション] ユーザー名

[注2] newgrpコマンドで変更することもできます。
[注3] UbuntuやDebian/GNU Linuxでは、useraddコマンドを使うよりもadduserコマンドを使ってユーザーを作成したほうがよいでしょう。

表9-1 useraddコマンドの主なオプション

オプション	説明
-c コメント	コメントフィールドを指定する
-d パス	ホームディレクトリを指定する
-g グループ名/GID	プライマリグループを指定する
-G グループ名/GID	プライマリグループ以外に所属するグループを指定する
-s パス	デフォルトシェルを指定する
-D	デフォルトの設定値を表示もしくは設定する
-m	ホームディレクトリを自動的に作成する[注4]

次の例では、コメント、ホームディレクトリ、デフォルトシェルを指定して、新規ユーザーlinuxuserを作成しています。

```
# useradd -c "Linux User" -d /home/linux -s /bin/bash linuxuser
```

ここが重要

- useraddコマンドのオプションを正確に理解しておきましょう。

ホームディレクトリのデフォルトファイル

ユーザーアカウントを作成すると、通常、ホームディレクトリも同時に作成されます。その際、基本的な設定ファイルなど、どのユーザーにも必要と思われるファイルも同時に配布できると便利です。ホームディレクトリ作成時に配布したいファイルは、雛型として/etc/skelディレクトリに置いておきます。ホームディレクトリが作成される際には、/etc/skelディレクトリ内のファイルが新規に作成されるホームディレクトリ内にコピーされます(ファイルの所有者は新規に作成されたユーザーに変更されます)。次に示すのは、/etc/skelディレクトリの一例です。

```
$ ls -lA /etc/skel
合計 16
-rw-r--r--  1 root root  18 9月 26 10:53 .bash_logout
-rw-r--r--  1 root root 193 9月 26 10:53 .bash_profile
-rw-r--r--  1 root root 231 9月 26 10:53 .bashrc
```

【注4】 Debian GNU/Linuxなどでは、ユーザーを作成してもホームディレクトリは自動的に作成されません。-mオプションを指定すると、ユーザー名と同じ名前でホームディレクトリが自動的に作成されます。

```
drwxr-xr-x  4 root root  37  3月  6 21:52 .mozilla
-rw-r--r--  1 root root 658  6月 10  2014 .zshrc
```

usermodコマンド

既存のユーザーアカウントを変更します。/etc/passwdファイルの該当のフィールドを書き換えた場合と同じになります。useraddコマンドと多くのオプションが共通しています。

書式　usermod [オプション] ユーザー名

表9-2　usermodコマンドの主なオプション

オプション	説明
-c コメント	コメントフィールドを変更する
-d パス	ホームディレクトリを変更する
-g グループ名/GID	プライマリグループを変更する
-G グループ名/GID	所属するグループを変更する
-s パス	デフォルトシェルを変更する
-L	パスワードをロックして一時的に無効化する
-U	パスワードのロックを解除する

-gオプションを使うと、プライマリグループが変更されます。これに対して、-Gオプションを使った場合は、プライマリグループは変更せずに所属するグループを変更します。次の例では、ユーザーlpicがプライマリグループ以外に所属するグループをbprojectに変更しています。

```
# usermod -G bproject lpic
```

長期休暇などでユーザーが一時的にアカウントを使用しなくなる場合、セキュリティ上の観点から、そのアカウントを利用不可にしておくことが考えられます。この場合、アカウントを削除するのではなく、「-L」オプションを使ってロックをかけると、アカウントを一時的に無効化できます。次の例では、ユーザーlpicのアカウントを無効にしています。

```
# usermod -L lpic
```

userdelコマンド

ユーザーアカウントを削除します。ユーザーアカウントを削除するだけでは、ユーザーが利用していたホームディレクトリが残ります。ホームディレクトリも削除するには、-rオプションを使います。

書式　userdel [オプション] ユーザー名

表9-3　userdelコマンドの主なオプション

オプション	説明
-r	ホームディレクトリも同時に削除する

次の例では、ユーザーlpicjpをホームディレクトリごと削除しています。

```
# userdel -r lpicjp
```

ここが重要

- -rオプションなしでuserdelコマンドを実行すると、ホームディレクトリは削除されません。その場合でも、rmコマンドを使って後からホームディレクトリを削除できます。

passwdコマンド

パスワードを変更します。スーパーユーザー以外は、自分のパスワードだけを変更できます。また、usermodコマンドと同様、ユーザーアカウントをロックすることもできます。

書式　passwd [オプション] [ユーザー名]

表9-4　passwdコマンドの主なオプション

オプション	説明
-l	パスワードをロックして一時的に無効化する
-u	パスワードのロックを解除する

groupaddコマンド

グループを作成します。

書式　groupadd グループ名

グループを指定してユーザーを作成するときは、あらかじめグループを作成しておきます。次の例ではsalesグループを作成しています。

```
# groupadd sales
```

groupmodコマンド

既存のグループ情報を変更します。

書式　groupmod [オプション] グループ名

表9-5　groupmodコマンドの主なオプション

オプション	説明
-g GID	GIDを変更する
-n グループ名	グループ名を変更する

次の例では、develグループの名称をdevelopに変更しています。

```
# groupmod -n develop devel
```

groupdelコマンド

グループを削除します。削除対象グループをプライマリグループとするユーザーがいる場合は、削除できません。

書式　groupdel グループ名

次の例では、salesグループを削除しようとしています。

```
# groupdel sales
groupdel: cannot remove user's primary group.
```

しかし、このグループをプライマリグループとしているユーザーがいるため、削除できないというメッセージが表示されています。このように、削除対象のグループをプライマリグループとしているユーザーが1人でもいると、グループは削除できません。もしそのようなグループを削除してしまうと、どのグループにも所属しないユーザーができてしまうおそれがあるからです。

idコマンド

ユーザーが所属しているグループは、**id コマンド**で調べることができます。

書式 id [ユーザー名]

次の例では、studentユーザーはstudentグループとdevelopグループに所属していることがわかります。

```
$ id student
uid=1000(student) gid=1000(student) groups=1000(student),1002(develop)
```

なお、システムによっては、LDAP等を使ってユーザー情報やグループ情報を統合管理している場合があります。その場合は、LDAPサーバにあるユーザー情報やグループ情報が使われます。**getent コマンド**を使うと、ローカルホストやLDAPサーバなどにあるユーザー情報、グループ情報などを一括して出力することができます。

書式 getent 対象

対象には、ユーザー情報であればpasswd、グループ情報であればgroupを指定します。次の例では、ユーザー情報を出力しています。

```
$ getent passwd
root:x:0:0:root:/root:/bin/bash
daemon:x:1:1:daemon:/usr/sbin:/usr/sbin/nologin
bin:x:2:2:bin:/bin:/usr/sbin/nologin
sys:x:3:3:sys:/dev:/usr/sbin/nologin
sync:x:4:65534:sync:/bin:/bin/sync
(以下省略)
```

LDAP
LDAPはディレクトリサービスに使われるプロトコルです。ディレクトリサービスを使うと、ユーザー情報やグループ情報などを一元管理することができます。

 シャドウパスワード

現在のシステムでは**シャドウパスワード**が採用されているので、暗号化されたパスワードが **/etc/shadowファイル**に記録されています。/etc/shadowファイルはrootユーザーしか読み取りができないため、/etc/passwdファイルにパスワードを保存していた頃と比較してセキュリティが向上しています[注5]。

```
$ ls -l /etc/passwd /etc/shadow
-rw-r--r--  1 root root 2067  2月 12 09:40 /etc/passwd
----------  1 root root 1208  2月 12 09:40 /etc/shadow
```

以下は、シャドウパスワードを利用している場合の/etc/passwdファイルと/etc/shadowファイルです。

▶ **/etc/passwd**

```
student:x:1000:1000:student:/home/student:/bin/bash
```

▶ **/etc/shadow**

```
student:$6$89n502Z.pNiYj8ZS$sbdhcwRkUiE9cDRQ/uSyw1BdSqPrKBqITfpFbaZSHsN
jPZVTaOIuNEiHyT.EDYWA2j5HiUlvWOr0iAfC5LeXp.:16500:0:99999:7:::
```

暗号化されたパスワードが/etc/shadowの第2フィールドに格納されていることがわかります。

- シャドウパスワードの必要性を理解しておきましょう。

[注5] シャドウパスワードについては第12章でも取り上げているので、そちらも参照してください。

9.2 ジョブスケジューリング

システム運用には、バックアップやログファイルの管理など、メンテナンス作業が欠かせません。定期的に実施する作業については、自動的に実行されるように設定することによって、システム管理コストを下げることができます。Linuxでは、定期的に実行するジョブについては**cron**を、1回限りのジョブの予約については**atコマンド**を使って、スケジューリングできます。

9.2.1 cron

定期的にジョブを実行するcronは、スケジュールを管理するデーモンである**crond**と、スケジューリングを編集する**crontabコマンド**から構成されます。crondデーモンは1分ごとにcrontabファイルを調べて、実行すべきスケジュールが存在すればそのジョブを実行します。

ユーザーのcrontab

ユーザーのcrontabファイルは、**/var/spool/cronディレクトリ**以下に置かれています。たとえばstudentユーザーであれば、/var/spool/cron/student（または/var/spool/cron/crontabs/student）というファイルになります。ただし、エディタで開いて直接編集してはいけません。crontabファイルを編集するには、crontabコマンドを使用します。

書式 `crontab [オプション]`

表9-6 crontabコマンドの主なオプション

オプション	説明
-e	エディタを使ってcrontabファイルを編集する
-l	crontabファイルの内容を表示する
-r	crontabファイルを削除する
-i	crontabファイル削除時に確認する
-u ユーザー名	ユーザーを指定してcrontabファイルを編集する（rootユーザーのみ）

cronジョブを設定するには、-eオプションを指定して実行します。

```
$ crontab -e
```

すると、viエディタやnanoエディタなど、デフォルトに設定されているエディタでcrontabファイルが開かれるので[注6]、編集を行って保存します。

```
# m h  dom mon dow   command
1  *  *   *   *      uptime >> $HOME/uptime.log
~
~
~
~
~
~
~
~
~
~
~
"/tmp/crontab.veLKCp/crontab" 2L, 77C                    1,1        All
```

-lオプションを使うと、設定されているcronジョブを一覧表示できます。

```
$ crontab -l
# m h  dom mon dow   command
1  *  *   *   *      uptime >> $HOME/uptime.log
```

-rオプションを指定すると、設定されているすべてのcronジョブが削除されます。

```
$ crontab -r
```

crontabファイルの書式は次のとおりです。それぞれのフィールドにマッチした日時になると、コマンドが実行されます。

書式　分　時　日　月　曜日　コマンド

[注6] エディタは環境変数EDITORで変更できます。

9.2 ジョブスケジューリング

表9-7 crontabファイルのフィールド

フィールド	内容
分	0〜59までの整数
時	0〜23までの整数
日	1〜31までの整数
月	1〜12までの整数、もしくはjan〜decまでの文字列
曜日	0〜7までの整数(0、7：日曜〜6：土曜)、もしくはSun、Monなどの文字列
コマンド	実行すべきコマンド

次の例では、毎日23:15に/usr/local/bin/backupプログラムを実行します。行頭に「#」がある行はコメントです。「*」はすべての値にマッチします。

▶ crontabファイルの例1
```
# Daily Backup
15 23 * * * /usr/local/bin/backup
```

複数の値を指定する場合は「,」で区切ります。次の例では、毎週月曜日の9時と12時に/usr/local/bin/syscheckプログラムを実行します。

▶ crontabファイルの例2
```
# Weekly System Check
0 9,12 * * 1 /usr/local/bin/syscheck
```

間隔を指定することもできます。たとえば、2分ごと(あるいは2時間ごと、など)を指定したければ、「*/2」のようにします。次の例では、2時間ごとに/usr/local/bin/syscheckプログラムを実行します。

▶ crontabファイルの例3
```
0 */2 * * * /usr/local/bin/syscheck
```

システムのcrontab

ユーザーのcrontabファイルとは別にシステム用のcrontabファイル(/etc/crontab)もあります。/etc/crontabファイルでは一般的に、そこから**/etc/cron.*ディレクトリ**に置かれたファイルを呼び出すようになっています。/etc/crontabファイルには、実行ユーザー名を指定するフィールドが加わります。次に示すのは/etc/crontabファイルの一部です。

▶ /etc/crontabの例

```
SHELL=/bin/sh
PATH=/usr/local/sbin:/usr/local/bin:/sbin:/bin:/usr/sbin:/usr/bin

# m h dom mon dow user   command
17 *    * * *   root    cd / && run-parts --report /etc/cron.hourly
25 6    * * *   root    test -x /usr/sbin/anacron || ( cd / && run-parts
--report /etc/cron.daily )
47 6    * * 7   root    test -x /usr/sbin/anacron || ( cd / && run-parts
--report /etc/cron.weekly )
52 6    1 * *   root    test -x /usr/sbin/anacron || ( cd / && run-parts
--report /etc/cron.monthly )
```

この設定では、1時間ごとに/etc/cron.hourlyディレクトリ以下のcrontabファイルを、1日ごとに/etc/cron.dailyディレクトリ以下のcrontabファイルを、1週間ごとに/etc/cron.weeklyディレクトリ以下のcrontabファイルを、1か月ごとに/etc/cron.monthlyディレクトリ以下のcrontabファイルを実行するようになっています。

> **参考** run-partsコマンドは、指定したディレクトリ内にあるスクリプトや実行ファイルを実行するコマンドです。

表9-8に、crontab関連のファイルとディレクトリをまとめておきます。

表9-8 crontab関連のファイルとディレクトリ

ファイル／ディレクトリ	説明
/etc/crontab	システムのcrontabファイル
/etc/cron.d/	各種のcronジョブを記述したファイルを収めたディレクトリ
/etc/cron.hourly/	1時間に1度実行されるcronジョブを記述したファイルを収めたディレクトリ
/etc/cron.daily/	1日に1度実行されるcronジョブを記述したファイルを収めたディレクトリ
/etc/cron.weekly/	週に1度実行されるcronジョブを記述したファイルを収めたディレクトリ
/etc/cron.monthly/	月に1度実行されるcronジョブを記述したファイルを収めたディレクトリ
/var/spool/cron/（または/var/spool/cron/crontabs/）	ユーザーのcrontabファイルを収めたディレクトリ

ここが重要

- crontabファイルの書式と、crontabファイルの編集方法を十分に理解しておく必要があります。

9.2.2 atコマンド

cronが定期的に繰り返し実行するジョブを扱うのに対し、**atコマンド**は1回限りの実行スケジュールを扱います。atコマンドによるスケジューリングを実施するには、atデーモン(atd)が動作している必要があります。

書式　at オプション

書式　at [-f ファイル名] 日時

表9-9　atコマンドの主なオプション

オプション	説明
-dジョブ/-rジョブ	予約中のジョブをジョブ番号で指定して削除する(=atrm)
-l	予約中のジョブを表示する(=atq)
-f	コマンドを記述したファイルを指定する

atコマンドは対話式でコマンドを指定します。日時を指定すると、入力モードになります。Ctrl＋Dキーでコマンドの入力を終了します。

```
$ at 5:00 tomorrow
at> /usr/local/sbin/backup
at> ^D          ← Ctrl＋Dキーを入力
```

コマンドを対話式で入力するのではなく、あらかじめテキストファイルにコマンドを記述しておき、そのファイルを指定する方法もあります。
次の例では、my_jobsファイルにコマンドを記述しています。

```
$ at -f my_jobs 23:30
```

日時は表9-10のように指定することができます。

表9-10 atコマンドの日時指定書式の例

指定日時	書式
午後10時	22:00、10pm
正午	noon
真夜中	midnight
今日	today
明日	tomorrow
3日後	now + 3 days
2週間後の22:00	10pm + 2 weeks

-lオプションを使うと、予約中のジョブを一覧表示できます。同様の動作を行う**atq コマンド**もあります。-dオプションまたは-rオプションを使うと、予約中のジョブをジョブ番号で指定して削除できます。同様の動作を行う**atrmコマンド**もあります。

> **ここが重要**
> - atコマンドの実行日時の指定方法と主なオプションを理解しておく必要があります。

9.2.3 cronとatのアクセス制御

cronやatの利用制限は、ユーザー単位で実施できます。

cronのアクセス制御

cronを利用するユーザーを制限するには、**/etc/cron.allow**、**/etc/cron.deny**を使います。/etc/cron.allowにはcronの利用を許可するユーザーを、/etc/cron.denyにはcronの利用を拒否するユーザーを記述します。これらのファイルは以下の順で評価されます。

① /etc/cron.allowファイルがあれば、そこに記述されたユーザーのみがcronを利用できる（/etc/cron.denyファイルは無視される）
② /etc/cron.allowファイルがなければ、/etc/cron.denyを参照し、/etc/cron.denyに記述されていないすべてのユーザーがcronを利用できる

atのアクセス制御

atコマンドを利用するユーザーを制限するには、**/etc/at.allow**、**/etc/at.deny** を使います。/etc/at.allowにはatの利用を許可するユーザーを、/etc/at.denyにはatの利用を拒否するユーザーを記述します。これらのファイルは以下の順で評価されます。

① /etc/at.allowがあれば、そこに記述されたユーザーのみがatを利用できる（/etc/at.denyファイルは無視される）
② /etc/at.allowがなければ、/etc/at.denyを参照し、/etc/at.denyに記述されていないすべてのユーザーがatを利用できる
③ どちらのファイルもなければ、rootユーザーだけがatを利用できる

デフォルトでは、空の/etc/at.denyファイルがあり、すべてのユーザーがatコマンドを利用できるようになっています。

> **ここが重要**
> ● アクセス制御ファイルの名前と役割を理解しておきましょう。

9.2.4 systemdによるスケジューリング

systemdの**タイマーUnit**を使うと、cronの代わりにスケジューリングを設定することができます。タイマーUnitでは、「システム起動後10分後」のように、何らかのイベントから一定時間経過した後に発動し、以後定期的に実施されるモノトニックタイマーと、crontabと同様にカレンダーで指定して定期的に実施されるリアルタイムタイマーがあります。

たとえば、システム起動後10分後にlpic.serviceサービスを実行し、以後1週間ごとに実施されるタイマーは、次のように設定します。

▶ /etc/systemd/system/lpic.timer

```
[Unit]
Description=lpic service run weekly and 10m after boot

[Timer]
OnBootSec=10min
OnUnitActiveSec=1w
```

```
[Install]
WantedBy=timers.target
```

毎日午前4時にlpic.serviceサービスを実行するには、次のように設定します。

▶ **/etc/systemd/system/lpic.timer**
```
[Unit]
Description=lpic service run weekly

[Timer]
OnCalendar=*-*-* 04:00:00

[Install]
WantedBy=timers.target
```

参考 書式はマニュアル「man 7 systemd.time」で確認できます。

タイマーUnitによる設定は、crontabによるスケジューリングよりも煩雑です。**systemd-runコマンド**を使うと、より簡単にスケジュールを予約できます。次の例では、lpictestというUnit名で、60秒ごとに(--on-unit-active=60s) uptimeコマンドを実行します[注7]。

```
# systemd-run --unit=lpictest --on-active=1s --on-unit-active=60s uptime
Running timer as unit lpictest.timer.
Will run service as unit lpictest.service.
```

スケジュールの一覧は、次のコマンドで確認できます。

```
# systemctl list-timers
NEXT                          LEFT       LAST                          PASSED       UNIT
Sat 2018-12-08 11:04:40 EST   9s ago     Sat 2018-12-08 11:04:49 EST   7ms ago      lpictest.timer
Fri 2018-12-07 09:27:57 EST   22h left   Sat 2018-12-08 09:27:57 EST   1h 36min ago systemd-
tmpfiles-cle

2 timers listed.
Pass --all to see loaded but inactive timers, too.
```

[注7] --on-activeオプションはタイマーが起動した後、初回に実行するまでの時間を指定します。--on-unit-activeオプションは前回のタイマー実施からのインターバルを指定します。

コマンドの実行結果はjournalctlコマンドで確認できます。-uオプションを使ってUnit名を指定するとよいでしょう。

```
# journalctl -u lpictest
-- Logs begin at Sun 2018-12-02 14:19:40 EST. --
Dec 8 11:04:49 centos7.example.com systemd[1]: Started /bin/uptime.
Dec 8 11:04:49 centos7.example.com uptime[7268]: 11:04:49 up  1:51,  2 users,
load average: 0.00, 0.01, 0.05
Dec 8 11:05:57 centos7.example.com systemd[1]: Started /bin/uptime.
Dec 8 11:05:57 centos7.example.com uptime[7269]: 11:05:57 up  1:53,  2 users,
load average: 0.01, 0.01, 0.05
```

スケジュールを削除するには、次のようにします。

```
# systemctl stop lpictest.timer
```

9.3 ローカライゼーションと国際化

ソフトウェアのメニューやメッセージは、利用者のネイティブな言語に対応していれば嬉しいものです。言語や通貨単位、日付の書式などを地域や国に合わせることを**ローカライゼーション**(localization)といいます。ローカライゼーションを国ごとに行うのは大変なので、最近の多くのソフトウェアでは、最初から多言語・多地域に対応するように作られています。これを**国際化**(internationalization：i18n)といいます。

> **用語解説　i18n**
> 国際化のことをi18nということがあります。これは、internationalizationという単語が長いので、i＋18文字＋nという意味で省略しているのです。

9.3.1 ロケール

多くのソフトウェアは、利用者の地域情報(**ロケール**)に従って表示言語や表示書式を変更できるように作られています。ロケールは、メッセージの出力言語(LC_MESSAGES)や通貨(LC_MONETARY)、日時の書式(LC_TIME)などのカテゴリに分かれています。すべてのカテゴリに同じ値を設定するときは、環境変数LANGまたはLC_ALLに設定します。主なカテゴリは表9-11のとおりです。

表9-11 ロケールの主なカテゴリ

カテゴリ	説明
LC_CTYPE	文字の種類やその比較・分類の規定
LC_COLLATE	文字の照合や整列に関する規定
LC_MESSAGES	メッセージ表示に使用する言語
LC_MONETARY	通貨に関する規定
LC_NUMERIC	数値の書式に関する規定
LC_TIME	日付や時刻の書式に関する規定

　これらのカテゴリは個々に別々の設定をすることができます。たとえば、メッセージは日本語で出力するけれども、日付は英語表記にする、といった形です。

　ロケールは、環境変数LANGおよびLC_ALLを使って、すべてのカテゴリをまとめて設定することもできます。**環境変数LC_ALL**が設定されていれば、すべてのカテゴリで必ずその値が使われます。LC_ALLが設定されておらず、個々のカテゴリに対応した環境変数が設定されていれば、その設定値が使われます。**環境変数LANG**が設定されていれば、すべてのカテゴリでその値が使われますが、個々のカテゴリごとに個別の設定が可能です。

LC_ALLが設定されていると、全カテゴリが必ずそのロケールになります。一方、LANGに設定されている値はデフォルト値として使われ、カテゴリごとに個別に設定することもできます。

表9-12 主なロケール名

ロケール名	説明
C、POSIX	英語
ja_JP.utf8 (ja_JP.UTF-8)	日本語/Unicode
ja_JP.eucJP	日本語/EUC-JP
ja_JP.shiftJIS	日本語/シフトJIS
en_US.utf8	英語(米)/Unicode

　ロケール名の書式は次のとおりです。

書式　*言語名_国家もしくは地域名.文字コード*

　locale コマンドを実行すると、現在のロケール設定を確認できます[注8]。

[注8] LC_で始まる変数をまとめて「LC_*」と表すことがあります。

```
$ locale
LANG=ja_JP.UTF-8
LC_CTYPE="ja_JP.UTF-8"
LC_NUMERIC="ja_JP.UTF-8"
LC_TIME="ja_JP.UTF-8"
LC_COLLATE="ja_JP.UTF-8"
LC_MONETARY="ja_JP.UTF-8"
LC_MESSAGES="ja_JP.UTF-8"
LC_PAPER="ja_JP.UTF-8"
LC_NAME="ja_JP.UTF-8"
LC_ADDRESS="ja_JP.UTF-8"
LC_TELEPHONE="ja_JP.UTF-8"
LC_MEASUREMENT="ja_JP.UTF-8"
LC_IDENTIFICATION="ja_JP.UTF-8"
LC_ALL=
```

書式 locale [オプション]

表9-13 localeコマンドの主なオプション

オプション	説明
-a	設定可能なロケールを表示する
-m	利用できる文字コードの一覧

ロケールを一時的に変更したい場合は、「変数名=ロケール名」をコマンドの前に置きます。次の例では、lsコマンドのmanマニュアルを英語で表示します。

```
$ LANG=C man ls
```

9.3.2 文字コード

Linuxはさまざまな**文字コード**を扱うことができます。主な文字コードを表9-14にまとめます。

表9-14 主な文字コード

文字コード	説明
ASCII	7ビットで表される基本的な128種類の文字(英数字＋α)
ISO-8859	ASCIIを拡張した8ビットの文字コードで256種類の文字
UTF-8	Unicodeを使った文字コードで、1文字を1バイト～6バイトで表す
日本語EUC（EUC-JP）	UNIX環境で標準的に利用されていた日本語の文字コード
シフトJIS	Windowsで利用される日本語の文字コード
ISO-2022-JP	電子メールなどで利用される日本語の文字コード(JISコード)

現在、多くのディストリビューションでは、文字コードとしてUTF-8を利用しています。しかし、日本ではいくつかの文字コードが混在しているので、たとえばWindowsで作成したファイルをLinux上で開くと文字化けが発生することがあります。また、ディストリビューションによってはUTF-8以外の文字コードを使っているものもあります。そのため、文字コードを変換する必要が発生することがあります。文字コードの変換には**iconvコマンド**を使います。

書式 iconv［オプション］［入力ファイル名］

表9-15 iconvコマンドの主なオプション

オプション	説明
-f 入力文字コード	変換前の文字コードを指定する
-t 出力文字コード	変換して出力したい文字コードを指定する
-l	扱える文字コードを表示する

次の例では、日本語EUC（EUC-JP）で作成されたファイルreport.euc.txtを、UTF-8に変換してreport.utf8.txtとして保存します。出力ファイルはリダイレクトで指定します。

```
$ iconv -f eucjp -t utf8 report.euc.txt > report.utf8.txt
```

iconvコマンドで指定可能な文字コードは、-lオプションで調べることができます。

```
$ iconv -l
The following list contain all the coded character sets known.  This does not
necessarily mean that all combinations of these names can be used for the FROM
and TO command line parameters.  One coded character set can be listed with
several different names (aliases).
```

```
437, 500, 500V1, 850, 851, 852, 855, 856, 857, 860, 861, 862, 863, 864, 865,
866, 866NAV, 869, 874, 904, 1026, 1046, 1047, 8859_1, 8859_2, 8859_3, 8859_4,
8859_5, 8859_6, 8859_7, 8859_8, 8859_9, 10646-1:1993, 10646-1:1993/UCS4,
ANSI_X3.4-1968, ANSI_X3.4-1986, ANSI_X3.4, ANSI_X3.110-1983, ANSI_X3.110,
ARABIC, ARABIC7, ARMSCII-8, ASCII, ASMO-708, ASMO_449, BALTIC, BIG-5,
(以下省略)
```

ここが重要

- iconvコマンドの使い方を理解してください。-fはFrom、-tはToと覚えましょう。

参考 ファイルの文字コードが不明なときは、「nkf -g ファイル名」で文字コードの種類を調べることができます。

9.3.3 タイムゾーン

地域ごとに標準時は異なります。たとえば、日本はグリニッジ標準時(協定世界時：UTC[注9])より9時間早い時間帯になっています。アメリカ東部、アメリカ西部のように、1つの国内でもいくつかの地域ごとに分かれていることもあります。地域ごとに区分された標準時間帯を**タイムゾーン**といいます。

タイムゾーンの情報は、**/usr/share/zoneinfo**ディレクトリ以下のバイナリファイルに格納されています。

```
$ ls /usr/share/zoneinfo/
Africa      Canada    Factory    Iceland     MST7MDT    Portugal    W-SU
America     Chile     GB         Indian      Mexico     ROC         WET
Antarctica  Cuba      GB-Eire    Iran        Mideast    ROK         Zulu
Arctic      EET       GMT        Israel      NZ         Singapore   iso3166.tab
Asia        EST       GMT+0      Jamaica     NZ-CHAT    SystemV     localtime
Atlantic    EST5EDT   GMT-0      Japan       Navajo     Turkey      posix
Australia   Egypt     GMT0       Kwajalein   PRC        UCT         posixrules
Brazil      Eire      Greenwich  Libya       PST8PDT    US          right
CET         Etc       HST        MET         Pacific    UTC         zone.tab
CST6CDT     Europe    Hongkong   MST         Poland     Universal
```

[注9] Coordinate Universal Time/Universal Time Coordinated

システムで利用するタイムゾーンは、上記のファイルを**/etc/localtime**にコピーすることで設定できます。日本は/usr/share/zoneinfo/Asia/Tokyoなので、タイムゾーンを日本に設定するには、次のコマンドを実行します。

```
# cp /usr/share/zoneinfo/Asia/Tokyo /etc/localtime
```

もしくはシンボリックリンクを作成してもかまいません。

```
# ln -s /usr/share/zoneinfo/Asia/Tokyo /etc/localtime
```

タイムゾーンは、**環境変数TZ**で設定することもできます。日本に設定するには、次のようにします。

```
$ export TZ="Asia/Tokyo"
```

この値を全ユーザーで利用するには、**/etc/timezone**ファイルに「Asia/Tokyo」と設定しておきます。**tzselectコマンド**を利用すると、一覧から選択することでタイムゾーンの設定値を確認できます。

```
$ tzselect
Please identify a location so that time zone rules can be set correctly.
Please select a continent, ocean, "coord", or "TZ".
 1) Africa
 2) Americas
 3) Antarctica
 4) Asia
 5) Atlantic Ocean
 6) Australia
 7) Europe
 8) Indian Ocean
 9) Pacific Ocean
10) coord - I want to use geographical coordinates.
11) TZ - I want to specify the time zone using the Posix TZ format.
#? 4                                           ← Asiaなので4を入力
Please select a country whose clocks agree with yours.
 1) Afghanistan      18) Israel         35) Palestine
 2) Armenia          19) Japan          36) Philippines
 3) Azerbaijan       20) Jordan         37) Qatar
 4) Bahrain          21) Kazakhstan     38) Russia
```

```
 5) Bangladesh         22) Korea (North)      39) Saudi Arabia
 6) Bhutan             23) Korea (South)      40) Singapore
 7) Brunei             24) Kuwait             41) Sri Lanka
 8) Cambodia           25) Kyrgyzstan         42) Syria
 9) China              26) Laos               43) Taiwan
10) Cyprus             27) Lebanon            44) Tajikistan
11) East Timor         28) Macau              45) Thailand
12) Georgia            29) Malaysia           46) Turkmenistan
13) Hong Kong          30) Mongolia           47) United Arab Emirates
14) India              31) Myanmar (Burma)    48) Uzbekistan
15) Indonesia          32) Nepal              49) Vietnam
16) Iran               33) Oman               50) Yemen
17) Iraq               34) Pakistan
#? 19                                                           ← Japanなので19を入力

The following information has been given:

        Japan

Therefore TZ='Asia/Tokyo' will be used.
Selected time is now:   Thu Jan 31 20:44:26 JST 2019.
Universal Time is now:  Thu Jan 31 11:44:26 UTC 2019.
Is the above information OK?
1) Yes
2) No
#? 1                                                            ← 上記でよければ1を入力

You can make this change permanent for yourself by appending the line
        TZ='Asia/Tokyo'; export TZ       ← この値を.bash_profileなどに追加
to the file '.profile' in your home directory; then log out and log in
again.

Here is that TZ value again, this time on standard output so that you
can use the /usr/bin/tzselect command in shell scripts:
Asia/Tokyo
```

tzconfigコマンドを実行すると、/etc/localtimeと/etc/timezoneの値をまとめて変更できます。ただし最近のディストリビューションでは利用できないので、その場合はdpkg-reconfigure tzdataコマンド（Debian系ディストリビューションの場合）などを使います。

第9章 管理タスク

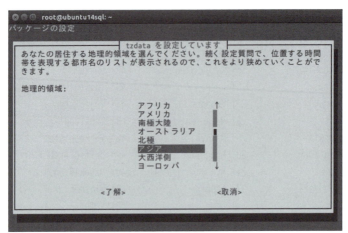

図9-1 dpkg-reconfigure tzdata

- タイムゾーンの設定方法を理解してください。

練習問題

問題：9.1 重要度：★★★★

ユーザーアカウント「jupiter」を新しく作成したいと思います。ホームディレクトリは「/home/planet」、デフォルトシェルは「/bin/zsh」として作成する場合のコマンドを、適切なオプション、引数とともに記述してください。

\# _____

《解説》　ユーザーアカウントは**useradd**コマンドで作成します。ホームディレクトリは**-d**オプション、デフォルトシェルは**-s**オプションで指定します。-dオプションと-sオプションは、どちらを先に指定してもかまいません。

《解答》　**useradd -d /home/planet -s /bin/zsh jupiter**

問題：9.2 重要度：★★★

ユーザーuser07は、現在group07とgroup08の2つのグループに所属しています。さらに既存のグループgroup09にも所属させたい場合、実行すべき適切なコマンドを選択してください。

- A. usermod –g group09 user07
- B. usermod user07 –g group09
- C. usermod –G group07,group08,group09 user07
- D. usermod user07 –G group09
- E. groupadd group09 user07

《解説》　-gオプションはプライマリグループを変更してしまいます。また、usermodコマンドは、オプション、ユーザー名の順に指定します。したがって、選択肢A、B、Dは不正解です。groupaddコマンドは、新しいグループを作成するコマンドなので、

選択肢Eは不正解です。正解は選択肢Cです。所属するグループを変更する場合、-Gオプションを使います。

《解答》　C

問題：9.3　重要度：★★★★

ユーザーアカウントsaturnを削除すると同時に、そのユーザーが使っていたホームディレクトリ（/home/saturn）も削除したいと思います。適切なオプション、引数とともにコマンドを記述してください。

\# _____

《解説》　ユーザーの削除はuserdelコマンドで行います。-rオプションを付けると、ユーザーアカウントの削除と同時にホームディレクトリも削除されます。-rオプションを付けなければ、ホームディレクトリは残ったままになります。

《解答》　userdel -r saturn

問題：9.4　重要度：★★★★

ユーザーを新規に作成する際、新たに作成されるホームディレクトリの中に、デフォルトで必要とされるいくつかのファイルをコピーする必要があります。ユーザーの作成と同時に、自動的にそれらのファイルがユーザーのホームディレクトリ内にコピーされるようにするには、雛型となるファイルをどのディレクトリに配置すればよいですか。ディレクトリ名を絶対パスで記述してください。

_____

《解説》　/etc/skel内に置かれたファイルは、ユーザーが新規に作成されると、そのホームディレクトリにコピーされます。もちろん、所有者や所有グループも、新規作成されたユーザーに合わせて変更されます。正解は「/etc/skel」です。

《解答》　/etc/skel

問題:9.5

重要度:★★★★★

crontabコマンドを用いて、毎月10日の午後5時10分に/home/myhome/myscriptが実行されるようにしたいと思います。どのように記述するのが適切ですか。

- A. * 10 10 17 * /home/myhome/myscript
- B. 10 * 10 17 * /home/myhome/myscript
- C. 10 17 * 10 * /home/myhome/myscript
- D. 10 17 10 * * /home/myhome/myscript

《解説》 crontabでの設定は「分 時 日 月 曜日」の順に記述します。したがって、選択肢AとBは無効であり、不正解です。選択肢Cは「毎年10月、毎日午後5時10分」の指定になるので不正解です。正解は選択肢Dです。

《解答》 D

問題:9.6

重要度:★★★

atコマンドを利用しようとしています。/etc/at.allowファイルは存在せず、/etc/at.denyファイルは存在しましたが、中には何も記述されていません。このときの説明として適切なものをすべて選択してください。

- A. すべての一般ユーザーはatコマンドを利用できる
- B. rootユーザーはatコマンドを利用できる
- C. すべての一般ユーザーはatコマンドを利用できない
- D. rootユーザーはatコマンドを利用できない
- E. /etc/at.usersに記述されたユーザーのみがatコマンドを利用できる

《解説》 /etc/at.allowファイルが存在せず、/etc/at.denyファイルが存在する場合は、/etc/at.denyファイルに記述されていないすべてのユーザーがatコマンドを利用できます。つまり、すべての一般ユーザーとrootユーザーが利用可能です。/etc/at.usersという制御ファイルはありませんので、選択肢Eは不正解です。

《解答》 A、B

問題:9.7

重要度:★★★★★

日付や時刻の表記を規定する変数を選択してください。

- A. LC_TIME
- B. LC_DATE
- C. LC_FORMAT
- D. LC_DAYTIME
- E. LC_TIMEFORMAT

《解説》 日付や時刻、言語、通貨などの表記は、国や地域によってさまざまなパターンがあります(ロケール)。日付や時刻の表記は、LC_TIME変数で規定されます。ロケールは、LC_で始まる名前のさまざまな変数でカテゴリごとに規定できますが、選択肢A以外の選択肢にあるような変数はありません。

《解答》 A

問題:9.8

重要度:★★★★★

システムに設定されているロケールを表示するコマンドを選択してください。

- A. lang
- B. locale
- C. local
- D. iconv
- E. localtime

《解説》 引数なしでlocaleコマンドを実行すると、システムに設定されているロケールが表示されます。

```
$ locale
LANG=ja_JP.UTF-8
LC_CTYPE="ja_JP.UTF-8"
LC_NUMERIC="ja_JP.UTF-8"
LC_TIME="ja_JP.UTF-8"
(以下省略)
```

langやlocalといったコマンドはないので、選択肢AとCは不正解です。iconvは文字コードの変換を行うコマンドなので、選択肢Dは不正解です。localtime(/etc/localtime)はタイムゾーンを設定するファイルなので、選択肢Eは不正解です。

《解答》 B

問題:9.9　重要度:★★

タイムゾーンを日本に設定しようとしています。下線部に当てはまるコマンドを記述してください。

_____ -s /usr/share/zoneinfo/Asia/Tokyo /etc/localtime

《解説》 /usr/share/zoneinfo以下にはタイムゾーンごとのデータファイルが配置されています(たとえば東京であれば/usr/share/zoneinfo/Asia/Tokyo)。そのシンボリックリンクを/etc/localtimeとして作成することでタイムゾーンを設定できます。シンボリックリンクを作成する書式は、次のとおりです。

ln -s リンク元ファイル シンボリックリンク

《解答》 ln

問題:9.10　重要度:★★★★

毎日11時にfreeコマンドを実行しようとして、次のように設定を行いました。

```
$ crontab -l
* 11 * * * /usr/bin/free -m >> $HOME/free.log
$ locale | grep LANG
LANG=ja_JP.UTF-8
$ date
2018年 11月 25日 日曜日 23:32:51 JST
```

実行結果を確認すると、1日に一度ではなく、何度も実行されていることがわかりました。見直すべき設定として適切なものを選択してください。

- A. /etc/localtimeの設定
- B. crontabの設定
- C. システム日時の設定
- D. /etc/cron.allowの設定
- E. /etc/cron.denyの設定

《解説》 crontabの書式を確認してみましょう。書式は次のとおりです。

　分　時　日　月　曜日　コマンド

crontab -lコマンドの実行結果を見ると、11時のすべての分(*)すなわち11時00分から11時59分まで、毎分freeコマンドが実行される設定になっています。毎日11時00分に一度だけ実行するのであれば、次のように設定するのが正解です。

```
$ crontab -l
0 11 * * * /usr/bin/free -m >> $HOME/free.log
```

したがって正解は選択肢 **B** です。/etc/localtimeはタイムゾーンの設定ファイルですので、ここでは無関係です(選択肢 **A**)。システム日時の設定がずれていたとしても、毎日一度に設定したcrontabのスケジュールが1日に何度も実行されることにはなりません(選択肢 **C**)。/etc/cron.allowはcrontabを利用可能なユーザー

を、/etc/cron.denyはcrontabの利用を禁止するユーザーを設定するファイルなので、ここでは無関係です（選択肢 D、E）。

《解答》 B

問題：9.11　重要度：★★★

systemdを採用したディストリビューションでは、crontabコマンドを使ったジョブスケジューリング以外にも、systemdの機能を使ったスケジューリングが提供されています。その説明として適切なものをすべて選択してください。

- [ ] **A.** systemdのCron Unitを使う
- [ ] **B.** systemdのタイマーUnitを使う
- [ ] **C.** systemd-journalコマンドを使ってスケジュールを予約できる
- [ ] **D.** systemd-runコマンドを使ってスケジュールを予約できる

《解説》 systemdのタイマーUnitを使うと、スケジューリングを設定することができます（選択肢 B）。systemdのCron Unitというのはないので、選択肢 A は不正解です。systemd-journaldはsystemdのジャーナル管理プロセスですが、systemd-journalというコマンドはないので、選択肢 C は不正解です。スケジュールを予約するにはsystemd-runコマンドを使います（選択肢 D）。

《解答》 B、D

第10章 必須システムサービス

- **10.1** システムクロックの設定
- **10.2** システムログの設定
- **10.3** メール管理
- **10.4** プリンタ管理

➡ 理解しておきたい用語と概念

- [ ] システムクロック、ハードウェアクロック
- [ ] NTP、Chrony
- [ ] ファシリティとプライオリティ
- [ ] ログファイル
- [ ] ログファイルのローテーション
- [ ] /etc/rsyslog.conf
- [ ] Postfix、sendmail、exim
- [ ] MTA
- [ ] メールの転送
- [ ] メールエイリアス
- [ ] CUPS

➡ 習得しておきたい技術

- [ ] dateコマンドの利用
- [ ] hwclockコマンドの利用
- [ ] ntpdateコマンドによる時刻設定
- [ ] rsyslog.confの設定
- [ ] loggerコマンドを使ったログ生成
- [ ] ログファイルの調査
- [ ] ログファイルのローテーション設定
- [ ] .forwardによるメールの転送設定
- [ ] メールエイリアスの設定
- [ ] CUPSの設定
- [ ] 印刷コマンドの利用

10.1 システムクロックの設定

コンピュータで扱う時刻が不正確だと、ログやメールに記録される日時も不正確になります。システムの内蔵時計を正しく調整することは大切です。

10.1.1 システムクロックとハードウェアクロック

コンピュータにはハードウェアとして内蔵された時計が組み込まれており、**ハードウェアクロック**といいます。この時計は電源がオフの状態でも動作します（コンピュータ内に取り付けられた電池で動作します）。一方、ハードウェアクロックとは別に、Linuxのカーネル内に存在する時計があります。これが**システムクロック**です。システムクロックは、Linux起動時にハードウェアクロックを参照して設定されますが、その後は別々に動き続けます。そのため、起動してからの時間が経過するにつれ、ハードウェアクロックとシステムクロックの差が生じてきます。

date コマンドを使うと、システムクロックを参照して現在の日時が表示されます。

```
$ date
2018年 12月 10日 月曜日 19:35:47 JST
```

rootユーザーはdateコマンドを使ってシステムクロックを変更できます。dateコマンドの書式は次のとおりです。

書式　date [*MMDDhhmm*[[*CC*]*YY*][.*ss*]]

*MM*は月、*DD*は日、*hh*は時、*mm*は分、*CC*は西暦の上2桁、*YY*は西暦の下2桁、*ss*は秒を表します。

次の例では、システムクロックを「2018年12月10日20時」に設定しています。

```
$ sudo date 121020002018
2018年 12月 10日 月曜日 20:00:00 JST
```

dateコマンドは、引数を「+」で始めると、指定した書式で表示します。たとえば「+%Y」は西暦を表します。

10.1 システムクロックの設定

表10-1 dateコマンドの主な書式

書式	説明
%Y	年
%m	月(01〜12)
%d	日(01〜31)
%H	時(00〜23)
%M	分(00〜59)
%a	曜日
%b	月名

次の例では、「年/月/日(曜日)」の書式で表示しています。

```
$ date "+%Y/%m/%d (%a)"
2018/12/10 (月)
```

 バックアップをするとき、たとえば「tar czf `date "+%Y%m%d"`.tar.gz /data」というコマンドが自動的に実行されるようにしておけば、「20181210.tar.gz」のように、バックアップを実行した日付入りのアーカイブファイルを作成することができます。

dateコマンドで設定したシステムクロックをハードウェアクロックにセットするには、**hwclockコマンド**を使います。

hwclockコマンド

ハードウェアクロックの参照や設定を行います。

書式 hwclock オプション

表10-2 hwclockコマンドの主なオプション

オプション	説明
-r	ハードウェアクロックを表示する
-w (--systohc)	システムクロックの時刻をハードウェアクロックに設定する
-s (--hctosys)	ハードウェアクロックの時刻をシステムクロックに設定する

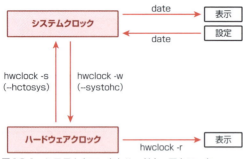

図10-1　システムクロックとハードウェアクロック

次の例では、システムクロックの時刻をハードウェアクロックに設定しています[注1]。

```
# hwclock --systohc
```

timedatectlコマンド

systemdを採用したディストリビューションでは、**timedatectlコマンド**で日付と時刻、タイムゾーンを管理できます。

書式　timedatectl [サブコマンド]

表10-3　timedatectlコマンドの主なサブコマンド

サブコマンド	説明
status	現在の状態を表示する（デフォルト）
set-time 時刻	時刻を設定する（HH:MM:SS）
set-time 日付	日付を設定する（YYYY-MM-DD）
set-time 日付 時刻	日付と時刻を設定する（YYYY-MM-DD HH:MM:SS）
set-timezone タイムゾーン	タイムゾーンを設定する
list-timezones	タイムゾーンを一覧表示する
set-ntp yes|no	NTPを使うかどうか

コマンドのみを実行すると、現在の日時、タイムゾーン、NTP（次項を参照）を利用しているかどうかを表示します。

[注1]　オプションは「SYStem clock TO Hardware Clock」と覚えるとよいでしょう。

```
# timedatectl
      Local time: Sun 2018-12-02 13:24:42 JST
   Universal time: Sun 2018-12-02 04:24:42 UTC
        RTC time: Mon 2018-12-01 00:29:57
       Time zone: Asia/Tokyo (JST, +0900)
     NTP enabled: yes
NTP synchronized: yes
 RTC in local TZ: no
      DST active: n/a
```

次の例では、日時を2019年3月12日12時24分に設定します。timedatectlコマンドはシステムクロックとハードウェアクロックを同時に設定します。設定の変更はNTPサービスが有効になっているとエラーになります。

```
# timedatectl set-time '2019-03-12 12:24:00'
```

NTPを使ってシステムクロックを同期させるには、次のコマンドを実行します[注2]。

```
# timedatectl set-ntp yes
```

タイムゾーンの設定もできます。設定すべきタイムゾーン表記がわからない場合は、次のようにして調べます。

```
# timedatectl list-timezones | grep -i tokyo
Asia/Tokyo
```

次の例では、タイムゾーンを「Asia/Tokyo」に設定します。

```
# timedatectl set-timezone Asia/Tokyo
```

10.1.2 NTPによる時刻設定

ハードウェアクロックもシステムクロックも、残念ながらあまり正確ではありません。正確な時刻を設定するには、ネットワーク経由でクロックを同期するプロトコルである**NTP**(Network Time Protocol)を使い、インターネット上にあるNTPサーバ(タイムサーバ)から正確な時刻を取得します。

[注2] ntpdもしくはChronyがインストールされている必要があります。

NTPネットワークは階層構造になっています。最上位には、原子時計やGPSなど、極めて正確な時刻情報の提供元があります。その直下にあるNTPサーバをStratum1、その下をStratum2といいます。数字は階層を下るに従って増えていきます。NTPサーバは上位の複数のNTPサーバから正確な時刻を取得します。

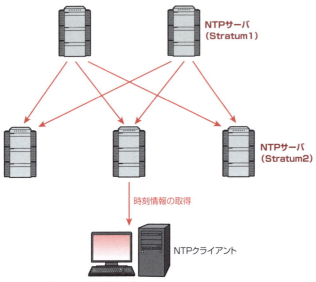

図10-2　NTPによる時刻の同期

Linuxでは、**ntpdateコマンド**を使って、NTPサーバから正確な時刻を取得できます。

ntpdateコマンド

指定したNTPサーバから現在時刻を取得します。

書式　ntpdate *NTPサーバ名*

次の例では、NTPサーバtime.server.lpic.jpから現在時刻を取得しています。

```
# ntpdate time.server.lpic.jp
```

NTPサーバの運用

NTPサーバを自前で運用することもできます。組織内にNTPクライアントが多い場合は、NTPサーバを用意したほうがよいでしょう。SysVinitを採用したシステムでは、NTPサーバは次のようにして起動します。

```
# /etc/init.d/ntpd start
```

systemdを採用したシステムでは、次のようにして起動します。

```
# systemctl start ntpd.service
```

ntpqコマンドを使うと、NTPサーバの状態を照会することができます。次の例では、localhostで稼働しているNTPサーバから問い合わせされているNTPサーバのリストを表示しています。

```
$ ntpq -p localhost
     remote         refid       st t when poll reach   delay   offset  jitter
==============================================================================
-la.example.com  192.168.50.84   3 u    1   64    1    4.282   -0.023   0.478
+jp1.example.com 10.31.106.69    2 u    2   64    1    3.845    2.860   0.974
*jp4.example.com 172.16.238.244  2 u    -   64    1    6.824    3.279   0.874
+to.example.com  192.168.218.3   2 u    -   64    1   11.782    3.034   1.184
```

NTPサーバの設定は**/etc/ntp.conf**で行います。補正情報（クロックの誤差を予測した数値）は、/etc/ntp.drift[注3]に保存されます。次に示すのは、ntp.confファイルの設定例です。

▶ /etc/ntp.confファイルの例

問い合わせ先NTPサーバは、serverパラメータで指定します。適切なNTPサーバに心当たりがない場合は、pool.ntp.orgプロジェクトが提供しているサーバを利

[注3] ディストリビューションによっては/var/lib/ntp/driftや/var/lib/ntp/ntp.driftになっていることもあります。

用するとよいでしょう。このプロジェクトでは、複数のNTPサーバをまとめて仮想的なNTPサーバとして運用しています。たとえば、上記設定例にある「0.jp.pool.ntp.org」にDNSで問い合わせると、いくつかのNTPサーバの中から1つのIPアドレスがランダムに返ってきます。そのようにして特定のNTPサーバに負荷が集中しないようにしているのです。

10.1.3 Chrony

Chronyはntpd/ntpdateの代替となるNTPサーバ/クライアントソフトウェアです。**デーモンプロセスchronyd**と、**クライアントコマンドchronyc**から構成されます。設定ファイルは**/etc/chrony.conf**です。以下に設定例を示します。

▶ /etc/chrony.confの設定例

```
# NTPサーバを指定
server 0.centos.pool.ntp.org iburst
server 1.centos.pool.ntp.org iburst
server 2.centos.pool.ntp.org iburst
server 3.centos.pool.ntp.org iburst

# 補正情報ファイルを指定
driftfile /var/lib/chrony/drift

# ハードウェアクロックと同期させる
rtcsync

# ログファイルを指定
logdir /var/log/chrony
```

chronydの管理は**chronycコマンド**で行います。

書式 chronyc [サブコマンド]

表10-4 chronycコマンドの主なサブコマンド

サブコマンド	説明
activity	NTPサーバのオンライン/オフライン数を表示する
sources	時刻ソースの情報を表示する
sourcestats	時刻ソースの統計情報を表示する
tracking	トラッキングを確認する
quit	対話状態を終了する

次の例では、時刻ソースとなるNTPサーバごとの情報を表示しています。

```
$ chronyc sources
210 Number of sources = 8
MS Name/IP address         Stratum Poll Reach LastRx Last sample
===============================================================================
^- alphyn.canonical.com          2   6    37    55  +3833us[+3833us] +/-  164ms
^- pugot.canonical.com           2   6    37    54  -3546us[-3546us] +/-  152ms
^- chilipepper.canonical.com     2   6    37    55   -723us[ -723us] +/-  168ms
(以下省略)
```

対話的にも操作できます。次の例では、NTPの状態を表示しています。

```
# chronyc
chrony version 3.2
Copyright (C) 1997-2003, 2007, 2009-2017 Richard P. Curnow and others
chrony comes with ABSOLUTELY NO WARRANTY.  This is free software, and
you are welcome to redistribute it under certain conditions.  See the
GNU General Public License version 2 for details.

chronyc> tracking
Reference ID    : 85F3EEF4 (ntp-a3.nict.go.jp)
Stratum         : 2
Ref time (UTC)  : Tue Dec 4 13:54:09 2018
System time     : 0.000034077 seconds slow of NTP time
Last offset     : -0.000029912 seconds
RMS offset      : 0.000102106 seconds
Frequency       : 42.151 ppm fast
Residual freq   : -0.009 ppm
Skew            : 0.417 ppm
Root delay      : 0.004030796 seconds
Root dispersion : 0.000084848 seconds
Update interval : 128.6 seconds
Leap status     : Normal
chronyc> quit
```

ntpパッケージとchronyパッケージの両方を同時に使うことはできません。いずれか一方を選択してください。

10.2 システムログの設定

コンピュータの動作状況の記録を**ログ**といいます。セキュリティやシステム管理の必要性に応じて、ログの出力をカスタマイズすることは重要です。Linuxでは**syslog**を使って、さまざまなイベントをログファイルに記録したり、コンソールに表示したりできるようになっています。syslogは、他のプログラムからのメッセージを受け取り、出力元や優先度に応じて分類し、指定された出力先に送ります。

システムのログ(シスログ)を取得して処理するソフトウェアには、syslogのほか、**rsyslog**や**syslog-ng**などが使われています。本書ではrsyslogを取り上げます。

> **参考** CentOS 7およびUbuntu 18.04はいずれもrsyslogを標準で採用しています。

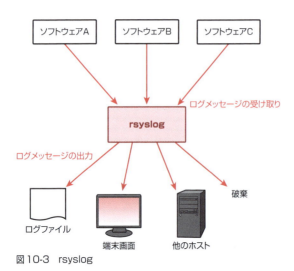

図10-3 rsyslog

10.2.1 rsyslogの設定

rsyslogの設定は、**/etc/rsyslog.confファイル**および/etc/rsyslog.dディレクトリ以下のファイルで行います。以下は、/etc/rsyslog.confファイルのモジュール設定部分です。

10.2 システムログの設定

▶ /etc/rsyslog.confファイル（モジュールの設定部分）

```
$ModLoad imuxsock
$ModLoad imjournal
$ModLoad imklog
$ModLoad immark
```

rsyslogでは、各種機能をプラグインモジュールによって拡張できるようになっています。「#」で始まる行はコメント行です。デフォルトでは「imuxsock」「imklog」モジュールのみが有効になっています。

表10-5　rsyslogの主なプラグインモジュール

プラグインモジュール	説明
imuxsock	UNIXソケットによるローカルロギングサポート(loggerコマンドなど)
imjournal	systemdのジャーナルサポート
imklog	カーネルログのサポート
immark	マークを出力(--MARK--)
imudp	UDPでメッセージを受信
imtcp	TCPでメッセージを受信

以下はグローバル設定部分です。

▶ /etc/rsyslog.confファイル（グローバル設定部分）

```
#### GLOBAL DIRECTIVES ####

# 作業ディレクトリ
$WorkDirectory /var/lib/rsyslog

# syslogに準じた書式を使う
$ActionFileDefaultTemplate RSYSLOG_TraditionalFileFormat

# /etc/rsyslog.d/以下の設定ファイルを読み込む
$IncludeConfig /etc/rsyslog.d/*.conf
```

どのようなメッセージをどこに出力するか、といった設定は、/etc/rsyslog.confファイルのルール設定部分および/etc/rsyslog.dディレクトリ以下の～.confファイルで設定します。「#」で始まる行はコメント行です。デフォルトでは無効となっている設定を有効にするには、行頭の「#」を外してください。

第10章 必須システムサービス

▶ **/etc/rsyslog.conf ファイル（ルール設定部分）**

```
#### RULES ####

# カーネルメッセージはコンソールに出力する
kern.*                                                  /dev/console

# メインログファイルの設定
*.info;mail.none;authpriv.none;cron.none                /var/log/messages

# 認証ログファイルの設定
authpriv.*                                              /var/log/secure

# メール関連ログファイルの設定
mail.*                                                  -/var/log/maillog

# cron関連ログファイルの設定
cron.*                                                  /var/log/cron

（以下省略）
```

書式は次のとおりです。

書式 　*ファシリティ.プライオリティ　出力先*

ファシリティ

ログメッセージ生成元のプログラムは、メッセージにファシリティとプライオリティをタグ付けして出力します。**ファシリティ**（facility）はメッセージの生成元を表します。具体的にはカーネルや実行中のプロセスです。「*」を使うとすべてのファシリティを選択できます。

表10-6　ファシリティ

ファシリティ	説明
auth, authpriv	認証システム（loginなど）による出力
cron	cronによる出力
daemon	各種デーモンによる出力
kern	カーネルによる出力
lpr	印刷システムによる出力
mail	メールサービス関連による出力
user	ユーザーアプリケーションによる出力
local0 〜 local7	ローカルシステムの設定

プライオリティ

プライオリティ（priority）はメッセージの重要度を表します[注4]。プライオリティを低く設定すればするほど、ログとして出力される情報量も多くなります。「*」を使うとすべてのプライオリティを選択できます。表10-7では、プライオリティが高いものから順に並べてあります。noneだけは例外で、指定されたファシリティのログを除外する役割を持ちます。

表10-7　プライオリティ

優先度	重要度	説明
高 ↑↓ 低	emerg	緊急事態
	alert	早急に対処が必要な事態
	crit	システムの処理は継続できるものの深刻な事態
	err	一般的なエラー
	warning	一般的な警告
	notice	一般的な通知
	info	一般的な情報
	debug	デバッグ情報
	none	ログを記録しない

出力先

メッセージの出力先は、ログファイルやユーザーの端末、他のホストなどを選択できます。この部分を「アクションフィールド」といいます。アクションフィールドの記述例を表10-8に挙げます。

表10-8　アクションフィールドの記述例

アクションフィールド	説明
/var/log/messages	ログファイルに出力
/dev/tty1	コンソール（tty1）に出力
@sv.example.com	ホストsv.example.comにUDPで出力
@@sv.example.com	ホストsv.example.comにTCPで出力
violet	ユーザーvioletの端末に出力
*	ログイン中のすべてのユーザーの端末に出力

【注4】ファシリティとプライオリティを合わせて「セレクタフィールド」といいます。セレクタフィールドは「;」区切りで複数を列挙できます。

/etc/rsyslog.confの設定例

指定したファシリティが出力するメッセージのうち、指定のプライオリティ以上のものが、出力先に出力されます[注5]。つまり、低いレベルを指定するほど、出力されるログの量も多くなります。ファシリティや重要度に「*」を指定すると、すべてのファシリティ(もしくはすべての重要度)を表せます。 次の例では、カーネルのログを/var/log/kern.logファイルに出力することを意味しています[注6]。

```
kern.*                          -/var/log/kern.log
```

次の例の1行目では、ファシリティがauthprivのメッセージを、重要度にかかわらず/var/log/secureに保存することを表しています。そして2行目で、ファシリティがauthprivのメッセージを除外して(none)、それ以外のメッセージを/var/log/messagesに保存することを意味しています。つまり、認証関連は/var/log/secureファイルに集約し、それ以外はまとめて/var/log/messagesに保存する、ということです。

```
authpriv.*                      /var/log/secure
*.*;authpriv.none               /var/log/messages
```

rsyslogの設定を変更した場合は、rsyslog.serviceの再起動もしくは設定ファイルの再読み込みが必要です。

```
$ systemctl restart rsyslog
```

loggerコマンド

loggerコマンドを使ってログメッセージを生成することもできます。syslog.confの設定をチェックする場合に利用できます。

> **書式** logger [-p ファシリティ.プライオリティ] [-t タグ] メッセージ

次の例では、ファシリティをsyslog、プライオリティをinfoとして、タグに「Test」を付けてログメッセージを生成しています。

[注5] プライオリティの前に「.」ではなく「=」を指定すると、指定したプライオリティのみになります。
[注6] ログファイル先頭の「-」は、メッセージ書き込みごとに同期しないという意味です。これによりパフォーマンスが向上しますが、同期前のメッセージがシステムクラッシュ時に失われてしまう可能性があります。

```
$ logger -p syslog.info -t Test "logger test message"
```

通常、ファシリティがsyslog、プライオリティがinfoであれば、メッセージは/var/log/messagesに保存されます。出力例は次のとおりです。

▶ 出力されたログの例

```
Dec 20 08:40:18 debian Test: logger test message
```

systemd-catコマンド

systemdを採用したシステムでは、**systemd-catコマンド**を使って、コマンドの実行結果をジャーナルに書き込むことができます。

書式 systemd-cat コマンド

次の例では、uptimeコマンドの実行結果をジャーナルに書き込んでいます。

```
$ systemd-cat uptime
```

ジャーナルを確認してみます。このように出力されます。

```
# journalctl -xe
（省略）
Dec 4 22:02:59 centos7 uptime[3921]: 22:02:59 up  8:39,  1 user,  load average: 0.00, 0.01, 0.05
（省略）
```

ここが重要

- /etc/rsyslog.confの設定項目を理解しておきましょう。

10.2.2 ログの調査

ログを調べることにより、システムの利用状況やソフトウェアの動作に異常がないかどうかを確認できます。また、問題の徴候を発見できることもあります。まずは、主要なログファイル/var/log/messagesを取り上げます。次の例は、/var/log/messagesファイルの1行を取り出したものです。

第10章 必須システムサービス

▶ /var/log/messages の例

```
Jun 27 14:56:44 lpic kernel: Loaded 162 symbols from 3 modules.
```

このログには次のような情報が記録されています。

- 日時 …… Jun 27 14:56:44
- 出力元ホスト名 …… lpic
- メッセージ出力元 …… kernel
- メッセージ …… Loaded 162 symbols from 3 modules.

ログファイルを継続して監視するには、-fオプション付きで**tailコマンド**を実行します。ログファイルにログが追加されるのを逐次監視することができます。

```
# tail -f /var/log/messages
```

ログは膨大なので、特定のメッセージだけを調べたい場合は、**grepコマンド**を使って絞り込みをかけるとよいでしょう。次の例では、「eth0」という文字列がある行だけを抜き出しています。

```
# grep eth0 /var/log/messages
Feb 15 06:02:06 localhost kernel: e1000 0000:00:03.0: eth0: (PCI:33MHz:
32-bit) 52:54:05:01:82:84
Feb 15 06:02:06 localhost kernel: e1000 0000:00:03.0: eth0: Intel(R) PR
O/1000 Network Connection
Feb 15 06:02:06 localhost kernel: e1000 0000:00:03.0: eth0: TSO is Dis
abled
Feb 15 06:02:06 localhost kernel: e1000: eth0 NIC Link is Up 1000 Mbps
Full Duplex, Flow Control: RX
(以下省略)
```

> **参考** Debian GNU/LinuxやUbuntuでは、/var/log/messagesではなく/var/log/syslogが使われます。

/var/log/secureファイルには、認証などセキュリティ関連のログが保存されます。次の例は、SSHのパスワード認証に失敗した記録です。

▶ /var/log/secure の例

```
May 28 06:33:02 lpic sshd[16308]: Failed password for root from
172.22.30.43 port 57114 ssh2
```

10.2 システムログの設定

ログイン中のユーザーを調べるには、**who**コマンドを使います。

```
$ who
student   pts/0        May 28 00:32 (172.26.0.28)
```

「pts/0」はログイン端末名です[注7]。右側の表示は、ログイン日時とログイン元のIPアドレスです。

w コマンドを使うと、ログイン中のユーザーに加え、システム情報も表示されます[注8]。

```
$ w
 11:56:54 up 53 days,  5:19,  1 user,  load average: 0.00, 0.11, 0.16
USER     TTY      FROM             LOGIN@   IDLE   JCPU   PCPU WHAT
student  pts/0    216240086111.bwm 11:46    0.00s  0.04s  0.00s w
```

whoコマンドやwコマンドは、/var/run/utmpファイルの情報を参照しています。このファイルにはログイン中のユーザー情報が格納されています[注9]。

last コマンドを使うと、最近ログインしたユーザーの一覧を表示します。このコマンドはログファイル/var/log/wtmpファイルを参照します[注10]。

```
$ last
student  pts/0        192.168.1.21     Sat Feb  2 19:09   still logged in
student  tty1                          Sat Feb  2 18:52   still logged in
reboot   system boot  3.10.0-862.el7.x Sat Feb  2 18:52 - 19:09  (00:17)

wtmp begins Sat Feb  2 18:52:06 2019
```

lastlog コマンドは、/var/log/lastlogファイルを参照し、ユーザーごとに最近のログイン一覧を表示します。一度もログインしたことがないユーザーは「**一度もログインしていません**」(または「**Never logged in**」)と表示されます。

```
$ lastlog
ユーザ名     ポート    場所                最近のログイン
root         tty1                          土  2月  2 19:11:04 +0900 2019
bin                                        **一度もログインしていません**
```

[注7] コンソールログインの場合は、tty1、tty2のようになります。ネットワーク経由でログインした場合や、X上の仮想端末の場合は、pts/0、pts/1のようになります。
[注8] システム情報の部分はuptimeコマンドの表示と同じです。
[注9] /var/run/utmpファイルはバイナリファイルなので、catコマンドなどでは閲覧できません。また、このファイルはあくまでも現在の情報が記録されているだけなので、厳密にはログファイルとはいえません。
[注10] /var/log/wtmpファイルはバイナリファイルなので、catコマンドなどでは閲覧できません。

```
daemon                                    **一度もログインしていません**

(中略)

student    pts/0    192.168.1.21    土  2月  2 19:09:50 +0900 2019
```

systemdを採用したシステムでは、**journalctlコマンド**を使ってsystemdのログ[注11]（ジャーナル）を閲覧できます。

> **書式**　journalctl [オプション]

表10-9　journalctlコマンドの主なオプション

オプション	説明
-f	ログの末尾を表示し続ける
-r	ログを新しい順に表示する（デフォルトは古いものから）
-e	ジャーナルの末尾（最新）を表示する
-x	説明文付きで表示する
-k	カーネルメッセージのみ表示する
-b	ブート時のメッセージを表示する
-p プライオリティ	指定したプライオリティより高いメッセージを表示する
-u Unit名	指定したUnitのログを出力する
--full	エスケープ文字を除いてプレーンテキストで出力する
--no-pager	1ページごとに表示せず、すべてのログを出力する

journalctlコマンドを実行すると、lessなどのページャを使って1ページごとにログが表示されます。

```
$ journalctl
-- Logs begin at Sun 2018-12-02 18:57:09 JST, end at Mon 2018-12-10 19:23:43 JST. --
12月 02 18:57:09 ubuntu1804 kernel: Linux version 4.15.0-20-generic (buildd@lgw01-amd
12月 02 18:57:09 ubuntu1804 kernel: Command line: BOOT_IMAGE=/boot/vmlinuz-4.15.0-20-
12月 02 18:57:09 ubuntu1804 kernel: KERNEL supported cpus:
12月 02 18:57:09 ubuntu1804 kernel:   Intel GenuineIntel
12月 02 18:57:09 ubuntu1804 kernel:   AMD AuthenticAMD
12月 02 18:57:09 ubuntu1804 kernel:   Centaur CentaurHauls
```

次の例では、sshd.service関連のログのみを表示しています。

[注11] systemd-journald.serviceがサービスを提供しています。

10.2 システムログの設定

```
# journalctl -u ssh.service
-- Logs begin at Sun 2018-12-02 18:57:09 JST, end at Mon 2018-12-17 19:24:47 JST. --
12月 15 13:53:34 ubuntu1804 systemd[1]: Starting OpenBSD Secure Shell server...
12月 15 13:53:35 ubuntu1804 sshd[8437]: Server listening on 0.0.0.0 port 22.
12月 15 13:53:35 ubuntu1804 sshd[8437]: Server listening on :: port 22.
12月 15 13:53:35 ubuntu1804 systemd[1]: Started OpenBSD Secure Shell server.
12月 15 13:53:56 ubuntu1804 sshd[8504]: Accepted password for lpicuser from 192.168.1.
12月 15 13:53:56 ubuntu1804 sshd[8504]: pam_unix(sshd:session): session opened for user
12月 15 21:52:11 ubuntu1804 sshd[4554]: Accepted password for lpicuser from 192.168.1.
12月 15 21:52:11 ubuntu1804 sshd[4554]: pam_unix(sshd:session): session opened for user
```

これらのログが保存されているのは、**/var/log/journal**や/var/run/log/journalといったディレクトリ内にあるバイナリファイルです。ログは一定量を超えると、古いものから消去されていきます。

systemdによるジャーナルは/run/log/journalディレクトリもしくは/var/log/journalディレクトリに格納されます。ジャーナルはバイナリファイルなので、lessコマンドなどでは閲覧できません。また、設定によっては、ジャーナルは永続的に保存されず、システムの再起動によって消えてしまいます。

設定ファイル/etc/systemd/journald.confで「Storage=persistent」となっていれば、ジャーナルは/var/log/journalディレクトリ以下に永続的に保存されます。「Storage=auto」となっていて、かつ/var/log/journalディレクトリが存在していなければ、ジャーナルは/run/log/journalディレクトリ以下に格納されます。/runはメモリ上にある仮想的なファイルシステムなので、システムの再起動で失われてしまいます。

▶ /etc/systemd/journald.conf

```
[Journal]
#Storage=auto
Storage=persistent          ← 永続的にログを残す
#Compress=yes
#Seal=yes
#SplitMode=uid
#SyncIntervalSec=5m
#RateLimitInterval=30s
#RateLimitBurst=1000
#SystemMaxUse=
SystemMaxUse=10G            ← ログファイルは計10Gバイトまで

(以下省略)
```

設定を変更した場合は、次のコマンドでsystemd-journaldを再起動します[注12]。

```
$ sudo systemctl restart systemd-journald
```

表10-10に、主要なログファイルと、そのログを見るために利用される代表的なコマンドをまとめておきます。

表10-10　ログファイルと閲覧コマンド

ログファイル	コマンド
/var/log/messages	less、tail、grepなど
/var/log/syslog	less、tail、grepなど
/var/log/secure	less、tail、grepなど
/var/log/wtmp	last
/var/run/utmp	who、w
/var/log/lastlog	lastlog

10.2.3　ログファイルのローテーション

　ログファイルは放置しておくと、追記される一方なので容量が肥大化していきます。ログファイルの**ローテーション機能**を使うと、古くなったログを切り分けて、ログファイルが肥大化するのを防ぎます。この機能を使うと、たとえば/var/log/messagesファイルは/var/log/messages.1ファイルにリネームされ、新たに/var/log/messagesファイルが作成されます。次のローテーションがくると、messages.1ファイルがmessages.2に、messagesファイルがmessages.1ファイルへとリネームされます。規定されたファイル数を超えると、一番古いログファイルは削除されます。

[注12] systemd-journaldを再起動すると、rsyslogdによるログ出力が停止することがあります。その場合はrsyslog.serviceも再起動してください。

10.2 システムログの設定

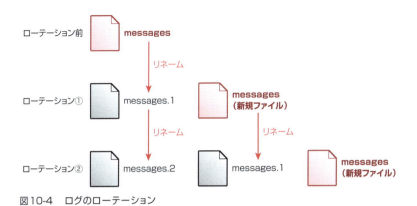

図10-4　ログのローテーション

　ログファイルのローテーション機能は、**logrotateユーティリティ**が提供しています。logrotateユーティリティはcronを利用して、定期的に実行されます。logrotateの設定は、**/etc/logrotate.confファイル**で行います[注13]。次に示すのは、/etc/logrotate.confファイルの設定例です。

▶ **/etc/logrotate.confファイルの内容（一部）**

```
# ローテーション周期を1週間とする
weekly
# バックアップログを4週間保存する
rotate 4
# ローテーションさせたら、空のログファイルを作成する
create
# ログファイルを圧縮する
compress
# /var/log/wtmpファイルの設定
/var/log/wtmp {
    monthly          ← ローテーション周期を1か月とする
    create 0664 root utmp ← パーミッション664、所有者root、グループutmpで新しいファイルを作成
    rotate 1         ← バックアップログを1つ保存する
```

> **参考**　バックアップファイル名は「messages-20181210」のように日付が使われている場合もあります。

【注13】/etc/logrotate.confファイルの記述で/etc/logrotate.dディレクトリ以下の設定を読み込むようにしている場合もあります。

10.3 メール管理

10.3.1 メール配送の仕組み

電子メールを取り扱うソフトウェアには、**MTA**（Message Transfer Agent）や**MDA**（Mail Delivery Agent）、**MUA**（Mail User Agent）があります。まずは、作成されたメールが相手に届くまでの一般的な流れを見ておきます。

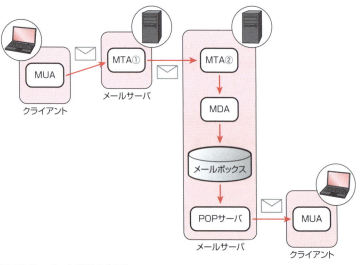

図10-5　メール配送の仕組み

① メールクライアントソフトウェア（MUA）で作成されたメールは、送信用MTA①へ送られる
② MTA①は、メールアドレスから配送先メールサーバを調べ[注14]、メールをMTA②に配送する
③ MTA②がメールを受け取ると、ローカル配送プログラムであるMDAが、メールの宛先となっているユーザーのメールボックスにメールを格納する
④ 受取人側は、POPサーバやIMAPサーバを経由して、自分のメールボックスからメールを取り出す

[注14] 相手ドメインのDNSサーバに尋ねます。このとき利用されるレコードがMXレコードです。

メールの配送に使われるMTAは、SMTPプロトコルでメッセージをやりとりするため、**SMTPサーバ**とも呼ばれます。代表的なSMTPサーバには、**sendmail**[注15]、**Postfix**[注16]、**exim**[注17]などがあります。

10.3.2 MTAの起動

システムによって、どのMTAプログラムがインストールされているかは異なります。25番ポートを開いているソフトウェアを調べると、稼働しているMTAを確認できます。次の例では、Postfixが動作していることがわかります。

```
# netstat -atnp | grep 25
tcp    0    0 127.0.0.1:25    0.0.0.0:*    LISTEN    1388/master
tcp6   0    0 ::1:25          :::*         LISTEN    1388/master
```

> **参考** Postfixは複数のデーモンプログラムで構成されています。masterはPostfixの中心的なデーモンです。

Red Hat Enterprise LinuxやCentOSではPostfixが、Debian GNU/LinuxやUbuntuではexim4が使われていることが多いでしょう。

SysVinitを採用したシステムでは、起動スクリプトを使ってMTAを起動します。次の例では、Postfixを起動しています。

```
# /etc/init.d/postfix start
```

systemdを採用したシステムでは、systemctlコマンドを使ってMTAを起動します。次の例では、Postfixを起動しています。

```
# systemctl start postfix.service
```

10.3.3 メールの送信と確認

コマンドラインでメールを送信したり、受信メールを確認するには、**mailコマンド**を使います。

[注15] http://www.sendmail.org/
[注16] http://www.postfix.org/
[注17] http://www.exim.org/

書式 mail [-s 題名] [宛先メールアドレスもしくはユーザー名]

　メールを送信するには、宛先を指定してmailコマンドを実行します。ユーザー名のみを指定すると、ローカルシステムのユーザー宛にメールを送ります。-sはタイトル（Subject）を指定するオプションです。

```
$ mail -s samplemail student
Hello! Student!      ← 本文を入力
.                    ← 入力終了は「.」
EOT [注18]
```

　引数なしでmailコマンドを実行すると、メールボックスに届いているメールを確認できます。

```
$ mail
Heirloom Mail version 12.5 7/5/10.  Type ? for help.
"/var/spool/mail/student": 1 message 1 new
>N  1 lpic@centos7.example  Mon Feb 16 23:25   18/611    "samplemail"
& 1                                                       ← 1番のメールを選択
Message  1:
From lpic@centos7.example.com  Mon Feb 16 23:25:26 2015
Return-Path: <lpic@centos7.example.com>
X-Original-To: student
Delivered-To: student@centos7.example.com
Date: Mon, 16 Feb 2015 23:25:26 +0900
To: student@centos7.example.com
Subject: samplemail
User-Agent: Heirloom mailx 12.5 7/5/10
Content-Type: text/plain; charset=us-ascii
From: lpic@centos7.example.com
Status: R

Hello! Student!

& q                                                       ← 「q」で終了
Held 1 message in /var/spool/mail/student
```

[注18] EOTは、End Of Transmission（転送処理終了）を意味します。

10.3.4 メールの転送とエイリアス

ある宛先に届いたメールを、別のメールアドレスで受け取ることができるようにするには、/etc/aliasesでエイリアスを設定する方法と、各ユーザーのホームディレクトリに.forwardファイルを用意する方法があります。

/etc/aliasesファイル

/etc/aliasesファイルを利用すると、メールアドレスの別名（**エイリアス**）を設定できます。たとえば、root宛に届いたメールを、ユーザーadminとlpicでも受け取れるようにするには、/etc/aliasesで次のように設定します。adminとlpicは、どちらもroot宛のメールを受け取れるようになります（rootにメールは届かなくなります）。

▶ /etc/aliasesの記述例
```
root: admin, lpic
```

この設定を有効にするには、**newaliasesコマンド**を使います。newaliasesコマンドは、/etc/aliasesの設定をもとに、MTAが実際に参照するエイリアスデータベースファイルの/etc/aliases.dbを更新します。

```
# newaliases
```

.forwardファイル

メールを転送するもう1つの方法は、**.forwardファイル**を使う方法です。この場合は、各ユーザーのホームディレクトリに.forwardファイルを用意し、その中に転送先のメールアドレスを記述します。この方法は、一時的にメールを転送したい場合などに便利です。また、ユーザーが各自で設定できるため、管理者が設定する必要はありません。

> **ここが重要**
> - /etc/aliasesでのエイリアスと.forwardの特徴、newaliasesコマンドの実行が必要な理由を理解しておいてください。

メールキューの操作

送信待ちのメールは、**メールキュー**に蓄えられています。送信先メールサーバが停止していて送信できないような場合、メールはいったんメールキューに保存されます。メールサーバが復旧するとメールは送信され[注19]、メールキューから取り除かれます。また、宛先がDNSで検索できなかったメールなどもメールキューに保存されます。メールキューの内容を表示するには、**mailqコマンド**を使います。

```
$ mailq
```

10.4 プリンタ管理

10.4.1 印刷の仕組み

多くのLinuxディストリビューションでは、印刷サブシステムとして**CUPS**(Common Unix Printing System)を採用しています。CUPSの主な特徴は次のとおりです。

- IPP（Internet Printer Protocol）の採用
  ネットワーク上のプリンタをサポートするプロトコルとしてIPPを採用しています。インターネットを経由した印刷も可能です。
- PPD（PostScript Printer Description）ファイルのサポート
  AdobeのPPD形式のファイル（テキストファイル）でデバイスドライバの設定ができます。
- Webベースで設定可能
  Webブラウザから設定できるツールが組み込まれています。
- プリンタクラスのサポート
  複数のプリンタを1台のプリンタに見せかける機能をサポートしています。

CUPSを使った印刷処理の流れは次のとおりです。

[注19] メールキュー内のメールは定期的に再送信が試みられ、規定の回数内に再送できない時は送信者にその旨が通知されるのが一般的です。

10.4 プリンタ管理

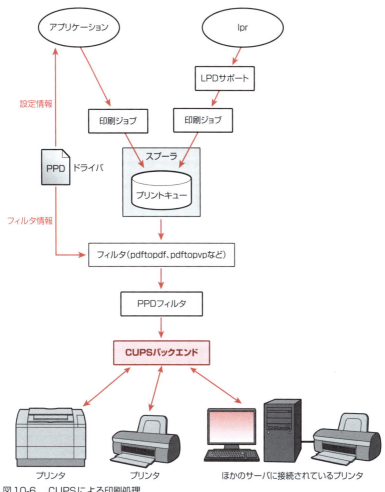

図10-6　CUPSによる印刷処理

① アプリケーションや印刷コマンドから印刷データを受け取る。プリンタの設定オプションはPPDファイルから提供される
② スプーラが印刷データを受け付け、スケジューリングを行う
③ プリンタが直接受け付けられないデータを、いったん中間形式としてPDFまたはPostScriptにフィルタで変換する
④ PPDに定義されたフィルタにより、最終の印刷データに変換する
⑤ 処理した印刷データをCUPSのバックエンドに送る
⑥ バックエンドは印刷データをローカル接続（USBなど）またはネットワークを経由（IPPやLPRなど）してプリンタに渡す

プリンタの機種依存情報はPPDと呼ばれるファイルに記述され、アプリケーションへのプリンタ設定オプションと、中間形式からの変換ルールを提供します。フィルタは、印刷データを必要に応じて中間形式に変換するフィルタプログラム集です。中間形式としては一般にPDFまたはPostScriptが使われ、そこからPPDで定義されたルールに基づいてプリンタ固有の命令に変換されます。バックエンドは、印刷データをプリンタに送信し、プリンタの状態情報をCUPSに返すプログラムです。

PPDファイルは/etc/cups/ppdディレクトリ以下に格納します。CUPSの設定ファイル**/etc/cups/cupsd.conf**では、印刷要求をネットワーク経由で受け付ける場合のポート番号や、接続するクライアントのアクセス許可を設定します。また、**/etc/cups/printers.conf**では、プリンタに関する情報などを設定します。

CUPSはWebブラウザ経由で設定ができます。Webブラウザで631番ポートに接続すると、Webインターフェースが表示されます。

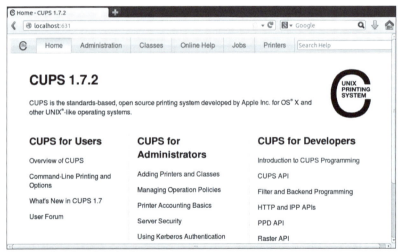

図10-7　CUPSのWebインターフェース

プリンタの状態を確認したり、プリンタを管理したりすることもできます。

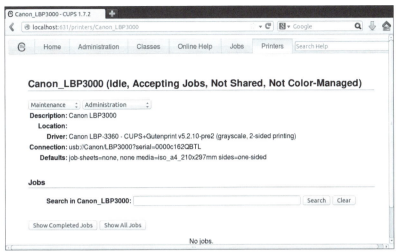

図10-8　プリンタの確認

　CUPSサービスを起動するには、SysVinit採用のシステムの場合、次のように起動スクリプトを使うか、

```
# /etc/init.d/cups start
```

systemd採用のシステムの場合、次のようにsystemctlコマンドを使います。

```
# systemctl start cups.service
```

IPPサービス(ポート631/tcp)が開いていれば、CUPSは動作しています。

```
$ netstat -at | grep ipp
tcp        0      0 localhost:ipp           0.0.0.0:*               LISTEN
tcp6       0      0 localhost:ipp           [::]:*                  LISTEN
```

10.4.2　印刷関連コマンド

lprコマンド

　ファイルを印刷するときは**lprコマンド**を使います。lprコマンドは、指定されたファイルや標準入力をプリントキューに送ります。

書式 lpr [オプション] [ファイル名]

表10-11 lprコマンドの主なオプション

オプション	説明
-#*部数*	印刷部数を指定する
-P*プリンタ名*	印刷を行うプリンタを指定する

次の例では、/etc/passwdファイルを5部印刷します。

```
$ lpr -#5 /etc/passwd
```

次の例では、dmesgコマンドの出力を印刷します。このように、印刷内容を標準入力から受け取ることもできます。

```
$ dmesg | lpr
```

lpqコマンド

印刷ジョブ(印刷指示の情報)はプリントキューに入り、順番に処理されていきます。プリントキューの内容を表示するには、**lpqコマンド**を使います。

書式 lpq [オプション] [ユーザー名] [ジョブ番号]

表10-12 lpqコマンドの主なオプション

オプション	説明
-P*プリンタ名*	プリンタを指定する

オプションを指定せずにlpqコマンドを実行すると、デフォルトに設定されているプリンタのプリントキューを表示します。

```
$ lpq
lp1 is ready and printing
Rank      Owner   Job   Files               Total Size
active    lpic    25    lpicmm020527.txt    2418 bytes
1st       user01  26    test.log            3317 bytes
2nd       root    27    printcap            596 bytes
```

Rank列は、印刷ジョブの状態を表します。「active」は印刷中を表し、印刷待ちのものは何番目にあるかが表示されます。Owner列は印刷を指示したユーザー、Job列は印刷ジョブ番号、Files列は印刷対象になったファイル名、Total Size列はプリントキュー内でのファイルサイズを表します。

lprmコマンド

プリントキューにある印刷要求を削除するには、**lprmコマンド**を使います。一般ユーザーは自分の発行した印刷要求のみを、スーパーユーザーはすべての印刷要求を削除できます。ジョブ番号はlpqコマンドで確認します。オプションに「-」を使うと、自分が印刷しようとしているすべての印刷ジョブを削除します。

書式 lprm [オプション] [ジョブ番号]

表10-13 lprmコマンドの主なオプション

オプション	説明
-Pプリンタ名	プリンタを指定する
-	自分の全印刷ジョブを削除する

次の例では、自分の印刷ジョブをすべて削除しています。

```
$ lprm -
```

rootユーザーで実行すると、全ユーザーの印刷ジョブをすべて削除します。

```
# lprm -
```

ここが重要

- それぞれの印刷処理コマンドの使い方を理解してください。

注意 lpr、lpq、lprmの各コマンドは、歴史あるBSD LPR印刷システムに由来し、オプションを含めてほぼ互換性を備えています。これに対し、System V印刷システムと呼ばれる印刷システムと互換性を持つコマンド群もあり、実際、CUPSではこちらのほうが標準的です。System V印刷システムでは、印刷にはlpコマンド、プリントキューの表示にはlpstatコマンド、印刷要求の削除にはcancelコマンドを使います。
Debian GNU/Linuxでlpr、lpq、lprmのコマンドを使うには、cups-bsdパッケージ等をインストールする必要があります。

練習問題

問題:10.1　重要度:★★

cronを使って自動的にバックアップを取るようにしています。バックアップファイル名にバックアップ日時が使われるようにしたい場合、書式として適切なコマンドを選択してください。

- A. tar xzf /backup/`date "+%Y%m%d"`.tar.gz /home
- B. tar czf /backup/`date "%Y%m%d"`.tar.gz /home
- C. tar czf /backup/`date "#%Y%m%d"`.tar.gz /home
- D. tar czf /backup/`date "+%Y%m%d"`.tar.gz /home
- E. tar czv /backup/`date "+%Y%m%d"`.tar.gz /home

《解説》　dateコマンドは、「+」で引数を始めると、指定した書式で日時を出力します。たとえば「+%Y%m%d」は「20181210」のようになります。dateコマンドを「`」で囲っておくと、引用符内が実行され実行結果に置き換わるので、バックアップの日時入りアーカイブファイルを作成することができます。選択肢 A と選択肢 E は tar コマンドのオプション指定が誤っています。選択肢 B と選択肢 C は date コマンドの書式が誤っています。

《解答》　D

問題:10.2　重要度:★★★★★

認証関連のメッセージで、プライオリティがnotice以上のものは/var/log/secureに保存されるようにしたい場合、/etc/rsyslog.confの書式として適切なものを選択してください。

- A. authpriv:notice　/var/log/secure
- B. notice:authpriv　/var/log/secure
- C. authpriv.notice　/var/log/secure
- D. notice.authpriv　/var/log/secure
- E. authpriv.*　/var/log/secure

《解説》 rsyslogの設定ファイル/etc/rsyslog.confの基本的な書式は次のとおりです。

ファシリティ.プライオリティ　出力先

この書式に適合するのは選択肢 C と E だけです。しかし、選択肢 E では、すべてのプライオリティのメッセージが出力されてしまうので「プライオリティがnotice以上」という条件に当てはまりません。したがって、正解は選択肢 C です。

《解答》　C

第10章 必須システムサービス

問題:10.3　重要度:★★★

システムログファイル/var/log/messagesを常に監視しておき、新しいメッセージが書き込まれる様子を画面上でモニタリングし続けたい場合、どのコマンドを実行すればよいかを選択してください。

- A. cat /var/log/messages &
- B. tail -f /var/log/messages
- C. rsyslogd /var/log/messages
- D. top /var/log/messages
- E. logger /var/log/messages

《解説》　catコマンドをバックグラウンドで動かしても、ログのモニタリングはできません。したがって、選択肢Aは不正解です。rsyslogdはシステムログを扱うデーモンなので、選択肢Cは不正解です。topはシステムの状況やプロセスの実行状況を表示し続けるコマンドなので、選択肢Dは不正解です。loggerはシステムログを生成するコマンドなので、選択肢Eは不正解です。正解は選択肢Bです。tailコマンドの-fオプションを使うと、ファイルの末尾を表示し続け、新たに書き込みがあればリアルタイムに画面にも表示します。

《解答》　B

練習問題

問題：10.4 重要度：★★★★

Postfixを利用しています。root宛のメールをユーザーuser01で受け取れるように設定するため、/etc/aliasesファイルを編集しましたが、メールが届きません。実行すべき操作を選択してください。

- A. /etc/.forwardファイルを作成する
- B. mkaliasesコマンドを実行する
- C. newaliasesコマンドを実行する
- D. mailqコマンドを実行する
- E. alias -sコマンドを実行する

《解説》 .forwardファイルはユーザーのホームディレクトリに作成してメールの転送を行うファイルです。したがって、選択肢Aは不正解です。mkaliasesというコマンドはありません。したがって、選択肢Bは不正解です。mailqコマンドはメールキューを表示します。したがって、選択肢Dは不正解です。aliasはシェルのエイリアスを設定・表示するコマンドなので、選択肢Eは不正解です。正解は選択肢Cです。/etc/aliasesファイルを編集するだけでは設定は有効にならないため、newaliasesコマンドを実行してエイリアスデータベースに変更を反映させる必要があります。

《解答》 C

問題：10.5 重要度：★★★★

jupitor.example.net上でstudentユーザーとして作業をしています。student@jupitor.example.netに届いたメールを、student@lpic.jpに転送するには、~/＿＿＿＿＿＿＿＿＿＿＿＿＿＿に「student@lpic.jp」と記述します。下線部に当てはまるファイル名を記述してください。

《解説》 ユーザーごとにメールの転送を設定するには、~/.forwardファイルを使います。このファイルにメールアドレスを記述しておくと、届いたメールがすべて転送されます。

《解答》 .forward

問題:10.6　重要度:★★★

メールがメールキューに残っていないかを確認するために、あるコマンドを実行しました。

$ _____
Mail queue is empty

下線部に当てはまるコマンドを記述してください。

《解説》　mailqコマンドを実行すると、メールキュー内を一覧表示できます。設問の場合は、メールキュー内に何もメールが残っていないというメッセージが表示されています。

《解答》　mailq

問題:10.7　重要度:★★★★

lprコマンドを使い、プリンタlaser01で、/etc/hostsファイルを5部印刷したい場合、どのコマンドを実行すればよいかを選択してください。

- A. lpr –P5 –p laser01 /etc/hosts
- B. lpr –p 5 –P laser01 /etc/hosts
- C. lpr –Plaser01 –#5 /etc/hosts
- D. lpr –P 5 –p laser01 /etc/hosts
- E. lpr –Plaser01 –p 5 /etc/hosts

《解説》　lprコマンドでは、プリンタの指定に-Pオプションを、枚数の指定に-#オプションを使います。選択肢C以外の選択肢はオプションの指定が無効です。したがって、正解は選択肢Cです。

《解答》　C

問題:10.8

重要度:★★

プリントキューにある自分の印刷ジョブをすべて削除したい場合、実行すべきコマンドを選択してください。

- A. lprm -a
- B. lpd
- C. lpq
- D. lprm -

《解説》 lprmコマンドに-aというオプションはないので、選択肢Aは不正解です。lpdは印刷デーモンなので、選択肢Bは不正解です。lpqはプリントキューの一覧を表示するコマンドなので、選択肢Cは不正解です。正解は選択肢Dです。lprm -で自分の発行した印刷要求をすべてプリントキューから削除できます。

《解答》 D

第11章 ネットワークの基礎

- **11.1** TCP/IPの基礎
- **11.2** ネットワークの設定
- **11.3** ネットワークのトラブルシューティング
- **11.4** DNSの設定

⇒ 理解しておきたい用語と概念

- [ ] TCP/IP
- [ ] ICMP
- [ ] IPv4とIPv6
- [ ] IPアドレス
- [ ] ポート
- [ ] ウェルノウンポート

⇒ 習得しておきたい技術

- [ ] DNS情報の検索
- [ ] /etc以下の設定ファイルの適切な設定
- [ ] pingを使った死活監視
- [ ] traceroute、tracepathを用いたネットワーク経路調査
- [ ] routeを用いたルーティングテーブルの設定
- [ ] ipを用いたネットワークインターフェースの情報表示

11.1 TCP/IPの基礎

通信を行う上での取り決めを**プロトコル**といいます。現在、企業・家庭内のLANやインターネットで使われている、もっとも一般的なプロトコルがTCP/IPです。

11.1.1 TCP/IPプロトコル

TCPとIPは別々のプロトコルですが、これにUDPなどの関連プロトコルを含め、プロトコル群として**TCP/IP**と総称しています。TCP/IPの構造をOSI参照モデルと対比すると、図11-1のようになります。

OSI参照モデル	TCP/IPの構造
アプリケーション層 プレゼンテーション層 セッション層	アプリケーション層 (HTTP、SMTP、TELNETなど)
トランスポート層	トランスポート層(TCP、UDPなど)
ネットワーク層	インターネット層(IP、ICMPなど)
データリンク層 物理層	ネットワークインターフェース層

図11-1　OSI参照モデルとTCP/IPの構造

用語解説　OSI参照モデル
ISO(国際標準化機構)と現ITU-T(国際電気通信連合電気通信標準化部門)によって策定されたデータ通信の標準アーキテクチャで、データ通信の機能が7つの階層に階層化されます。

次に、TCP/IPに含まれる代表的なプロトコルを見ておきます。

TCP (Transmission Control Protocol)

信頼性の高い通信を実現するためのコネクション型のプロトコルです。**コネクション型**とは、相手に通信データが正しく届いていることを確認しながら通信するもので、信頼性は高くなります。TCPを利用する上位のプロトコルは、信頼性を高めるためのエラー制御などをTCPに任せてしまうことができます。TCPの代表的な機能は次のとおりです。

- 途中で消失やエラーが発生したパケットを再送
- パケットの伝送順序を整列

　TCPは、FTP、Telnet、POP、SMTPといった多数の上位プロトコルで利用されます。

IP（Internet Protocol）

　TCPやUDP、ICMPなどのデータ転送（ルーティング）をつかさどるコネクションレス型のプロトコルです。**コネクションレス型**とは、相手に通信データが正しく届いているかどうかを確認せず一方的に送信するもので、信頼性は低くなりますが、伝送速度は速くなります。IPの代表的な機能は次のとおりです。

- IPアドレスの規定
- データグラム（伝送単位）の規定
- データグラムが伝送されるネットワーク経路の制御

IPv6

　現在一般的に使われているIPプロトコルはバージョン4（IPv4）ですが、これを拡張したIPv6も徐々に利用され始めています。IPv4は32ビットでアドレス部分を表しますが、インターネットに接続するホスト数が激増したため、2011年には新規に割り当て可能なIPアドレスが底をついてしまいました。IPv6ではアドレス部分が128ビットあるので、将来にわたって問題なく運用できます。また、セキュリティ機能など、IPv4にはなかった機能も取り入れられています。

UDP（User Datagram Protocol）

　データの転送速度に重点を置いたコネクションレス型のプロトコルです。相手に通信データが正しく届いているか確認する機能はありませんが、その分通信の処理にかかるコストが少なく済みます。UDPは、音声や映像のストリーミング配信で利用されます。

ICMP（Internet Control Message Protocol）

　エラーメッセージや制御メッセージを伝送するコネクションレス型のプロトコルで、pingコマンドやtracerouteコマンドで利用されます。

> **NOTE** コネクション型のプロトコルは、通信相手が確実に受け取り準備ができたことを確認した上で通信を開始します。また、パケットが確実に相手に届いたかも確認します。一方、コネクションレス型のプロトコルは、そのような確認をしないため、パケットが通信相手に確実に届くとは限りません。

ここが重要

- それぞれのプロトコルの特徴を理解しておきましょう。

11.1.2 IPアドレス（IPv4）

TCP/IPでは、ネットワークに接続された機器を識別するのに**IPアドレス**を使います。ここではまず、IPv4のIPアドレスについて説明します。IPアドレスは32ビットで構成され、通常は8ビットごとに「．」で区切って10進数で表記します。

```
2進数表記：  11000000.10101000.00000001.00000010
10進数表記：     192.     168.       1.        2
```

IPアドレスは、ネットワークセグメントを識別するためのネットワーク部と、ネットワークセグメント内の機器を識別するためのホスト部に分割できます。ネットワーク部とホスト部の境界は、IPアドレスとセットで使われる**サブネットマスク**より求めることができます。サブネットマスクも32ビットで構成され、8ビットごとに区切って表記します。IPアドレスとサブネットマスクの論理積により、ネットワーク自身を表す**ネットワークアドレス**を算出できます。

```
IPアドレス：              11000000.10101000.00000001.00000010
                       = 192.168.1.2
サブネットマスク：          11111111.11111111.11111111.00000000
                       = 255.255.255.0
ネットワークアドレス：       11000000.10101000.00000001.00000000
                       = 192.168.1.0
ブロードキャストアドレス：   11000000.10101000.00000001.11111111
                       = 192.168.1.255
```

ホスト部のビットをすべて1にしたアドレス（上記の場合は192.168.1.255）は**ブロードキャストアドレス**と呼ばれ、同じネットワークに属するすべてのホストに送信する

11.1 TCP/IPの基礎

ための特別なアドレスです。ネットワークアドレスとブロードキャストアドレスは、ネットワークデバイスに割り当てることができません。また、ネットワークアドレスが異なるネットワークへは、ルータを介さなければ通信ができません。

TCP/IPでは、ネットワーク上でIPアドレスを持っている機器全般を「ホスト」と呼びます（大型コンピュータだけを意味するものではありません）。IPアドレスはホストに付けられるのではなく、ホストの持つネットワークインターフェース（NICなど）に論理的に割り当てられるので、1つのホストで複数のIPアドレスを所有することもあります。

IPアドレスにはクラスという概念があり、ネットワーク部が8ビットのものをクラスA、16ビットのものをクラスB、24ビットのものをクラスCと規定しています[注1]。特殊なクラスとしてクラスDとクラスEがありますが、一般的にはクラスAからクラスCが利用されます。

表11-1　クラス

クラス	IPアドレスの範囲	サブネットマスク
A	0.0.0.0～127.255.255.255	255.0.0.0
B	128.0.0.0～191.255.255.255	255.255.0.0
C	192.0.0.0～223.255.255.255	255.255.255.0

IPアドレスの先頭8ビットが0の場合はデフォルトルートを、127の場合は自分自身を表す特殊なアドレス（ローカルループバック）になっています。

IPアドレスは、インターネット内で重複しないよう一意に割り当てる必要がありますが、一部のアドレスはローカルネットワーク内で自由に使うことができます。これが**プライベートアドレス**で、クラスごとにプライベートアドレスの範囲が定められています。

表11-2　プライベートアドレス

クラス	IPアドレスの範囲
A	10.0.0.0～10.255.255.255
B	172.16.0.0～172.31.255.255
C	192.168.0.0～192.168.255.255

- プライベートアドレスの範囲を覚えておきましょう。

【注1】現在では次ページで解説するCIDRで運用されています。

CIDR

クラスCでは、1ネットワークあたりのホスト数は254になります（ネットワークアドレスとブロードキャストアドレスはホストに割り当てられないことに注意してください）。しかし、クラスによる区分を用いると、最少でも組織ごとに256個のIPアドレスが消費されてしまうため、より柔軟な運用のために**CIDR**（Classless Inter-Domain Routing）が規定されました。

CIDRでは、ネットワークアドレス部は1ビット単位で扱うことができます。たとえば、サブネットマスクを「255.255.255.192」（26ビット）とすると、ホスト部が2ビット減る代わりに、ネットワーク部が2ビット増え、それだけ多くの組織にIPアドレスを割り当てることができます。192.168.0.0のクラスCネットワークをこのサブネットマスクで分割すると、4つのサブネットワークに分割でき、それぞれのサブネットワークでは62のホストを扱えます。このネットワークは「192.168.0.0/26」のように「/ネットワーク部のビット数」で表します。

表11-3　192.168.0.0/24を4つのサブネットワークに分割

IPアドレスの範囲	ネットワークアドレス	ブロードキャストアドレス	最大ホスト数
192.168.0.0〜192.168.0.63	192.168.0.0	192.168.0.63	62
192.168.0.64〜192.168.0.127	192.168.0.64	192.168.0.127	62
192.168.0.128〜192.168.0.191	192.168.0.128	192.168.0.191	62
192.168.0.192〜192.168.0.255	192.168.0.192	192.168.0.255	62

11.1.3　IPアドレス（IPv6）

IPv4のアドレスが32ビットであるのに対し、IPv6では128ビットとなっており、無限といってよいくらいのIPアドレスを利用することができます。IPv6のIPアドレスは、「:」によって16ビットずつ8つのブロックに区切られた16進数で表します。

```
2001:0db8:0000:0000:0001:2345:6789:abcd
```

IPv6の表記は長くなってしまうので、次のようなルールに従って省略することができます。

①各ブロックの先頭の「0」は省略できる

②「0」が連続するブロックは省略して「::」と表記できる（1箇所だけ）

```
2001:0db8:0000:0000:0001:2345:6789:abcd
                    ↓  各ブロックの先頭の「0」を省略
2001:db8:0:0:1:2345:6789:abcd
                    ↓  「0」が連続するブロックは省略
2001:db8::1:2345:6789:abcd
```

図11-2　IPv6アドレスの省略

　IPv6のIPアドレスは、**ユニキャストアドレス**、**エニーキャストアドレス**、**マルチキャストアドレス**に分類できます。ユニキャストアドレスは、1つのネットワークインターフェースを識別するアドレスです。エニーキャストアドレスは、複数のホストの集合に割り当てられるアドレスです。マルチキャストアドレスは、IPv4のブロードキャストアドレスに相当するものです。

表11-4　IPv6アドレスの分類[注2]

IPv6アドレスの分類	IPv6表記
ローカルループバックアドレス	::1/128
グローバルユニキャストアドレス	2000::/3
リンクローカルユニキャストアドレス	fe80::/10
マルチキャストアドレス	ff00::/8

　表11-4で、末尾の「/8」といった表記は、IPv4のCIDRと同様に先頭からのビット数を表します。なお、IPv6の場合、IPv4のネットワーク部に相当する部分を**プレフィックス**、ホスト部に相当する部分を**インターフェースID**といいます。IPv4ではネットワーク部とホスト部の区分にサブネットマスクを使っていましたが、IPv6ではプレフィックス、インターフェースIDともに64ビットです。

11.1.4　ポート

　送信元のアプリケーションや、送信先のアプリケーションを識別するために、**ポート番号**が使われます。どのアプリケーションがどのポート番号を使うかが決められ

[注2] グローバルユニキャストアドレスはインターネット上で利用されるアドレス、リンクローカルユニキャストアドレスは同一セグメント内（LAN内）で利用されるアドレスです。

ているので、同時に複数のアプリケーションを利用していても、正しく処理することが可能となります。たとえば、Webサーバは80番ポートを監視し、Webブラウザは宛先の80番ポートに対してアクセスを行います。

　主要なネットワークサービスで使用されているポート番号は標準化されていて、1023番までが予約されています。これは**ウェルノウンポート**(Well Known Port：既知のポート)と呼ばれます。

表11-5　代表的なポート番号

番号	プロトコル	サービス/プロトコル	説明
20	TCP	FTP	FTPのデータ転送
21	TCP/UDP	FTP	FTPの制御情報
22	TCP	SSH	SSH接続
23	TCP	Telnet	Telnet接続
25	TCP/UDP	SMTP	電子メール
53	TCP/UDP	DNS	DNS
80	TCP	HTTP	Web
110	TCP	POP3	電子メール(受信)
123	UDP	NTP	NTPサービス
139	TCP/UDP	NetBIOS	Microsoftネットワーク
143	TCP	IMAP	電子メール(IMAP2/IMAP4)
161	UDP	SNMP	ネットワークの監視
162	TCP/UDP	SNMP Trap	ネットワークの監視(警告通知等)
389	TCP/UDP	LDAP	ディレクトリサービス
443	TCP/UDP	HTTP over SSL/TLS (HTTPS)	SSL/TLSによるHTTP接続
465	TCP	SMTP over SSL/TLS (SMTPS)	SSL/TLSによるSMTP接続[注3]
514	UDP	Syslog	ロギングサービス
636	TCP/UDP	LDAP over SSL/TLS	SSL/TLSによるディレクトリサービス
993	TCP/UDP	IMAP over SSL/TLS (IMAPS)	SSL/TLSによるIMAP接続
995	TCP/UDP	POP3 over SSL/TLS (POP3S)	SSL/TLSによるPOP3接続

[注3] ポート465は、正式にIANAによって割り当てられた番号ではありません。

11.1 TCP/IPの基礎

Telnet

Telnetは、TCP/IPネットワークにおいてリモートホストを遠隔操作できるようにするプロトコルです。telnetコマンドを使ってログインしたり、サーバソフトウェアと通信したりすることができます。通信内容が暗号化されず、パスワード等もそのままネットワーク上を流れるため、安全性の観点から、現在はあまり使われなくなっています。

SNMP (Simple Network Management Protocol)

SNMPは、ネットワーク機器を監視したり制御したりするためのプロトコルです。SNMPを使って管理するコンピュータをSNMPマネージャ、SNMPに対応したネットワーク機器をSNMPエージェントといいます。SNMPでは2つのポートを利用します。SNMPマネージャ側からSNMPエージェントへの問い合わせは161番ポート宛に送られます。また、SNMPエージェント側からSNMPマネージャ側への通知（SNMP Trap）は162番ポート宛に送られます。

IPv6の場合は、たとえば次のように記述されていると、末尾の「:80」がIPアドレスの一部なのかポート番号なのか、すぐには判別できません。

```
fe80::20c:29ff:fe55:94ef:80
```

そこでIPv6では、IPアドレス部分は[ ]で囲むように定められています。次の例では80番ポートを示しています。

```
[fe80::20c:29ff:fe55:94ef]:80
```

ここが重要

- ポート番号とサービスの対応を覚えておきましょう。

> **NOTE** ウェルノウンポートはIANA (Internet Assigned Numbers Authority) によって管理されており、http://www.iana.org/assignments/port-numbers で確認できます。それ以外にも特定のアプリケーション用に予約されているポート番号があります。たとえば、データベースシステムPostgreSQLは5432番、Webブラウザからシステム管理をするソフトウェアWebminは10000番などです。このように、ベンダーやグループの申請により割り当てが可能なポート番号をレジスタードポートといい、範囲は1024〜49151となっています。

ポート番号とサービスの対応は、**/etc/services**に記述されています。

▶ /etc/servicesファイルの内容（一部）

```
ftp-data    20/tcp
ftp-data    20/udp
ftp         21/tcp
ftp         21/udp
ssh         22/tcp        # SSH Remote Login Protocol
ssh         22/udp        # SSH Remote Login Protocol
telnet      23/tcp
telnet      23/udp
smtp        25/tcp        mail
smtp        25/udp        mail
```

11.2 ネットワークの設定

11.2.1 ネットワークの基本設定

　ネットワークを設定するには、コマンドを使って設定する方法（たとえばifconfigコマンドを使ってネットワークインターフェースを設定する、など）と、/etc以下の設定ファイルに記述する方法があります。コマンドを使っての設定は、システムやネットワーク機能を再起動すると失われてしまいます。永続的な設定をするには、設定ファイルに設定を記述します。設定ファイルは、ディストリビューションによって異なるものもあります。

/etc/hostnameファイル

　ホスト名が記述されています。ディストリビューションによっては、/etc/HOSTNAME

というファイル名になっている場合もあります。

▶ /etc/hostnameの例
```
centos7.example.com
```

/etc/hostsファイル

　ホスト名とIPアドレスとの対応を記述しています。小規模な閉じたネットワークなら、このファイルを作成してネットワーク上のすべてのホストに配布することでネットワーク内の名前解決が実現できます。ただし、変更があった場合は、すべてのホストの/etc/hostsを書き換えなければならないため、ネットワークの規模が大きくなると運用は難しくなります。/etc/hostsには、IPアドレス、ホスト名、ホストの別名をスペースで区切って記述します。

▶ /etc/hostsの例
```
127.0.0.1        localhost.localdomain localhost
192.168.0.1      windsor.example.com windsor
192.168.0.2      salt.example.com salt
192.168.0.3      sugar.example.com sugar
192.168.0.4      pepper.example.com pepper

::1              localhost6.localdomain6 localhost6
fe00::0          ip6-localnet
ff00::0          ip6-mcastprefix
ff02::1          ip6-allnodes
ff02::2          ip6-allrouters
```

> **ここが重要**
> - /etc/hostsはホスト名を設定するファイルではありません。ホスト名は、/etc/hostnameで設定します。

/etc/network/interfacesファイル

　Debian系ディストリビューションで、ネットワークインターフェースの設定を記述しています。

第11章 ネットワークの基礎

▶ /etc/network/interfacesの例

```
auto lo                              ← 起動時にloを有効にする
iface lo inet loopbacklo             ← loインターフェースをループバックとして設定

iface eth0 inet static               ← eth0インターフェースを固定IPアドレスで設定
  address 192.168.11.12              ← IPアドレス
  netmask 255.255.255.0              ← ネットマスク
  broadcast 192.168.11.255           ← ブロードキャストアドレス
  gateway 192.168.11.1               ← デフォルトゲートウェイのIPアドレス
  dns-domain example.com             ← ドメイン名
  dns-nameservers 192.168.11.1       ← DNSサーバのIPアドレス
```

/etc/sysconfig/network-scriptsディレクトリ

　Red Hat系ディストリビューションで、さまざまなネットワークインターフェースの設定ファイルが配置されています。ネットワークインターフェース名がeth0の場合、設定ファイル名はifcfg-eth0となります。IPアドレスを固定で割り当てたい場合などは、このファイルを編集します。

▶ /etc/sysconfig/network-scripts/ifcfg-eth0の例

```
TYPE=Ethernet
BOOTPROTO=static              ← dhcpならDHCP、staticなら固定IPアドレス
NAME=eth0                     ← ネットワークインターフェース名
ONBOOT=yes                    ← 起動時に有効にする
HWADDR=08:00:27:06:0B:53      ← MACアドレス
DNS1=192.168.11.1             ← 参照先DNSサーバ
DOMAIN=example.com            ← ドメイン名
IPADDR=192.168.11.13          ← IPアドレス
NETMASK=255.255.255.0         ← サブネットマスク
GATEWAY=192.168.11.1          ← デフォルトゲートウェイ
```

> **参考** 最新のRed Hat Enterprise Linux 7やCentOS 7では、この設定ファイルを編集するのではなく、nmtui/nmcliコマンドを使って設定することが推奨されています。

ここが重要

- これらの設定ファイルの役割と内容を十分に理解しておいてください。

11.2.2 NetworkManagerによる設定

CentOSやRed Hat Enterprise Linuxでは、ネットワークを管理するサブシステムとして**NetworkManager**が導入されています。NetworkManagerを利用しているかどうかは、次のようにして確認できます（systemdを採用しているシステムの場合）。

```
# systemctl status NetworkManager
● NetworkManager.service - Network Manager
   Loaded: loaded (/usr/lib/systemd/system/NetworkManager.service;
enabled; vendor preset: enabled)
   Active: active (running) since Sat 2018-12-01 09:28:29 JST; 2 days ago
     Docs: man:NetworkManager(8)
 Main PID: 2652 (NetworkManager)
   CGroup: /system.slice/NetworkManager.service
           tq2652 /usr/sbin/NetworkManager --no-daemon
           mq2950 /sbin/dhclient -d -q -sf /usr/libexec/nm-dhcp-helper -pf
/var/run/dhclient-enp0...
（以下省略）
```

NetworkManagerでは、**nmcliコマンド**を使ってネットワークの設定、接続の管理、状態の確認などを行います。

 `nmcli オブジェクト [コマンド]`

第11章 ネットワークの基礎

表11-6 オブジェクトと主なコマンド

オブジェクト	コマンド	説明
general	status	NetworkManagerの状態を表示する
	hostname	ホスト名を表示する
	hostname ホスト名	指定したホスト名に変更する
networking	on | off	ネットワークを有効(または無効)にする
	connectivity [check]	ネットワークの状態を表示する(checkを指定すると再確認する)
radio	wifi	Wi-Fiの状態を表示する
	wifi on | off	Wi-Fi接続を有効(または無効)にする
	wwan	モバイルブロードバンドの状態を表示する
	wwan on | off	モバイルブロードバンド接続を有効(または無効)にする
	all on | off	すべての無線接続を有効(または無効)にする
connection	show [--active]	接続情報を表示する(--activeが指定されればアクティブな接続のみ)
	modify インターフェース名 パラメータ	指定した接続を設定する
	up ID	接続を有効にする
	down ID	接続を無効にする
device	status	デバイスの状態を表示する
	show インターフェース名	指定したデバイスの情報を表示する
	modify インターフェース名 パラメータ	指定したデバイスを設定する
	connect インターフェース名	指定したデバイスを接続する
	disconnect インターフェース名	指定したデバイスを切断する
	delete インターフェース名	指定したデバイスを削除する
	monitor インターフェース名	指定したデバイスをモニタする
	wifi list	Wi-Fiアクセスポイントを表示する
	wifi connect SSID	Wi-Fiアクセスポイントに接続する
	wifi hotspot	Wi-Fiホットスポットを作成する
	wifi rescan	Wi-Fiアクセスポイントを再検索する

　引数のオブジェクトとは、操作対象のカテゴリです。NetworkManagerの状態や操作一般を扱うgeneral、ネットワーク管理全般を扱うnetworking、無線ネットワークを扱うradio、接続を扱うconnection、デバイスを扱うdeviceなどがあります。オブジェクト名は省略できます(networkingを"n"など)。変更を伴う操作はroot権限が必要ですが、参照するだけであれば一般ユーザーでも実行できます。

　次の例では、NetworkManagerの状態を表示しています。

11.2 ネットワークの設定

```
$ nmcli general status
状態      接続性  WIFI ハードウェア  WIFI  WWAN ハードウェア  WWAN
接続済み   完全    有効              有効   有効              有効
```

次の例では、Wi-Fiを有効にしています。

```
# nmcli radio wifi on
```

次の例では、接続の一覧を表示しています。有線接続と無線接続が確認できます。

```
# nmcli connection show
名前       UUID                                   タイプ           デバイス
ethenet1   a2d13664-8b78-4e3f-b261-1270e5914ba8   802-3-ethernet   --
windsor    f64a615e-6cdc-4567-b4dc-3ccf4f0e6475   802-11-wireless  --
```

次の例では、接続eth1を追加し、DHCPでIPアドレスを設定しています。

```
# nmcli connection add type ethernet ifname enp0s3 con-name eth1
接続 'eth1' (dd0d9c02-964e-4871-9118-b187e6be11ad) が正常に追加されました。
# nmcli connection modify eth1 ipv4.method auto
```

ホスト名を設定するには、**hostnamectlコマンド**を使います。

書式　hostnamectl [サブコマンド]

表11-7　hostnamectlコマンドの主なサブコマンド

サブコマンド	説明
status	ホスト名と関連情報を表示する(デフォルト)
set-hostname ホスト名	ホスト名を設定する

statusサブコマンドを指定するか、サブコマンドを何も指定せずにhostnamectlコマンドを実行すると、ホスト名と関連情報が表示されます。

```
$ hostnamectl
    Static hostname: centos7.example.com
          Icon name: computer-vm
            Chassis: vm
         Machine ID: 6a3b2d45446a4d9d841027638e2d24f2
```

```
        Boot ID: 73be0364d91f484ba85423660d74cdea
 Virtualization: kvm
Operating System: CentOS Linux 7 (Core)
    CPE OS Name: cpe:/o:centos:centos:7
         Kernel: Linux 3.10.0-957.1.3.el7.x86_64
   Architecture: x86-64
```

次の例では、ホスト名を「vm2」に変更しています。

```
# hostnamectl set-hostname vm2
```

systemd-networkd

systemd-networkdは、systemd採用のシステムでネットワーク管理をする仕組みです。NetworkManagerやnetplan（Ubuntu）の代替となります。
設定は/etc/systemd/networkディレクトリ以下の設定ファイルで行います。

11.3 ネットワークのトラブルシューティング

ネットワーク関連のトラブルに対処するには、ネットワーク自体の技術的な理解に加え、Linuxシステムの設定を知っておく必要があります。また、トラブルをスムーズに解決するためには、各種コマンドの理解が欠かせません。

11.3.1 主なネットワーク設定・管理コマンド

ここでは、ネットワークの設定を確認・変更したり、ネットワークの状況を表示するコマンドを取り上げます。

pingコマンド

指定されたホスト（ホスト名もしくはIPアドレス）にICMPパケットを送り、その反応を表示します。たとえば、Webサーバにアクセスしても Webページが表示されない場合、Webサーバソフトウェアがダウンしているのか、ホスト自身がダウンしている

のかなどを確認するために利用します。Webサーバソフトウェアがダウンしていても、ホストが動いていれば反応は返ってきます[注4]。Linuxのpingコマンドでは、送信回数を指定しなければCtrl＋Cキーを押すまで繰り返しパケットが送られます。

書式 ping ［オプション］ ホスト名またはIPアドレス

表11-8 pingコマンドの主なオプション

オプション	説明
-c *回数*	指定した回数だけICMPパケットを送信する
-i *間隔*	指定した間隔(秒)ごとにICMPパケットを送信する(デフォルトは1秒)

次の例では、www.lpi.orgに対して4回だけICMPパケットを送っています。

```
# ping -c 4 www.lpi.org
PING www.lpi.org (2xx.1xx.1xx.9x) from 172.22.0.3 : 56(84) bytes of data.
64 bytes from new.lpi.org (2xx.1xx.1xx.9x): icmp_seq=0 ttl=240 time=359.577 msec
64 bytes from new.lpi.org (2xx.1xx.1xx.9x): icmp_seq=1 ttl=240 time=339.990 msec
64 bytes from new.lpi.org (2xx.1xx.1xx.9x): icmp_seq=2 ttl=240 time=339.988 msec
64 bytes from new.lpi.org (2xx.1xx.1xx.9x): icmp_seq=3 ttl=240 time=349.987 msec

--- www.lpi.org ping statistics ---
4 packets transmitted, 4 packets received, 0% packet loss
round-trip min/avg/max/mdev = 339.988/347.385/359.577/8.157 ms
```

このリストで、ttl欄はICMPパケットの最大生存期間(通過するルータ数)、time欄はレスポンス時間を表しています。

なお、IPv6環境では**ping6コマンド**を使います。使い方はpingコマンドと同じです。

tracerouteコマンド

指定されたホスト(ホスト名もしくはIPアドレス)までパケットが伝わる経路を表示します。pingコマンドでは、宛先からの反応がなかった場合、ホスト自身に問題があるのか、ホストに到達するまでのネットワーク経路に問題があるのかは判別できませんが、tracerouteコマンドでは、宛先までのルータやホストが順に表示されるため、ネットワーク経路上に障害があった場合はその位置を特定できる可能性があります。

【注4】ホストによっては、ICMPパケットに制限をかけたり、ファイヤウォールでパケットが通過しないようにしている場合もあります。

> **書式** traceroute ホスト名またはIPアドレス

次の例では、pepper.lpic.jpまでパケットが伝わる経路を表示しています。

```
# traceroute pepper.lpic.jp
traceroute to pepper.lpic.jp (172.16.15.2)
  30 hops max, 38 byte packets
1 gate (192.168.3.254)            2.242 ms   3.381 ms   2.185 ms
2 192.168.0.254                  12.194 ms  15.583 ms  14.687 ms
3 172.31.10.254                  21.225 ms  19.784 ms  25.691 ms
4 172.16.15.56                   19.925 ms  24.217 ms  23.316 ms
5 pepper.lpic.jp (172.16.15.2)   24.461 ms  28.385 ms  23.105 ms
```

なお、IPv6環境では**traceroute6コマンド**を使います。使い方はtracerouteコマンドと同じです。

tracepathコマンド

tracerouteコマンドと同様、指定されたホスト（ホスト名もしくはIPアドレス）までパケットが伝わる経路を表示します。

> **書式** tracepath ホスト名またはIPアドレス [/ポート番号]

次の例では、cat.lpi.jpまでパケットが伝わる経路を表示しています。

```
# tracepath cat.lpi.jp
 1:  h077.s16.la.net (172.16.0.77)                    0.238ms pmtu 1500
 1:  h001.s16.la.net (172.16.0.1)                     1.937ms
 2:  h001.s30.la.net (172.30.0.1)                     4.340ms
 3:  c65-4a-L-v302.gw.example.net (192.168.132.29)    3.480ms
 4:  cat.lpi.jp (10.134.174.34)                       5.449ms reached
     Resume: pmtu 1500 hops 4 back 4
```

なお、IPv6環境では、**tracepath6コマンド**を使います。使い方はtracepathコマンドと同じです。

hostnameコマンド

ホスト名を指定しなかった場合、現在のホスト名を表示します。ホスト名を指定し

た場合、ホスト名を変更します。ホスト名を変更できるのはrootユーザーのみです。

書式 hostname [ホスト名]

次の例では、ホスト名を表示しています。

```
$ hostname
centos7.example.net
```

次の例では、ホスト名をlpic.example.netに設定しています。

```
# hostname lpic.example.net
```

netstatコマンド

ネットワーク機能に関するさまざまな情報を表示します。開いているポートの確認によく利用します。開いているポートから、どのようなサービスが動作しているか判断できるからです。

書式 netstat [オプション]

表11-9 netstatコマンドの主なオプション

オプション	説明
-a	すべてのソケット情報を表示する
-c	状況を1秒ごとにリアルタイムで表示する
-i	ネットワークインターフェースの状態を表示する
-n	アドレスやポートを数値で表示する
-p	PIDとプロセス名も表示する
-r	ルーティングテーブルを表示する
-t	TCPポートのみを表示する
-u	UDPポートのみを表示する

次の例では、利用しているTCPポートを表示しています。State欄がLISTENのものは接続待ち受け中、ESTABLISHEDのものは接続中であることを表します。

```
$ netstat -at
Active Internet connections (servers and established)
Proto Recv-Q Send-Q Local Address           Foreign Address         State
```

```
tcp        0      0 localhost:smtp         0.0.0.0:*               LISTEN
tcp        0      0 0.0.0.0:webcache       0.0.0.0:*               LISTEN
tcp        0      0 0.0.0.0:ssh            0.0.0.0:*               LISTEN
tcp        0      0 localhost:ipp          0.0.0.0:*               LISTEN
tcp        0     96 centos7:ssh            192.168.11.8:54696      ESTABLISHED
tcp        0      0 centos7:ssh            192.168.11.8:53180      ESTABLISHED
tcp6       0      0 localhost:smtp         [::]:*                  LISTEN
tcp6       0      0 [::]:webcache          [::]:*                  LISTEN
tcp6       0      0 [::]:ssh               [::]:*                  LISTEN
tcp6       0      0 localhost:ipp          [::]:*                  LISTEN
```

netstatコマンドは、デフォルトではポート番号やホスト名を名前解決して表示します。DNSに障害がある場合などは、ホスト名の名前解決が行われずに表示が止まってしまうことがあります。そのような場合には-nオプションを使い、名前解決なしで表示するようにします。

次の例では、ルーティングテーブルを表示しています。

```
$ netstat -r
Kernel IP routing table
Destination     Gateway         Genmask         Flags  MSS Window  irtt Iface
default         .               0.0.0.0         UG       0 0          0 eth0
172.16.0.1      192.168.11.254  255.255.255.255 UGH      0 0          0 eth0
192.168.11.0    0.0.0.0         255.255.255.0   U        0 0          0 eth0
```

ソケット

ネットワークではソケット（socket）という言葉がよく出てきます。ソケットとは、プログラムがデータを交換する窓口です。ネットワーク通信の接続口もソケットといいます。

ncコマンド

nc（netcat）コマンド[注5]は、テキストストリームにおけるcatコマンドと同様の働きをネットワーク上で行うコマンドです。ネットワーク通信の確認などに利用できます。

書式 nc ［オプション］［ホスト］［ポート番号］

[注5] ncatという名前の場合もあります。

表11-10 ncコマンドの主なオプション

オプション	説明
-l	指定したポートをリッスンする
-p ポート	ポート番号を指定する
-u	UDPを利用する(デフォルトはTCP)
-o ファイル	指定したファイルに出力する

次の例では、12345番ポートで待ち受けし、受け取ったデータをlisten.logファイルに出力します。

```
$ nc -l -p 12345 -o listen.log
```

次の例では、上記の例を実行したホスト(centos7.example.com)の12345番ポートに対し、data.txtファイルの内容を出力しています。

```
$ nc centos7.example.com 12345 < data.txt
```

routeコマンド

ルーティングテーブルの表示や操作を行います。**ルーティング**とは、複数のネットワーク間でデータが正しく届くように、IPパケットの通過する経路(ルート)を制御することです。そのための情報が記述されているのが**ルーティングテーブル**です。

1番目の書式では、ルーティングテーブルの表示を行います。2番目の書式では、ルーティングテーブルに新たな経路を追加します。3番目の書式では、ルーティングテーブルから経路情報を削除します。

書式 route [オプション]

書式 route add [パラメータ]

書式 route del [パラメータ]

表11-11 routeコマンドの主なオプション

オプション	説明
-F	カーネルのルーティングテーブルを表示する
-C	カーネルのルーティングキャッシュを表示する

第11章 ネットワークの基礎

routeコマンドを引数なしで実行すると、ルーティングテーブルが表示されます。これは、netstat -rコマンドと同じです。

```
$ route
Kernel IP routing table
Destination     Gateway         Genmask         Flags Metric Ref    Use Iface
default         .               0.0.0.0         UG    1024   0        0 eth0
172.16.0.1      192.168.11.254  255.255.255.255 UGH   0      0        0 enp0s3
192.168.11.0    0.0.0.0         255.255.255.0   U     0      0        0 eth0
```

表11-12 ルーティングテーブルの項目

項目	説明
Destination	宛先のネットワークもしくはホスト
Gateway	ゲートウェイのアドレス(「*」は未設定)
Genmask	宛先のサブネットマスク(ホストは255.255.255.255、デフォルトゲートウェイは0.0.0.0)
Flags	経路の状態 　U：経路が有効 　H：宛先はホスト 　G：ゲートウェイを使用 　!：経路は無効
Metric	宛先までの距離
Ref	ルートの参照数(不使用)
Use	経路の参照回数
Iface	この経路を使うネットワークインターフェース

ここでは例として、以下の条件で経路設定を行います。

- 172.30.0.0/16のネットワークに属している
- 192.168.0.0/24宛のパケットは172.30.0.254を経由する
- それ以外のパケットは172.30.0.1のホストに送られる(デフォルトゲートウェイ)

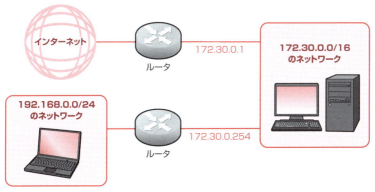

図11-3　ルーティング

次の例では、192.168.0.0/24のネットワーク（192.168.0.0～192.168.0.255）宛のパケットは、ゲートウェイ172.30.0.254に送られるよう設定しています。

```
# route add -net 192.168.0.0 netmask 255.255.255.0 gw 172.30.0.254
```

次の例では、デフォルトゲートウェイを172.30.0.1に設定しています。

```
# route add default gw 172.30.0.1
```

設定した経路情報を削除するには、次のようにします。

```
# route del -net 192.168.0.0 netmask 255.255.255.0 gw 172.30.0.254
```

Linuxをルータとして利用する場合は、異なるネットワーク間のパケット転送を許可する必要があります。そのためには、/proc/sys/net/ipv4/ip_forwardが1になっていることを確認します。0であれば、次のように1を書き込みます。

```
# echo 1 > /proc/sys/net/ipv4/ip_forward
```

ipコマンド

ipコマンドは、ネットワークインターフェースやルーティングテーブル、ARPテーブル等を管理するコマンドです。routeコマンドや、次に紹介するifconfigコマンドなどを合わせたような働きをします。

書式　ip *操作対象* [*サブコマンド*] [*デバイス*]

第11章 ネットワークの基礎

表11-13　ipコマンドの主な操作対象

操作対象	説明
link	データリンク層
addr	IPアドレス
route	ルーティングテーブル

表11-14　ipコマンドの主なサブコマンド

サブコマンド	説明
show	表示する[注6]
add	設定する

次の例では、ネットワークインターフェースのデータリンク層の情報を表示しています。

```
$ ip link show
1: lo: <LOOPBACK,UP,LOWER_UP> mtu 65536 qdisc noqueue state UNKNOWN mode DEFAULT group default
    link/loopback 00:00:00:00:00:00 brd 00:00:00:00:00:00
2: eth0: <BROADCAST,MULTICAST,UP,LOWER_UP> mtu 1500 qdisc pfifo_fast state UP mode DEFAULT group default qlen 1000
    link/ether 08:00:27:53:e7:a1 brd ff:ff:ff:ff:ff:ff
```

次の例では、ルーティングテーブルを表示しています。

```
$ ip route show
default via 192.168.11.1 dev eth0  proto static
192.168.11.0/24 dev eth0  proto kernel  scope link  src 192.168.11.12  metric 1
```

次の例では、eth0インターフェースの状態やIPアドレスを表示しています。

```
$ ip addr show eth0
2: eth0: <BROADCAST,MULTICAST,UP,LOWER_UP> mtu 1500 qdisc pfifo_fast state UP group default qlen 1000
    link/ether 08:00:27:53:e7:a1 brd ff:ff:ff:ff:ff:ff
    inet 192.168.11.12/24 brd 192.168.11.255 scope global eth0
       valid_lft forever preferred_lft forever
```

[注6] サブコマンドを省略するとshowが指定されたとみなされます。

```
inet6 fe80::a00:27ff:fe53:e7a1/64 scope link
   valid_lft forever preferred_lft forever
```

次の例では、eth0のIPアドレスを192.168.11.12/24に設定しています。

```
# ip addr add 192.168.11.12/24 dev eth0
```

次の例では、デフォルトゲートウェイを192.168.11.1に設定しています。

```
# ip route add default via 192.168.11.1
```

> **参考** Red Hat Enterprise Linux 7やCentOS 7では、routeコマンド、netstatコマンド、ifconfigコマンドが廃止され、代わりにipコマンドやssコマンドを使うことが推奨されています。ただし、net-toolsパッケージをインストールすれば旧来のコマンドも利用できます。

ここが重要

● これらのネットワークコマンドについての基礎的な理解が必要です。実際にネットワークにつながった環境で操作を試してみてください。

11.3.2 ネットワークインターフェースの設定

ここでは、ネットワークインターフェースの設定や、有効/無効を切り替えるコマンドを紹介します。

ifconfigコマンド

IPアドレスを確認するときによく使われるのは**ifconfigコマンド**です。ifconfigコマンドは、ネットワークインターフェースの状態を表示したり、設定を行ったりします。引数なしで実行すると、有効な(アクティブな)ネットワークインターフェースの状態を表示します。ネットワークインターフェース名は、1番目のインターフェースは「eth0」、2番目は「eth1」となります[注7]。

書式 `ifconfig [ネットワークインターフェース名] [パラメータ]`

[注7] 現在では「enp3s0」のように、デバイスに基づいた命名規則によってインターフェース名が生成されることが一般的になっています。

第11章 ネットワークの基礎

表11-15　ifconfigコマンドの主なパラメータ

パラメータ	説明
IPアドレス	IPアドレスを設定する
netmask *サブネットマスク*	サブネットマスクを設定する
up	ネットワークインターフェースを有効化する
down	ネットワークインターフェースを無効化する

次の例では、ネットワークインターフェースの情報を表示しています。

```
$ ifconfig
eth0:   flags=4163<UP,BROADCAST,RUNNING,MULTICAST>  mtu 1500
        inet 192.168.11.13  netmask 255.255.255.0  broadcast 192.168.11.255
        inet6 fe80::a00:27ff:fe06:b53  prefixlen 64  scopeid 0x20<link>
        ether 08:00:27:06:0b:53  txqueuelen 1000  (Ethernet)
        RX packets 15290  bytes 17905457 (17.0 MiB)
        RX errors 0  dropped 0  overruns 0  frame 0
        TX packets 4992  bytes 558344 (545.2 KiB)
        TX errors 0  dropped 0 overruns 0  carrier 0  collisions 0

lo: flags=73<UP,LOOPBACK,RUNNING>  mtu 65536
        inet 127.0.0.1  netmask 255.0.0.0
        inet6 ::1  prefixlen 128  scopeid 0x10<host>
        loop  txqueuelen 0  (Local Loopback)
        RX packets 1470  bytes 149953 (146.4 KiB)
        RX errors 0  dropped 0  overruns 0  frame 0
        TX packets 1470  bytes 149953 (146.4 KiB)
        TX errors 0  dropped 0 overruns 0  carrier 0  collisions 0
```

loは、ローカルループバックインターフェースという、自分自身を表すネットワークインターフェースです。loに設定されるIPアドレス127.0.0.1はローカルループバックアドレスといい、自分自身を表す特殊なIPアドレスです。

次の例では、ネットワークインターフェースeth0に、IPアドレス192.168.0.50、サブネットマスク255.255.255.0を設定しています。

```
# ifconfig eth0 192.168.0.50 netmask 255.255.255.0
```

ifconfigコマンドで設定した値は、システムやネットワークサービスを再起動すると失われます。永続的な設定をしたい場合は、設定ファイルに記述します。

ifup、ifdown

指定したネットワークインターフェースを有効にする、無効にする、といった操作には、**ifup**コマンドや**ifdown**コマンドも利用できます。

書式　ifup [ネットワークインターフェース名]

書式　ifdown [ネットワークインターフェース名]

これらのコマンドは、ネットワークの設定を変更する場合などに利用するとよいでしょう。

> **注意**　NetworkManagerを使っているシステムなど最近のディストリビューションでは、これらのコマンドは利用できないことがあります。

11.4　DNSの設定

11.4.1　DNSの概要

TCP/IPネットワークでは、ネットワーク上のコンピュータを識別するためにIPアドレスを利用します。しかし、数値であるIPアドレスは人間にとって扱いにくいので、コンピュータにホスト名を設定し、ホスト名でコンピュータを指定できるようにしています。そのため、ホスト名とIPアドレスを相互に変換する必要性が出てきます。少数のホストであれば、**/etc/hostsファイル**を使って処理できますが、数が多くなったり更新頻度が高くなったりすると、現実的には難しくなります。そこで、**DNS**（Domain Name System）という仕組みを使います。DNSでは、DNSサーバがホスト名とIPアドレスの変換サービスを提供します。

DNSサーバの基本的な役割は、ホスト名とIPアドレスを相互に変換することです。これを**名前解決**といいます。ホスト名からIPアドレスを求めることを**正引き**、その反対を**逆引き**といいます（図11-4）。

図11-4　正引きと逆引き

名前解決
IPアドレスからホスト名を検索したり、サービス名からポート番号を検索したりといった、対応付けられた名前と値を変換することを意味します。

ホスト名は「www.example.com」のように表します。これはコンピュータを特定することのできる名前です。このようなホスト名は、

www.example.com
ホスト名　ドメイン名

のように、2つの部分に分けることができます。ドメイン名はコンピュータが所属しているネットワーク上の区域です。その区域の中でコンピュータに付けられた固有の名前がホスト名です。ホスト名といった場合、「www」だけのことも「www.example.com」のこともあります。「www.example.com」のように、省略しないで表した名前を**FQDN**(Fully Qualified Domain Name：完全修飾ドメイン名)といいます。ドメインは階層構造になっていて、頂点を**ルートドメイン**といいます(図11-5)。

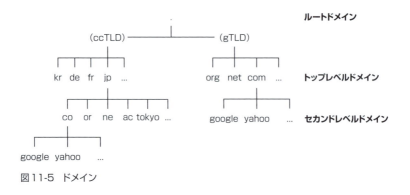

図11-5　ドメイン

11.4.2　DNSの設定ファイル

/etc/resolv.confファイル

DNSによる名前解決を利用するには、どこにあるDNSサーバを参照するか設定する必要があります。参照先DNSサーバは、/etc/resolv.confファイルに設定します。

▶ /etc/resolv.confファイルの例

```
domain example.com
search example.com
nameserver 192.168.11.1
nameserver 8.8.8.8
```

domain行には、このホストが属するドメイン名を記述します。search行には、ドメイン名が省略された際に補完するドメイン名を記述します[注8]。nameserver行には、参照先DNSサーバのIPアドレスを記述します。DNSサーバを複数指定する場合は、1行ずつ記述します。その場合、最初に記述したDNSサーバから応答がなければ、次に指定したDNSサーバに問い合わせを行います。

/etc/nsswitch.confファイル

名前解決をする手段はさまざまです。たとえばホスト名とIPアドレスの名前解決では、①/etc/hostsファイルを使う、②DNSサーバに問い合わせる、③LDAPサーバに問い合わせる、といった手段が考えられます。それらを、どういう順序で利用するか設定するファイルが/etc/nsswitch.confです。

▶ /etc/nsswitch.confファイルの例（一部）

```
passwd:         files ldap
group:          files ldap
shadow:         files ldap

hosts:          files dns ldap
```

最終行で指定されているのが、ホスト名の名前解決の問い合わせ順です。ここではまず/etc/hostsファイル(files)を使い、次にDNSサーバ(dns)を使い、最後にLDAPサーバ(ldap)に問い合わせるように設定されています。

> **参考** P.363で紹介したgetentコマンドを使ってホスト名の一覧を取得することができます。その場合は「getent hosts」コマンドを実行します。

[注8] domain行とsearch行はいずれか一方を指定します。両方を指定した場合は、最後に指定した項目が有効になります。

11.4.3 systemd-resolved

systemdを採用したディストリビューションでは、名前解決にsystemd-resolvedサービスが使われています。設定は、**/etc/systemd/resolved.confファイル**で行います。

▶ /etc/systemd/resolved.conf
```
[Resolve]
DNS=192.168.11.1 8.8.8.8
Domains=example.com
```

systemd-resolvedサービスを有効にします。

```
# systemctl restart systemd-resolved.service
```

参照先DNSサーバの設定を記述したい場合は、/etc/systemd/resolved.confファイルに記述します。

▶ /etc/systemd/resolved.conf
```
[Resolve]
DNS=8.8.8.8 8.8.4.4 2001:4860:4860::8888 2001:4860:4860::8844
Domains=example.com
DNSSEC=no
```

注意　systemdを採用したディストリビューションは一般的に、/etc/resolv.confファイルは/runディレクトリ以下にあるファイルへのシンボリックリンクとなっています。

ここが重要
- それぞれの設定ファイルの役割と書式を理解しておきましょう。

11.4.4 DNS管理コマンド

hostコマンド

DNSサーバを使ってホストやドメインに関する情報を表示します。デフォルトでは、ホスト名とIPアドレスの変換を行います。

> **書式** host ［オプション］ ホスト名または IP アドレス ［DNS サーバ］

表11-16　hostコマンドの主なオプション

オプション	説明
-v	詳細な情報を表示する

次の例では、www.lpi.jpのIPアドレスを問い合わせています。

```
$ host www.lpi.jp
www.lpi.jp has address 203.174.74.50
```

次の例では、IPアドレスが192.168.0.6であるホストのホスト名を問い合わせています。

```
$ host 192.168.0.6
6.0.168.192.in-addr.arpa domain name pointer www.example.jp.
```

digコマンド

DNSサーバに登録されている情報を詳しく表示できるのがdigコマンドです。知りたい情報のタイプは検索タイプで指定します。

> **書式** dig ［オプション］ ［@DNSサーバ名］ ホストまたはドメイン名 ［検索タイプ］

表11-17　digコマンドの主なオプション

オプション	説明
-x	IPアドレスからホスト名を検索する

表11-18　digコマンドの主な検索タイプ

検索タイプ	説明
a	IPアドレス
aaaa	IPv6アドレス
any	すべての情報
mx	メールサーバの情報
ns	ネームサーバの情報

次の例では、lpi.jpのメールサーバ情報を問い合わせています。QUESTIONセクションに問い合わせ内容が、ANSWERセクションに回答が表示されます。

```
$ dig lpi.jp mx

; <<>> DiG 9.10.3-P4-Ubuntu <<>> lpi.jp mx
;; global options: +cmd
;; Got answer:
;; ->>HEADER<<- opcode: QUERY, status: NOERROR, id: 16993
;; flags: qr rd ra; QUERY: 1, ANSWER: 1, AUTHORITY: 0, ADDITIONAL: 1

;; OPT PSEUDOSECTION:
; EDNS: version: 0, flags:; udp: 4096
;; QUESTION SECTION:
;lpi.jp.                                IN      MX

;; ANSWER SECTION:
lpi.jp.                 86400   IN      MX      10 sv1.lpi.jp.

;; Query time: 189 msec
;; SERVER: 133.242.0.3#53(133.242.0.3)
;; WHEN: Mon Dec 10 13:59:36 JST 2018
;; MSG SIZE  rcvd: 55
```

ここが重要

- それぞれのコマンドの使い方を理解しておきましょう。

練習問題

問題：11.1　重要度：★★★★

エラーメッセージや制御メッセージを伝送するコネクションレス型のプロトコルで、pingやtracerouteコマンドなどで利用されているものを選択してください。

- A. TCP
- B. IP
- C. UDP
- D. ICMP
- E. SMTP

《解説》　ICMPはコネクションレス型のプロトコルであり、pingやtracerouteコマンドで利用されています。したがって、正解は選択肢Dです。

《解答》　D

問題：11.2　重要度：★★★★★

以下のIPアドレスの中から、プライベートアドレスとして利用できるものをすべて選択してください。

- A. 172.31.0.1
- B. 191.168.1.1
- C. 223.0.0.1
- D. 127.0.0.1
- E. 10.20.30.40

《解説》　選択肢AはクラスBのプライベートアドレス（172.16.0.0〜172.31.255.255）、選択肢

EはクラスAのプライベートアドレス（10.0.0.0～10.255.255.255）に該当します。選択肢**B**はクラスBのグローバルアドレス、選択肢**C**はクラスCのグローバルアドレスなので、いずれも不正解です。選択肢**D**はホスト自身を表すローカルループバックアドレスなので不正解です。

《解答》　A、E

問題：11.3　重要度：★★★★

ネットワークサービスの名称とそのサービスが標準的に利用するポート番号の対応が記述されているファイルを絶対パスで記述してください。

――――――――――――――――

《解説》　/etc/servicesには、ネットワークサービスの名称とポート番号の対応が記述されています。以下は/etc/servicesの抜粋です。

```
ssh     22/tcp
ssh     22/udp
telnet  23/tcp
smtp    25/tcp
```

《解答》　/etc/services

問題：11.4　重要度：★★★★

デフォルトで53番のポートを利用するサービスを選択してください。

- A. Telnet
- B. SNMP
- C. NNTP
- D. POP3
- E. DNS

《解説》　Telnetは23番、SNMPは161番、NNTPは119番、POP3は110番のポートを利用します。ポート番号とサービスの対応は/etc/servicesファイルに記述されています。正解は選択肢**E**です。DNSはデフォルトで53番ポートを使用します。

《解答》　E

問題：11.5　重要度：★★★

example.comドメインのメールサーバ情報を問い合わせたい場合、下線部に当てはまる適切なパラメータを記述してください。

$ dig _____

《解説》　ホストのIPアドレスや、ドメインのメールサーバなど、DNSサーバに登録されている情報を確認するには、digコマンドが利用できます。検索タイプとして**mx**を指定すると、指定したドメインのメールサーバ情報を確認できます。

《解答》　**example.com mx**

問題：11.6　重要度：★★★★

離れたネットワークにあるホストAとの通信ができなくなりました。ホストAまでは複数のルータを経由しており、ローカルネットワーク内では通信に問題はないことから、ホストAとローカルネットワークの間に障害が発生していると考えられます。障害の発生している場所を特定するためにもっとも役立つと考えられるコマンドを選択してください。

- A. ifconfig
- B. dig
- C. netstat
- D. traceroute

《解説》　ifconfigはネットワークインターフェースの状態を表示するコマンド、digはDNS情報を表示するコマンド、netstatはネットワークの状態を表示するコマンドです。正

解は選択肢Dです。tracerouteコマンドは、指定したホストまでに通過するルータを表示します。tracepathコマンドも同様の目的に利用できます。

《解答》 D

問題：11.7

重要度：★★★★☆

NetworkManagerでネットワークを管理しています。以下のコマンドを実行してネットワークの接続情報を表示しました。

```
$ _____ conn show
NAME        UUID                                   TYPE       DEVICE
有線接続 1   cc8c802d-3483-34c4-8db2-7717ecd435c8   ethernet   enp0s3
```

下線部に当てはまるコマンドを記述してください。

《解説》 nmcliコマンドでNetworkManagerを管理します。connはconnectionを省略した表記です。この例では、有線接続のネットワークインターフェース名がenp0s3であることがわかります。

《解答》 nmcli

問題：11.8

重要度：★★★☆☆

ネットワークインターフェースeth0に、IPアドレス「10.10.0.5」、サブネットマスク「255.255.255.0」を設定したい場合、実行すべきコマンドを選択してください。

- A. ip eth0 10.10.0.5 netmask 255.255.255.0
- B. ip set eth0 10.10.0.5/24
- C. ip addr add 10.10.0.5/24 dev eth0
- D. ip eth0 show 10.10.0.5 netmask 255.255.255.0
- E. ip set dev eth0 10.10.0.5 netmask 255.255.255.0

《解説》 ipコマンドでネットワークインターフェースのアドレスを設定するには、「ip addr add IPアドレス/ネットマスク dev デバイス名」を管理者権限で実行します。

《解答》 C

問題:11.9　重要度:★★

以下のIPv6アドレスの省略された表記として適切なものをすべて選択してください。

2001:0db8:0000:0000:0023:0000:0000:0045

- [ ] A. 2001:db8::23::45
- [ ] B. 2001:db8::0:0:23:::45
- [ ] C. 2001:db8::23:0:0:45
- [ ] D. 2001:db8:0:0:23::45
- [ ] E. 2001:0db8:::23:0:0:45

《解説》 IPv6のIPアドレスは表記を省略することができます。ルールは次のとおりです。

①各ブロックの先頭の「0」は省略できる
②「0」が連続するブロックは省略して「::」と表記できる（1箇所だけ）

選択肢Aは「0」が連続するブロックを2箇所も省略しているため、不正解です。選択肢BとEは「0」が連続するブロックの省略を「::」ではなく「:::」としているため不正解です。

《解答》 C、D

第12章 セキュリティ

12.1 ホストレベルのセキュリティ
12.2 ユーザーに対するセキュリティ管理
12.3 OpenSSH
12.4 GnuPGによる暗号化

➡ 理解しておきたい用語と概念

- [ ] スーパーサーバ
- [ ] TCP Wrapper
- [ ] sudo
- [ ] ホスト認証
- [ ] ssh-agent
- [ ] xinetd
- [ ] パスワードの有効期限情報
- [ ] OpenSSH
- [ ] 公開鍵認証
- [ ] GnuPG

➡ 習得しておきたい技術

- [ ] xinetdの設定
- [ ] TCP Wrapperによるアクセス制御
- [ ] 開いているポートの確認
- [ ] SUID、SGIDが設定されているファイルの検索
- [ ] chageを使ったユーザーパスワードの管理
- [ ] 一般ユーザーのログイン禁止
- [ ] su、sudoの利用
- [ ] ulimitを用いたシステムリソースの制限
- [ ] sshコマンドの利用
- [ ] 公開鍵と秘密鍵の作成
- [ ] ssh-agentを使った公開鍵管理
- [ ] gpgコマンドを使ったファイルの暗号化

12.1 ホストレベルのセキュリティ

セキュリティに完璧はありえませんが、可能な限りセキュリティを高める努力は必要です。セキュリティを高めるためには、次のような方法があります。

- 外部からの侵入に対するセキュリティを高める
  - 必要なソフトウェアのみをインストールし、不要なサービスを起動しない
  - ホストレベルの適切なアクセス制御を行う
  - パケットフィルタリングによりアクセスを制限する
  - セキュリティ情報の確認を頻繁に行い、必要があれば素早く対策を実施する
- 内部からの侵入に対するセキュリティを高める
  - 適切なユーザーパスワード管理を行う
  - スーパーユーザー(root)権限で動作するプログラムを最小限にし、定期的にチェックを行う

まずは、ホストレベルのセキュリティから見ていきましょう。

12.1.1 スーパーサーバの設定と管理

ネットワークを通じてサービスを提供しているサーバは、**デーモン**[注1]と呼ばれる常駐プログラムです。デーモンは常時メモリ上に待機していて、クライアントからの要求を監視しています。使用されていない状態のときも、メモリなどのリソースを消費しています。常駐するデーモンの数が多くなると、待機中のデーモンが消費するシステムリソースもそれだけ大きくなります。

> **リソース**
> メモリ、CPUの処理能力、ディスク領域など、コンピュータシステムの動作に必要となる要素のこと。日本語では資源といいます。

これを解決するために、サーバプログラムを管理する**スーパーサーバ**が開発されました。inetdや**xinetd**といったスーパーサーバは、他のサーバプログラムに代わってサービス要求を監視し、接続が確立した時点で本来のサーバプログラムに

[注1] daemon＝守護神を意味します。

要求を引き渡します。必要なときだけ個々のサーバプログラムを起動することで、メモリなどのシステムリソースを効率的に使うことができるというメリットがあります。また、TCP Wrapper（P.470参照）という仕組みと組み合わせることで、アクセス制御を集中的に管理することができます。

デメリットとしては、応答が遅れるという点が挙げられます。クライアントからのサービス要求にすぐに応答する必要があるサーバは、スーパーサーバ経由ではなくサーバプログラム自身でサービス要求を監視するべきです（これを**スタンドアロン**といいます）。WebサーバやメールサーバがこれにＦＴＰサーバやTelnetサーバなど、接続の頻度が高くないサーバは、スーパーサーバ経由の接続に適しています。

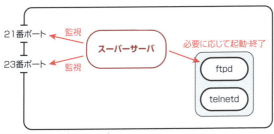

図12-1　スーパーサーバ

スーパーサーバには、inetdとxinetdがあります。それぞれで設定方法は大きく異なります。たいていのディストリビューションではxinetdが採用されています。

12.1.2　xinetdの設定

xinetdの設定は、全体的な設定を行う**/etc/xinetd.confファイル**と、xinetd.dディレクトリ（通常は**/etc/xinetd.d**）以下にあるサービスごとの設定ファイルから構成されます。/etc/xinetd.confファイルで使われる主なパラメータは、表12-1のとおりです。

表12-1 /etc/xinetd.confの主なパラメータ

パラメータ	説明
instances	各サービスの最大デーモン数
log_type	ログの出力方法
log_on_success	接続を許可したときにログに記録する内容
log_on_failure	接続を拒否したときにログに記録する内容
cps	1秒間に接続できる最大コネクション数と、限度に達した場合にサービスを休止させる秒数
includedir	サービスごとの設定ファイルを収めるディレクトリ

▶ /etc/xinetd.confファイルの設定例

```
defaults
{
    instances           = 60
    log_type            = SYSLOG authpriv     ← ログのファシリティを指定
    log_on_success      = HOST PID
    log_on_failure      = HOST
    cps                 = 25 30
}

includedir /etc/xinetd.d     ← 設定ファイルのディレクトリを指定
```

　/etc/xinetd.dディレクトリ以下にある設定ファイルは、ftpやtelnetなど、サービス名がファイル名になっています。これらのファイルで、サービスごとの設定を行います。設定を変更した場合は、xinetdの再起動が必要です。/etc/xinetd.dディレクトリ以下にある設定ファイルで使われる主なパラメータは、表12-2のとおりです。

12.1 ホストレベルのセキュリティ

表12-2 /etc/xinetd.d以下の設定ファイルの主なパラメータ

パラメータ	説明
disable	サービスの有効/無効(noで有効)
socket_type	通信のタイプ(TCPはstream、UDPはdgram)
wait	ウェイトタイム
user	サービスを実行するユーザー名
server	サーバプログラム(デーモン)へのフルパス
server_args	サーバプログラム(デーモン)に渡す引数
log_on_failure	接続を拒否したときにログに記録する内容
nice	実行優先度
only_from	接続を許可する接続元
no_access	接続を拒否する接続元
access_times	アクセスを許可する時間帯

▶ /etc/xinetd.d/telnetファイルの設定例

```
service telnet                              ← サービス名
{
    disable        = no                     ← サービスを有効にする
    socket_type    = stream
    wait           = no
    user           = root                   ← サービスをrootユーザーで実行
    server         = /usr/sbin/in.telnetd   ← サーバプログラムのパス
    log_on_failure += USERID
}
```

もっとも重要なパラメータはdisableです。サービスを利用したくない場合は「disable = yes」と記述します。設定変更後は、xinetdの再起動が必要です。

```
# /etc/init.d/xinetd restart
```

systemdを採用したディストリビューションでは、systemd.socketをxinetdの代わりとして使うことができます。たとえば、/etc/xinetd.d/telnetファイルを書き換えると、次のようになるでしょう[注2]。

[注2] telnetは安全ではないので、実際に運用することは避けてください。

▶ /etc/systemd/system/telnet.socket

```
[Unit]
Description=Telnet Socket

[Socket]
ListenStream=10023
Accept=yes

[Install]
WantedBy=sockets.target
```

▶ /etc/systemd/system/telnet.service

```
[Unit]
Description=Telnet Service

[Service]
ExecStart=/usr/sbin/in.telnetd
User=root
Group=root
StandardInput=socket
```

12.1.3 TCP Wrapperによるアクセス制御

　ネットワークサービスのアクセス制御を集中的に行うには、**TCP Wrapper**を使います。TCP Wrapperデーモンであるtcpdデーモンは、telnetdやftpdなどのサーバプログラムに代わってサービス要求を受け取った後、設定に基づいてチェックを行い、接続が許可された場合はそれぞれのサーバプログラムに処理を引き渡します。設定ファイルは、**/etc/hosts.allow** および **/etc/hosts.deny** です。

　tcpdはアクセス制御の設定ファイルである/etc/hosts.allowと/etc/hosts.denyを調べて、サービス要求を許可するか拒否するかを決定します。許可するときは、tcpdは対応するサーバプログラムを起動して制御を渡します。

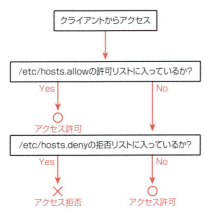

図12-2 TCP Wrapper

また、TCP Wrapperライブラリであるlibwrapを利用しているアプリケーションは、tcpdなしでもTCP Wrapperの機能を利用できます。OpenSSHサーバ、各種POP/IMAPサーバなどがlibwrapを利用しています。

/etc/hosts.allowと/etc/hosts.deny

TCP Wrapperはまず/etc/hosts.allowをチェックし、ファイルに記述された条件に合致すれば、その時点でアクセスを許可します。この場合、/etc/hosts.denyファイルは参照されません。

/etc/hosts.allowに合致する条件がなければ、次に/etc/hosts.denyをチェックします。このファイルに記述された条件に合致すれば、その時点でアクセスは拒否されます。条件にマッチしなかったものはアクセスが許可されます。これらのファイルには、次のような形式で条件を記述します。

書式 サービス名 ： 対象ホストのリスト

サービス名にはデーモンプロセス名（「sshd」など）を、対象ホストにはホスト名、ドメイン名、IPアドレスの範囲を記述します。設定では、表12-3に示すワイルドカード指定を使うことができます。

表12-3 /etc/hosts.allowと/etc/hosts.denyで使える主なワイルドカード

ワイルドカード	説明
ALL	すべてのサービスもしくはホスト
A EXCEPT B	B以外のA
LOCAL	「.」を含まないすべてのホスト（つまりローカルネットワークセグメント内のホスト）
PARANOID	クライアントのIPアドレスから逆引きしたホスト名と、そのホスト名を正引きしたIPアドレスが一致することを確認する

次の例では、最初の行でlpic.jpドメインからのSSHアクセスを許可します。2行目では、192.168.2.0/24のネットワーク内からのアクセスをすべて許可しています。ドメイン名の前やIPアドレスの末尾が「.」になっていることに注意してください。

▶ /etc/hosts.allowファイルの記述例
```
sshd: .lpic.jp
ALL: 192.168.2.
```

/etc/hosts.denyファイルには、アクセスを禁止するホストやドメイン、IPアドレスの範囲をサービスごとに記述します。書式は/etc/hosts.allowファイルと同じです。次に示す/etc/hosts.denyファイルの設定では、すべてのホストからのすべてのサービスへのアクセスを禁止しています。

▶ /etc/hosts.denyファイルの記述例
```
ALL: ALL
```

/etc/hosts.allowの設定は、/etc/hosts.denyの設定よりも先に評価されるため、/etc/hosts.denyですべてのアクセスを禁止した上で、/etc/hosts.allowに許可対象だけを記述する方法が一般的です。どちらにも記述されていないホストは許可されます。

注意　/etc/hosts.allowおよび/etc/hosts.denyファイルを変更すると、システムやネットワークサービスを再起動しなくても変更は有効になります。

ここが重要
- /etc/hosts.allowは、/etc/hosts.denyよりも先にチェックされます。
- /etc/hosts.allowで許可された場合は/etc/hosts.denyがチェックされません。

12.1.4 開いているポートの確認

サーバプロセスを起動すると、そのプロセスは特定のポートを開いて接続を待ち受けます。攻撃者は、開いているポートがわかれば、外部からそのポートに接続し、情報収集や攻撃を試みることができます。したがって、開いているポートは最小限にとどめておく必要があります。不要なポートが開いている（余計なサービスが稼働している）ということは、それだけセキュリティリスクが高まるということです。

開いているポートを確認するには、**netstat**コマンドや**ss**コマンド、**lsof**コマンドを使います。

```
$ netstat -atu
Active Internet connections (servers and established)
Proto Recv-Q Send-Q Local Address         Foreign Address         State
tcp        0      0 0.0.0.0:ssh           0.0.0.0:*               LISTEN
tcp        0      0 localhost:smtp        0.0.0.0:*               LISTEN
tcp        0      0 centos7:ssh           192.168.1.21:53944      ESTABLISHED
tcp        0     96 centos7:ssh           192.168.1.21:55618      ESTABLISHED
tcp6       0      0 [::]:ssh              [::]:*                  LISTEN
tcp6       0      0 localhost:smtp        [::]:*                  LISTEN
udp        0      0 0.0.0.0:bootpc        0.0.0.0:*
udp        0      0 localhost:323         0.0.0.0:*
udp6       0      0 localhost:323         [::]:*
```

```
$ ss -atu
Netid  State    Recv-Q Send-Q   Local Address:Port      Peer Address:Port
udp    UNCONN   0      0                   *:bootpc             *:*
udp    UNCONN   0      0           127.0.0.1:323                *:*
udp    UNCONN   0      0                 ::1:323              :::*
tcp    LISTEN   0      128                 *:ssh                *:*
tcp    LISTEN   0      100         127.0.0.1:smtp               *:*
tcp    ESTAB    0      0       192.168.1.24:ssh       192.168.1.21:53944
tcp    ESTAB    0      96      192.168.1.24:ssh       192.168.1.21:55618
tcp    LISTEN   0      128               :::ssh              :::*
tcp    LISTEN   0      100               ::1:smtp            :::*
```

```
# lsof -i
COMMAND   PID    USER   FD   TYPE  DEVICE  SIZE/OFF  NODE  NAME
chronyd   2638   chrony 1u   IPv4  21004   0t0       UDP   localhost:323
chronyd   2638   chrony 2u   IPv6  21005   0t0       UDP   localhost:323
```

```
sshd       3146    root      3u   IPv4   23856      0t0   TCP *:ssh (LISTEN)
sshd       3146    root      4u   IPv6   23865      0t0   TCP *:ssh (LISTEN)
master     3376    root     13u   IPv4   24547      0t0   TCP localhost:smtp (LISTEN)
master     3376    root     14u   IPv6   24548      0t0   TCP localhost:smtp (LISTEN)
sshd       3403    root      3u   IPv4   24909      0t0   TCP centos7:ssh->192.168.1.21:53944
(ESTABLISHED)
sshd       3407    lpicuser  3u   IPv4   24909      0t0   TCP centos7:ssh->192.168.1.21:53944
(ESTABLISHED)
dhclient   3599    root      6u   IPv4   26981      0t0   UDP *:bootpc
sshd       3634    root      3u   IPv4   27195      0t0   TCP centos7:ssh->192.168.1.21:55618
(ESTABLISHED)
sshd       3638    lpicuser  3u   IPv4   27195      0t0   TCP centos7:ssh->192.168.1.21:55618
(ESTABLISHED)
```

表12-4　lsofコマンドの主なオプション

オプション	説明
-i	開いているポートの情報を表示する
-i:ポート番号	指定したポート番号が使われている通信を表示する

　攻撃者がネットワーク経由で開いているポートを確認する行為を**ポートスキャン**といいます。一般的にポートスキャンは攻撃の予備調査として行われますが、リモートホストで開いているポートを確認するために利用できます。**nmap**コマンドでポートスキャンを行えます。

書式　nmap　*対象ホスト*

　以下はホストwww.example.netに対してnmapを実行した結果です。開いているポート番号(22番と80番)とサービス名(sshとhttp)が確認できます。

```
$ nmap www.example.net

Starting Nmap 7.01 ( https://nmap.org ) at 2018-12-12 14:09 JST
Nmap scan report for www.example.net (192.168.1.24)
Host is up (0.00019s latency).
Other addresses for 192.168.1.24 (not scanned): ::1
Not shown: 996 closed ports
PORT     STATE SERVICE
22/tcp   open  ssh
```

```
80/tcp     open  http

Nmap done: 1 IP address (1 host up) scanned in 0.11 seconds
```

ポートを開いているプロセスを特定するには、**fuserコマンド**も使えます。次の例では、8080番ポートを開いているプロセスを特定しています。PIDが4612のプロセスであることがわかります。

```
$ fuser -n tcp 8080
8080/tcp:                4612
```

> **ここが重要**
> - 開いているポートの確認手段を理解しておきましょう。

12.1.5 SUIDが設定されているファイル

所有者がrootユーザーであるプログラムに**SUID**（Set User ID）を設定すると、一般ユーザーが実行した場合でも、そのプログラムはroot権限で動作します[注3]。ただし、不用意にSUIDを設定してしまうと、そのファイルを利用してroot権限を取得し、本来はrootユーザーしか許可されない操作を一般ユーザーが行ってしまう可能性があります。そのため、SUIDが設定されているファイルを把握しておき、変更がなされていないかを定期的にチェックすることが重要です。また、SUIDを設定するファイルは最小限にとどめておくべきです。変更した覚えのないファイルにSUIDが設定されていた場合、システムが侵害を受けた可能性があります。

SUIDが設定されているファイルを検索するには、次のようにします。

```
# find / -perm -u+s -ls
```

これは、全ファイルシステムからSUIDが設定されているファイルを見つけ出して表示します。この作業を定期的に行うことにより、ファイルに対する不審な変更がないかどうかを確認できます。

同様に、「-u+s」の代わりに「-g+s」を指定するとSGIDが設定されているファイルを、「-o+t」を指定するとスティッキービットが設定されているファイルを検索できます。

[注3] SUIDの詳細については、「4.2.3 SUID、SGID」を参照してください。

SUID濫用の危険性

ここではSUIDを不用意に設定すると危険であることを実感するため、例としてcatコマンドにSUIDを設定してみます。

```
# chmod u+s /bin/cat
# ls -l /bin/cat
-rwsr-xr-x 1 root root 25248 Mar 21 21:35 /bin/cat
```

これで、一般ユーザーがcatコマンドを実行した場合、rootユーザーの権限でcatコマンドが実行されるようになります。試しに、rootユーザーでしか閲覧できないファイルを開いてみましょう。

```
$ ls -l /etc/shadow
---------- 1 root root 1553 Mar 17 12:14 /etc/shadow
$ cat /etc/shadow
root:$6$FiIVSbpp44m7YBA4$/lPAxZ77rgRT5QVbNL/LMcD3.fOdlCYwTbLYPuRZEI
uINRdsb04IhVTgGwONE0FnbRdjhitldbGpiJbB5VxmV0:16500:0:99999:7:::
bin:*:16231:0:99999:7:::
daemon:*:16231:0:99999:7:::
adm:*:16231:0:99999:7:::
lp:*:16231:0:99999:7:::
（以下省略）
```

このように、本来であれば一般ユーザーが閲覧できない/etc/shadowファイルが閲覧できてしまいます。

12.2 ユーザーに対するセキュリティ管理

12.2.1 パスワード管理

パスワードに有効期限を設定することで、強制的にパスワード変更をユーザーに促すことができます。有効期限の設定は chage コマンドで行います。

書式　chage [オプション] [ユーザー名]

表12-5　chageコマンドの主なオプション

オプション	説明
-l	パスワードもしくはアカウントの有効期限を表示する
-m 最低間隔日数	パスワード変更間隔の最低日数を設定する
-M 最大有効期限日数	パスワードの最大有効期限日数を設定する
-d 最終更新日	パスワードの最終更新日を設定する
-W 有効期限切れ日数	パスワードの有効期限切れの警告が何日前から始まるかを設定する
-I 有効期限切れ後、使用不能になるまでの日数	パスワードの有効期限後にアカウントがロックされるまでの日数を設定する
-E アカウントを無効化する日付	ユーザーアカウントが無効になる日付を設定する

オプションを何も付けずに chage コマンドを実行すると、対話モードになります。次の仕様に従って、chage コマンドを実行してみることにします。

- パスワードの変更には最低3日をおかなければならない
- パスワードの最大有効期限は4週間（つまり28日ごとに変更しなければならない）
- パスワードが切れる7日前から警告が始まる
- パスワードが切れると即時にアカウントは停止される
- アカウントの有効期限は2019年12月31日にする

次に示すのは、対話モードでの設定例です。

```
# chage student
student の期限情報を変更中
新しい値を入力してください。標準設定値を使うならリターンを押してください

        パスワード変更可能までの最短日数 [0]: 3
        パスワード変更可能期間の最長日数 [99999]: 28
        最後にパスワード変更した日付 (YYYY-MM-DD) [2018-12-13]:
        パスワード期限切れ警告日数 [7]:
        パスワード無効日数 [-1]: 0
        アカウント期限切れ日付 (YYYY-MM-DD) [-1]: 2019-12-31
```

次に示すのは、chageコマンドにオプションを指定した例です。

```
# chage -m 3 -M 28 -W 7 -I 0 -E 2019-12-31 student
```

ここで設定された情報は、シャドウパスワードを利用している場合は/etc/shadowファイルに格納されます。次に示すのは、設定した該当行の/etc/shadowファイルです。

▶ /etc/shadowファイルの内容

```
student:$6$QWcOjOPHQnpQGEDE$CYo3OKDOb.9IhHXInggkKEjzCf2W3YTavXTPBQJrdJc
lpqHYv7jIzedS/o0oIhhujwT8TqFnBRk9r4SiJerAE.:17878:3:28:7:0:18261:
```

ここが重要

- chageコマンドの基本的な使い方と設定できる項目、シャドウパスワードを使っているときは/etc/shadowファイルに情報が保存されることなどを理解しておきましょう。

12.2.2 ログインの禁止

rootアカウントでコンソールログインを行うだけのシステムでは、一般ユーザーのログインは不要です。このような場合は、**/etc/nologinファイル**を作成しておくと、rootアカウントによるログイン以外は禁止されます。

```
# touch /etc/nologin
```

12.2 ユーザーに対するセキュリティ管理

また、メールサーバやFTPサーバなどでは、ユーザーアカウントは必要ではあるものの、ユーザーがログインしてシェルを利用することは好ましくありません。ユーザーのログインシェルを/bin/falseや/sbin/nologinに変更すると、一般ユーザーのログインを禁止することができます。次の例では、lpicユーザーのログインを禁止しています。

```
# usermod -s /sbin/nologin lpic
```

/etc/passwdファイルの該当行は次のようになります。/etc/passwdファイルを直接編集してもかまいません[注4]。

▶ /etc/passwd（一部）

```
lpic:x:502:502::/home/lpic:/sbin/nologin
```

12.2.3 ユーザーの切り替え

常にrootユーザーで作業をすることは好ましくありません。普段は一般ユーザーとして作業し、root権限が必要なときだけrootユーザーとして作業するのが適切です。**suコマンド**を使うと、一時的に別のユーザーになることができます。

書式 su [- [ユーザー名]]

次のコマンドを実行すると、fredユーザーになります。パスワードを問われるので、指定したユーザーのパスワードを入力します[注5]。exitコマンドで元のユーザーに戻ることができます。

```
$ su - fred
Password:          ← fredのパスワードを入力
$ id               ← fredユーザーに切り替わったのを確認
uid=1001(fred) gid=1001(fred) groups=1001(fred)
$ exit             ← 元のユーザーに戻る
```

「-」の有無に注意してください。「-」があると、直接ログインしたときと同様に環境が初期化されます。つまり、カレントディレクトリは新しいユーザーのホームディレクトリとなり、環境変数もすべて初期化されます。「-」がなければ、現在の環境をそ

[注4] /etc/passwdを編集するには、vipwコマンドを使うとよいでしょう。
[注5] rootユーザーから一般ユーザーになる場合はパスワードは問われません。

のままにしてユーザーだけを切り替えます。

ユーザー名を省略すると、rootユーザーに変更されてシェルが起動します。

```
$ su -
Password:   ← rootのパスワードを入力
#   ← rootユーザーとしてシェルが起動したのでプロンプトが変更された
```

注意 suコマンドは、指定したユーザーで新たにシェルを開始します。suコマンドを実行した後は、元のシェルに戻るのを忘れないようにしましょう。

12.2.4 sudo

suコマンドによって一度root権限を取得してしまうと、そのユーザーはrootユーザーが実行できることは何でもできてしまいます。もし、特定の管理者コマンドのみの実行を許可したい場合は、**sudoコマンド**が利用できます。sudoコマンドを使えば、任意の管理者コマンドを任意のユーザーに許可することができます。たとえば、studentユーザーにはshutdownコマンドの実行を許可する、などです。一般ユーザーにrootユーザーのパスワードを知らせる必要がない点も、sudoコマンドのメリットです。

sudoの設定

sudoコマンドの利用設定をするには、rootユーザーで**visudoコマンド**を実行します。すると、デフォルトのエディタで**/etc/sudoersファイル**が開かれます[注6]。

/etc/sudoersファイルの書式は次のとおりです。

書式 ユーザー名　ホスト名=(実行ユーザー名) [NOPASSWD:]コマンド

表12-6　/etc/sudoersファイルの書式

項目	説明
ユーザー名	コマンドの実行を許可するユーザー名か、グループ名、もしくはALL
ホスト名	実行を許可するホスト名か、IPアドレス、もしくはALL
実行ユーザー名	コマンド実行時のユーザー名(省略時はroot)、もしくはALL
コマンド	実行を許可するコマンドのパス、もしくはALL
NOPASSWD:	指定すると、コマンド実行時にパスワードを問われない

[注6] エディタで直接/etc/sudoersファイルを開かないでください。

たとえば、studentユーザーのみ、shutdownコマンドが実行できるように設定するには、次のようなエントリを追加します。

▶ /etc/sudoersの設定例1
```
student  ALL=(ALL) /sbin/shutdown
```

次の例では、studentユーザーに対し、すべてのroot権限が必要なコマンドの実行を許可します。

▶ /etc/sudoersの設定例2
```
student  ALL=(ALL) ALL
```

次の例では、wheelグループに対し、すべてのroot権限が必要なコマンドをパスワードなしで実行できるようにします。

▶ /etc/sudoersの設定例3
```
%wheel   ALL=(ALL) NOPASSWD:ALL
```

sudoの利用

sudoを利用するには、sudoコマンドの引数として、実行したいコマンドを指定します。たとえば、studentユーザーにshutdownコマンドを許可している場合は、次のコマンドを実行します。

```
$ sudo /sbin/shutdown -h now

We trust you have received the usual lecture from the local System
Administrator. It usually boils down to these three things:

    #1) Respect the privacy of others.
    #2) Think before you type.
    #3) With great power comes great responsibility.

Password: ←                          ユーザーstudentのパスワードを入力
```

パスワードを尋ねられますが、入力するパスワードは、rootユーザーのパスワードではなく、sudoコマンドを実行しているユーザーのパスワードである点に注意してください。パスワードを正しく入力すれば、shutdownコマンドが実行されます。

> **NOTE** 一度パスワードを入力すると、しばらくはパスワードの入力なしでsudoコマンドが実行できます。

　一般ユーザーは/etc/sudoersファイルを開くことができません。自分に許可されているコマンドを調べるには、-lオプションを使います。

```
$ sudo -l
User student may run the following commands on this host:
    (root) /sbin/mount /mnt/cdrom
    (root) /sbin/umount /mnt/cdrom
```

　sudoコマンドの書式とオプションをまとめておきます。

書式 sudo [オプション] [コマンド]

表12-7　sudoコマンドの主なオプション

オプション	説明
-l	許可されているコマンドを表示する
-i	変更先ユーザーでシェルを起動する(ログイン時の処理を行う)
-s	変更先ユーザーでシェルを起動する
-u ユーザー	rootではなく指定したユーザーでコマンドを実行する

ここが重要
- /etc/sudoersの書式とsudoコマンドの使い方を理解しておいてください。

12.2.5　システムリソースの制限

　たとえば、1人のユーザーがシステムメモリをすべて使い切ってしまったらどうなるでしょうか。おそらく、システムは停止に追い込まれるでしょう。故意にではなくとも、何らかのバグでこのような事態に陥ることも考えられます。これを防ぐには、ユーザーが利用できるリソースを制限する方法があります。**ulimitコマンド**を使うと、ユーザーが利用できるリソースを制御できます。

書式 ulimit [オプション [リミット]]

12.2 ユーザーに対するセキュリティ管理

表12-8 ulimitコマンドの主なオプション

オプション	説明
-a	制限の設定値をすべて表示する
-c サイズ	生成されるコアファイル[注7]のサイズを指定する
-f サイズ	シェルが生成できるファイルの最大サイズをブロック単位で指定する
-n 数	同時に開くことのできるファイルの最大数
-u プロセス数	1人のユーザーが利用できる最大プロセス数を指定する
-v サイズ	シェルとその子プロセスが利用できる最大仮想メモリサイズを指定する

次の例は、制限の設定値を表示しています。

```
$ ulimit -a
core file size          (blocks, -c) 0
data seg size           (kbytes, -d) unlimited
scheduling priority             (-e) 0
file size               (blocks, -f) unlimited
pending signals                 (-i) 8192
max locked memory       (kbytes, -l) 32
max memory size         (kbytes, -m) unlimited
open files                      (-n) 1024
pipe size            (512 bytes, -p) 8
POSIX message queues     (bytes, -q) 819200
real-time priority              (-r) 0
stack size              (kbytes, -s) 10240
cpu time               (seconds, -t) unlimited
max user processes              (-u) 8192
virtual memory          (kbytes, -v) unlimited
file locks                      (-x) unlimited
```

[注7] プロセスが異常終了する際にメモリの内容を出力するファイル。プログラムのデバッグに利用しますが、通常は必要ありません。

12.3 OpenSSH

SSH（Secure Shell）は、リモートホスト間の通信において高いセキュリティを実現するものです。強力な認証機能と暗号化により、ファイル転送やリモート操作を安全に行うことができます。たとえばtelnetを使った場合、通信内容はプレーンテキスト（平文）なので、通信経路を盗聴されると容易にアカウントやパスワードが判明してしまいます。SSHでは経路を流れるデータが暗号化されるので安全性が高まります。Linuxでは、OpenBSDグループによるSSHの実装である**OpenSSH**[注8]が一般的に利用されています。SSHには現在、バージョン1系とバージョン2系があり、**公開鍵暗号方式**の認証アルゴリズムに違いがあります。バージョン1系ではRSA1が、バージョン2系では**DSA**および**RSA**が使われています。それぞれのプロトコルに互換性はありませんが、OpenSSHでは両方のプロトコルに対応しています。

12.3.1 SSHのインストールと設定

OpenSSHは、ほとんどのディストリビューションでパッケージが用意されています。UbuntuやDebian GNU/Linuxではopenssh-clientとopenssh-serverパッケージを、Red Hat系ディストリビューションでは、openssh、openssh-server、openssh-clientといったパッケージをインストールします。

OpenSSHをインストールすると、ホストの公開鍵と秘密鍵が作成されます。これらのファイルはホスト認証に使われます。秘密鍵は外部に決して漏れないように管理します。

[注8] http://www.openssh.org/

12.3 OpenSSH

表12-9 ホストの公開鍵と秘密鍵

ファイル名	説明
ssh_host_key	秘密鍵(バージョン1用)
ssh_host_dsa_key	秘密鍵(バージョン2、DSA用)
ssh_host_rsa_key	秘密鍵(バージョン2、RSA用)
ssh_host_ecdsa_key	秘密鍵(バージョン2、ECDSA用)
ssh_host_ed25519_key	秘密鍵(バージョン2、ED25519用)
ssh_host_key.pub	公開鍵(バージョン1用)
ssh_host_dsa_key.pub	公開鍵(バージョン2、DSA用)
ssh_host_rsa_key.pub	公開鍵(バージョン2、RSA用)
ssh_host_ecdsa_key.pub	公開鍵(バージョン2、ECDSA用)
ssh_host_ed25519_key.pub	公開鍵(バージョン2、ED25519用)

SSHサーバの機能は、**sshdデーモン**が提供します。sshdの設定ファイルは、**/etc/ssh/sshd_config**です。

表12-10 /etc/ssh/sshd_configファイルの主な設定項目

設定項目	説明
Port	SSHで使うポート番号(デフォルトは22)
Protocol	SSHのバージョン(1と2)
HostKey	ホストの秘密鍵ファイル
PermitRootLogin	rootでもログインを許可するかどうか
RSAAuthentication	SSHバージョン1での公開鍵認証を使用するかどうか
PubkeyAuthentication	SSHバージョン2での公開鍵認証を使用するかどうか
AuthorizedKeysFile	公開鍵が格納されるファイル名
PermitEmptyPasswords	空のパスワードを許可するかどうか
PasswordAuthentication	パスワード認証を許可するかどうか
X11Forwarding	X11転送を許可するかどうか

以下は/etc/ssh/sshd_configファイルの例です。

▶ **/etc/ssh/sshd_config(抜粋)**

```
# What ports, IPs and protocols we listen for
Port 22


# Use this option to restrict which protocols sshd will bind to
```

```
Protocol 2                              ← バージョン1は安全でないので2のみを利用する

# HostKeys for protocol version 2
HostKey /etc/ssh/ssh_host_rsa_key
HostKey /etc/ssh/ssh_host_dsa_key

# Logging
SyslogFacility AUTHPRIV
LogLevel INFO

# Authentication:
LoginGraceTime 120
PermitRootLogin no                      ← rootログインは許可しないほうがよい
StrictModes yes

RSAAuthentication yes                   ← SSHバージョン1の公開鍵認証を許可
PubkeyAuthentication yes                ← SSHバージョン2の公開鍵認証を許可
AuthorizedKeysFile   .ssh/authorized_keys  ← 公開鍵を格納するファイル

# To enable empty passwords, change to yes (NOT RECOMMENDED)
PermitEmptyPasswords no                 ← パスワード認証を使う場合でも空パスワードは禁止

# Change to no to disable tunnelled clear text passwords
PasswordAuthentication yes              ← パスワード認証を許可

X11Forwarding yes                       ← X11転送を許可
```

sshdを起動するには、起動スクリプトを使います。SysVinitを採用したRed Hat系ディストリビューションでは次のとおりです。

```
# /etc/init.d/sshd start
```

SysVinitを採用したDebian系ディストリビューションでは次のとおりです。

```
# /etc/init.d/ssh start
```

systemdを採用したディストリビューションでは次のとおりです。

```
# systemctl start sshd.service
```

SSHを使ってリモートホストにログインするには、**sshコマンド**を使います。引数にはホスト名かIPアドレスを指定します。

書式　ssh [[*ログインユーザー名@*]*ホスト*]

表12-11　sshコマンドの主なオプション

オプション	説明
-p *ポート番号*	ポート番号を指定する
-l *ユーザー名*	接続するユーザーを指定する
-i *ファイル名*	秘密鍵ファイルを指定する

次の例では、sv1.lpic.jpにSSHで接続します。

```
$ ssh sv1.lpic.jp
```

ユーザー名を指定すると、指定したユーザーとしてSSHで接続します[注9]。次の例では、studentユーザーとしてsv1.lpic.jpにSSHで接続します。

```
$ ssh student@sv1.lpic.jp
```

telnetと比較すると、通信経路が暗号化されるため、盗聴に対する安全性が高まります。また、ホスト認証を使って接続先ホストの正当性を確認できる点、ユーザー認証に公開鍵認証が使える点も、セキュリティ面で大きなメリットです。

12.3.2　ホスト認証

SSHでは、ユーザー名とパスワードによるユーザー認証に先立って、クライアントがサーバの正当性を確認する**ホスト認証**が行われます。SSHで接続するたびにサーバ固有のホスト認証（公開鍵）がサーバからクライアントに送られ、クライアント側で保存されているサーバの公開鍵と比較して、一致するかどうかを確認します。

[注9]　ユーザーは「-l *ユーザー名*」のように-lオプションを使って指定してもかまいません。

図12-3 ホスト認証

ただし、初回接続時に限っては、接続先サーバの公開鍵を持っていないので、比較しようがありません。そのため、接続先ホストが登録されていない旨のメッセージが表示されます。

```
$ ssh sv1.lpic.jp
The authenticity of host 'sv1.lpic.jp (192.168.0.2)' can't be established.
RSA key fingerprint is 13:2a:22:08:70:27:7e:fe:71:03:eb:5b:03:94:a7:85.
Are you sure you want to continue connecting (yes/no)? yes  ← yesと入力
```

ここで「yes」と入力すると、サーバの公開鍵が`~/.ssh/known_hosts`**ファイル**に登録されます。

次回接続時からは、このメッセージは表示されません。もしも悪意のある何者かが接続先ホストになりすましたとすれば[注10]、偽のサーバのホスト認証鍵(ホスト鍵)は本物のサーバのホスト鍵とは異なるため、警告が表示されます。誤って偽サーバに接続してしまう前に異常に気づくことができます。

【注10】 偽ホストが本物のサーバの公開鍵を奪取してクライアントに送れば、なりすましが可能(いわゆる中間者攻撃)に見えますが、SSHではサーバのホスト認証鍵(秘密鍵)を使った認証手続きを行っているため、サーバの公開鍵だけを奪取してもなりすますことはできません。初回接続時に限ってはなりすましを見破ることはできませんが、ホスト認証鍵のフィンガープリント(指紋)を使って正当性を確認できます。

図12-4　偽サーバへの接続

　ホストの公開鍵がknown_hostsファイルに格納された値と異なる場合は、次のようなメッセージが表示されます。

```
$ ssh sv3.example.com
key_from_blob: remaining bytes in key blob 81
key_read: type mismatch: encoding error
key_from_blob: remaining bytes in key blob 81
key_read: type mismatch: encoding error
The authenticity of host 'sv3.example.com (192.168.11.12)' can't be established.
ECDSA key fingerprint is 59:37:72:56:0b:0b:84:de:a6:ee:da:7c:ad:5b:bb:b2.
Are you sure you want to continue connecting (yes/no)?
```

ここが重要

- ホスト認証は偽ホストに接続してしまうのを防止します。ホストの公開鍵は˜/.ssh/known_hostsに格納されます。

12.3.3　公開鍵認証

　ユーザー認証には、パスワード認証以外に、**公開鍵認証**を利用することができます。公開鍵認証では、通信を行うホスト間で、一対の公開鍵と秘密鍵のペアを使って認証を行います。公開鍵認証を行うには、あらかじめクライアント側ユーザーの公開鍵をサーバに登録しておく必要があります。

第12章 セキュリティ

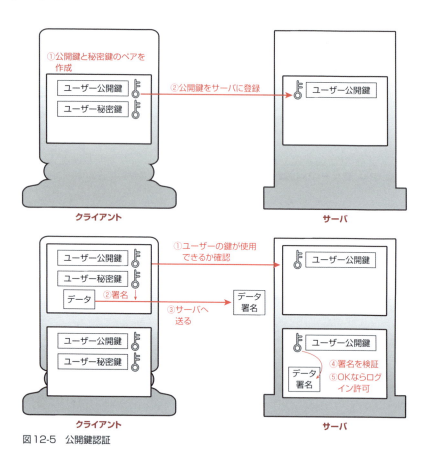

図12-5 公開鍵認証

公開鍵と秘密鍵の鍵ペアを作成するには、**ssh-keygenコマンド**を使います。

書式 ssh-keygen [オプション]

表12-12 ssh-keygenコマンドの主なオプション

オプション	説明
-t タイプ	暗号化タイプを指定する。タイプは次のいずれか 　　　rsa1：RSA（SSHバージョン1） 　　　rsa：RSA（SSHバージョン2） 　　　dsa：DSA（SSHバージョン2） 　　　ecdsa：ECDSA鍵（SSHバージョン2） 　ed25519：ED25519鍵（SSHバージョン2）
-p	パスフレーズを変更する
-f ファイル名	鍵ファイルを指定する
-R ホスト名	指定されたホストの鍵をknown_hostsファイルから削除する
-b ビット長	鍵の長さをビット長で指定する（2048など）

次の例では、DSAで鍵ペアを作成します。

```
$ ssh-keygen -t dsa
Generating public/private dsa key pair.
Enter file in which to save the key (/home/student/.ssh/id_dsa):   ← Enterを入力
Enter passphrase (empty for no passphrase):   ← 設定するパスフレーズを入力
Enter same passphrase again:   ← パスフレーズを再入力
Your identification has been saved in /home/student/.ssh/id_dsa.
Your public key has been saved in /home/student/.ssh/id_dsa.pub.
The key fingerprint is:
ef:24:c8:e5:4a:60:00:04:0b:5a:c4:bc:29:d8:56:99 student@centos7.
example.com
The key's randomart image is:
+--[ DSA 1024]----+
|*=o  o           |
|o+o E            |
|+..+             |
|o =.             |
| o o  S          |
|   . o + .       |
|      + o o      |
|       . . +     |
|        . .      |
+-----------------+
```

ここでパスフレーズの入力を求められます。**パスフレーズ**は、秘密鍵を利用する際の認証用文字列です。パスフレーズには文字数の制限がないので、パスワードよりも長い文字列を入力できます（文字列の長さが長いほど、セキュリティ面の強度は向上します）。作成される鍵ファイルの名称は次のとおりです。

表12-13　公開鍵と秘密鍵のファイル名

バージョン	秘密鍵	公開鍵
バージョン1	identity	identity.pub
バージョン2（DSA）	id_dsa	id_dsa.pub
バージョン2（RSA）	id_rsa	id_rsa.pub
バージョン2（ECDSA）	id_ecdsa	id_ecdsa.pub
バージョン2（ED25519）	id_ed25519	id_ed25519.pub

こうして作成した鍵のうち、公開鍵を接続先サーバに登録します。具体的には、**~/.ssh/authorized_keysファイル**に追加します。まずは、scpコマンドを使ってサーバ側に鍵ファイルを転送します。**scpコマンド**は、SSHを使った安全なファイル転送をするコマンドです（次の節を参照してください）。

次の例では、sv1.lpic.jpのホームディレクトリ以下に、publickeyというファイル名でid_dsa.pubファイルをコピーしています。

```
$ scp ~/.ssh/id_dsa.pub sv1.lpic.jp:publickey
student@sv1.lpic.jp's password:
id_dsa.pub                         100%  604     0.6KB/s   00:00
```

次に、sv1.lpic.jpに接続して作業をします。公開鍵認証の設定ができていないので、パスワードを使ってログインします。

```
$ ssh sv1.lpic.jp
student@sv1.lpic.jp's password:    ← パスワードを入力
```

ログインできたら、先ほどscpコマンドでコピーしたファイルを、~/.ssh/authorized_keysファイルに追加します。

```
$ cat publickey >> ~/.ssh/authorized_keys
```

authorized_keysファイルは、所有者のみが読み書きできるようにしておきます[注11]。

【注11】所有者以外のユーザーに書き込み権限を与えてしまうと、ユーザーの把握しない鍵が勝手に登録され、ログインされてしまう可能性が生じます。

```
$ chmod 600 ~/.ssh/authorized_keys
```

これで、公開鍵認証が利用できるようになります。いったんログアウトしてから接続すると、パスフレーズを尋ねられます。

```
$ ssh sv1.lpic.jp
Enter passphrase for key '/home/student/.ssh/id_dsa':   ←[パスフレーズを入力]
Last login: Tue Feb 17 05:08:40 2015 from centos7
```

ここが重要

- 公開鍵と秘密鍵の作成方法、公開鍵認証の設定手順などを理解しておきましょう。

参考 ssh-copy-idコマンドを使うと、簡単に公開鍵を接続先ホストに登録できます。

12.3.4 SSHの活用

scpコマンドによるリモートファイルコピー

scpコマンドは、SSHの仕組みを使い、ホスト間で安全にファイルをコピーするコマンドです。

書式 scp コピー元ファイル名 [ユーザー名@]コピー先ホスト:[コピー先ファイル名]

書式 scp [ユーザー名@]コピー元ホスト:コピー元ファイル名 コピー先ファイル名

表12-14 scpコマンドの主なオプション

オプション	説明
-p	パーミッションなどを保持したままコピーする
-r	ディレクトリ内を再帰的にコピーする
-P ポート番号	ポート番号を指定する

最初の書式は、ローカルホストにあるファイルをリモートホストにコピーする場合です。次の書式は、リモートホストにあるファイルをローカルホストにコピーする場合です。次の例では、ローカルホストの/etc/hostsを、リモートホストsv3.example.jpの/tmp以下にコピーします。

```
$ scp /etc/hosts sv3.example.jp:/tmp
```

次の例では、リモートホストsv3.example.jpの/etc/hostsを、カレントディレクトリにコピーします。

```
$ scp sv3.example.jp:/etc/hosts .
```

リモートホストのログイン名がローカルホストと異なる場合は、ユーザー名を指定します。次の例では、リモートホストsv3.example.jpのfredユーザーのホームディレクトリに、ローカルホストのdata.txtファイルをコピーしています。

```
$ scp data.txt fred@sv3.example.jp:
```

ssh-agent

秘密鍵ファイルを使用する際は、パスフレーズを尋ねられます。パスフレーズを入力する手間を省くには、ssh-agentを利用します。**ssh-agent**はクライアント側で稼働するデーモンであり、秘密鍵をメモリ上に保持しておき、必要となった時点でそれを利用するため、その都度パスフレーズを入力する必要がありません。ssh-agentを利用するには、ssh-agentの子プロセスとしてbashシェルを起動します。

```
$ ssh-agent bash
```

次に、**ssh-addコマンド**を使って秘密鍵を登録します。このときに、パスフレーズを入力します。

```
$ ssh-add
Enter passphrase for /home/student/.ssh/id_dsa:
Identity added: /home/student/.ssh/id_dsa (/home/student/.ssh/id_dsa)
```

以後、このbashシェルならびにその子プロセスでは、パスフレーズの入力が不要になります。ssh-agentが保持している秘密鍵の一覧は、ssh-add -lで確認できます。

```
$ ssh-add -l
1024 93:65:9f:da:fd:2e:b7:15:0b:33:38:b8:17:67:20:3e /home/student/.ssh/id_dsa (DSA)
```

ポート転送

SSHポート転送(**ポートフォワーディング**)とは、あるポートに送られてきたTCPパケットを、SSHを使った安全な通信路を経由して、リモートホストの任意のポートに転送することです。この機能を使うと、POP3やFTPなど、暗号化されていないプロトコルを使った通信の安全性を高めることができます。

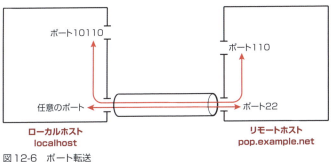

図12-6 ポート転送

ポート転送を行う際のsshの書式は次のとおりです。

> **書式** ssh -L [ローカルポート]:[リモートホスト]:[リモートポート] [リモートホストのユーザー名]@[リモートホスト]

次の例では、ローカルホストの10110番ポートに接続すると、リモートホストpop.example.netの110番ポートに接続できます。

```
$ ssh -f -N -L 10110:pop.example.net:110 student@pop.example.net
```

-fはバックグラウンドで実行させるオプション、-Nは転送のみを指示するオプションです。上記のsshコマンドを実行した後、ローカルホストの10110番ポートへ接続すると、SSHで暗号化された経路を経由してリモートホストの110番ポートに接続します。

なお、ポート転送の仕組みを使って、リモートホストのXクライアントをローカルホストで動作させることを**X11ポート転送**といいます。X11ポート転送を有効にするには、/etc/ssh/sshd_configに以下の設定をする必要があります。

▶ /etc/ssh/sshd_config
```
X11Forwarding yes
```

その後、リモートホストのホスト名を指定して次のコマンドを実行します。

```
$ ssh -X remote.example.net
```

> **ここが重要**
> ● scpコマンドの使い方、ssh-agentの使い方を理解しておきましょう。

12.4 GnuPGによる暗号化

ファイルを暗号化したい場合、LinuxではGnuPG（GNU Privacy Guard）[注12]が利用できます。GnuPGは公開鍵暗号を使って、ファイルを暗号化／復号したり、電子署名をしたりすることのできるオープンソースソフトウェアです。

> **参考** GnuPGは、暗号化ソフトウェアPGP（Pretty Good Privacy）と互換性があります。PGPは米国の規制により、米国外へ持ち出すことができなかったのですが、その仕様がIETF（Internet Engineering Task Force）によってRFCとしてまとめられ、GnuPGとして実装されました。

12.4.1 鍵ペアの作成と失効証明書の作成

GnuPG（GPG）を使用するためには**gpgコマンド**を使います。最初に公開鍵と秘密鍵の鍵ペアを作成する必要があります。鍵ペアを作成するには、次のようにします。

```
[fred@ubuntu1804 ~]$ gpg --full-generate-key
gpg (GnuPG) 2.2.4; Copyright (C) 2017 Free Software Foundation, Inc.
This is free software: you are free to change and redistribute it.
There is NO WARRANTY, to the extent permitted by law.

gpg: keybox'/home/fred/.gnupg/pubring.kbx'が作成されました
ご希望の鍵の種類を選択してください:
   (1) RSA と RSA (デフォルト)
   (2) DSA と Elgamal
   (3) DSA (署名のみ)
   (4) RSA (署名のみ)
```

[注12] http://www.gnupg.org/

あなたの選択は？ ← [Enterのみでデフォルトの「RSAとRSA」を選択]
RSA 鍵は 1024 から 4096 ビットの長さで可能です。
鍵長は？ (3072) ← [Enterのみでデフォルトの3072を選択]
要求された鍵長は3072ビット
鍵の有効期限を指定してください。
     0 = 鍵は無期限
     <n> = 鍵は n 日間で期限切れ
     <n>w = 鍵は n 週間で期限切れ
     <n>m = 鍵は n か月間で期限切れ
     <n>y = 鍵は n 年間で期限切れ
鍵の有効期間は？ (0) 1y ← [ここでは1年に設定]
鍵は2019年12月11日 23時37分00秒 JSTで期限切れとなります
これで正しいですか？ (y/N) y ← [yを入力]

GnuPGはあなたの鍵を識別するためにユーザIDを構成する必要があります。

本名: Fred Schmitt ← [本名を入力]
電子メール・アドレス: fred@example.com ← [メールアドレスを入力]
コメント: ← [コメントがあれば入力]
次のユーザIDを選択しました：
    "Fred Schmitt <fred@example.com>"

名前(N)、コメント(C)、電子メール(E)の変更、またはOK(O)か終了(Q)？ o ← [oを入力]

(別画面でパスフレーズを入力する)

たくさんのランダム・バイトの生成が必要です。キーボードを打つ、マウスを動か
す、ディスクにアクセスするなどの他の操作を素数生成の間に行うことで、乱数生
成器に十分なエントロピーを供給する機会を与えることができます。
gpg: /home/fred/.gnupg/trustdb.gpg: 信用データベースができました
gpg: 鍵8C41E4910C60188Eを究極的に信用するよう記録しました
gpg: ディレクトリ'/home/fred/.gnupg/openpgp-revocs.d'が作成されました
gpg: 失効証明書を '/home/fred/.gnupg/openpgp-revocs.d/6B731C32F6E3CBA6560EA0BE8
C41E4910C60188E.rev' に保管しました。
公開鍵と秘密鍵を作成し、署名しました。

pub   rsa3072 2018-12-11 [SC] [有効期限: 2019-12-11]
      6B731C32F6E3CBA6560EA0BE8C41E4910C60188E

```
uid                         Fred Schmitt <fred@example.com>
sub   rsa3072 2018-12-11 [E] [有効期限: 2019-12-11]
```

`~/.gnupg`というディレクトリが新たに作成され、その中に公開鍵のキーリング（pubring.gpg）と秘密鍵のキーリング（secring.gpg）が作成されます[注13]。作成された鍵を確認してみましょう。

```
[fred@ubuntu1804 ~]$ gpg --list-keys
gpg: 信用データベースの検査
gpg: marginals needed: 3  completes needed: 1  trust model: pgp
gpg: 深さ: 0  有効性:   1  署名:   0  信用: 0-, 0q, 0n, 0m, 0f, 1u
gpg: 次回の信用データベース検査は、2019-12-11です
/home/fred/.gnupg/pubring.kbx
------------------------------
pub   rsa3072 2018-12-11 [SC] [有効期限: 2019-12-11]
      6B731C32F6E3CBA6560EA0BE8C41E4910C60188E
uid           [  究極  ] Fred Schmitt <fred@example.com>
sub   rsa3072 2018-12-11 [E] [有効期限: 2019-12-11]
```

次に、鍵の失効証明書を作成します。**失効証明書**は、パスフレーズが漏れてしまったり、パスフレーズを忘れてしまった際に、鍵を無効化するために使います。

> **書式**　gpg -o 失効証明書ファイル名 --gen-revoke メールアドレス

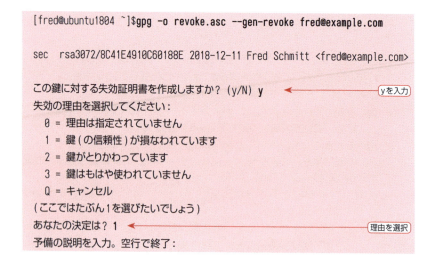

[注13] 複数の鍵を束ねておく輪がキーリング（鍵輪）です。

```
>                                            ← Enterキーを押す
失効理由: 鍵(の信頼性)が損なわれています
(説明はありません)
よろしいですか？(y/N) y                      ← yを入力

(別画面にてパスフレーズを入力)

ASCII外装出力を強制します。
失効証明書を作成しました。

みつからないように隠せるような媒体に移してください。もし_悪者_がこの証明書への
アクセスを得ると、あなたの鍵を使えなくすることができます。
媒体が読出し不能になった場合に備えて、この証明書を印刷して保管するのが賢明です。
しかし、ご注意ください。あなたのマシンの印字システムは、他の人がアクセスできる
場所にデータをおくことがあります！
```

作成した失効証明書(ここではrevoke.asc)は、安全な場所に保存しておきます。万が一鍵を盗まれたりした場合は、次のようにして鍵を無効化できます。

```
[fred@ubuntu1804 ~]$ gpg --import revoke.asc
```

12.4.2 共通鍵を使ったファイルの暗号化

gpgコマンドを使ったファイルの暗号化でもっとも簡単なものは、共通鍵を使った暗号化です。

書式 `gpg -c ファイル名`

次の例では、secret.txtファイルを暗号化しています。

```
$ gpg -c secret.txt
```

設定したいパスフレーズを2回入力すると、暗号化されたファイルsecret.txt.gpgが作成されます。このファイルを元に戻すには、オプションなしでgpgコマンドを実行します。

```
$ gpg --decrypt secret.txt.gpg
gpg: AES256暗号化済みデータ
gpg: 1 個のパスフレーズで暗号化
```

暗号化の際に指定したパスフレーズを入力すると、ファイルが復号されます。

共通鍵を使った暗号化は簡単ですが、共通鍵を第三者に知られてしまうと、誰にでも復号されてしまいます。特定の人だけが復号できるようにするには、公開鍵を使った暗号化を行います。

12.4.3　公開鍵を使ったファイルの暗号化

公開鍵暗号では、不特定多数に公開してもよい公開鍵と、秘匿しておかなければならない秘密鍵とをペアで使います。公開鍵を使って暗号化したものは、ペアとなる秘密鍵でのみ復号できるという性質があります。ここでは公開鍵を使ったファイル暗号化および復号の手順を示します。

公開鍵のエクスポート

まず、暗号化されたデータを受け取る側は、通信相手に公開鍵を送るため、公開鍵をファイルにエクスポートします。

書式　`gpg -o 出力ファイル名 -a --export 自分のメールアドレス`

```
[fred@ubuntu1804 ~]$ gpg -o pubkey -a --export fred@example.com
```

これで、公開鍵がpubkeyファイルにエクスポートされるので、このファイルを通信相手に送ります。

公開鍵のインポート

通信相手（暗号化ファイルの送り先）から公開鍵を受け取ったら、まずはそれをインポートします。

```
[john@ubuntu1804 ~]$ gpg --import pubkey
gpg: 鍵8C41E4910C60188E: 公開鍵"Fred Schmitt <fred@example.com>"をインポートしました
gpg: 処理数の合計: 1
gpg:               インポート: 1
```

12.4 GnuPGによる暗号化

インポートされている公開鍵の一覧は次のコマンドで確認できます。

```
[john@ubuntu1804 ~]$ gpg --list-keys
gpg: 信用データベースの検査
gpg: marginals needed: 3  completes needed: 1  trust model: pgp
gpg: 深さ: 0  有効性:   1  署名:   0  信用: 0-, 0q, 0n, 0m, 0f, 1u
gpg: 次回の信用データベース検査は、2020-12-17です
/home/lpicuser/.gnupg/pubring.kbx
--------------------------------
pub   rsa3072 2018-12-11 [SC] [有効期限: 2020-12-17]
      04C47CE10A2AAA84C5077C77C91E4856D244107C
uid           [ 究極 ] lpic user <lpicuser@example.com>
sub   rsa3072 2018-12-11 [E] [有効期限: 2020-12-17]


pub   rsa3072 2018-12-11 [SC] [有効期限: 2019-12-11]
      6B731C32F6E3CBA6560EA0BE8C41E4910C60188E
uid           [ 不明 ] Fred Schmitt <fred@example.com>
sub   rsa3072 2018-12-11 [E] [有効期限: 2019-12-11]
```

受け取った公開鍵が信頼できるのなら、鍵に署名を行います。署名を行わなければ、公開鍵が信用できないということで、毎回警告が表示されます。

```
[john@ubuntu1804 ~]$ gpg --sign-key fred@example.com

pub  rsa3072/8C41E4910C60188E
     作成: 2018-12-11  有効期限: 2019-12-11  利用法: SC
     信用: 不明の    有効性: 不明の
sub  rsa3072/0EEBB23664F5891F
     作成: 2018-12-11  有効期限: 2019-12-11  利用法: E
[ 不明 ] (1). Fred Schmitt <fred@example.com>


pub  rsa3072/8C41E4910C60188E
     作成: 2018-12-11  有効期限: 2019-12-11  利用法: SC
     信用: 不明の    有効性: 不明の
 主鍵フィンガープリント: 6B73 1C32 F6E3 CBA6 560E  A0BE 8C41 E491 0C60 188E

     Fred Schmitt <fred@example.com>

この鍵は2019-12-11で期限が切れます。
```

```
本当にこの鍵にあなたの鍵"lpic user <lpicuser@example.com>"で署名してよいですか
(C91E4856D244107C)

本当に署名しますか？ (y/N) y

(別画面にてパスフレーズを入力)
```

ファイルの暗号化

受け取った公開鍵を使って、秘密鍵の持ち主だけが復号できるようにします。以下の例では、fred@example.comのみが復号できるようにファイルimportant.txtを暗号化しています。

> **書式** gpg -e -a -r 送り先のメールアドレス 暗号化するファイル名

```
[john@ubuntu1804 ~]$ gpg -e -a -r fred@example.com important.txt
gpg: 信用データベースの検査
gpg: marginals needed: 3  completes needed: 1  trust model: pgp
gpg: 深さ: 0  有効性:    1  署名:    1  信用: 0-, 0q, 0n, 0m, 0f, 1u
gpg: 深さ: 1  有効性:    1  署名:    0  信用: 1-, 0q, 0n, 0m, 0f, 0u
gpg: 次回の信用データベース検査は、2019-12-11です
```

すると、暗号化されたファイルimportant.txt.ascが作成されます。

ファイルの復号

送られてきたファイルimportant.txt.ascは、秘密鍵を使って復号します。

```
[fred@ubuntu1804 ~]$ gpg important.txt.asc
(省略)
3072-ビットRSA鍵，ID 0EEBB23664F5891F，日付 2018-12-11に暗号化されました
      "Fred Schmitt <fred@example.com>"
```

> **ここが重要**
> - gpgコマンドの使い方を理解しておきましょう。

ファイルの署名

ファイルに署名することによって、そのファイルの作成者は本人かどうか、ファイルの内容が改ざんされていないかどうかを確認できます。

ファイルに署名するには、--signオプションを使います。-oオプションで署名ファイルを指定します[注14]。

```
$ gpg -o sample.sig --sign gpg.log
```

ファイルの署名を検証するには、--verifyオプションを使います。

```
$ gpg --verify sample2.sig
gpg: 2018年12月14日  22時26分54秒  JSTに施された署名
gpg:                RSA鍵04C47CE10A2AAA84C5077C77C91E4856D244107Cを使用
gpg: "lpic user <lpicuser@example.com>"からの正しい署名 [究極]
```

gpg-agent

gpg-agentは、SSHにおけるssh-agentと同様、秘密鍵を管理し、一定期間のあいだパスフレーズをキャッシュします。また、gpg-agentはSSHの秘密鍵も管理できます。GnuPG鍵をSSH鍵として使うこともできます。

【注14】 拡張子は「.sig」とするのが一般的です。

第12章 セキュリティ

問題:12.1　重要度:★★★★

TCP Wrapperを使ってアクセス制御をしています。/etc/hosts.allowファイルには「sshd:192.168.2.」という記述があります。/etc/hosts.denyファイルには「ALL:ALL」という記述があります。このことに関する説明として適切なものを選択してください。

- A. すべてのホストからSSHによる接続ができる
- B. 192.168.2.5のホストからSSH接続ができる
- C. どのホストからもSSHによるアクセスができない
- D. どのホストからもすべてのサービスへのアクセスができない

《解説》 この設定では、192.168.2.0/24のネットワークにあるホストから、SSHによるアクセスが許可されています。正解は選択肢 **B** です。/etc/hosts.allowは、/etc/hosts.denyの設定に優先して評価されることに注意してください。

《解答》 B

問題:12.2　重要度:★★★

/etc/nologinファイルを作成するとどうなるか、適切な説明を選択してください。

- A. 一般ユーザーはログインできなくなる
- B. rootも含めてすべてのユーザーがログインできなくなる
- C. /etc/nologinファイルに記述されたユーザーはログインできなくなる
- D. /etc/nologinファイルに記述されていないユーザーはログインできなくなる

《解説》 /etc/nologinファイルを作成すると、一般ユーザーはログインができなくなります。

/etc/nologinファイルは空のファイルでかまいませんが、メッセージを記述しておくと、一般ユーザーがログインしようとしたときに、そのメッセージが表示されます。したがって、正解は選択肢 **A** です。

《解答》 A

問題：12.3　重要度：★★★

パスワードの有効期限を表示、設定するコマンドを記述してください。

_____

《解説》 正解は「**chage**」です。有効期限を設定する書式も覚えておきましょう。

```
chage [オプション] [ユーザー名]
```

《解答》 **chage**

問題：12.4　重要度：★★★★

SSHを使って、ホストa.example.netに、ユーザーstudentとしてログインしたいと思います。実行すべきコマンドを選択してください。

- A. ssh student a.example.net
- B. ssh a.example.net student
- C. ssh -u student a.example.net
- D. ssh student:a.example.net
- E. ssh student@a.example.net

《解説》 SSHを使ってリモートホストにログインするには、sshコマンドを使います。書式は「ssh ログインユーザー名@ホスト名」なので、正解は選択肢 **E** です。なお、ユーザー名を省略すると、ローカルホストでsshコマンドを実行したユーザーのユーザー名が指定されたことになります。

《解答》 E

問題:12.5　重要度:★★★★

SSHを使ってリモートホストへ公開鍵認証でログインできるよう設定中です。まず、接続先リモートホストのホームディレクトリ内に「.ssh」ディレクトリを作成しました。その中に_____ファイルを作成し、そこに公開鍵をコピーして登録しました。下線部に当てはまるファイル名を記述してください。

《解説》　公開鍵認証では、公開鍵と秘密鍵の鍵ペアを作成し、公開鍵を接続先ホストに登録します。登録先のファイルは、~/.ssh/authorized_keys です。

《解答》　authorized_keys

問題:12.6　重要度:★★★

GPGを使って暗号化されたファイルsecret.ascが送られてきました。送付元の公開鍵はすでに登録済みです。ファイルを復号するためのコマンドを選択してください。

- A. gpg secret.asc
- B. gnupg -a -e -r secret.asc
- C. gnupg secret.asc
- D. gpg --import secret.asc
- E. gpg --gen-key secret.asc

《解説》　GPGでは、公開鍵暗号方式を使ったファイルの暗号化や復号ができます。ファイルを復号するには、オプションを付けず、引数にファイル名を指定してgpgコマンドを実行します。したがって、正解は選択肢Aです。コマンド名はgnupgではないので、選択肢BとCは不正解です。指定されたオプションが誤っているので、選択肢DとEは不正解です。

《解答》　A

第13章 102模擬試験

102試験は、出題数は約60問、試験時間90分、合格に必要な正答率65％（※著者による推定値）とされています。実際の試験では定期的に問題が追加されたり入れ替えられたりするため、この模擬試験よりも難易度が高くなることがあります。8割程度の正答で満足することなく、全問正解を目指して繰り返しトライしてください。むろん、この模擬試験の問題を丸暗記しても、実際の試験とは異なりますので、正解不正解よりも理解を確実なものとするために利用してください。

第13章 102模擬試験

問題：1

システムの標準シェルをbashにしています。全ユーザー共通のPATH変数の値を定義するファイルとしてもっとも適切なものを選択してください。

- A. /etc/profile
- B. /etc/.bashrc
- C. /etc/options
- D. /etc/.bash_profile
- E. /etc/bash_profile

問題：2

bashを使っているとき、環境変数を表示できるコマンドをすべて選択してください。

- A. export
- B. env
- C. set
- D. top
- E. cat

問題：3

シェル変数VARを環境変数として利用できるようにしたいとき、実行すべきコマンドを引数やオプションとともに記述してください。

_____

問題:4

bashシェル上で設定されているエイリアス定義を表示するために実行すべきコマンドを記述してください。

_____

問題:5

次のようにシェルスクリプトtestscriptを実行した際、変数「$#」に格納される値を記述してください。

$ ./testscript args1 args2

_____

問題:6

次のスクリプトは、3分ごとにログファイルの末尾10行を表示します。下線部に当てはまる単語を記述してください。

```
while true
do
tail -n 10 /var/log/messages
sleep 180
_____
```

問題:7

以下のスクリプトでは、ファイル/etc/bashrcが存在すれば、そのファイルを実行します。下線部に当てはまるものを2つ選択してください。

```
if _____ ; then
    . /etc/bashrc
fi
```

- [ ] **A.** `` `-f /etc/bashrc` ``
- [ ] **B.** source /etc/bashrc
- [ ] **C.** [-f /etc/bashrc]
- [ ] **D.** (ls /etc/bashrc | echo $?)
- [ ] **E.** test -f /etc/bashrc

問題:8

bashで動作するように作られたシェルスクリプトファイルaddhosts.shがあります。このスクリプトが常に/bin/bashにて実行されるようにするには、ファイルの1行目に_____と記述します。下線部に当てはまる文字列を記述してください。

問題:9

Xクライアントが出力を行うXサーバを設定する環境変数名を記述してください。

_____

問題:10

X.orgの設定が格納されている場所を3つ選択してください。

- ☐ **A.** /etc/X11/xorg.conf
- ☐ **B.** /etc/X.org/xorg.conf
- ☐ **C.** /etc/xorg/xorg.conf
- ☐ **D.** /etc/X11/xorg.conf.d/*
- ☐ **E.** /usr/share/X11/xorg.conf.d/*

問題:11

デスクトップ環境としてGNOME、ディスプレイマネージャとしてGDMがインストールされているシステムで、グラフィカルログインを有効にしたい場合、実施すべき作業として適切なものを選択してください。

- ○ **A.** デフォルトのランレベルを3に設定する
- ○ **B.** systemdコマンドでgdm.serviceを有効にする
- ○ **C.** デフォルトのランレベルを6に設定する
- ○ **D.** systemctlコマンドでgdm.serviceを有効にする

問題：12

アクセシビリティに関する用語で、バウンスキーの説明として適切なものを選択してください。

- ○ A. 単一のキーを素早く何度も押した場合はキー入力を無視する機能
- ○ B. キー入力を認識するまでの時間を調整できる機能
- ○ C. 修飾キーをアクティブなままにしておく機能
- ○ D. テンキーでマウスの動きをエミュレートする機能
- ○ E. インジケータライトの代わりにビープ音を使う機能

問題：13

ユーザーfredの設定を変更しようとしています。所属するグループを「develop」に、ホームディレクトリを「/home/dev」に設定するコマンドを、オプション、引数とともに記述してください。なお、ユーザーfredのプライマリグループは変更しないものとします。

_____

問題：14

ユーザーを作成したとき、そのホームディレクトリ内に必ず.vimrcファイルが配置されるようにしたいと考えています。.vimrcファイルの雛型となるファイルを配置すべきディレクトリを絶対パスで記述してください。

_____

問題：15

ユーザーアカウントfredを使っている社員が半年間休職すると連絡を受けました。ホームディレクトリには多くの業務データがあり、休職中に管理者が閲覧する必要が生じる可能性もあります。セキュリティ上、第三者がログインすることはできないようにしておくのが望ましいと考えられます。システム管理者としてどのようにするのがもっとも適切かを選択してください。

- A. バックアップをとった後にユーザーアカウントを削除する
- B. ユーザーアカウントをロックする
- C. /etc/nologinファイルを作成する
- D. /home/fredのパーミッションを「000」に設定する
- E. fredユーザーのパスワードを管理者しか知らないものに変更する

問題：16

ユーザーfredを、そのホームディレクトリとともに削除するコマンドを、適切なオプション、引数とともに記述してください。

問題：17

グループ名、GID、そのグループに所属するユーザーといった情報が格納されるファイルの名前を、絶対パスで記述してください。

問題: 18

5分おきにprogramプログラムが自動的に実行されるようにしたいと思います。crontabへの登録として適切なものを選択してください。

- A. 5 * * * *　　program
- B. 0-59/5 * * * *　　program
- C. * * 5 * *　　program
- D. * * * * 5　　program
- E. * * * * 0-59/5　　program

問題: 19

ユーザーのcrontabファイルが格納されるディレクトリとして適切なものを選択してください。

- A. ~/.cron/
- B. /etc/cron/
- C. /etc/crontab/
- D. /var/spool/crontab/
- E. /var/spool/cron/

問題：20

atコマンドを使ってコマンドの実行を予約しようとしています。

```
$ at 12:00
You do not have permission to use at.
$ cat /etc/at.allow
cat: /etc/at.allow: No such file or directory
$ cat /etc/at.deny
cat: /etc/at.deny: No such file or directory
```

上記の結果から考えられる説明として適切なものを2つ選択してください。

- ☐ **A.** rootユーザーはatコマンドを利用できる
- ☐ **B.** rootユーザーも含むすべてのユーザーはatコマンドを利用できない
- ☐ **C.** atコマンドの書式に誤りがある
- ☐ **D.** 空の/etc/at.allowファイルを作成すれば、このユーザーもatコマンドを利用できる
- ☐ **E.** 空の/etc/at.denyファイルを作成すれば、このユーザーもatコマンドを利用できる

問題：21

atコマンドによって登録されたジョブを削除できるコマンドをすべて選択してください。

- ☐ **A.** at -r
- ☐ **B.** at -d
- ☐ **C.** atq
- ☐ **D.** atd
- ☐ **E.** atrm

問題: 22

現在設定されているLANGおよびLC_*変数を表示するコマンドを選択してください。

- A. local
- B. locate
- C. stat
- D. locale
- E. ltrace

問題: 23

現在、ロケールはja_JP.utf8となっていますが、アプリケーションmyappは、ja_JP.eucJP環境でなければ正常に動作しないことがわかりました。myappをja_JP.eucJP環境で実行したいのですが、環境変数LANGをエクスポートしてしまうと他の業務に支障が出ます。myappの実行方法として適切なものを選択してください。

- A. LANG=ja_JP.eucJP myapp
- B. LANG=ja_JP.eucJP ; myapp
- C. bash --lang ja_JP.eucJP myapp
- D. set LANG=ja_JP.eucJP ; myapp
- E. setopt LANG=ja_JP.eucJP myapp

問題: 24

タイムゾーンを日本に設定するには、/usr/share/zoneinfo/Asia/Tokyoのシンボリックリンクを＿＿＿＿＿＿＿＿＿＿＿＿＿として作成します。下線部に当てはまるファイルを選択してください。

- A. /etc/time
- B. /var/lib/timezone
- C. /etc/localtime
- D. /var/cache/localtime
- E. /etc/zone/time

問題: 25

システムクロックが正しい時間を指していなかったため、NTPサーバに問い合わせて正しい時間に設定しようとしています。下線部に当てはまるコマンド名を記述してください。

＿＿＿＿＿＿＿＿＿＿ ntpserver.example.org

問題: 26

dateコマンドを使ってシステムクロックを調整しました。システムクロックをハードウェアクロックに書き込むには、＿＿＿＿＿＿＿＿＿＿＿＿＿ --systohcコマンドを実行します。下線部に当てはまるコマンドを記述してください。

問題：27

以下は/etc/ntp.confの一部です。この部分では、上位のNTPサーバを指定しています。下線部に当てはまるパラメータ名として適切なものを選択してください。

```
_____ 0.centos.pool.ntp.org
_____ 1.centos.pool.ntp.org
_____ 2.centos.pool.ntp.org
```

- A. ntpserver
- B. timeserver
- C. stratum
- D. restrict
- E. server

問題：28

システムログのユーティリティとしてrsyslogを使用している場合、その設定ファイルを絶対パスで記述してください。

_____

問題：29

rsyslogの設定ファイルには次のような設定が記述されています。

```
*.emerg                                     *
*.info;mail.none;authpriv.none;cron.none    /var/log/messages
authpriv.*                                  /var/log/secure
mail.err                                    /var/log/maillog
cron.warning                                /var/log/cron
```

この設定内容について適切な説明を3つ選択してください。

- [ ] **A.** プライオリティがemerg以上のメッセージはすべてのログファイルに出力される
- [ ] **B.** ファシリティがauthpriv、mail、cronのメッセージは/var/log/messagesファイルに出力されない
- [ ] **C.** ファシリティがcronのメッセージはすべてログファイルに記録されるとは限らない
- [ ] **D.** プライオリティがalertのメッセージはすべてログファイルに記録されるとは限らない
- [ ] **E.** /var/log/secureファイルにはファシリティがauthprivのものだけが記録される

問題：30

systemdを採用したシステムで、SSHサーバのログを確認しようとしています。下線部に当てはまる適切なコマンドを記述してください。

```
# _____ -u sshd.service
```

問題：31

システムログメッセージを生成することのできるコマンドを2つ選択してください。

- [ ] **A.** logger
- [ ] **B.** dmesg
- [ ] **C.** mesg
- [ ] **D.** w
- [ ] **E.** systemd-cat

問題：32

メールアドレスの別名を定義する/etc/aliasesファイルの編集を行いました。変更を有効にするために実行すべきコマンドを記述してください。

_____

問題：33

送信したはずのメールが宛先に届いていないようです。メールキューに送信待ちメールが残っていないか確認したい場合、実行すべきコマンドを選択してください。

- ( ) **A.** mailq
- ( ) **B.** postfix -n
- ( ) **C.** sendmail -l
- ( ) **D.** mail -s
- ( ) **E.** newaliases

問題：34

それぞれのユーザーが受信したメールを、別のメールアドレスに転送したい場合、ユーザーが転送先メールアドレスを記述すべきファイルを選択してください。

- A. ~/.sendmail
- B. ~/.mail
- C. ~/.forward
- D. ~/.aliases
- E. ~/.forwards

問題：35

lprコマンドを用いて印刷するときに、印刷枚数を3部にするオプションを選択してください。

- A. -a3
- B. -p3
- C. *3
- D. -*3
- E. -#3

問題: 36

プリントキューから印刷ジョブを削除するコマンドを選択してください。

- A. lp -r
- B. lp -d
- C. lpc
- D. lpq
- E. lprm

問題: 37

172.20.10.32/28のネットワークにおいて、所属するホストに設定すべきブロードキャストアドレスを記述してください。

_____

問題: 38

以下のIPアドレスで、LAN内で自由にホストに割り当てて使うことのできるIPアドレスをすべて選択してください。

- A. 192.168.254.254
- B. 10.2.3.4
- C. 172.30.20.10
- D. 1.2.3.4
- E. 192.186.0.1

問題：39

ネットワークサーバと、それぞれがデフォルトで利用するポート番号の対応として適切なものを2つ選択してください。

- [ ] **A.** Webサーバ、80
- [ ] **B.** Telnetサーバ、22
- [ ] **C.** SSHサーバ、23
- [ ] **D.** メールサーバ、21
- [ ] **E.** DNSサーバ、53

問題：40

pingコマンドなどで使われていて、エラーメッセージや制御メッセージを伝送するコネクションレス型のプロトコルは何ですか。略称を4文字の英字で記述してください。

_____

問題：41

IPv6の説明として適切なものを2つ選択してください。

- [ ] **A.** IPv4は32ビットだがIPv6は64ビットでアドレスを表す
- [ ] **B.** ::1/128はローカルループバックアドレスである
- [ ] **C.** 16進数のアドレスを「:」で8つのブロックに区切って表す
- [ ] **D.** 最初のブロックは必ず0で始まる

問題：42

ルーティングテーブルを表示するコマンドを2つ選択してください。

- ☐ **A.** route -n
- ☐ **B.** cat /etc/route
- ☐ **C.** netstat -r
- ☐ **D.** cat /proc/sys/net/route
- ☐ **E.** traceroute -n

問題：43

ホスト名の名前解決に利用されるファイルで、以下のような形式でIPアドレスに対するホスト名を定義しているファイルのファイル名を、絶対パスで記述してください。

```
127.0.0.1        localhost.localdomain localhost
192.168.0.1      windsor.example.com windsor
::1              localhost6.localdomain6 localhost6
fe00::0          ip6-localnet
```

_____

問題：44

NetworkManagerによるネットワーク設定を行っています。次のコマンドを実行した結果、接続の一覧が表示されました。

\# _____ connection show

下線部に当てはまる、NetworkManagerの管理コマンドを記述してください。

問題：45

ホスト名のみを設定するファイルの名称を絶対パスで記述してください。

_____

問題：46

ネットワークの疎通確認をするためにpingコマンドを実行しました。このコマンドが利用するネットワークプロトコルの名称を、英字4文字で記述してください。

_____

問題：47

IPv6ネットワークで、特定のホストに到達するまでの経路を確認できるコマンドを選択してください。

- A. ss
- B. tracepath6
- C. lsof
- D. ping6
- E. netstat

問題：48

172.16.0.0/16宛のパケットはゲートウェイとして192.168.6.254を利用する経路をルーティングテーブルに追加しようとしています。適切なコマンドを選択してください。

- A. route add net 172.16.0.0/16 gw 192.168.6.254
- B. route -add 172.16.0.0/16 gw 192.168.6.254
- C. route -add 172.16.0.0 netmask 255.255.0.0 gw 192.168.6.254
- D. route add 172.16.0.0 netmask 255.255.0.0 gw 192.168.6.254
- E. route add -net 172.16.0.0/16 gw 192.168.6.254

問題：49

DNSサーバにホスト情報の問い合わせ（名前解決）ができるコマンドをすべて選択してください。

- A. dig
- B. ping
- C. host
- D. hostname
- E. hosts

問題：50

クライアントコンピュータでネットワークに障害が発生しています。IPアドレスを指定すると正常に通信できますが、ホスト名やドメイン名を指定すると名前解決が失敗します。そこで、＿＿＿＿＿＿＿＿＿＿ファイルを見ると、問い合わせ先DNSサーバのIPアドレスが誤って記述されていました。正しく設定すると、名前解決が正しく行われるようになりました。下線部に当てはまるファイル名を絶対パスで記述してください。

問題：51

ユーザーごとにパスワードの有効期限の確認や設定ができるコマンドを記述してください。

_____

問題：52

以下のコマンドの実行結果からわかることとして適切なものを3つ選択してください。

```
$ nmap localhost
Starting Nmap 7.60 ( https://nmap.org ) at 2018-12-07 19:35 JST
Nmap scan report for localhost (127.0.0.1)
Host is up (0.00012s latency).
Not shown: 996 closed ports
PORT    STATE SERVICE
22/tcp  open  ssh
25/tcp  open  smtp
Nmap done: 1 IP address (1 host up) scanned in 0.08 seconds
$ netstat -atn
Active Internet connections (servers and established)
Proto Recv-Q Send-Q Local Address        Foreign Address      State
tcp        0      0 0.0.0.0:22           0.0.0.0:*            LISTEN
tcp        0      0 127.0.0.1:25         0.0.0.0:*            LISTEN
tcp        0     96 192.168.116.128:22   192.168.116.1:55061  ESTABLISHED
tcp6       0      0 :::22                :::*                 LISTEN
tcp6       0      0 ::1:25               :::*                 LISTEN
```

- ☐ A. このホストではSSHサーバが稼働している
- ☐ B. このホストではSMTPサーバが稼働している
- ☐ C. このホストではDNSサーバが稼働している
- ☐ D. ほかのホストからこのホストへSSHで接続されている
- ☐ E. このホストからほかのホストへSSHで接続している

問題：53

ユーザーがsudoコマンドを利用可能にするため、visudoコマンドを使って適切な設定を記述しました。設定が格納されるファイルを絶対パスで記述してください。

_____

問題：54

/etc/passwdファイルのパスワード欄が「x」となっているとき、暗号化されたパスワードは_____ファイルに格納されています。下線部に当てはまるファイル名を絶対パスで記述してください。

問題：55

xinetdを利用してTelnetサービスを提供しています。このサービスを無効にするには、/etc/xinetd.d/telnetファイルにどのような設定を記述すればよいか選択してください。

- ○ A. enable = yes
- ○ B. enable = no
- ○ C. disable = yes
- ○ D. disable = no
- ○ E. service = disable

問題：56

一般ユーザーがログインできなくするために利用されるファイルを選択してください。

- A. /etc/hosts.deny
- B. /etc/inittab
- C. /etc/resolv.conf
- D. /etc/securetty
- E. /etc/nologin

問題：57

SSHで利用する公開鍵と秘密鍵を作成するためのコマンドを記述してください。

_____

問題：58

SSHにおいて、信頼できるリモートホストのホスト鍵を格納しておくファイルを選択してください。

- A. /etc/ssh/ssh.config
- B. /etc/ssh/sshd.config
- C. /etc/ssh/sshd.allow
- D. ~/.ssh/known_hosts
- E. ~/.ssh/ssh_hostkey

問題：59

ssh-agentを利用しています。秘密鍵のパスフレーズを登録するために実行すべきコマンドを記述してください。

_____

問題：60

GPGの公開鍵暗号を使って暗号化したファイルを送ろうとしています。その操作の説明として適切なものを選択してください。

- ○ A. あらかじめ送信先相手の公開鍵を入手しインポートしておく
- ○ B. あらかじめ送信先相手の秘密鍵を入手しインポートしておく
- ○ C. あらかじめ自分の公開鍵を送信先相手に安全な手法で届けておく
- ○ D. あらかじめ自分の秘密鍵を送信先相手に安全な手法で届けておく

102模擬試験
解答・解説

☐ 問題1	A		☐ 問題32	newaliases
☐ 問題2	B、C		☐ 問題33	A
☐ 問題3	export VAR		☐ 問題34	C
☐ 問題4	alias		☐ 問題35	E
☐ 問題5	2		☐ 問題36	E
☐ 問題6	done		☐ 問題37	172.20.10.47
☐ 問題7	C、E		☐ 問題38	A、B、C
☐ 問題8	#!/bin/bash		☐ 問題39	A、E
☐ 問題9	DISPLAY		☐ 問題40	ICMP
☐ 問題10	A、D、E		☐ 問題41	B、C
☐ 問題11	D		☐ 問題42	A、C
☐ 問題12	A		☐ 問題43	/etc/hosts
☐ 問題13	usermod -G develop -d /home/dev fred		☐ 問題44	nmcli
			☐ 問題45	/etc/hostname
☐ 問題14	/etc/skel		☐ 問題46	ICMP
☐ 問題15	B		☐ 問題47	B
☐ 問題16	userdel -r fred		☐ 問題48	E
☐ 問題17	/etc/group		☐ 問題49	A、C
☐ 問題18	B		☐ 問題50	/etc/resolv.conf
☐ 問題19	E		☐ 問題51	chage
☐ 問題20	A、E		☐ 問題52	A、B、D
☐ 問題21	A、B、E		☐ 問題53	/etc/sudoers
☐ 問題22	D		☐ 問題54	/etc/shadow
☐ 問題23	A		☐ 問題55	C
☐ 問題24	C		☐ 問題56	E
☐ 問題25	ntpdate		☐ 問題57	ssh-keygen
☐ 問題26	hwclock		☐ 問題58	D
☐ 問題27	E		☐ 問題59	ssh-add
☐ 問題28	/etc/rsyslog.conf		☐ 問題60	A
☐ 問題29	B、C、E			
☐ 問題30	journalctl			
☐ 問題31	A、E			

問題：1　正解　A

解説

環境変数PATHの定義は、ログインシェルで行うのがよいでしょう。全ユーザーがログイン時に参照するファイルは/etc/profileです。また、選択肢A以外の選択肢にあるようなファイルは存在しません。

問題：2　正解　B、C

解説

bash環境において、envコマンドでは環境変数を、setコマンドはシェル変数と環境変数を表示します。printenvコマンドを使うこともできます。

問題：3　正解　export VAR

解説

シェル変数を環境変数にするには、**export**コマンドでエクスポートする必要があります。シェル変数を環境変数にすることで、シェルから起動されるアプリケーションはその変数を引き継ぐことができます。

問題：4　正解　alias

解説

エイリアスの定義と参照は**alias**コマンドで行います。エイリアスを削除するにはunaliasコマンドを使います。

問題：5　正解　2

解説

変数「$#」には、引数の数が格納されます。ここでは引数は「args1」と「args2」なので、引数の数は**2**となります。なお、$0には「./testscript」が、$1には「args1」が、$2には「args2」が、$@には「args1 args2」が格納されます。

問題:6　正解　done

解説

for文やwhile文において、繰り返し部分はdo〜doneとして定義します。for文もwhile文も、指定した条件を満たしている間、do〜done内の処理を繰り返します。

問題:7　正解　C、E

解説

if文の条件指定にはtestコマンドを利用するのが一般的です。ファイルの存在は-fオプションで確認できます。なお、testコマンドは、[〜] の形式でよく使われます。

問題:8　正解　#!/bin/bash

解説

指定したシェルでスクリプトが実行されるようにするには、シェルスクリプトファイルの1行目に「#!シェルのパス」を記述します。

問題:9　正解　DISPLAY

解説

Xクライアントが起動するとき、利用するXサーバは環境変数DISPLAYによって設定できます。リモートホストのXサーバを指定することもできます。

問題:10　正解　A、D、E

解説

xorg.confはX.orgの設定ファイルです。最近では/etc/X11/xorg.confという1つのファイルにまとめるのではなく、/etc/X11/xorg.conf.dディレクトリ以下の複数のファイルに分割されています。設定変更が必要な場合は、/usr/share/X11/xorg.conf.dディレクトリ以下の設定ファイルを/etc/X11/xorg.conf.dディレクトリ以下にコピーし、設定を変更します。

問題：11　正解　D

解説

　グラフィカルログインを有効にするには、システム起動時にディスプレイマネージャが有効になるようにします。systemdを採用したシステムでは「systemctl enable gdm.service」コマンドを実行してGDMを有効にします（選択肢D）。systemdでサービス（Unit）を操作するコマンドはsystemdではなくsystemctlなので、選択肢Bは不正解です。SysVinitを採用したシステムでは、デフォルトのランレベルを5（Red Hat系ディストリビューションの場合）に設定することでグラフィカルログインを有効にできますが、ランレベル3はグラフィカルログインであるとは限らないので、選択肢Aは不正解です。また、ランレベル6はシステムの再起動なので、選択肢Cは不正解です。

問題：12　正解　A

解説

　選択肢Bはスローキー、選択肢Cはスティッキーキー、選択肢Dはマウスキー、選択肢Eはトグルキーの説明です。

問題：13　正解　usermod -G develop -d /home/dev fred

解説

　ユーザーの所属するグループやユーザーのホームディレクトリを変更するには、**usermod**コマンドを使います。所属グループは**-G**オプションで、ホームディレクトリは**-d**オプションで指定します。なお、プライマリグループを指定するオプションは-gです。

問題：14　正解　/etc/skel

解説

　/etc/skelディレクトリは、ユーザーのホームディレクトリの雛型です。この中にファイルを配置しておくと、ホームディレクトリ作成時にコピーされます。

問題:15　正解　B

解説

　一時的に利用しないユーザーアカウントはロックしておくことにより、第三者が不正にログインするのを防ぐことができます。ユーザーアカウントを削除する必要はないでしょう。/etc/nologinファイルを作成すると、すべての一般ユーザーがログインできなくなります。ホームディレクトリのパーミッションを000にしても、ログインを阻止することはできません。fredユーザーのパスワードを変更しても安全性が高まるわけではありません。

問題:16　正解　userdel -r fred

解説

　ユーザーの削除には**userdel**コマンドを使いますが、ホームディレクトリも削除するには**-r**オプションが必要です。

問題:17　正解　/etc/group

解説

　グループ情報は**/etc/group**ファイルに格納されます。ユーザー情報は/etc/passwdファイルに格納されます。

問題:18　正解　B

解説

　crontabでの時刻の指定は、分、時、日、月、曜日の順番で行います。分の指定で「0-59/5」と記述すると、0分から59分の間で5で割り切れる時刻（0分、5分、10分、…、50分、55分）に実行されます。つまり、5分おきに実行されることになります。

問題:19　正解　E

解説

　ユーザーごとのcron設定が記録されるcrontabファイルは、/var/spool/cronディレクトリ以下に格納されます。

問題：20　正解　A、E

解説

　atコマンドを実行したときに、atコマンドを利用する許可がない、というエラーが出ています。atのアクセス制御をする/etc/at.allowファイル、/etc/at.denyファイルの両方が存在しない場合、rootユーザーのみがatを利用できます。空の/etc/at.denyファイルを作成すれば、一般ユーザーも利用できるようになります。

問題：21　正解　A、B、E

解説

　atコマンドで登録されているジョブを解除するには、atコマンドに-dオプションまたは-rオプションを付けるか、atrmコマンドを実行します。削除したいジョブの指定はジョブ番号で行い、ジョブ番号はatqコマンドで確認します。

問題：22　正解　D

解説

　オプションなしでlocaleコマンドを実行すると、現在設定されているLANGおよびLC_*変数の値が表示され、ロケールの確認ができます。

問題：23　正解　A

解説

　環境変数LANGの指定をコマンドの前に置くと、そのコマンドのみ指定された環境で実行されます。選択肢BやDでは、myappの実行される環境はja_JP.utf8のままです。

問題：24　正解　C

解説

　/usr/share/zoneinfo以下のファイルを/etc/localtimeとしてコピーするか、シンボリックリンクとすることでタイムゾーンを設定できます。

問題:25　正解　ntpdate

解説

NTPサーバに時刻を確認しシステムクロックを設定するには、**ntpdate**コマンドを利用します。定期的に設定したい場合は、ntpdデーモンやChronyを利用する方法もあります。

問題:26　正解　hwclock

解説

hwclock --systohcコマンドを実行すると、システムクロックがハードウェアクロックに反映されます。逆の設定は--hctosysです。

問題:27　正解　E

解説

問い合わせ先の上位NTPサーバは、serverパラメータで指定します。

問題:28　正解　/etc/rsyslog.conf

解説

rsyslogの設定は**/etc/rsyslog.conf**で行います。syslogの場合は/etc/syslog.confです。

問題:29　正解　B、C、E

解説

/etc/rsyslog.confの設定に関する設問です。1行目では出力先が「*」となっていますが、これはすべてのユーザーの端末にメッセージを出力することを示しますので、選択肢**A**は不適切です。ファシリティがauthpriv、mail、cronの場合、プライオリティがalertのメッセージはすべてログファイルに出力されます。ファシリティがそれ以外の場合、info以上のメッセージ(alertも含まれます)はmessagesファイルに出力されます。したがって、選択肢**D**は正しくありません。選択肢**B、C、E**はいずれも適切な記述です。

問題:30　正解　journalctl

解説

systemdを採用したシステムでは、**journalctl**コマンドを使ってsystemdのログ（ジャーナル）を閲覧できます。-uはUnit（ここではsshd.service）を指定するオプションです。

問題:31　正解　A、E

解説

loggerコマンドおよびsystemd-catコマンドによりログメッセージを生成できます。systemd-catコマンドはsystemdのジャーナルに書き込まれます。dmesgはカーネルメッセージを出力するコマンド、mesgは他のユーザーからのメッセージ表示を制御するコマンド、wはログイン中のユーザーを表示するコマンドです。

問題:32　正解　newaliases

解説

メールアドレスの別名は/etc/aliasesファイルで定義します。/etc/aliasesファイルの変更を有効にするには、**newaliases**コマンドを実行します。

問題:33　正解　A

解説

送信待ちメールはメールキューに格納されます。メールキューの情報を確認するには、mailqコマンドを実行します。

問題:34　正解　C

解説

各ユーザーが受信したメールを転送するには、~/.forwardファイルを使います。このファイルに転送先メールアドレスを記述すると、受信したメールを転送することができます。

問題:35　正解　E

解説

印刷部数を指定するには、-#オプションを利用します。このオプションで部数を指定すると、同一データを指定された部数だけ印刷します。

問題:36　正解　E

解説

プリントキューから印刷ジョブを削除するにはlprmコマンドを利用します。通常は、lpqコマンドでプリントキューを確認してから、lprmコマンドに削除したいジョブ番号を指定して実行します。

問題:37　正解　172.20.10.47

解説

このネットワークに所属できるIPアドレスは、172.20.10.32～172.20.10.47です。ブロードキャストアドレスは、その範囲の最大のアドレスとなるため、**172.20.10.47**となります。

問題:38　正解　A、B、C

解説

プライベートIPアドレスは、LAN内で自由に使うことができます。範囲は次のとおりです。

10.0.0.0～10.255.255.255
172.16.0.0～172.31.255.255
192.168.0.0～192.168.255.255

問題:39　正解　A、E

解説

Webサーバは80番ポート、Telnetサーバは23番ポート、SSHサーバは22番ポート、メールサーバ(MTA)は25番ポート、DNSサーバは53番ポートでクライアントからの接続を待ち受けます。

問題:40　正解　ICMP

解説

ICMP（Internet Control Message Protocol）は、エラーメッセージや制御メッセージの伝送に使われます。

問題:41　正解　B、C

解説

IPv6は128ビットでアドレスを表します。ローカルループバックアドレスは「::1/128」ですが、これは「0:0:0:0:0:0:0:1/128」を省略した形です。このように128ビットのアドレスを「:」区切りの8つのブロックで表すのが一般的です。最初のブロックは0で始まるとは限りません。

問題:42　正解　A、C

解説

ルーティングテーブルは、routeコマンドもしくはnetstat -rコマンドで表示できます。netstatコマンドに-nオプションを付けると名前解決が行われず、ホスト名はIPアドレスで表示されます。

問題:43　正解　/etc/hosts

解説

/etc/hostsには、IPアドレスと、対応するホスト名およびホストの別名を定義します。

問題:44　正解　nmcli

解説

nmcliコマンドはNetworkManagerのコマンドラインツールです。NetworkManager Command LIne toolと覚えればよいでしょう。

問題:45　正解　/etc/hostname

解説

ホスト名は**/etc/hostname**ファイルで設定します。

問題:46　正解　ICMP

解説

pingコマンドやtracerouteコマンドは、**ICMP**プロトコルを利用して情報を取得します。ICMPはInternet Control Message Protocolの略です。

問題:47　正解　B

解説

ネットワーク上の経路(通過するルーター一覧)を確認できるコマンドには、traceroute、traceroute6、tracepath、tracepath6などがあります。IPv6ネットワークに対応しているのはtraceroute6、tracepath6です。ssやlsof、netstatは開いているポートなどを確認できるコマンド、ping、ping6は指定したホストまで到達できるか、その反応を表示するコマンドです。

問題:48　正解　E

解説

routeコマンドを使ってネットワーク経路をルーティングテーブルに追加する書式は次のとおりです。

```
route add -net ネットワークアドレス gw ゲートウェイのIPアドレス
```

問題:49　正解　A、C

解説

digコマンドやhostコマンドを利用すると、DNSサーバへホスト情報の問い合わせ(名前解決)ができます。hostnameコマンドは、ホスト名の定義および確認をするコマンドです。

問題：50　正解　/etc/resolv.conf

解説

問い合わせ先DNSサーバのIPアドレスは/etc/resolv.confファイルで指定します。以下は設定例です。

```
nameserver 192.168.232.2
```

問題：51　正解　chage

解説

chageコマンドを利用すると、ユーザーのパスワードの有効期限の設定や確認ができます。有効期限を設定することで、ユーザーに定期的にパスワードを変更させることができます。

問題：52　正解　A、B、D

解説

nmapコマンドの出力から、22番ポート(SSH)と25番ポート(SMTP)が開いていることがわかります(選択肢AとB)。また、netstatコマンドの出力の5行目を見ると、「Local Address(ローカルアドレス)」つまりこのホストでは「192.168.116.128:22」となっており、22番ポートを開いてSSH接続を受け付けています。一方「Foreign Address(接続ホストのアドレス)」は「192.168.116.1:55061」となっています。22番ポートを使っているのがサーバ側、つまり接続を受け付ける側なので、SSH接続はほかのホストからこのホストへ接続されています(選択肢D)。

問題：53　正解　/etc/sudoers

解説

sudoの設定は/etc/sudoersファイルに格納されます。このファイルは直接編集せず、visudoコマンドを使って編集を行います。

問題:54　正解　/etc/shadow

解説

シャドウパスワードが有効になっていると、/etc/passwdファイルのパスワード欄は「x」になり、暗号化されたパスワードは**/etc/shadow**ファイルに格納されます。このファイルはrootユーザーしか読み書きできないので、安全性が高まります。

問題:55　正解　C

解説

xinetdを使ったサービスの設定ファイルは/etc/xinetd.dディレクトリ以下にあります。サービスを無効にするには「disable = yes」、有効にするには「disable = no」と記述します。変更後はxinetdサービスの再起動が必要です。

問題:56　正解　E

解説

/etc/nologinファイルを作成すると、一般ユーザーはログインすることができなくなります。ネットワークサービスを提供したままシステムメンテナンスを行いたい場合などに有用です。

問題:57　正解　ssh-keygen

解説

OpenSSHでは、SSHで利用する公開鍵と秘密鍵は**ssh-keygen**コマンドを利用して作成します。

問題:58　正解　D

解説

信頼できるリモートホストのホスト鍵は、~/.ssh/known_hostsファイルに格納されます。

問題：59　正解　ssh-add

解説

ssh-agentを使うとパスフレーズを入力する手間を省くことができます。パスフレーズは**ssh-add**コマンドを使って登録します。

問題：60　正解　A

解説

公開鍵暗号方式では、送信先相手の公開鍵を使って暗号化します。そのため、あらかじめ相手の公開鍵を入手しインポートしておく必要があります。

付録 Linux実習環境の使い方

付録　Linux実習環境の使い方

Linux 実習環境の利用について

　Windows/Mac 環境上の仮想マシンで動作する Linux 環境（CentOS 7 および Ubuntu 18.04 LTS）を、本書の Web サイトからダウンロードすることができます。Windows/Mac しかお持ちでない方でも、それらの OS 上で Linux を動かすことができるので、学習に便利です。

　Linux 環境は、Oracle 社が提供する Oracle VM VirtualBox で動作します。したがって、付録の Linux 環境を利用するには、VirtualBox をインストールし、続いて Linux 仮想マシンのデータをハードディスク上に用意する必要があります。ここではその流れを説明します。

動作推奨環境

- OS：Windows 7/10 または macOS（いずれも 64 ビット対応）
- CPU：1GHz 以上
- メモリ：4GB 以上（8GB 以上を推奨）
- ストレージ：100GB 以上の空き領域

> **注意**　VirtualBox の仮想マシンを利用するには、あらかじめ PC の BIOS/UEFI で「CPU の仮想化支援」を**有効**にしておいてください。また、Windows 10 Pro 以上では「Hyper-V」を**無効**にしておいてください。

> **注意**　ここではバージョン 6.1 までの VirtualBox を前提に解説しています。バージョン 7 以降の VirtualBox を使用する場合は、本書のサポートページ（https://terminalcode.net/books/vbox/）も参照してください。

VirtualBox のインストール

　VirtualBox は、仮想化ソフトウェアと呼ばれるソフトウェアです。VirtualBox を利用すると、ソフトウェア的に実現された仮想的なコンピュータ（仮想マシン）が提供され、物理的なコンピュータとほぼ同様に動作させることができます。つまり、Windows や macOS 上で動作するアプリケーションの1つのように、Linux を動作させることができます。

　VirtualBox は、以下のサイトからダウンロードできます。

https://www.virtualbox.org/wiki/Downloads

以下、Windows 10へのインストールを例にとって説明します。

1. ダウンロード
   Windows用のファイルをダウンロードします。「Windows hosts」というリンクをクリックするとインストーラがダウンロードできます。

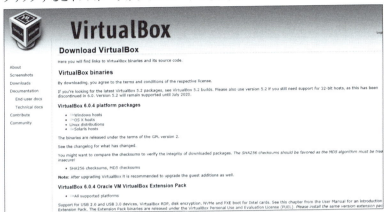

2. インストーラの実行
   ダウンロードしたファイル（本書執筆時点では、VirtualBox-6.0.4-128413-Win.exe）をダブルクリックし、インストーラを起動します。インストールには管理者権限が必要です。インストーラの指示どおりに進めていきます。

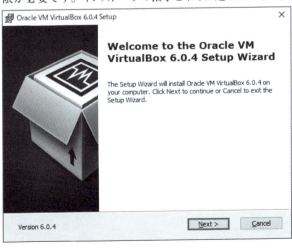

次のようなメッセージが表示された場合は[インストール]をクリックしてください。

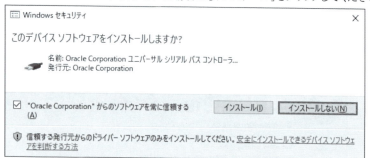

仮想マシンの使い方

　本書では、VirtualBoxで実行できるCentOSとUbuntuの環境を準備しています。CentOSはRed Hat Linux Enterprise Linuxを、UbuntuはDebian GNU/Linuxをベースにそれぞれ開発されたディストリビューションです。基本操作やサーバ構築の演習が行えるほか、後から自由にパッケージをインストールすることができます。

> **注意** 付録の仮想マシンはLPIC対策学習のために構成されているものです。実際のサーバとしての運用には適しません。インターネット上に公開したり社内のサーバとして利用したりすることのないようにしてください。

> **注意** 付録の仮想マシンでは、本書に記載したコマンドがすべて実行できるわけではありません。LPICの出題範囲には、最近のディストリビューションでは使われていないコマンドや設定が含まれているためです。仮想マシンを使った演習については、本書のサポートサイト（https://terminalcode.net/lpicvm/）を活用してください。

1. **ファイルのダウンロード**

   下記Webサイトにアクセスして、圧縮された仮想マシンのファイルをダウンロードします。

   http://www.shoeisha.co.jp/book/download/9784798160498

2. **圧縮ファイルの展開**

   ダウンロードしたファイルはZIPで圧縮されていますので、展開してください。Windowsでは、ファイルを右クリックして[すべて展開...]を選択してください。

仮想マシンの使い方

3. 仮想マシン環境のセットアップ

VirtualBoxを起動します。起動画面が表示されたら、[新規(N)]アイコンをクリックします。

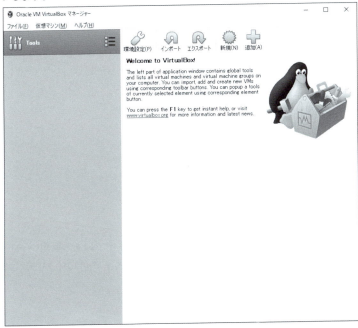

「仮想マシンの作成」画面が表示されるので、CentOSの場合は「CentOS7LPIC1」、Ubuntuの場合は「Ubuntu1804LPIC1」と名前欄に入力します。タイプ欄は自動的に「Linux」が選択されるはずです。バージョンは、CentOSの場合は「Red Hat (64-bit)」、Ubuntuの場合は「Ubuntu (64-bit)」となっていることを確認し、[次へ]をクリックします。

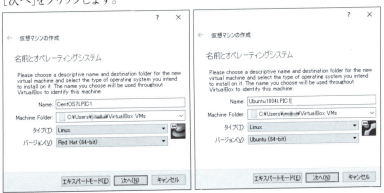

549

「メモリーサイズ」画面が表示されます。スライダーを動かすか数値を入力し、CentOSでは「1024MB」、Ubuntuでは「2048MB」に設定し、[次へ]をクリックします。

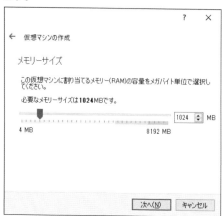

ハードディスク割り当て画面が表示されます。「すでにある仮想ハードディスクファイルを使用する」を選択し、右下にあるフォルダアイコンをクリックします。

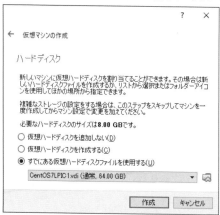

メディアを指定するウィンドウが表示されます。[追加(A)]アイコンをクリックし、先ほど展開したディレクトリ内にある「CentOS7LPIC1.vdi」ファイル(Ubuntuの場合は「Ubuntu1804LPIC1.vdi」ファイル)を選択して、[Choose]をクリックしてください。1つ前の画面に戻るので、[作成]ボタンを押してください。

仮想マシンの使い方

最初の画面に戻るので、今度は[設定]アイコンをクリックしてください。

設定画面が開くので、左のペインから「ネットワーク」を選択し、割り当てを「NAT」から「ブリッジアダプター」に変更してください。

551

付録　Linux実習環境の使い方

［OK］ボタンをクリックすると最初の画面に戻ります。

4. 仮想マシンの起動とログイン

［起動］アイコンを押すと、別ウィンドウで仮想マシンが起動します。Linuxが起動するとログイン画面が表示されます。ユーザー名「student」、パスワード「lpicpassword」を入力してログインします。CentOSでは、rootユーザーのパスワードも「lpicpassword」です。あとは通常のLinuxマシンを操作するのと同じように利用できます。

rootユーザーに切り替えるには、CentOSの場合は「su -」コマンドを実行します。Ubuntuの場合は、rootユーザーでの作業は推奨されていないので、管理者コマンドを実行するときは「sudo」コマンドを使用します。suコマンド、sudoコマンドについては本書の479～482ページで説明しています。

仮想マシン環境がアクティブになっているときは、元のOS（Windows）ではマウスやキーボードが使えません。Windowsに操作を戻すには、右側のCtrlキーを押します。仮想マシンに操作を切り替えるには、仮想マシンのウィンドウ内をクリックします。

仮想マシンはサスペンド状態で保存できます。仮想マシンのウィンドウの［閉じる］ボタンを押し「仮想マシンの状態を保存」を選択すると、次回起動時に現在の状態を再現できます。仮想マシン内で「shutdown -h now」コマンドを実行（Ubuntuでは電源アイコンから「システム終了」を選択）すると、仮想マシンは終了します。

索引

記号

" "	116
#	105
#!	324
$	105, 110, 146
$( )	116
$?	316
&&	115
&>	133
' '	115
( )	115
*	129, 147
.	107, 146, 314
..	107
.bash_login	310
.bash_logout	310, 312
.bash_profile	310, 311
.bashrc	310, 312
.exrc	157
.forward	413
.gnupg	498
.profile	310
.vimrc	157
.xsession-errors	336
/	51, 172, 221
/bin	245
/boot	51, 246
/boot/grub/grub.cfg	56
/boot/grub/grub.conf	55
/boot/grub/menu.lst	54
/dev	20, 24, 245
/dev/null	133
/etc	245
/etc/aliases	413
/etc/apt/sources.list	67
/etc/apt/sources.list.d	67
/etc/at.allow	371
/etc/at.deny	371
/etc/bash.bashrc	310, 311
/etc/chrony.conf	396
/etc/cron.allow	370
/etc/cron.daily	368
/etc/cron.deny	370
/etc/cron.hourly	368
/etc/cron.monthly	368
/etc/cron.weekly	368
/etc/crontab	367
/etc/cups/cupsd.conf	416
/etc/cups/ppd	416
/etc/cups/printers.conf	416
/etc/default/grub	56
/etc/fstab	240
/etc/group	357
/etc/hostname	436
/etc/hosts	437, 453
/etc/hosts.allow	470
/etc/hosts.deny	470
/etc/init.d	34

索引

/etc/inittab	30, 35	/etc/timezone	378
/etc/ld.so.cache	59	/etc/udev/rules.d	24
/etc/ld.so.conf	59	/etc/updatedb.conf	251
/etc/ld.so.conf.d	59	/etc/X11/xorg.conf	333
/etc/localtime	378	/etc/X11/xorg.conf.d	333
/etc/logrotate.conf	409	/etc/xinetd.conf	467
/etc/logrotate.d	409	/etc/xinetd.d	467
/etc/man.conf	118	/etc/yum.conf	79
/etc/man.config	118	/etc/yum.repos.d	79
/etc/manpath.config	118	/home	50, 247
/etc/mtab	244	/lib	58, 246
/etc/network/interfaces	437	/lib/systemd/system	40, 42
/etc/nologin	478	/media	246
/etc/nsswitch.conf	455	/mnt	246
/etc/ntp.conf	395	/opt	246
/etc/ntp.drift	395	/proc	20, 246
/etc/passwd	356	/proc/bus/pci	20
/etc/profile	310	/proc/bus/usb	20
/etc/profile.d	310	/proc/cpuinfo	20
/etc/rc	30	/proc/interrupts	20
/etc/rc.sysinit	30	/proc/ioports	20
/etc/resolv.conf	454	/proc/meminfo	20
/etc/rsyslog.conf	398, 402	/proc/modules	24
/etc/rsyslog.d	398	/proc/sys/net/ipv4/ip_forward	449
/etc/services	436	/root	246
/etc/shadow	357, 364, 478	/sbin	245
/etc/shells	105	/sys	24
/etc/skel	359	/tmp	247
/etc/ssh/sshd_config	485	/usr	51, 248
/etc/sudoers	480	/usr/lib	58
/etc/sysconfig/network-scripts	438	/usr/lib/systemd/system	40, 42
/etc/systemd/journald.conf	407	/usr/share/man	118
/etc/systemd/resolved.conf	456	/usr/share/zoneinfo	377
/etc/systemd/system	38, 40, 42	/var	50, 247

索引

/var/log/boot.log ……………………………… 27
/var/log/dmesg ………………………………… 27
/var/log/journal ……………………………… 407
/var/log/lastlog ……………………………… 405
/var/log/messages ……………………… 27, 402, 403
/var/log/secure ……………………………… 404
/var/log/syslog ……………………………… 404
/var/log/wtmp ………………………………… 405
/var/log/Xorg.0.log ………………………… 336
/var/run/log/journal ………………………… 407
/var/run/utmp ………………………………… 405
/var/spool/cron ……………………………… 365
; ………………………………………………… 114
< …………………………………………… 132, 133
<< ………………………………………… 132, 133
> ………………………………………… 132, 133
>> ……………………………………………… 133
? ………………………………………………… 129
[ ] ………………………………………… 129, 146
[コマンド …………………………………… 317
\ ……………………………………… 116, 129, 147, 307
^ ………………………………………………… 146
`` ……………………………………………… 116
{ } ……………………………………… 115, 129
| ………………………………………… 130, 133
|| ……………………………………………… 115
~ …………………………………… 107, 125, 311

A

ACPI ……………………………………………… 29
alias コマンド ……………………………… 307
apropos コマンド …………………………… 122
APT ………………………………………… 62, 66
apt-cache コマンド …………………………… 69

apt-get コマンド ……………………………… 66
apt コマンド ………………………………… 70
AT ……………………………………………… 348
atq コマンド ………………………………… 370
atrm コマンド ………………………………… 370
at コマンド …………………………… 365, 369
authorized_keys ……………………………… 492

B

bash …………………………………………… 104
 case 文 ……………………………… 320
 for 文 ……………………………… 321
 if 文 ……………………………… 319
 while 文 ……………………………… 322
bash コマンド ……………………………… 314
basic.target …………………………………… 38
bg コマンド ………………………………… 198
BIOS ………………………………………… 17, 25
blkid コマンド ……………………………… 241
Bourne シェル ……………………………… 104
Btrfs ……………………………………… 229, 231
bunzip2 コマンド …………………………… 173
bzcat コマンド ……………………………… 174
bzip2 コマンド ……………………………… 173

C

cancel コマンド ……………………………… 419
cat コマンド ………………………………… 27, 134
chage コマンド ……………………………… 477
chgrp コマンド ……………………………… 186
chmod コマンド ……………………………… 180
chown コマンド ……………………………… 185
Chrony ……………………………………… 396
chronyc コマンド …………………………… 396

索引

chronyd	396
chshコマンド	105
CIDR	432
Cloud-init	90
cpioコマンド	78, 176
CPU	16
cpコマンド	124, 189
cron	365
crond	365
crontabコマンド	365
CUPS	414
cutコマンド	138
Cシェル	104

D

D-Bus	24
D-BusマシンID	90
dateコマンド	390
ddコマンド	177
Debianパッケージ	62, 63
declareコマンド	309
default.target	38
dfコマンド	232
digコマンド	457
DISPLAY	339
dmesgコマンド	26
dnfコマンド	86
DNS	453
do-release-upgradeコマンド	69
dpkg-reconfigureコマンド	66, 379
dpkgコマンド	62, 63
DSA	484
dumpコマンド	241
duコマンド	233

E

e2fsckコマンド	235
echoコマンド	110
EDITOR	153, 366
EFIシステムパーティション	51, 221
egrepコマンド	149
Emacs	153
envコマンド	111, 304
EOF	133
EPEL	79
ESP	51
execコマンド	315
exim	411
exportコマンド	108, 111, 304
ext2	229
ext3	229
ext4	228

F

fdiskコマンド	222
fgrepコマンド	149
fgコマンド	198
FHS	245
fileコマンド	128
findコマンド	249, 475
FQDN	454
freeコマンド	199
fsck.ext3	235
fsck.xfs	235
fsckコマンド	235
functionコマンド	308
fuserコマンド	475

G

gdiskコマンド……………………………………225
GECOS……………………………………………356
getentコマンド…………………………363, 455
GID………………………………………193, 356, 357
GNOME……………………………………………342
GnuPG……………………………………………496
gpg-agent………………………………………503
gpgコマンド……………………………………496
GPT…………………………………………………225
graphical.target………………………………38
grepコマンド……………………………148, 404
groupaddコマンド……………………………362
groupdelコマンド……………………………362
groupmodコマンド……………………………362
GRUB…………………………………………………54
grub-installコマンド…………………………54
grub-mkconfigコマンド………………………56
grub2-mkconfigコマンド……………………56
GUIツールキット………………………………343
gunzipコマンド………………………………173
gzipコマンド……………………………………172

H

haltコマンド……………………………………29
headコマンド…………………………………136
helpコマンド…………………………………122
HISTFILE…………………………………………118
HISTFILESIZE…………………………………118
historyコマンド………………………………117
HISTSIZE…………………………………………118
HOME………………………………………………304
hostnamectlコマンド………………………441
hostnameコマンド……………………………444

hostコマンド……………………………………456
hwclockコマンド………………………………391

I

i18n………………………………………………373
IaaS…………………………………………………88
ICMP………………………………………………429
iconvコマンド…………………………………376
idコマンド………………………………………363
ifconfigコマンド………………………………451
ifdownコマンド………………………………453
ifupコマンド……………………………………453
inetd………………………………………………466
init……………………………………………25, 30
initコマンド……………………………………34
IP……………………………………………………429
IPP…………………………………………………414
IPv4…………………………………………………429
IPv6…………………………………………429, 432
IPアドレス………………………………430, 432
ipコマンド………………………………449, 451
IRQ……………………………………………………20
iノード……………………………123, 187, 228, 233

J

JFS…………………………………………………229
jobsコマンド……………………………………197
journalctlコマンド………………26, 373, 406

K

KDE Plasma……………………………………342
killallコマンド…………………………………196
killコマンド……………………………………193
known_hosts……………………………………488

557

Kornシェル……104

L

LANG……373, 374
lastlogコマンド……405
lastコマンド……405
LC_ALL……373, 374
LC_MESSAGES……373
LC_MONETARY……373
LC_TIME……373
LD_LIBRARY_PATH……59
LDAP……364
ldconfigコマンド……59
lddコマンド……59
lessコマンド……119
libwrap……471
lnコマンド……189
lo……452
localeコマンド……374
locateコマンド……251
loggerコマンド……402
logrotate……409
lpqコマンド……418
lprmコマンド……419
lprコマンド……417
lpstatコマンド……419
lpコマンド……419
lsblkコマンド……219
lscpuコマンド……21
lsmodコマンド……24
lsofコマンド……473
lspciコマンド……21
lsusbコマンド……23
lsコマンド……123, 178

LVM……53

M

mailqコマンド……414
mailコマンド……411
MANPATH……118
manコマンド……118
manページ……118
MBR……54, 225
md5sumコマンド……144
MDA……410
mkdirコマンド……126
mke2fsコマンド……230
mkfs.btrfsコマンド……231
mkfsコマンド……229
mkswapコマンド……231
modprobeコマンド……25
mountコマンド……222, 242
MTA……410
MUA……410
multi-user.target……38
mvコマンド……125

N

nano……153
ncコマンド……446
netstatコマンド……411, 445, 473
NetworkManager……439
newaliasesコマンド……413
niceコマンド……204
nkfコマンド……377
nlコマンド……134
nmapコマンド……474
nmcliコマンド……438, 439

nmtuiコマンド	438
nohupコマンド	198
NTP	393
ntpdateコマンド	394
ntpqコマンド	395

O

odコマンド	135
OpenSSH	484
OSI参照モデル	428

P

PaaS	88
PAGER	118
partedコマンド	226
passwdコマンド	361
pasteコマンド	139
PATH	112, 304
PGP	496
pgrepコマンド	195
PID	193
ping6コマンド	443
pingコマンド	442
pkillコマンド	196
POST	18
Postfix	411
poweroffコマンド	29
PPD	414, 416
printenvコマンド	111, 304
PS1	105
pstreeコマンド	192
psコマンド	190, 204
pubring.gpg	498
pwdコマンド	114

R

RDP	347
readコマンド	323
rebootコマンド	29
reniceコマンド	205
rmdirコマンド	127
rmコマンド	126
routeコマンド	447
RPM	73
rpm2cpioコマンド	78
rpmコマンド	62, 73
RPMパッケージ	62, 73
RSA	484
rsyslog	398
run-partsコマンド	368
runlevelコマンド	33
rxvtコマンド	339

S

SaaS	88
SAS	218
SATA	218
scpコマンド	492, 493
SCSI	218
secring.gpg	498
sedコマンド	150
sendmail	411
seqコマンド	321
setコマンド	304, 305
SGID	183, 325
sha1sumコマンド	144
sha256sumコマンド	144
sha512sumコマンド	144
shutdownコマンド	27

索引

SMTPサーバ......411
SNMP......435
sortコマンド......141
sourceコマンド......314
SPICE......347
splitコマンド......141
SSD......17
SSH......484
ssh-addコマンド......494
ssh-agent......494
ssh-copy-idコマンド......493
ssh-keygenコマンド......490
sshd......485
sshコマンド......487
ssコマンド......451, 473
startxコマンド......337
sudoコマンド......480
SUID......182, 325, 475, 476
suコマンド......479
syslog......398
syslog-ng......398
systemctlコマンド......29, 39
systemd......25, 29, 30, 36, 371
systemd-catコマンド......403
systemd-journald......37
systemd-logind......37
systemd-networkd......37, 442
systemd-resolvd......456
systemd-resolved......37
systemd-runコマンド......371
systemd-timesyncd......37
systemd-udevd......37
SysVinit......30

T

tailコマンド......137, 404
tarコマンド......175
TCP......428
TCP Wrapper......470
TCP/IP......428
tcsh......104
teeコマンド......131
telinitコマンド......34
Telnet......435
testコマンド......316, 317
timedatectlコマンド......392
tmuxコマンド......201
topコマンド......192, 204
touchコマンド......127
tracepath6コマンド......444
tracepathコマンド......444
traceroute6コマンド......444
tracerouteコマンド......443
trコマンド......140
tune2fsコマンド......230, 236
typeコマンド......253
TZ......378
tzconfigコマンド......379
tzselectコマンド......378

U

udev......20, 24
udevd......24
UDP......429
UEFI......18, 25, 221
UID......193, 356
ulimitコマンド......482
umaskコマンド......184

umountコマンド	242, 243
unaliasコマンド	307
unameコマンド	200
uniqコマンド	141
Unit	37
unsetコマンド	111, 309
unxzコマンド	174
updatedbコマンド	251
Upstart	32
uptimeコマンド	199
USB	17, 22, 218
useraddコマンド	358
userdelコマンド	361
usermodコマンド	360, 479
UTC	377
UUID	241

V

Vim	152, 153
vimtutorコマンド	158
vipwコマンド	479
visudoコマンド	480
viエディタ	152
VNC	346
vncserverコマンド	346

W

wallコマンド	29, 34
watchコマンド	200
Wayland	332
wcコマンド	131, 142
whatisコマンド	121
whereisコマンド	252
whichコマンド	252
whoコマンド	405
wコマンド	405

X

X	332
X Window System	332
X.Org	332
X11	332
X11フォワーディング	339
X11ポート転送	495
xargsコマンド	143
XDMCP	347
Xfce	344
XFree86	332
XFS	229, 237
xfs	335
xhostコマンド	338
xinetd	466
xzcatコマンド	174
xzコマンド	174
Xクライアント	332
Xコマンド	336
Xサーバ	332

Y

| YUM | 79 |
| yumコマンド | 80 |

Z

zcatコマンド	174
zsh	104
zypperコマンド	87

索引

あ

- アーカイブ … 175
- アーキテクチャ … 16
- アクションフィールド … 401
- アクセシビリティ … 348
- アクセス権 … 178
- アタッチ … 202
- アンカー … 147

い

- イベント … 32
- インスタンス … 88, 89
- インターフェースID … 433
- 引用符 … 115

う

- ウィンドウマネージャ … 332, 341
- ウェルノウンポート … 434, 436

え

- エイリアス … 307, 413
- エスケープシーケンス … 110
- エスケープ文字 … 116
- エニーキャストアドレス … 433

お

- 親プロセス … 192
- オンプレミス … 89
- オンラインマニュアルページ … 118

か

- 外部コマンド … 112
- 書き込み可能 … 178
- 拡張カード … 17
- 拡張正規表現 … 149
- 拡張パーティション … 220
- 仮想端末 … 201
- 仮想デスクトップ環境 … 346
- カレントディレクトリ … 105, 112, 114
- 環境変数 … 108, 304
- 関数 … 308
- 完全修飾ドメイン名 … 454

き

- キーボードアクセシビリティ … 348
- キーリング … 498
- 基本グループ … 358
- 基本パーティション … 220
- 逆引き … 453
- キャラクタデバイス … 219
- 共有ライブラリ … 58

く

- クラウドサービス … 88
- クラス … 431
- クラスドライバ … 22
- グループID … 193, 356, 357

こ

- 公開鍵暗号方式 … 484, 500
- 公開鍵認証 … 489
- 国際化 … 373
- コネクション型 … 428
- コネクションレス型 … 429
- 子プロセス … 192
- コマンドモード … 154
- コンソール … 110

さ

- サスペンド················198
- サブグループ················358
- サブネットマスク················430, 432
- 参加グループ················358

し

- シェル················104
- シェルスクリプト················313
- シェル変数················108, 304
- シグナル················193
- システムクロック················390
- 実行可能················178
- 失効証明書················498
- 実行優先度················204
- ジャーナリングファイルシステム················237
- シャットダウン················27
- シャドウパスワード················357, 364, 478
- 初期RAMディスク················25
- ジョブ················32, 197
- 署名················503
- 所有者················178, 185
- シングルクォーテーション················115
- シングルユーザーモード················33
- シンボリックリンク················188

す

- スーパーサーバ················466
- スタティックリンク················58
- スタンドアローン················467
- スティッキーキー················349
- スティッキービット················183
- ストリーム················130
- ストレージ················16
- スローキー················350
- スワップ領域················50, 51, 231

せ

- 正規表現················145
- 静的ライブラリ················58
- 静的リンク················58
- 正引き················453
- セキュリティ················466
- セクション················120
- セクタ················228
- 絶対パス················112
- セレクタフィールド················401

そ

- 相対パス················112
- ソケット················446

た

- ターミナルマルチプレクサ················201
- ダイナミックリンク················58
- タイマーUnit················371
- タイムゾーン················377
- ダブルクォーテーション················116
- 単一引用符················115
- 端末················110

ち

- チェックサム················144

て

- ディスプレイマネージャ················340
- デーモン················37, 466

索引

テキストストリーム	142
デタッチ	202
デバイスドライバ	22, 24
デバイスファイル	20, 219
デフォルトシェル	357
デリミタ	139

と

統合デスクトップ環境	342
動的リンク	58
トグルキー	350

な

ナイス値	204
内部コマンド	112
名前解決	453, 454

に

二重引用符	116
入力装置	17
入力モード	154

ね

| ネットワークアドレス | 430 |

は

パーティション	50, 220
ハードウェアクロック	390
ハードディスク	16, 218
ハードリンク	187
パーミッション	178
パイプ	130
バウンスキー	350
パケット転送	449

パスフレーズ	492
バッククォーテーション	116
バックグラウンドジョブ	197
バックスラッシュ	116
パッケージ	61
Debian形式	62
RPM形式	62
依存関係	61
競合関係	62
パッケージ管理システム	61
ハッシュ関数	144
ハッシュ値	144

ひ

ヒアドキュメント	132
引数	316
標準エラー出力	130
標準出力	130
標準入力	130

ふ

ファイルシステム	218, 228, 245
ファイルディスクリプタ	130
ファシリティ	400
フィルタ	134, 416
ブート	26
ブートストラップ	26
ブートローダ	25, 54
フォアグラウンドジョブ	197
プライオリティ	204, 401
プライベートアドレス	431
プライマリグループ	358
フラッシュROM	17
プレーンテキスト	357

| ▶ | | | ふ | | | ◀ |

プレフィックス……………………………433
プレフィックスキー………………………202
ブロードキャストアドレス………………430
プロセス……………………………………190
プロセスID…………………………………193
ブロック……………………………………228
ブロックデバイス…………………………219
プロトコル…………………………………428
プロンプト…………………………………105

| ▶ | | | へ | | | ◀ |

ページャ……………………………………119

| ▶ | | | ほ | | | ◀ |

ポートスキャン……………………………474
ポート転送…………………………………495
ポート番号……………………………433, 474
ポートフォワーディング…………………495
ホスト………………………………………431
ホスト認証…………………………………487

| ▶ | | | ま | | | ◀ |

マウスキー…………………………………350
マウント………………………………222, 239
マウントポイント…………………………239
マルチキャストアドレス…………………433

| ▶ | | | め | | | ◀ |

メール………………………………………410
メールキュー………………………………414
メタキャラクタ………………107, 128, 147
メモリ…………………………………………16

| ▶ | | | も | | | ◀ |

文字クラス…………………………………146
文字コード…………………………………375
戻り値………………………………………316

| ▶ | | | ゆ | | | ◀ |

ユーザーID……………………………193, 356
ユニキャストアドレス……………………433

| ▶ | | | よ | | | ◀ |

読み取り可能………………………………178

| ▶ | | | ら | | | ◀ |

ライブラリ……………………………………58
ラッチ………………………………………349
ランレベル………………………………32, 38

| ▶ | | | り | | | ◀ |

リソース………………………………466, 482
リダイレクト………………………………132
リポジトリ……………………………………62
リモートデスクトップ……………………345
リモートデスクトップビューア…………347
履歴…………………………………………117
リンク…………………………………………58

| ▶ | | | る | | | ◀ |

ルーティング………………………………447
ルーティングテーブル……………………447
ルートディレクトリ………………………172
ルートドメイン……………………………454
ルートパーティション………………50, 57
ルートファイルシステム……172, 221, 245

索引

れ

レジスタードポート……………………………436

ろ

ローカライゼーション……………………………373
ローカルループバックアドレス………………452
ローカルループバックインターフェース………452
ログ……………………………………………398
　　ローテーション…………………………408
ログインシェル ………………………105, 313
ロケール………………………………………373
ロック…………………………………………349
論理パーティション……………………………220

著者紹介

中島 能和（なかじま・よしかず）

Linuxやセキュリティ、オープンソース全般に関する執筆や教材開発に従事。主な著書に、『Linux教科書LPICレベル1』『同　レベル2』『ゼロからはじめるLinuxサーバー構築・運用ガイド』『CentOS徹底入門』『Ubuntuサーバー徹底入門』『Linuxサーバーセキュリティ徹底入門』（翔泳社）、『1週間でLPICの基礎が学べる本』『パソコンで楽しむ 自分で動かす人工知能』（インプレス）などがある。

監修者紹介

濱野 賢一朗（はまの・けんいちろう）

大手通信系システム開発会社で、オープンソースソフトウェアを中心とした技術支援や研究開発を担当している。日本Hadoopユーザー会や日本Sambaユーザー会の設立メンバーのひとり。日本OSS貢献者賞・奨励賞の実行委員長なども務める。

LPICについては、2000年より、技術習得の道しるべとして有益であると考え、本書やセミナーを通じて情報発信している。著書・監修書に『Linux 教科書LPICレベル2』『同　レベル3』『Hadoop徹底入門 第2版』（翔泳社）、『オープンソースソフトウェアの本当の使い方』（技術評論社）などがある。

装丁	結城 亨（SelfScript）
編集	武藤 健志（株式会社トップスタジオ）
DTP	株式会社 トップスタジオ

Linux教科書
LPICレベル1 Version5.0対応

2019年 4月 8日 初 版 第1刷発行
2025年 5月25日 初 版 第8刷発行

著　者	中島能和
監　修	濱野賢一朗
発行人	臼井かおる
発行所	株式会社 翔泳社（https://www.shoeisha.co.jp）
印　刷	昭和情報プロセス株式会社
製　本	株式会社 国宝社

© 2019 Kronos Co.,LTD, Kenichiro Hamano

本書は著作権法上の保護を受けています。本書の一部または全部について（ソフトウェアおよびプログラムを含む）、株式会社 翔泳社から文書による許諾を得ずに、いかなる方法においても無断で複写、複製することは禁じられています。

本書へのお問い合わせについては、iiページに記載の内容をお読みください。

造本には細心の注意を払っておりますが、万一、乱丁（ページの順序違い）や落丁（ページの抜け）がございましたら、お取り替えします。03-5362-3705までご連絡ください。

ISBN978-4-7981-6049-8　　　　　　　　　　　　　　　　Printed in Japan